U0054090

0001111010001

Compensation Management

薪酬管理

2nd Edition

丁志達◎編著

再版序

薪酬是權利，認可是禮物。

——管理大師羅莎貝斯·坎特（Rosabeth M. Kanter）

《薪酬管理》一書自2006年3月問市以來，一版四刷。近年來，企業面對「市場經濟」起落難以捉摸之際，政府又不斷的推出各項勞動權益保護的法規，使得企業在規劃員工薪資福利時，步步爲營，因「加薪容易減薪難」的壓力下，薪酬制度的變革成爲一種趨勢。

創造台灣經濟奇蹟，功不可沒的一件大事，就是上世紀八〇年代科技業實施的員工「分紅入股」制。公司獲利，股東領息，員工領股，以「無償配股」（以每股十元面額）取得「股份（票）」，員工轉售之間，獲利倍增數倍，甚至數十倍，但卻稀釋了股本，造成股東的權益受損，政府乃修改稅法，自2008年起執行「股票費用化」政策，在「分紅入股」制的「費用成本」大增下，企業乃紛紛改採多樣化的「變動薪資制」來繼續吸引、留住人才，本書第七章〈變動薪資與財產形成〉列出了多種最新的變動薪資的樣態並加以說明。

2008年9月，全球發生了「金融海嘯」事件，一些在資本市場上募集資金的上市、上櫃的知名企業的業績「一落千丈」，但是這些企業的高階經營層的薪酬給付卻「聞風不動」，照領「太平盛世」的酬勞，「苦了」投資大衆，因而，行政院金融監督管理委員會乃祭出了《股票上市或於證券商營業處所買賣公司薪資報酬委員會設置及行使職權辦法》，以保障股東的權益，有關這項新規定，在本書第九章〈專業人員薪酬管理〉中加以探討。

2012年開春以來，由於油、電雙漲下，讓受薪階層普遍感受到「物價皆漲，唯獨薪資不漲」的「怨嘆」。事實上，這幾年來，企業在人事成本支出上，會考慮到其所負擔的社會保險成本，會隨著調薪的幅度而「水

漲船高」，所以，員工的「調薪」只能「微調」來因應，並改採「浮動（變動）工資」的作法，「多賺多給、少賺少給、不賺不給」的槓桿（蹺蹺板）原理，來減低當企業經營面臨「困境」時因應。本書第十二章〈社會保險制度〉即對於這塊員工看不到的「無感給付」的眞面貌，加以闡述。

2010年，在中國大陸深圳地區發生了富士康集團員工十三起「跳樓自殺」事件，震驚全世界。在高壓力生產指標要求、延長工時的疲勞作業、無塵室作業的裝備勞動下，受到了維護勞工人權團體的關注，也使得企業開始重視「員工協助方案」，從以往專注在照顧員工物質面的「食衣住行」的作法，邁入了深一層照顧員工「精神面」領域的心理（靈）諮商服務。本書第十一章〈員工福利制度〉提出了一些「創意性員工福利」的新思維與作法，分饗讀者。

自2009年起，個人每年接受台灣科學工業園區科學工業同業公會的邀約，以四天二十四小時（每週授課一次）的課程安排，向園區內設廠的薪酬管理擔當者講授「薪酬規劃與管理實務」的課程，教學方式採用講授、討論、繳交作業及測驗方式與學員互動，效果良好，頗獲好評。由於歷次教學的因緣機會，個人乃將所蒐集到有關薪酬管理的最新文獻資料爲經，以各學員上課互動研討中所提供的資訊爲緯，再增訂近年來政府機構所增修的「工資管理」與「社會保險」的相關法規納入，去蕪存菁，增添「薪柴」，完成了《薪酬管理》再版架構的版本。

在本書再版付梓之際，謹向揚智文化事業公司葉總經理忠賢先生、閻總編輯富萍小姐暨全體工作同仁敬致衷心的謝忱。

由於本人學識與經驗的侷限，本書疏誤之處，在所難免，尙請方家不吝賜教是幸。

丁志達 謹識

2013/03/01

目　錄

圖目錄

薪酬管理

表目錄

範例目錄

第一章

薪酬管理概念

- 整體薪酬概念
- 薪酬管理的框架
- 工資給付的法令規範
- 薪資給付制度類型
- 薪酬管理策略
- 薪酬管理新潮流
- 結　語

很少有證據顯示報酬的有效性，但大量的證據表明報酬及其設計受到了管理層的極大關注。

～傑弗瑞・菲佛（Jeffrey Pfeffer）～

薪酬管理（compensation management）是人力資源管理中極爲敏感的問題，也是極爲重要的一環（**圖1-1**）。訂定薪酬成本時，必須考慮營運狀況、員工績效（performance）、公司財務負擔，以及外界環境等因素，而最重要的是，配合公司的長、中、短期營運策略，使薪酬規劃合乎

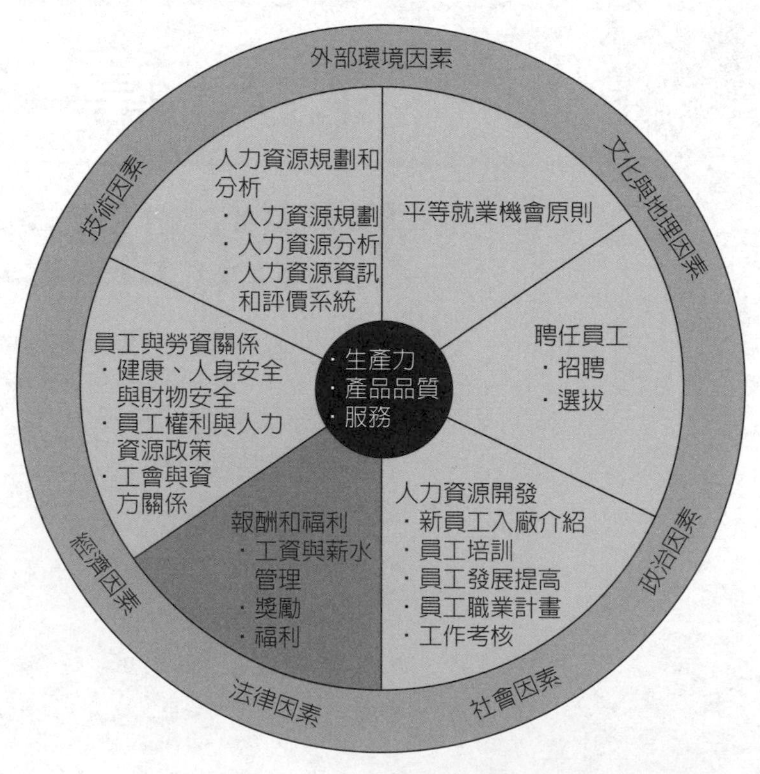

圖1-1　人力資源管理工作內容

資料來源：羅伯特・馬希斯（Robert L. Mathis）、約翰・傑克遜（John H. Jackson）著，李小平譯（2000）。《人力資源管理培訓教程》（*Human Resource Management: Essential Perspectives*）。北京：機械工業出版社，頁13。

成本效益觀點，並激勵員工發揮最大潛力。在既定的政策及程序下，薪酬管理是營運資金中可控制的一環，反映出公司組織的人力資源與經營哲學。❶

整體薪酬概念

漢朝．趙壹《疾邪詩》二首其一曾寫到：「河清不可俟，人命不可延。順風激靡草，富貴者稱賢。文籍雖滿腹，不如一囊錢。伊優北堂上，骯髒倚門邊。」大意是感嘆文人墨客的貧困，和當代一度盛行的「讀書無用論」差不多，而《上略．軍讖》說：「軍無財，士不來；軍無賞，士不往。」正說明一般人不願意改變自己的行爲模式，除非你獎賞他們，這正說明了整體薪酬管理的重要性。

一、薪資名詞的由來

梁．昭明太子《陶淵明傳》寫到：送一力給其子，書曰：「汝旦夕之費，自給爲難，今遣此力，助汝薪水之勞。」薪水即「打柴汲水」之意思。❷

薪水的英文是salary，它是由拉丁文中的“salarium”（salt money）演化過來的。在《牛津英文字典》（*The Oxford English Dictionary*, 2nd）裡，對薪資（salary）的解釋爲：“Money allowed to Roman soldiers for the purchase of salt, hence, their pay”，因爲在古羅馬時代，鹽（salt）是極其珍貴的產品，羅馬帝國發給士兵的薪餉就是salt，salt變成爲薪水的代名詞，並進而由salt變成salary。

二、組織報酬制度的定義

組織報酬制度（organizational reward system）是由組織所提供和分配的各種獎酬所組成的，是組織聘僱員工從事工作所產生的結果，它的眞正定義範圍很廣，薪資、福利待遇、獎勵及工作環境等，都是報酬

（reward）的一環，也是員工對組織做出貢獻的回報。

工資（wage）或薪俸（salary）是指員工所得的最基本報酬，通常分爲固定底薪、浮動薪資（佣金）、獎金和配股權等；福利（benefits）則是各種間接報酬的一個大雜燴，如勞工退休金、勞工保險、非工作時間的收入等；獎勵是將員工報酬與工作產出掛鉤，它是對於在正常工作時間以外所付出的工作表現的一種獎勵性的報酬，讓員工知道達到什麼樣的業績，會受到什麼樣的獎勵，它將直接、有效的改變員工一些行爲方式；工作環境是指員工在什麼樣的環境下工作，它包括了人文環境和物質環境。

學者斯蒂芬・羅賓斯（Stephen P. Robbins）將報酬分爲內在報酬（intrinsic rewards）與外在報酬（extrinsic rewards）兩項。內在報酬（組織行爲觀點）是指個人參與工作所獲得的滿足感；外在報酬（人力資源觀點）是指組織給予員工的一種有形的獎勵，其中，外在報酬又可分爲財務性薪酬（financial compensation）及非財務性薪酬（non-financial compensation）兩類（**圖1-2**）。

(一)財務性薪酬

財務性薪酬，可分爲直接薪酬（direct compensation）和間接薪酬（indirect compensation）兩類來說明：

◆直接薪酬

直接薪酬就是直接給予員工現金的獎賞，是薪酬最重要的組成部分。包括：員工因工作或努力而獲得的直接酬勞，它又可歸納以下幾種型態：

1.基本薪資（base salary）。基本薪資（底薪）作爲員工加入企業最起碼的就業安定給付，它通常是指固定給付的金額，但在不同的工作環境、工作時段下工作的員工，其基本薪資會有所差別。

2.浮動獎金。浮動獎金與基本薪資是有區別的。浮動獎金與員工表現及取得成果相掛鉤，它係對在管理上或某個方面做出特殊貢獻員工的獎勵。例如：業務績效獎金（行銷人員）、生產力（productivity）提高獎金（生產人員、製造工程人員）、節省成本獎金（生產／物料／採購／行政人員）、工程績效獎金（工程人

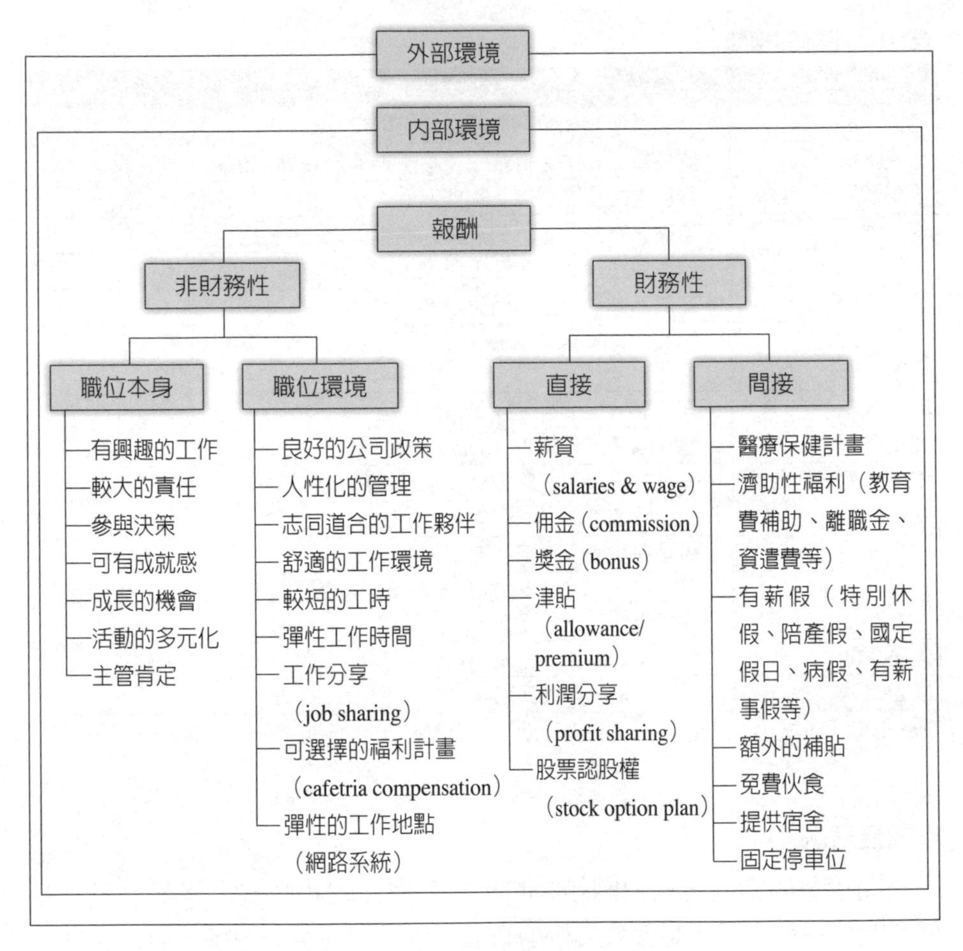

圖1-2　整體薪酬計畫的結構

資料來源：丁志達（2012）。「薪酬規劃與管理實務班」講義。台灣科學工業園區科學工業同業公會編印。

員），以及提案獎金、分紅、效率獎金、年節獎金、年終獎金、目標盈餘獎金、考績獎金等等均屬之。

3.津貼。例如：超時津貼、職務津貼、主管津貼、福利性津貼（交通津貼、伙食津貼）、危險津貼、地域加給等等（**表1-1**）。

4.其他。例如：股票認股權（stock option plan）、高階主管特別獎金、佣金等。

表1-1 津貼的種類

名目	內容
物價津貼	·因物價波動，參考物價指數給與之。
眷屬津貼	·對於員工眷屬，按眷口多寡給與津貼或實務配給。
房租津貼	·對於未配住宿舍員工給與之。
專業津貼	·對於某些專業人員或技術人員給與之。
危險津貼	·對於擔任具有危險性工作的人員給與之。
夜班津貼	·對於輪值夜班人員給與之。
交通津貼	·對於遠地通勤人員或未搭乘交通車人員，或對外務人員給與之津貼。
職務加給	·對主管人員或職務較重者給與之。
誤餐費	·對於因加班誤餐人員給與之。
地域加給	·對於服務偏遠、深山交通不便地區人員給與之。
加班費	·對於超時工作者給與之。
伙食津貼	·給與員工膳食費用的補助。
環境津貼	·對於在不良工作環境工作人員所給與之津貼，例如：在高溫、異味之作業場所工作。
外勤津貼	·對於外勤工作人員給與之。
出差旅費	·對於出差人員給與之。

資料來源：黃英忠（1995）。《現代人力資源管理》。台北市：華泰，頁238。

◆間接薪酬

間接薪酬指的是與激勵無關的非現金給付的非激勵性報酬，它多半依照職位進行分配，屬於公司給予的福利或服務性質的報酬，但它很容易用財務性現金估算出來，其名目有：

1.保險。例如：勞工保險、全民健康保險、勞工退休金、資遣費、離職金、員工與眷屬參加的團體商業保險（壽險、醫療保險、意外住院險）等。
2.福利措施。例如：生育、急難、旅遊、健診、婚喪、慶生等補助。
3.訓練補助。例如：學習外國語言的補助、第二專長訓練的補助等。
4.其他。例如：有薪休假、提供宿舍（含家具、水電）、員工儲蓄計畫、優惠貸款（利率）計畫、優惠價格購買公司產品等。

在財務性薪酬（直接薪酬、間接薪酬）方面，一般企業常忽略了兩個部分，第一是沒有將薪資和員工的表現結合在一起，不論公司的業績成長或衰退，員工都領固定的薪資，很多員工的想法仍然是「只要我努力工作，對公司忠誠，理應獲得很好的報酬，並且被繼續僱用」，問題是，今天的經營環境變化激烈，已經不容許任何員工再有這樣的想法，公司應該讓員工薪資反映在公司經營的現況與員工個人的貢獻度上，員工才會產生和公司共存共榮的感覺，公司文化才不會和外界脫節；第二個問題是，薪資結構沒有鼓勵團隊合作，大多數薪資結構都鼓勵個人績效，更糟糕的是，很多公司其實是鼓勵那些會逢迎拍馬的人。

(二)非財務性薪酬

薪資是待遇的一種，精神激勵（心理滿足）也是待遇的一種。所謂待遇，待者對待也，遇者禮遇也，對待是精神感受，禮遇是物質的報酬。薪資不是萬靈丹，薪資是必要條件，而精神感受是充分條件，唯有兩者都得到，員工工作意願才會高，效率才會好。

非財務性薪酬部分，它包括了下列一些項目：

1.公司的信譽（給員工或家屬無形的榮譽感）。
2.工作環境（空調、通勤的便利性、停車場、自己選用辦公室的裝潢材料與色調、軟硬體設備等）。
3.公司的管理制度（人性管理、彈性工作時間、出勤不用打卡等）。
4.公司的管理哲學，良好的組織氣氛。
5.員工對組織的歸屬感。
6.就業的安全感。
7.升遷、培訓的機會。
8.職務之位階，擔任職務之權力、影響力及其可能享受的特權（例如：地位象徵、職務加給、油費補貼、配車等）、充分授權與提供行政助理（秘書）人員的協助。
9.公司的願景、員工對公司的信賴度、主管人員領導統御方式及其被員工接受的程度等（**表1-2**）。

表1-2　員工心目中理想的工作環境

‧我知道在工作中被要求做什麼，主管讓我做什麼，我非常清楚。 ‧能夠得到完成工作的所有物質條件，例如各種必要的工具。 ‧工作中能有一定的自由度，發揮自己的長處。 ‧在過去一週內，我記得我肯定得到過主管的表揚。 ‧我的主管很關心我，給我以人性化的關懷。 ‧在公司，我能夠表達意見，並有發言權。 ‧我們公司的工作目標使我感到我的工作有深刻的意義。 ‧在公司內部創造全員高品質工作的氣氛，人人都關心產品的品質。 ‧我最好的朋友就是我的同事（在工作場所培養友誼，也能使員工感到滿意）。 ‧在過去六個月內，有人意識到我的進步，並對我的進步提出讚揚。 ‧回想在過去的一年中，透過工作有機會學到新的知識。

資料來源：張策（2004）。〈薪資、福利、工作環境：薪酬的三大支點〉。《人力資源》，總第196期，頁14。

範例1-1

雷尼爾效應

位在美國西雅圖的華盛頓大學，準備修建一座體育館，消息傳出後，由於教授們反對，校方取消了這一項計畫。原因是校方選定的位置在校園華盛頓湖畔，體育館一旦建成，恰好擋住了從教職員餐廳窗户可以欣賞到的美麗湖光。

為什麼校方又會如此尊重教授們的意見呢？原來與美國教授平均工資水準相比，華盛頓大學教授工資一般要低20%左右，很多教授們之所以願意接受華盛頓大學較低的工資而不到其他大學去，就是因為留戀西雅圖的湖光山色。

西雅圖位在太平洋沿岸，華盛頓湖等大大小小的湖泊星羅棋布，天氣晴朗時，可以看到美洲最高的雪山之一的雷尼爾山峰（Mt. Rainier）。

資料來源：王凌峰（2005）。《薪酬設計與管理策略》。北京：中國時代經濟出版社，頁19。

總而言之，企業的薪酬管理，應該善加運用下列三種心理的報酬：

1.社會報酬：創造一種歸屬感、友誼和公平性，當員工感覺充分融入企業中，而且覺得從事的工作有趣，就是對員工最好的回饋。
2.心理回饋：讓員工覺得他的才能（talent）受到肯定、發展，而且被公司所重用。
3.精神報酬：讓員工產生一種感覺，其工作很有意義，則不論個人財務報酬的多寡，都能夠激勵員工全力以赴，投入工作。

善用財務性薪酬和非財務性薪酬，管理者可以激發員工最大的潛力。❸

三、有效的報酬制度具備的要素

爲了激勵員工行爲，公司組織必須提供一種有效的報酬制度，但要考慮所有員工都是擁有不同需要、價值觀、期望和目標的獨立個體的事實。一個有效的報酬制度需具備下列七項要素：

1.報酬必須能滿足所有員工的基礎需要。例如：薪資要適足、福利要合理、假期和假日要適當。
2.必須要和同樣產業的競爭同業組織所提供的報酬進行比較。例如：公司提供的薪資必須要和競爭公司同等職務所提供的薪資相等，福利計畫也應相當。
3.同等職位的員工報酬應要公平且平等地分配和獲得。例如：執行相同職務的員工，需擁有相同的報酬選擇，且應參與他們所能獲得報酬的決策。當員工被要求完成一項任務或專案時，他們亦應被給予決定報酬的機會（額外的支付或放假）。
4.報酬制度必須是多方面的，因爲每位員工需求都不同，報酬的範圍需要被提供，且報酬必須考量不同的面向（薪資、認同、升遷等）。此外，組織也應提供獲取這些報酬的管道範圍。
5.當組織朝向著重工作團隊、顧客滿意度和授權時，員工就需要獲得

不同的報酬。例如：以團隊所設計的獎賞，或以技術層次爲基礎的報酬制度。

6.報酬制度必須符合法律規定。設計薪酬制度或政策時，需要注意有關的勞動法規，可以以此爲「底線」，只有超出底線給付，才能聘僱到合適的人才。

7.報酬制度必須反映成本效益。例如：分紅制度和利潤分享應與組織的盈餘緊密掛鉤，這才能保障組織因不景氣或生意不佳時的人事成本支出的控制。

報酬不只是員工一種謀生與讓人們獲得物質及休閒需要的手段，它還是能滿足員工的自我與自尊需要。因而，如果一家公司的報酬系統被認爲不適當的話，則具高潛力的求職者拒絕接受該公司的僱用，並且在職的員工也可能選擇離開這個組織。此外，即使員工選擇繼續留在這個組織裡，但心懷不滿的員工，可能開始採取沒有生產力的行動，例如：較低的積極性和合作性。

薪酬管理的框架

設計和建立薪酬管理體系，必須經過一系列步驟才能達到預期有效的薪酬方案。這一系列的步驟是：先從理念和制約的激勵（行爲的基礎）及法規（法律法規的要求）起頭，然後延伸到工作分析（job analysis）、職位評價（job evaluation）、薪酬調查（salary survey）、職位定價、福利、獎勵、績效考核及專案管理（**圖1-3**）。

一、激勵

薪酬管理本質是一種激勵管理，激勵是薪酬管理方案的心理支撐和理念基礎。清晰地理解激勵其長期因素和耗損因素與薪資的關係，對於將薪酬放在合適的背景和情景中考慮十分必要。如果薪酬不是建立在激勵理論（motivation theory）和概念的基礎上，它就很可能沒有效力，甚至和原先的期望背道而馳。

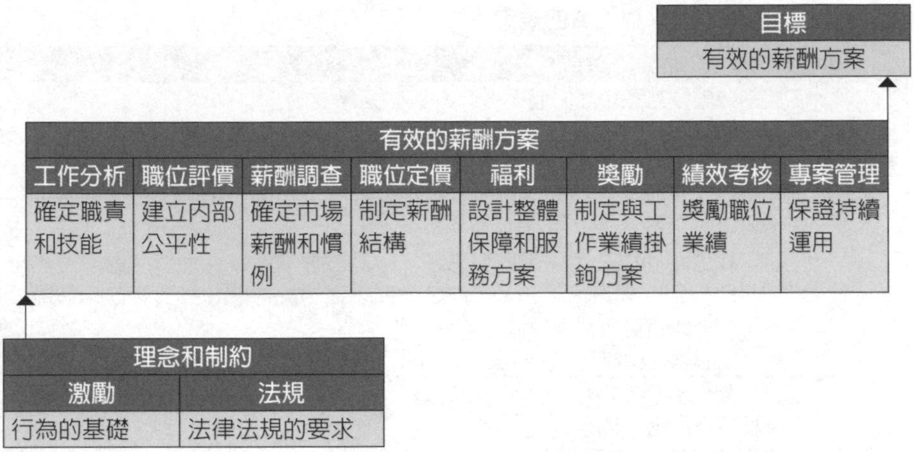

目標
有效的薪酬方案

有效的薪酬方案							
工作分析	職位評價	薪酬調查	職位定價	福利	獎勵	績效考核	專案管理
確定職責和技能	建立內部公平性	確定市場薪酬和慣例	制定薪酬結構	設計整體保障和服務方案	制定與工作業績掛鉤方案	獎勵職位業績	保證持續運用

理念和制約	
激勵	法規
行為的基礎	法律法規的要求

圖1-3　開發薪酬方案的框架

資料來源：高成男（2000）。《西方銀行薪酬管理》（*Compensation Management in Banks*）。北京：企業管理出版社，頁15。

二、法規

立法確定了企業的薪酬管理方案必須遵守的法律和法規要求，它們是企業薪酬給付的法律約束。理解和熟悉薪酬管理的相關法律、法規，對保證制定的薪酬管理方案和符合法律規定的薪酬給付底線十分重要（**表1-3**）。

三、工作分析

工作分析是建立直接薪酬賴以存在的基礎。工作分析的兩項副產品是：工作說明書與工作規範。工作說明書是職責、責任和工作條件的描述，是評估企業各個職位的基礎；工作規範是員工必須具備的、可以接受的最低任職資格的書面文件，它確定了員工必要的學歷、工作經驗、特殊技能和身體條件，也是用來聘用員工的遴選和任用的依據。

表1-3　《勞動基準法》對工資的規定

條文	內容
第21條	工資由勞雇雙方議定之。但不得低於基本工資。 前項基本工資，由中央主管機關設基本工資審議委員會擬訂後，報請行政院核定之。 前項基本工資審議委員會之組織及其審議程序等事項，由中央主管機關另以辦法定之。
第22條	工資之給付，應以法定通用貨幣為之。但基於習慣或業務性質，得於勞動契約內訂明一部以實物給付之。工資之一部以實物給付時，其實物之作價應公平合理，並適合勞工及其家屬之需要。 工資應全額直接給付勞工。但法令另有規定或勞雇雙方另有約定者，不在此限。
第23條	工資之給付，除當事人有特別約定或按月預付者外，每月至少定期發給二次；按件計酬者亦同。 雇主應置備勞工工資清冊，將發放工資、工資計算項目、工資總額等事項記入。工資清冊應保存五年。
第24條	雇主延長勞工工作時間者，其延長工作時間之工資依左列標準加給之： 一、延長工作時間在二小時以內者，按平日每小時工資額加給三分之一以上。 二、再延長工作時間在二小時以內者，按平日每小時工資額加給三分之二以上。 三、依第三十二條第三項規定，延長工作時間者，按平日每小時工資額加倍發給之。
第25條	雇主對勞工不得因性別而有差別之待遇。工作相同、效率相同者，給付同等之工資。
第26條	雇主不得預扣勞工工資作為違約金或賠償費用。
第27條	雇主不按期給付工資者，主管機關得限期令其給付。
第28條	雇主因歇業、清算或宣告破產，本於勞動契約所積欠之工資未滿六個月部分，有最優先受清償之權。 雇主應按其當月僱用勞工投保薪資總額及規定之費率，繳納一定數額之積欠工資墊償基金，作為墊償前項積欠工資之用。積欠工資墊償基金，累積至規定金額後，應降低費率或暫停收繳。 前項費率，由中央主管機關於萬分之十範圍內擬訂，報請行政院核定之。 雇主積欠之工資，經勞工請求未獲清償者，由積欠工資墊償基金墊償之；雇主應於規定期限內，將墊款償還積欠工資墊償基金。 積欠工資墊償基金，由中央主管機關設管理委員會管理之。基金之收繳有關業務，得由中央主管機關，委託勞工保險機構辦理之。第二項之規定金額、基金墊償程序、收繳與管理辦法及管理委員會組織規程，由中央主管機關定之。
第29條	事業單位於營業年度終了結算，如有盈餘，除繳納稅捐、彌補虧損及提列股息、公積金外，對於全年工作並無過失之勞工，應給予獎金或分配紅利。

資料來源：《勞動基準法》第三章工資。

四、職位評價

職位評價用來確定企業內的一個特定職位對於其他職位的價值，其主要目的是要建立薪資給付的內部公平性。它的最終目的是確定每個職位對於企業的相對價值的等級，使企業內能建立一個公平、客觀的薪資結構。

五、薪酬調查

薪酬調查可以定義爲在調查企業所在的勞動市場上，系統化的蒐集其他企業的薪酬、福利、支付方式、薪酬策略和其他與薪酬給付相關的資訊。透過薪酬調查，就能瞭解到特定勞動力市場上的某類職位的薪酬給付行情。

六、職位定價

職位定價是確定企業內部各個職位的貨幣價值。職位評價決定每個職位的相對價值，職位定價確定每個職位的貨幣價值，以確保所有職位間的薪酬公平性。職位評價確立職位框架，職位定價確定薪酬水準。

在薪酬管理方案的實施過程中，職位定價是最具有挑戰性、最複雜的一部分，它包括：確定職位類型數量、職位類型的薪酬上下限、職位類型的薪酬交叉量、根據薪酬調查獲得的資訊而必須進行的職位結構調整、職位類型分類、研究如何面對其他企業具有競爭性的薪酬體系、如何處理現行薪酬水準過高或過低的員工等等。

七、福利

除支持薪酬結構的其他給付部分（例如獎金、分紅等）外，福利方案還應充分且具競爭力，與勞動力市場上的其他企業相比，如果福利方案沒有競爭力，企業將會發現其吸引、留住和激勵員工的努力受到很大的阻礙。

八、獎勵

獎勵是向一個或一組實現特定數量或品質目標的員工提供的直接物質報酬，是達到特定目標的直接酬勞。由於獎勵通常是超出基本薪酬的物質獎勵，因此，在薪酬管理方案的制定和實施過程中，應首先確定基本薪酬結構和福利方案，然後再考慮獎勵事宜。

九、績效考核

績效考核是對員工履行其工作職責好壞程度的階段性評定。任何薪酬給付體系都應該堅持「按勞付酬、多勞多得」的原則。職位定價用來實現「按勞付酬」，績效考核用來給付「多勞多得」的服務。在績效考核的過程中，要注意到正式考核的週期、評等的方法、考核負責人的層級、各種業績水準與工作表現等。

十、專案管理

薪酬給付方案管理既是一個發展的步驟，又是一個運作的過程。作爲一種發展的行爲，管理是與制定政策、確立步驟、建立薪酬方案、運作規則等相關的實施階段有關。顯然，許多必要的規則是隨著方案的實施而逐步確立的。

薪酬體系不可能自我管理，它需要「看護」，需要密切監督，以確保平穩運作；同時，它必須根據實際需要加以微調和改進。❹

工資給付的法令規範

工資一向被認爲是最重要的勞動條件。工資對勞動者而言，是收入，但對雇主而言，是成本。對勞工來說，收入越高越好，對雇主來說，成本越低越好，故《勞動基準法》制訂了許多與工資相關的保護規定。

一、基本工資的概念

基本工資原始涵義，是指能夠讓一位受雇者與他的家庭安享基本的生活品質，而且足敷其基本生活開銷所需的最低收入。被卡爾·馬克思（Karl Marx）稱爲「英國政治經濟學之父」的英國資產階級古典政治經濟學的創始人威廉·配弟（William Petty）曾提出過最低工資理論，其基本觀點是：工資和其他商品一樣，有一個自然的價值水準，即最低生活條件的價值，生活所必需的生活水準，如果低於這個水準，工人連最低的生活也無法保障，資本家也就失去了勞動力，資本主義生產也就不能維持，因此，最低生活水準還是企業主生產經營的必要條件。許多國家都訂有最低工資的保障法律，來保護勞工的基本生活所需。

在《勞動基準法》裡，最低工資被稱爲「基本工資」。政府制定基本工資，係以政府的公權力干預勞動條件的手段，以保障勞動者的基本權益，且具有激勵國民就業與減少邊際勞工失業的效果。

(一)法律規範

目前我國的基本工資是由行政院核定公布，從法規的角度而言，與基本工資相關的規定有：《勞動基準法》、《勞動基準法施行細則》以及《基本工資審議辦法》三種。

(二)基本工資的計算標準

基本工資的計算方式，依據《基本工資審議辦法》第4條之規定，審議基本工資應備的資料有：

1.國家經濟發展狀況。
2.躉售物價指數。
3.消費者物價指數。
4.國民所得與平均每人所得。
5.各業勞動生產力及就業狀況。
6.各業勞工工資。

7.家庭收支調查統計（**表1-4**）。

二、工資的定義

《勞動基準法》對於工資的定義，詳定於該法第2條第三款、第四款及《勞動基準法施行細則》第10條、第11條；工資的給付標準則訂於《勞動基準法》第21條、第24條、第39條、第40條及《勞動基準法施行細則》第12至14條（**表1-5**）。從實務上而言，許多工資給付的疑義仍需透過解釋或實際認證後才可辨別，例如：勞資雙方任何一方對工資的給付有疑義無法協商解決時，則需透過調解、仲裁，如仍無法解決時，則需透過司法訴訟方可解決。

表1-4　調整基本工資影響的成本負擔項目

‧勞工保險投保最低薪資等級。
‧全民健康保險投保最低薪資等級。
‧勞工退休金提繳等級。
‧外籍勞工最低工資標準。
‧就業安定基金。
‧聘僱外籍勞工繳交保證金。
‧身心障礙勞工基本工資。
‧《身心障礙者權益保護法》未達僱用人數罰鍰及超額進用獎勵標準。
‧老農津貼富農認定。
‧《公平交易法》中廠商商品促銷活動單項贈獎額度。
‧失業輔助金補助額度。
‧邊際及弱勢勞工的補助費。

資料來源：丁志達（2012）。「薪資管理與設計實務講座班」講義。財團法人中華工商研究院編印。

表1-5　工資給付相關法令的規範條文

工資的定義		
法律類別	條文	內文
勞動基準法	第2條第三款	工資：謂勞工因工作而獲得之報酬：包括工資、薪金及按計時、計日、計月、計件以現金或實物等方式給付之獎金、津貼及其他任何名義之經常性給與均屬之。
	第2條第四款	平均工資：謂計算事由發生之當日前六個月內所得工資總額除以該期間之總日數所得之金額。工作未滿六個月者，謂工作期間所得工資總額除以工作期間之總日數所得之金額。工資按工作日數、時數或論件計算者，其依上述方式計算之平均工資，如少於該期內工資總額除以實際工作日數所得金額60%者，以60%計。
	第59條第二款	原領工資：勞工在醫療中不能工作時，雇主應按其原領工資數額予以補償。
勞動基準法施行細則	第10條	本法（勞動基準法）第2條第三款所稱之其他任何名義之經常性給與係指左列各款以外之給與。 1.紅利。 2.獎金：指年終獎金、競賽獎金、研究發明獎金、特殊功績獎金、久任獎金、節約燃料物料獎金及其他非經常性獎金。 3.春節、端午節、中秋節給與之節金。 4.醫療補助費、勞工及其子女教育補助費。 5.勞工直接受自顧客之服務費。 6.婚喪喜慶由雇主致送之賀禮、慰問金或奠儀等。 7.職業災害補償費。 8.勞工保險及雇主以勞工為被保險人加入商業保險支付之保險費。 9.差旅費、差旅津貼及交際費。 10.工作服、作業用品及其代金。 11.其他經中央主管機關會同中央目的事業主管機關指定者。
	第11條	本法（勞動基準法）第21條所稱基本工資係指勞工在正常工作時間內所得之報酬。但延長工作時間之工資及休假日、例假日工作加給之工資均不計入。

（續）表1-5　工資給付相關法令的規範條文

工資給付的標準		
法律類別	條文	內文
勞動基準法	第21條	工資由勞雇雙方議定之。但不得低於基本工資。 前項基本工資，由中央主管機關設基本工資審議委員會擬訂後，報請行政院核定之。 前項基本工資審議委員會之組織及其審議程序等事項，由中央主管機關另以辦法定之。
	第24條	雇主延長勞工工作時間者，其延長工作時間之工資依左列標準加給之： 1.延長工作時間在二小時以內者，按平日每小時工資額加給三分之一以上。 2.再延長工作時間在二小時以內者，按平日每小時工資額加給三分之二以上。 3.依第32條第三項規定，延長工作時間者，按平日每小時工資額加倍發給之。
	第39條	第36條所定之例假、第37條所定之休假及第38條所定之特別休假，工資應由雇主照給。雇主經徵得勞工同意於休假日工作者，工資應加倍發給。因季節性關係有趕工必要，經勞工或工會同意照常工作者，亦同。
	第40條	因天災、事變或突發事件，雇主認有繼續工作之必要時，得停止第36條至第38條所定勞工之假期。但停止假期之工資，應加倍發給，並應於事後補假休息。 前項停止勞工假期，應於事後二十四小時內，詳述理由，報請當地主管機關核備。
勞動基準法施行細則	第12條	採計件工資之勞工所得基本工資，以每日工作八小時之生產額或工作量換算之。
	第13條	勞工工作時間每日少於八小時者，除工作規則、勞動契約另有約定或另有法令規定者外，其基本工資得按工作時間比例計算之。
	第14條	童工之基本工資不得低於基本工資百分之七十。
	第31條	本法（勞動基準法）第59條第二款所稱原領工資，係指該勞工遭遇職業災害前一日正常工作時間所得之工資。
勞工保險條例	第14條	前條（第13條）所稱月投保薪資，係指由投保單位按被保險人之月薪資總額，依投保薪資分級表之規定，向保險人申報之薪資；被保險人薪資以件計算者，其月投保薪資，以由投保單位比照同

（續）表1-5　工資給付相關法令的規範條文

法律類別	條文	內文
		一工作等級勞工之月薪資總額，按分級表之規定申報者為準。
全民健康保險法	第20條第一項第一款	一、受雇者：以其薪資所得為投保金額。
勞工退休金條例	第3條	本條例所稱勞工、雇主、事業單位、勞動契約、工資及平均工資之定義，依勞動基準法第2條規定。
所得稅法	第14條第3類	薪資所得：凡公、教、軍、警、公私事業職工薪資及提供勞務者之所得： 1.薪資所得之計算，以在職務上或工作上取得之各種薪資收入為所得額。 2.前項薪資包括：薪金、俸給、工資、津貼、歲費、獎金、紅利及各種補助費。但為雇主之目的，執行職務而支領之差旅費、日支費及加班費不超過規定標準者，及依第4條規定免稅之項目，不在此限。

資料來源：丁志達（2012）。「勞動基準管理師認證班」講義。中華民國勞資關係協進會編印。

薪資給付制度類型

給付的方法爲薪酬管理中一項非常重要的工具。薪資制度因給付的方式不同，通常可分爲許多類型，但最基本的有四類：職位給薪制（job-based pay）、績效給薪制（pay for performance）、技能給薪制（skill-based pay）及能力給薪制（competency-based pay）（**表1-6**）。

一、職位給薪制

職位給薪制，乃是指以工作的難易程度、責任大小，以及相對價值大小來決定該職務薪資的制度，亦即根據職位評價制度來決定薪資的制度。凡從事同樣職務的員工，可領同樣的薪資，即所謂的「同工同酬」，而不考慮個人能力、年齡、年資、學歷等「屬人」因素。由於以職位爲基礎的薪資制度，起源於官僚組織的管理觀念，較缺乏彈性，因此，它適

表1-6　企業薪酬管理發展歷程

階段		主要特點	主要方法	管理核心
傳統薪酬管理	1.早期工廠制度	把工資水準降低到最低限度。	以家族制簡單的計件付酬方法為主，輔以利潤分享計畫和小組計件計畫。	培養「工業習慣」和工廠紀律，留住熟練技術工人。
	2.科學管理階段	實行以工作標準和成本節約為主線的薪酬政策，希望用「高工資率」換取低成本。	以泰勒、甘特為首的差別計件工資制度為主，利潤分享制度逐步趨於完善。	主要目的在於減少工人的「偷懶」行為，降低成本，透過對工作和職位價值的衡量來確定薪酬。
	3.行為科學階段	薪酬必須適應員工的心理需求。	林肯的個人刺激計畫、工資權益理論等獲得廣泛認可。	強調員工對薪酬的心理感受，以此提高工作效率。
現代薪酬管理	1.寬帶薪酬制度（扁平寬幅）	薪酬浮動幅度加大，激勵作用加強。	將原來報酬各不相同的多個職位進行大致歸類，每類報酬相同，使同一水準工資的人員類別增加，一些部屬甚至可以享受與主管一樣的工資待遇。	突破行政職務與薪酬的聯繫，有利於職業發展管理的改善，建立集體凝聚力，適應組織扁平化造成晉升機會減少的客觀現實。
	2.以技能與業績為基礎的薪酬體系	這種作法適應了知識經濟本質與特徵。	採用以「投入」（包括知識、技能和能力）為衡量依據的薪酬制度，鼓勵員工自覺掌握新的工作技能和知識。	這種政策的出發點不僅是為了降低成本，而更多的是為了強化員工的歸屬感和團隊意識。
	3.泛化的薪酬政策	採用與業績緊密掛鉤的薪酬政策。	把基本工資、附加工資、福利工資、工作用品補貼、額外津貼、晉升機會、發展機會、心理收入、生活品質和個人因素等統一起來，作為整體薪酬體系考慮。	這種方法的背後必須把「以業績為主」的薪酬理念作為基礎，在投資和獎勵之間實現合理平衡，以滿足員工對非現金薪酬成分的要求。

資料來源：何燕珍（2003）。〈企業薪酬管理發展歷程〉。《企業研究》，總第218期，頁30。

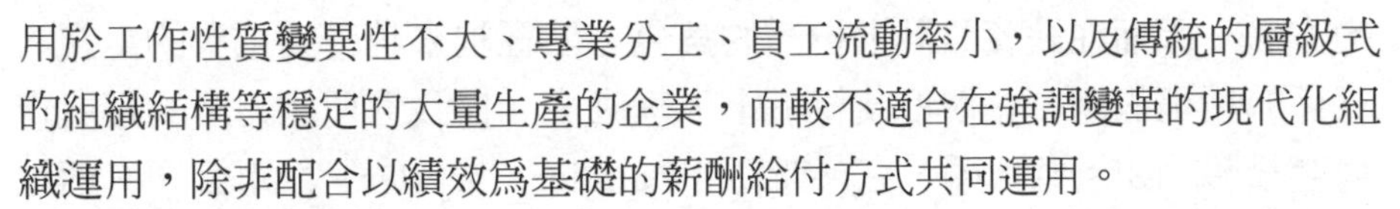

用於工作性質變異性不大、專業分工、員工流動率小，以及傳統的層級式的組織結構等穩定的大量生產的企業，而較不適合在強調變革的現代化組織運用，除非配合以績效為基礎的薪酬給付方式共同運用。

為達到薪資內部公平的目標，從理論的角度探討，支持以職位給薪的理論基礎之組織行為中的公平理論（equity theory），正可以印證組織內部公平性的原則。

二、績效給薪制

隨著經營環境的快速改變與激烈的競爭，績效給薪制已日漸取代以個人生存成本為基礎的給薪方式，無論是對經理人員或是從業人員皆然。傳統給薪方式係依職位付酬，而績效給薪制則是以工作績效為給付標準，其衡量工作績效的標準，主要根據的是個人生產力（業績）、工作團體或是部門的生產力、服務客戶、個人學習新技術的能力、單位獲利能力，或是組織整體的利潤表現等來決定支付給員工報酬的多少。例如：佣金制、提案獎金制、按件計酬制、利潤分享制等，皆是以此為基礎。

以績效為基礎的薪酬制度，可應用於組織行為中維克托．佛洛姆（Victor H. Vroom）所提出的「期望理論」（expectancy theory）。績效給薪制的受到重視，主要是因為激勵作用和成本控制兩方面的原因。從激勵作用的觀點而言，以績效作為員工薪資部分或全部的標準，可以使得員工將全部的注意和努力都放在評估標準上，再藉由報酬來增強其努力程度。以績效為基礎的獎金和其他的報酬方式，避免了固定費用的支出，從而節省金錢，因為若員工或組織的績效下降了，支付的報酬也同時隨之下降。對於能明確定義的工作、組織協調以及監督要求較少的環境中，較為適用績效給薪制。❺

三、技能給薪制

近年來，裁員與中階管理階層的減少，導致員工的升遷機會越來越少，為了要留住好員工，工作必須有成長的空間，而且員工必須以工作職稱以外的東西來激勵，員工技能給薪制是達成這個目標的一個快速

的方法，因而在薪資設計上扮演的角色，已經越來越受到企業的重視。它係於技術的深度、廣度及組織上下垂直度（自我管理能力）的程度作爲度量。例如：戴姆勒．克萊斯勒（Daimler Chrysler）汽車公司、西屋（Westinghouse）公司、美國大西洋里奇菲爾德（Atlantic Richfield）公司等均採用技能給薪制方案。

技能給薪制與職位給薪制的最大差異，在於技能給薪制的薪資計算方式，係以個人掌握的技能或可勝任工作項目的多寡作爲基準，而不是純粹根據員工實際執行的職務內容核薪而已。傳統上，企業決定個人薪資前，會針對職務的內容進行分析，然後就職務內容所需要的職責、條件、技能與努力等「可報酬因素」（compensable factors）進行合理的評估，並根據此決定該職務應有的薪資。雖然其中也曾考慮到員工技術的層面，但前提是該技能必須是職務上使用得到的，或至少要與職務高度相關的，然而技能給薪制，依據的核心技能應不限於職務上必須使用的或相關的，舉凡被組織認定爲有價值的各種技能，均可作爲薪資給付的基礎，其主要目的是在於激勵員工學習更多、更廣與更深入的技巧。例如：美國堪薩斯州（Kansas）托皮卡（Topeka）之桂格（Quaker Oats）食品廠的新進員工之基本時薪爲美金8.75元，不過當他們學會操控怪手及電腦設備等十二種主要的技術後，時薪就直接升到美金14.5元（**表1-7**）。

企業採用技能給薪制，其主要的觀點有：

1.員工技能增多，可使組織的人力調配更具彈性，員工之間的技能可以互相替換，將有效降低員工缺勤或離職所產生的不利影響。
2.當低階員工也具備了足夠的技能與知識時，組織才能順利向下傳遞資訊、知識與決策權力，如此，將可有助於自我管理與參與管理等制度的落實。
3.向員工傳達一個訊息，能學會技能後，根據每項技能對公司的價值爲其定價。

表1-7　工作導向與技能導向的比較表

比較類別	工作導向	技能導向
薪酬策略	以承擔的工作為基礎	以員工掌握的技能為基礎
工作價值決定	以整個工作的價值為依據	以技能領域的價值為依據
管理者的重點	工作對應工資 員工與工資匹配	技能對應工資 員工與技能相連
員工的重點	追求工作晉升以獲得更高報酬	追求更多技能以獲得更高報酬
必要的步驟	評估工作內容，估值工作	評估技能，估值技能
績效評估	業績考核評定	能力測試
薪酬增長	以年資、業績考核結果和實際產出為依據	以技能測試中表現出來的技能提高為依據
工作變動效果	工資隨著工作變動	工資保持不變
培訓的作用	是工作需要而不是員工意願	是增強工作適應性和增加報酬的基礎
員工晉升	需要工作空缺	不需要空缺，只要通過能力測試
優點	薪酬以完成的工作的價值為基礎	調配彈性，減少員工人數
侷限性	潛在的人事官僚主義，缺乏彈性	潛在的人事官僚主義，需要成本控制

資料來源：張一弛（1999）。《人力資源管理教程》。北京：北京大學出版社，頁243。

技能給薪制可以與人格心理學行爲學派之「增強理論」（reinforcement theory）作一連結。增強理論認爲人們採取某種行爲後，立即會有預期中的結果出現，則此結果爲控制行爲的強化物，會增加行爲的重複出現機率。既然技能給薪制是基於個人所精通的技術作爲報償員工的基礎，所以它較適用於工廠操作員、技術員，或是工作（職務）能夠被明確定義的員工。

四、能力給薪制

現代的企業競爭是全球化的，不論尖端科技或是基礎產業，唯有更快、更準與更具彈性，才能在多變的市場上捷足先登。企業競爭力的提升，有賴於組織內員工所擁有的技術、知識與能力等無形的資產，所以，能力給薪制就是一種融合並延伸技能給薪的薪酬制度（**圖1-4**）。

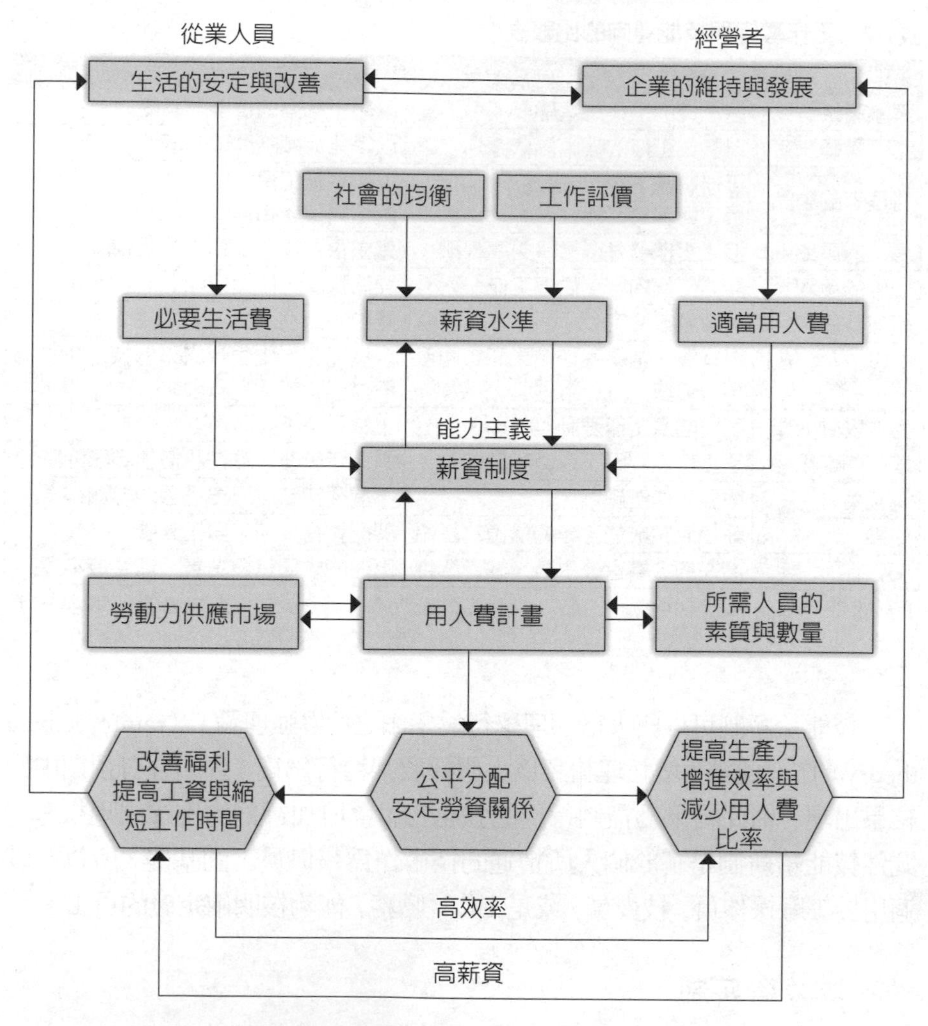

圖1-4　能力主義薪資管理的架構

資料來源：陳竹勝（1988）。〈能力主管薪資管理〉。《勞資關係月刊》，第77期（1998年9月1日），頁26。

所謂能力（competency），是指員工爲達成組織所賦予任務所需具備的知識（knowledge）、技術（skill）、工作動機（motives）與特質（traits）、價值觀（value）與態度（attitudes）的綜效發揮。能力取向的給薪方法，就是一種不根據頭銜，而是以員工的能力作爲給薪的標準。

根據人力資本理論，土地、勞動與資本是經濟學中視爲生產的三大要素。在資本方面，人力資本有別於一般物質資本，個人擁有人力資本的多寡會影響其能力，能力又會影響其工作績效，而績效最終會影響其薪資。所以個人的薪酬是人力資本的函數。在當今知識密集，以及組織結構走向扁平化的趨勢下，就無法以結構性理論的觀點來決定薪酬，而應偏向人力資本理論的觀點來架構其薪酬（**表1-8**）。

表1-8　薪酬制度的比較

類別	職位給薪	績效給薪	技能給薪	能力給薪
內容	以職位、工作條件及工作責任等因素作為給薪的基礎	以工作結果、產出或績效等因素作為給薪的基礎	以員工的知識範圍及所精通技能數量作為給薪的基礎	獎勵員工能夠發揮其潛力，並對其工作本身或組織有所貢獻的給薪方式
理論	公平理論	期望理論	增強理論	人力資本理論
優點	可維持工作價值與薪資報酬之間的合理對應關係，以保障組織內部的公平性	・具公平性 ・藉由對績效的酬償回饋，可幫助員工瞭解努力的方向 ・促使績效不好的員工改進或離開 ・使員工能感受對公司績效的貢獻	・增強員工學習新技能的動機 ・提升員工自我的彈性與適應力，減少組織變革的阻力 ・增進組織用人的彈性 ・建立精簡用人的需求 ・鼓勵扁平式的組織結構	・增進組織彈性 ・促進員工參與管理 ・增進工作彈性 ・促進長期生產力提升 ・強化員工的工作動機、滿足感與組織承諾
缺點	・工作評量內容並不一定能反映員工對於公司的貢獻 ・非真正的公平 ・忽視全方位技能學習與未來職能發展規劃 ・缺乏彈性 ・創新性組織型態不見得適用	・屬於外在的獎勵方式，將削弱工作的內在激勵 ・員工對於安全需求保障，偏好年資給薪 ・預算的限制將使得制度落實受到影響 ・以個人薪酬為重點，使工作團隊不易建立	・每個人在公司受訓時間、機會與原因都不相同，產生員工對於新技能學習與獲得不公平現象 ・技能的增加不一定能反映員工對於公司的貢獻 ・組織鼓勵員工學習新技能，將造成企業成本升高	・缺乏較正式而有系統的評價過程 ・技能檢定之公平性與客觀性的質疑 ・部門間檢定標準不一致

（續）表1-8　薪酬制度的比較

類別	職位給薪	績效給薪	技能給薪	能力給薪
適用場合	‧傳統層級式的組織結構 ‧大量生產、專業分工、員工流動率小 ‧企業經營環境穩定	對於能明確定義的工作、組織協調以及監督要求較少的環境中較為適用	‧工作非常倚賴技術 ‧較適用於工廠操作員、技術員，或是工作或職務能被明確定義的員工	‧較適合管理層級與專業人員 ‧複雜變動環境 ‧強調個人化與提升生產力及品質 ‧組織強調創新 ‧團隊與參與式組織
薪資結構	以工作績效／市場薪資行情為基礎	—	以技術認證／市場薪資行情為基礎	以能力發展／市場薪資行情為基礎
制度流程	職位分析與職位評價	績效考核	技術分析與技能認證	能力模式的評價
調薪	職位晉升時	績效考核後	技術的獲得	能力表現與發展
管理者責任	‧員工與工作／職位相連結 ‧升遷與工作的配置 ‧成本控制（給薪／調薪）	‧具公平性的績效考核 ‧員工溝通 ‧控制成本	‧技能有效運用 ‧提供訓練的時機與機會 ‧控制成本（訓練／認證）	‧確定能力的附加價值 ‧提供能力發展機會 ‧控制成本（能力檢定／工作派任）
員工責任	尋求升遷與調薪	提升工作績效	技能學習與獲得	能力潛能的發揮

資料來源：胡秀華（1998）。〈組織變革之策略性薪酬制度：扁平寬幅薪資結構之研究〉。台灣大學商學研究所碩士論文，頁39-40。

未來薪酬決定要素將不再只是強調職位本身，而是強調員工對於新知識的學習，以及將知識運用出來的能力。能力給薪模式較適用於團隊與參與式組織，特別是製造業和服務業基層技術工作，但近年來也推展到專業性的工作所採用。❻

薪酬管理策略

薪酬管理，是指一個組織針對所有員工所提供的服務來確定他們應當得到的報酬總額，以及報酬結構和報酬形式的一個過程。在這個過程

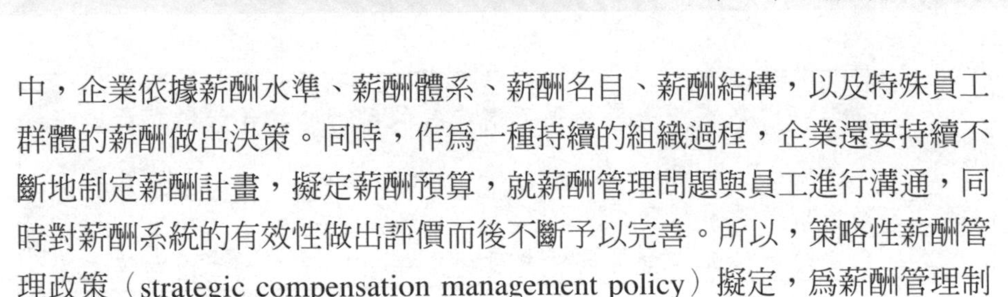

中，企業依據薪酬水準、薪酬體系、薪酬名目、薪酬結構，以及特殊員工群體的薪酬做出決策。同時，作爲一種持續的組織過程，企業還要持續不斷地制定薪酬計畫，擬定薪酬預算，就薪酬管理問題與員工進行溝通，同時對薪酬系統的有效性做出評價而後不斷予以完善。所以，策略性薪酬管理政策（strategic compensation management policy）擬定，爲薪酬管理制度規劃的第一步驟，據此才能制定合理、公平、適用的薪酬制度。

範例1-2

薪資管理政策

一、訂定依據：

本政策依本公司《管理制度規章制定方針》第○○條規定訂定之，並自○○年○○月○○日起生效。

二、目的：

達成薪資管理所追求的提升高生產力之目標，維持公司內部的公平性，以及公司對外的競爭性，並確保公司內薪資程序與實施的一致性。

三、定義：

1.職位分類系統

職位分類系統是以工作評估為基礎，並由人力資源處每年重審一次。所有的職位都需有工作分析及工作說明。新的或變動大的職位都要在三個星期內完成工作評估。

2.薪資結構與薪資級距

(1)薪資結構由薪資調查結果以及公司薪酬政策決定，並由人力資源處每年重審一次。

(2)具該等級職位所要求最起碼的專業知識、教育、經驗、工作表現的人員，付給該薪資級距之最低額。

(3)每一等級薪資級距的最上限代表的是付給該等級職位的最高額。

(4)每一等級薪資級距的最下限代表的是付給該等級職位的最低額。

3.年度績效調薪制度

年度績效調薪是基於所有人員的工作表現分布，目前薪資在薪資級距上的落點，並考慮公司績效調薪的年度預算，由人力資源處加以設計，經由總經理核准後，再分配調薪預算給各處長運用。

四、政策說明：

1.核准單位

(1)薪資調整的年度預算：公司薪資調整的年度預算，應由人力資源處處長規劃及管控，由財務長同意，並經總經理核准。

(2)職等分級系統／薪資結構／薪資級距／年度績效調薪制度：以上各項每年需由人力資源處訂定，並經總經理核准。

(3)人員薪資調整：人員薪資調整應由各部門經理或處長提案或審查，並經人力資源處處長批准。職等為十三或十三以上者，必須由財務長同意，再經總經理批准。

2.新進人員的起薪

一般來講，新進人員的起薪當從適當薪資級距的最低限開始。如果該雇員有過同樣或類似的良好工作經驗，起薪當在薪資級距的最低限與第一個四分位之間，但絕不可超過薪資級距的中點以上。

3.新進人員的薪資調整

職等為十級以下新進人員的薪資調整，是在該員工進入公司之後的六個月，之後的調整是在每年的1月1日。職等十級及十級以上員工的薪資調整，是在每年的1月1日。除了新進人員在職六個月後做績效調薪的審查之外，其餘不滿一年的服務績效調薪，必須採用比例計算的方法，以求對其他受雇者的公平。

4.薪資支出投資

個別員工的薪資以及員工薪資的總成本，從公司長期經營利益

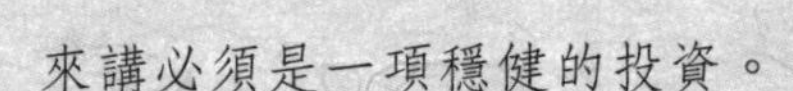

來講必須是一項穩健的投資。

5.薪資調整

所有的薪資調整必須由當時的工作考核，以及工作說明書來支持。調整後的薪資，必須在該職等的薪資級距內，除非薪資結構修改，最高限增加，否則，已取得薪資級距內最高限者不得再加薪。

6.績效調薪

績效調薪端視員工的工作表現是否優良。績效調薪必須考慮該員最近工作表現的考核結果，以及當時該員的薪資在該職等薪資級距內的落點。工作評量結果為「不滿意」者，不得績效調薪。要竭盡所能去避免把年資調薪，以及激勵未實現的改進調薪偽裝成績效調薪。

資料來源：台灣國際標準電子公司。

一、薪資管理的目標

薪資政策，一定要具備明確的目標，而目標務必肯綮實際，且具有下列的特點：

(一)維持對內的公平

有了明確之薪資制度才能讓主管有所遵循，不會因人而異，或是憑主管自己之喜好而給予不同之敘薪而影響員工之士氣。

(二)具有對外之競爭力

在公司有限的資源下，若能妥善運用薪資制度，則可避免外界挖角之壓力，吸引和留住組織需要的核心人才，防止人才外流及人事成本負擔的增加。

(三)提升績效

薪資制度能與員工績效相結合，以達提高員工工作效率與激勵之目的。對於表現優異的員工能給予肯定，但對績效不佳者亦能適時反映，以避免坐地分贓之憾。

(四)具市場及工作改變之彈性

薪酬制度應富有彈性，超出規則的特殊情況應該有補救的措施，以便隨時可以反映就業市場及工作之改變，降低生產成本，控制營運成本。

舉例而言，要達到吸引人才，薪酬便應該釐定在合理與具有吸引力的水準；若要留住員工，薪酬水準的釐定更要顧及員工賴以維持生活水準的基本要求，換言之，除了不能低於一般平均支付薪資水準外，更不可出現欺詐、剝削或厚此薄彼的調薪狀況。企業要有效激勵員工，薪酬制度更應反映出市場的薪酬水準，薪酬的調整更應與員工的工作表現建立明確的關係。薪酬制度的建立是否可行，很大程度上取決於能否獲得員工的接納與信任（**表1-9**）。

二、薪資政策的範疇

薪資政策，是指企業根據勞動力市場的薪酬水準、經營者的經營理念、企業的獲利能力、行業背景、員工組成的素質等因素而訂定出企業內部薪資所要採用的策略，它提供了一般薪資行政作業可依循的法則。由於

表1-9　制定薪資政策的目標

目標
·吸引具備適當能力的人員。
·鼓勵員工充分地運用他們自己的所有能力，並發展他們的潛力。
·協助他們去努力達成他們的工作以及公司的各項目標。
·按照他們所做的貢獻酬庸他們。
·預防因為對薪資水準的不滿而造成士氣的低落。
·鼓勵員工留在公司不跳槽。
·協助他們接受變革和公司的調職。
·以最低的人事成本達到上述目標。

資料來源：丁志達（2012）。「薪酬規劃與管理實務班」講義。台灣科學工業園區科學工業同業公會編印。

企業的薪資政策並不是獨立的，它要受到多種宏觀和微觀因素的影響和制約，所以，企業在擬訂薪資政策之前，必須先分析影響薪資水準的因素，並歸納出內在與外在因素兩個層面，而這些因素對於企業的薪資成本、勞動力的考慮以及薪資標準均有影響。

正式的薪資政策，包含下列的範疇：

(一)競爭地位

公司所支付薪資，要比同業提供的相對稱職位的平均薪資高、薪資低、還是中等水準？這便是薪資方面競爭力的著眼點。

(二)薪資水準

公司有否薪資全距或等幅（salary ranges）之規定？同職位的員工薪資是否相同？或者同職位員工之薪資隨著員工的能力、年資、企業的需要、員工的議價而有所不同？

(三)薪資決定

薪資的決定，是否基於對公司其他相對稱職位之薪資調查？薪資之決定是否來自職位評價？薪資之決定是否取決於薪資調查？

(四)薪資調升

員工的調薪，係源於通貨膨脹？工作績效？服務年資？或三者兼而有之？

(五)起薪點

僱用新進員工薪資的給付標準，與就業市場同一職能資格條件的給薪點相比較，是偏高？偏低？或中等？

(六)薪資變動

薪資政策是否指出有關晉升、降級或職務變動而引起個別員工薪資之變動。

(七)特別事項

薪資政策還應包括：特別休假、節假日、有薪病假、喪假、婚假、陪產假、停薪留職（年資中斷）、加班、臨時工作差遣、服役、臨時職務、試用期間與加薪等薪資支付之規定。❼

三、制定薪資政策準則

一般而言，企業通常有下列四項薪資政策的選擇：(1)領先（lead）政策（高於市場均價）；(2)競爭政策（市場均價）；(3)落後（leg）政策（低於市場均價）；(4)混合政策（領先政策、競爭政策和落後政策三種選擇的相結合）（**圖1-5**）。

(一)領先（主位）政策

領先政策，是指一家企業的薪資水準高於勞動力市場的一般水準而言。顯而易見，採用領先政策後，勞務成本會在短期內增大，因而，企業在決定執行此一政策之前，應仔細權衡它將會帶來對人力成本負擔的利弊得失。

一般而言，企業選擇高於市場均價的領先政策，主要著眼點有下列因素：

1.由於在產品成本中，薪資部分所占成本很少。
2.由於其管理或生產效率特高，而可使單位產品的人工成本降低。
3.由於有些產品有獨占性，所以工資高，售價亦高，將高工資的負擔轉嫁到消費者身上。
4.爲了保證有充分的職位應聘人員。
5.高工資能從外部勞動力市場吸引到更多優秀人才。
6.避免被挖角，減少人員流動率，提高士氣。
7.提高員工的工作情緒與工作效率。
8.提高員工的生活品質。
9.避免員工對工作的聯合抵制行為，有利於增強員工的公平感。

領先（主位）政策

公司的平均薪資定位在高於市場平均薪資的某一個位置上。

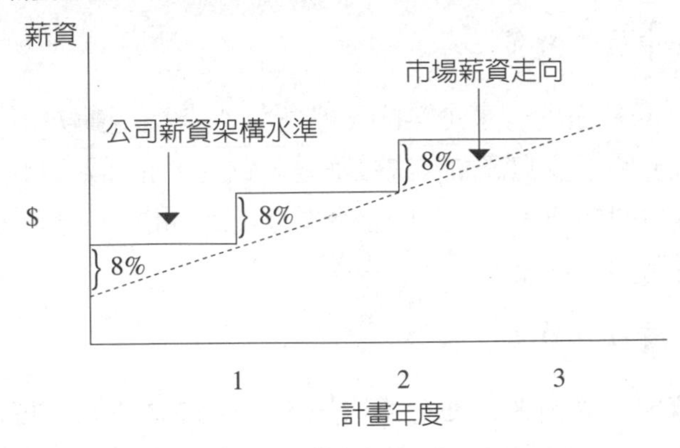

競爭（中位）政策

公司的平均薪資與市場平均薪資，就一個年度總額來說幾乎是一致的。

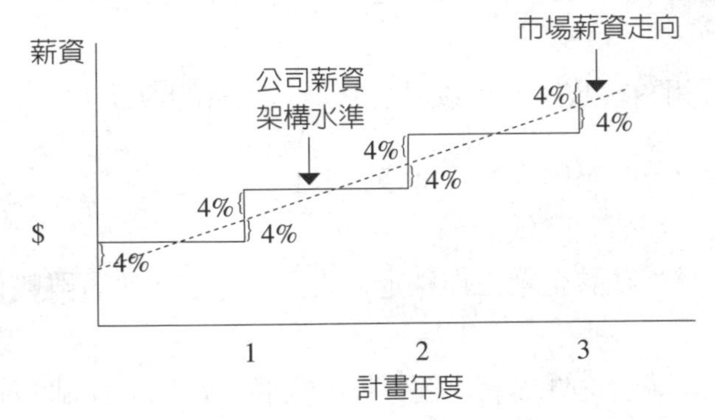

落後（隨位）政策

公司的平均薪資訂在比市場平均薪資水準較低的位置上。

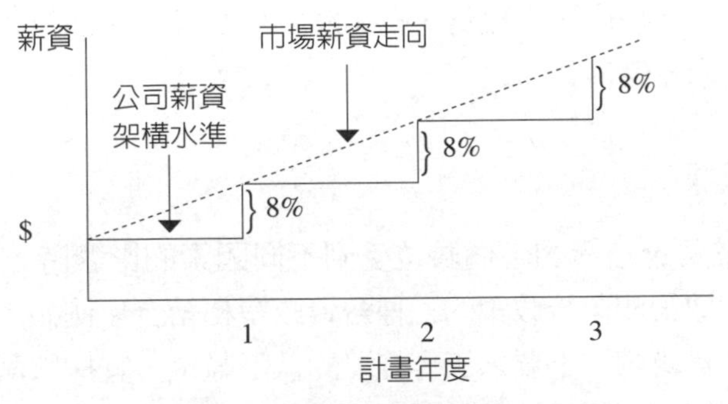

圖1-5　薪資政策的選擇

資料來源：羅業勤（1992）。《薪資管理》。自印，頁1-8、1-9。

10.減少勞資糾紛。

(二)競爭（中位）政策

競爭政策，係指一家企業的一般薪資水準與勞動力市場薪資水準非常接近，就一個年度的總額來說幾乎是一致的。此種薪資政策能在公平的基礎上和其他同業競爭，且可防止企業彼此之間挖角。競爭政策是大多數企業最爲常用的薪資政策。

(三)落後（隨位）政策

落後政策，係指與其他企業比較，平均薪資爲低，它較容易造成人員高流動率、員工整體工作表現較差，甚至容易引起勞資糾紛。一般來說，採用落後政策的公司，大都是獲利較差或人力資源並非公司主要競爭優勢的公司。

企業採用落後政策，可以著眼於下列因素的考慮：

1.某種職位的應聘人員「供過於求」。
2.企業營利能力降低。
3.由於員工在該企業工作穩定，收入也穩定，工資雖較低亦不願離職他就。
4.由於在薪資之外尙有可觀分紅、入股、福利與津貼的收入。
5.由於企業人事管理制度健全，員工相處和諧，認爲在該企業內工作，精神上很愉快。
6.由於產品技術層面較低，爲了維持生存競爭，而無法阻止員工的高流動率。❽

(四)混合政策

當企業薪資結構的各個職位受到不同因素的影響時，一般會將領先政策、競爭政策和落後政策的三種薪資政策相結合。例如：對於某些職位有充分的人員應聘，不要求工作經驗的低階職位，宜採取落後於市場的政策（落後政策）；對於難於招聘到的職務的中階層職位，應開出至少與市場均價水準相當的價格（競爭政策）；對於中高階職位的在職員工，應支付高於市場價值的薪酬，以保持他們對自己從事的職務工作感到滿意，並作爲對他們忠於公司長期奉獻的一種表彰（領先政策）。

每家企業的薪資政策都有所不同，但就總體而言，一個好的薪資政策系統，應該同時考慮外部競爭力（薪資調查）、內部的一致性（職位評價）和員工貢獻因素（績效評核）。企業只有制定一個有效的薪資系統

範例1-3

分段實施的調薪策略

聯訊（Allied Signal）公司的業務員原來都採取高底薪制。公司決定調整薪資政策，將其中20%的薪水調整為視業績高低而定。

該公司採取了下列的作法，用了二年的時間，分四個階段，逐步才將整個薪資制度調整過來。

第一階段：實施前六個月的時間，員工仍然依舊制領薪，只是薪資單同時記載，如果依照新制，員工領到的薪水將是多少。但如果這個階段的員工依新制計算，可以領得比較多時，公司就會把這個差額給付員工。

第二階段：公司正式實施新制，原薪的80%為底薪，另20%調整為依該員工業務績效計算。如果此一階段員工領到的薪水卻不如舊制領得多，公司仍然補足其差額。

第三階段：採用新制後，如果員工仍然無法領到原來的薪水，公司會以借款的形式補足，但這時會和員工討論出一些方法來還清這些款項。

第四階段：開始全面實施新制。

資料來源：EMBA世界經理文摘編輯部（1999）。〈小心調整員工薪資結構〉，《EMBA世界經理文摘》，第152期（1994/04），頁16-17。整理：方素惠。

（pay system），才能吸引和保持優秀人才，才能眞正激勵員工的工作積極性，從而提高企業整體績效，保證企業可持續穩定地永續發展。❾

逐步實施有效的薪資系統計畫，不要讓員工因爲新計畫的實施而權益受損，除非是因爲他們自己表現退步。有些公司會在新計畫剛開始的十二至十八個月內採用兩套並行會計制度，以確保員工不會因新制度而受到傷害。❿

四、薪酬管理的影響因素

影響薪資制度和薪資水準的因素，有以下幾種（**表1-10**）：

1. 職位的相對價值：該職位的責任大小、工作複雜度、任職資格要求的高低、工作環境是否危險等等。由工作分析和職位評價來確定各職位的薪點。工資＝職位薪點乘以（×）工資率。
2. 任職者的技術水準：在此職位上工作的經驗、知識和技能的先進性，由此決定薪酬的技術水準。
3. 市場價格：由就業市場的供需關係決定企業的工資水準應該大於或等於市場的平均水準。

表1-10　影響決定薪酬的因素有關文獻彙總表

研究者	年代	內容分析或研究主張
Clueck	1979	政府法令、工會、經濟、勞動市場、預算控制、薪酬政策、工作評價、團體協商
Chruden & Sherman Jr.	1980	勞動市場狀況、普遍薪資率、生活水準、工作價值、給付能力、團體協商、個人協商
Dessler	1984	法令、工會、薪酬政策、公平因素
Greenlaw & Kahl	1986	勞動市場、企業規模、工會
Gordon	1986	經濟、法令、競爭力、財務給付能力
French	1986	工作價值、普遍薪資率、團體協商、經濟因素、公平原理
Mondy & Noe	1987	生活水準、工會、社會、經濟、法令、比較價值、績效、年資、經驗、潛力、幸運

資料來源：李建華、茅靜蘭（1990）。《薪資制度與管理實務》。台北市：超越企管，頁42。

4.企業效益和支付能力：企業效益增長速度大於或等於工資增長速度。

5.部門績效：確定工資時加入部門績效考核係數，鼓勵團隊精神。

6.勞資協商談判結果：談判中考慮通貨膨脹率（物價指數）、總體（宏觀）經濟狀況，以決定工資增長幅度。

7.法律的規定：企業應遵守政府制定的最低工資標準，它影響了企業整體上的工資水準。⓫

薪酬管理新潮流

在過去數十年中，組織的本質和重點已經發生了重大變化，而且所有的企業領導者一致認爲，這些變化必須在薪酬系統的設計與運作過程中，在一定程度上反映出來（**表1-11**）。

表1-11 現在和未來薪酬系統的特徵

現在的薪酬系統	未來的薪酬系統
由管理人員單方設計	由管理人員同員工代表集體設計
設置關於招聘和留才目標	同經營戰略連結的較寬的目標
強調產出的水準	強調總體績效的水準
強調激勵薪酬系統，系統同個體相連接	強調群體或作為團隊一部分的公司範圍的個體
強調任務與業務。個體技能限制在單一類型的操作	強調勝任力與靈活性，獎勵取得多技能資格
強調個體工作分離，區分工作識別性，具體的有工作描述	強調整體的工作系統，較寬的工作框架
許多級別（多個企業結構層級）	較少的級別（單個企業範圍的結構）
特別強調加薪同每年的團體協商掛鉤	更強調薪酬同每年企業的業績和更多的技能獲得掛鉤
固定的附加福利項目	靈活的附加福利，自助式方式
不同群體有不同的工作條件	所有群體有共同條件
在不同的群體中運用不同的工作評估計畫	整個公司用一個工作評估計畫

資料來源：David Grayson (1987), "Work Research Unit Working Paper, Department of Employment" ／引自：理查德．索普（Richard Thorpe）、吉爾．霍曼（Gill Homan）著，姜紅玲譯（2003）。《企業薪酬體系設計與實施》（*Strategic Reward Systems*）。北京：電子工業出版社，頁26。

美國效能組織中心在2002年對美國一千家大型企業執行長（chief of executive officer, CEO）調查薪酬實踐資料統計後，歸類出薪酬管理的潮流有下列幾大項：

一、工作績效給付

個人報償的多寡視其工作績效而定，也就是薪資決定於個人的工作表現。例如：按件計酬制（piece rate）或銷售佣金制（sale commission）都屬於工作績效給付（merit pay）。

二、紅利

紅利（bonuses）指的是當員工達成特定的績效目標時，企業會給予現金作爲獎勵。例如：公司對業績達成率100%以上的員工發放20萬元的紅利。

三、利潤分享

利潤分享（profit sharing），指的是公司提撥某種比例的利潤來發放給員工。例如：企業提撥稅前淨利的10%發放給員工，員工領取金額的多寡，可能是由績效、出勤率等因素所決定。

四、成果分享

成果分享（gain sharing），指當員工或團隊提出了降低成本或其他能提升生產力的計畫時，公司也可以就該計畫能夠獲致的成果分派報償給具有貢獻的員工或團隊。例如：某位員工提出改善生產流程新方法，該方法使得公司每個月可節省100萬元的成本，因此公司決定將原成本支出的75萬元發給這位員工或團隊成員，而公司保留25萬元。

五、股票認股權

有時公司會給予某些員工（通常是中高階管理者）在未來期間以折扣價格購買公司股票的權利。股票認股權的目的，是要讓原本處於代理人角色的經理人也成爲公司股東的目標，而且經理人在追求獲利目標時，同時也是追求企業股東的目標。當經理人在追求個人獲利目標時，股票市場會反映公司價值，那麼他在未來期間透過股票認股權可實現的利得將會越高。

六、知識給付

知識給付（pay for knowledge）也被稱爲技能給薪制（skill-based pay），代表員工所得到的學位證書。例如：許多企業依員工技能檢定的階級給薪或給予不同學歷者不同的薪資。⓬

七、非現金報酬

對業績的認可獎勵、任何對個人或團體的非現金獎勵，包括：禮物、公開讚揚、宴會等。

八、自助式福利

自助式福利（self-service welfare），係指這一計畫讓員工對企業提供的福利的形式和數量進行靈活自主的選擇。

九、僱用保障

公司透過設計保障就業政策，來防止員工的失業（喪失工作權）。

十、公開報酬的資訊

它係指給予員工有關報酬政策、報酬範圍、浮動獎金額度、獎金類別和工作或技能評價體系的資訊（**表1-12**）。

表1-12　自助式整體薪酬體系

	薪酬類別	薪酬要素	要素解釋
經濟性薪酬	基本薪酬	1.基本工資	員工完成工作而獲得的基本現金報酬
	激勵薪酬	2.一次性獎金	依據員工或公司的績效獲得的半年／年度獎金等
		3.個人激勵薪酬	員工因在某些項目上做出優異貢獻，或因個人績效超過公司規定標準而獲得的一次性獎金之外的額外獎賞
		4.收益及利潤分享	由於所在團隊的績效超越了公司規定的成本或財務指標，員工因此獲得公司收益的一部分
		5.員工持股計畫	員工購買企業股票而擁有企業部分產權所帶來的收入
		6.股票分享計畫	公司在特定的時間內，給予員工一定的公司股票
	福利	7.法定保障福利	法定的社會保障項目，即養老保險、醫療保險、失業保險、工傷保險、住房公積金等（大陸地區）；勞工保險、全民健康保險、勞工退休金等（台灣地區）
		8.退休及養老計畫	提供除法定福利之外的一些退休與養老計畫
		9.醫療福利保險	公司提供的員工生病或傷害的醫療、手術或醫藥保險
		10.安全健康保險	公司提供的員工人壽保險、意外死亡與傷殘保險、職業病療養等
		11.財產保險	公司提供的有關員工個人及家庭的財產保險（如汽車、房子、火災等）
		12.個人特殊保險	公司提供的一些針對個別員工的保險（如牙病、眼病保險等）
非經濟性薪酬	附加薪酬	13.工作補貼	因工作需要公司所提供的設施設備（如制服、電腦等）
		14.外部額外津貼	因員工在外工作，公司提供的交通津貼、出差補貼、戶外活動津貼等
		15.個人特殊津貼	針對某些員工所提供的特殊補貼（如在辦公室增加醫療設備、特殊裝潢、搭乘頭等艙等）
	工作因素報酬	16.工作條件	良好的工作條件和環境（如安全舒適的工作場所、體育設施、娛樂設施等）
		17.工作挑戰	工作對自己的能力有很大的挑戰性，並獲得成長
		18.工作責任	能夠感受到自己肩負著重要的職責
		19.工作認可	出色完成工作能夠得到即時的認可
		20.工作興趣	工作內容和個人興趣相符合
		21.工作保障	穩定、有保障的職位和回報
		22.工作自主	能夠自主地開展工作

（續）表1-12　自助式整體薪系

	薪酬類別	薪酬要素	要素解釋
非經濟性薪酬	個人發展報酬	23.職位晉升	因工作出色而晉升並帶來薪酬的增加
		24.技能提升	正式或非正式的培訓，以掌握新的知識、技能
	特殊假期報酬	25.非工作時間報酬	產假、病假、事假、婚假、喪假等國家法定員工依法取得缺勤收入的福利待遇
		26.公休及法定節假日	一年中享有帶薪假期及依法享有的包含春節、國慶等的節日假
	生活質量報酬	27.生活質量	公司關心員工工作與個人家庭生活之間的關係，使員工享受工作和生活的樂趣（如提供托兒所、養老院、有固定休假等）；能夠滿足員工的一些特殊個人需求（如提供個人低利貸款、借用公司設施、戴MP3工作等）

資料來源：楊旭華（2005）。〈就像超市購物一樣：自助式整體薪酬體系〉。《人力資源》，總第206期，頁56-57。

總的來說，組織的獎勵報酬實踐有可能緩慢地演進和改變，而不是發生劇烈的變動。對大多數組織來說，大刀闊斧地改革薪酬體系確實很難，有時甚至會給組織和員工造成巨大創傷。所以組織試圖進行快速激烈的薪酬制度變革是不太現實的，但是薪酬管理的變化確實在發生，但要出現巨大的變化，仍然需要經歷很長的一段時間。[13]

結　語

「公平合理」的薪資制度，可穩定人心；「具競爭力」的薪資制度，可吸引、留任優秀人才；「配合績效目標」的薪資制度，可激勵員工潛能、提高生產力；「符合整體營運與財務負擔」的薪資制度，將使員工努力貢獻所獲得的報酬與公司的整體經營績效相結合。因此，兼具公平、合理、激勵、財務負擔以及市場競爭性的薪酬制度，是企業在規劃、執行薪酬管理成功的不二法門。[14]

註釋

❶Kenneth J. Albert著，陳明璋總主編（1990）。《企業問題解決手冊》（*Handbook of Business Problem Solving*）。台北市：中華企管，頁391。

❷廣東、廣西、湖南、河南辭源修訂組，商務印書館編輯部（1990）。《辭源》（單卷合訂本）。台北市：遠流，頁1477。

❸EMBA世界經理文摘編輯部（1999）。〈避免薪資制度的兩大謬誤〉。《EMBA世界經理文摘》，第156期，頁15-16。

❹高成男（2000）。《西方銀行薪酬管理》（*Compensation Management in Banks*）。北京：企業管理出版社，頁14-23。

❺Stephen P. Robbins著，王秉鈞譯（1995）。《管理學》（*Management*）。台北市：華泰，頁653。

❻胡秀華（1998）。〈組織變革之策略性薪酬制度：扁平寬幅薪資結構之研究〉。台灣大學商學研究所碩士論文，頁35-38。

❼張德主編（2001）。《人力資源開發與管理》（第二版）。北京：清華大學出版社，頁244-245。

❽黃俊傑（2000）。《薪資管理》（*Salary Management*）。台北市：行政院勞工委員會職業訓練局，頁64-66。

❾吳聽鸝（2004）。〈公平理論在薪酬設計中的應用〉。《人力資源》，總第196期，頁26-27。

❿約翰．勝格（John H. Zenger）著，張美智譯（1999）。《2+2=5：高產能與高獲利的新解答》（*22 Management Secrets to Achieve More with Less*）。美商麥格羅．希爾出版，頁51。

⓫張德主編（2001）。《人力資源開發與管理》（第二版）。北京：清華大學出版社，頁242。

⓬黃恆獎、王仕茹、李文瑞（2005）。《管理學》。台北市：華泰，頁432。

⓭愛德華．羅勒著，文躍然、周歡譯（2004）。〈美國的薪酬潮流〉。《企業管理》，總第274期，頁58-61。

⓮顏安民（1999b）。〈他山之石的薪酬制度〉。《石油通訊》，第576期，頁16-20。

第二章

工作分析與工作說明書

- 工作分析概念
- 工作分析考慮項目
- 工作分析過程
- 工作分析方法
- 工作說明書
- 工作規範
- 結　語

吾讀書十餘年，乃猶不明分功易事之義乎？吾生精力有限，不能萬知而萬能。吾所貢獻於社會者，惟在吾所擇業耳。

～胡適日記（1915/05/28）～

工作分析是人力資源管理活動的基礎，它也是公司內建立職位評價的必要過程，而工作說明書與工作規範，又是職位評價確保組織內每一職位相對價值的基本依據，是建立薪資制度的前置作業不可或缺的步驟。

工作分析概念

企業組織的一個基本原則，是讓工作者去適應工作，而不是讓工作去遷就工作者，也就是說，先建立職務，然後針對這項職務，再指派及訓練人員（**圖2-1**）。

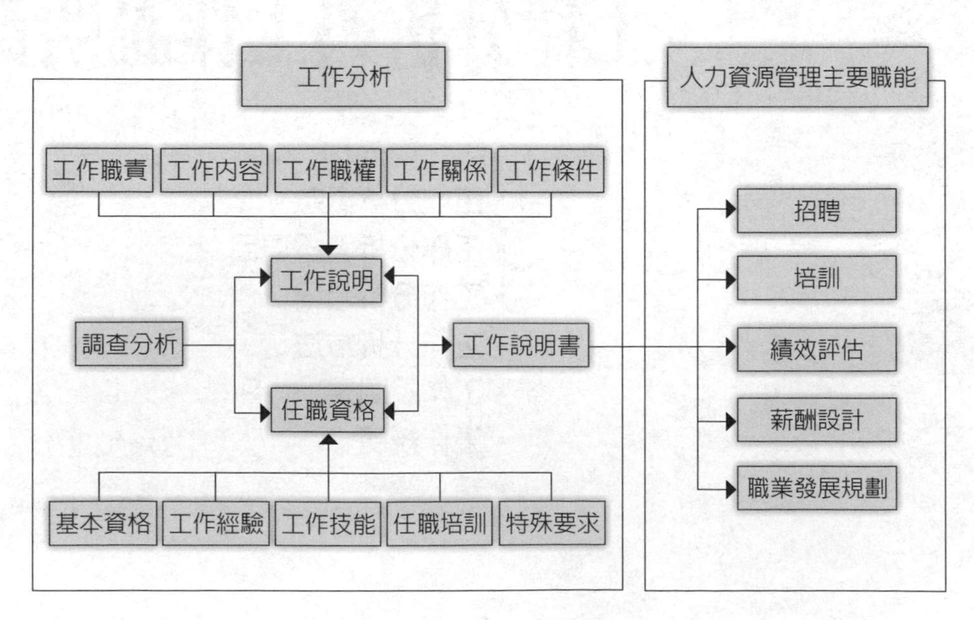

圖2-1　工作分析功能圖

資料來源：孫繼偉（2005）。〈避免藉口〉。《人力資源》，總第202期，頁13。

一、工作分析的目的

工作分析是一種在組織內所執行的管理活動，專注於蒐集、分析、整合工作相關資訊，以確立工作人員爲何而做、做了什麼、如何做，以及需要什麼樣的知識、技能、能力等內容的系統工程，以提供組織規劃與設計、人力資源管理及其他管理機能的基礎（**表2-1**）。

工作分析的目的，在於解決以下幾個問題：

(一)人力資源規劃與組織研究

人力資源規劃的一個核心過程，是對現有工作進行一次盤點。工作分析所提供的訊息，同時也被認爲是進行生產力分析和組織重組的一項重要考慮因素，即藉由工作分析對各部門、職位之工作職責進行確認和劃分，以奠定日後營運之順暢（**圖2-2**）。

(二)作爲職位評價與分類的依據

職位評價的先決條件，就是要做工作分析，作爲公司經營與人力資源規劃的基礎。工作分析提供某個特定工作需要的所有條件、職務內容，還有各個組織層級工作之間的關係，並指出哪一部門應該包括什麼類型的工作（**圖2-3**）。

表2-1　工作分析方式

Why	目的	員工為什麼要做此項工作？（工作目標、要求、成果、責任等）
What	內容	員工將完成什麼樣的活動？（性質、任務、責任等）
How	方法	員工如何完成此項工作？（知識、技能、裝備、器材等）
Who	人員	由誰做？（工作人員所需具備的資格、條件、體能、教育、經驗、訓練、心智能力、判斷力、技能等）
When	時間	工作將會在什麼時候完成？（輪班、時間限制等）
Where	地點	工作將在哪裡完成？（工作環境、室內／室外、危險程度等）
Which	條件	完成工作需要哪些條件？
For Whom	工作對象	為誰做？（顧客、所需配合的對象等）

參考資料：黃俊傑（2000）。《薪資管理》（*Salary Management*）。台北市：行政院勞工委員會職業訓練局，頁35-36。

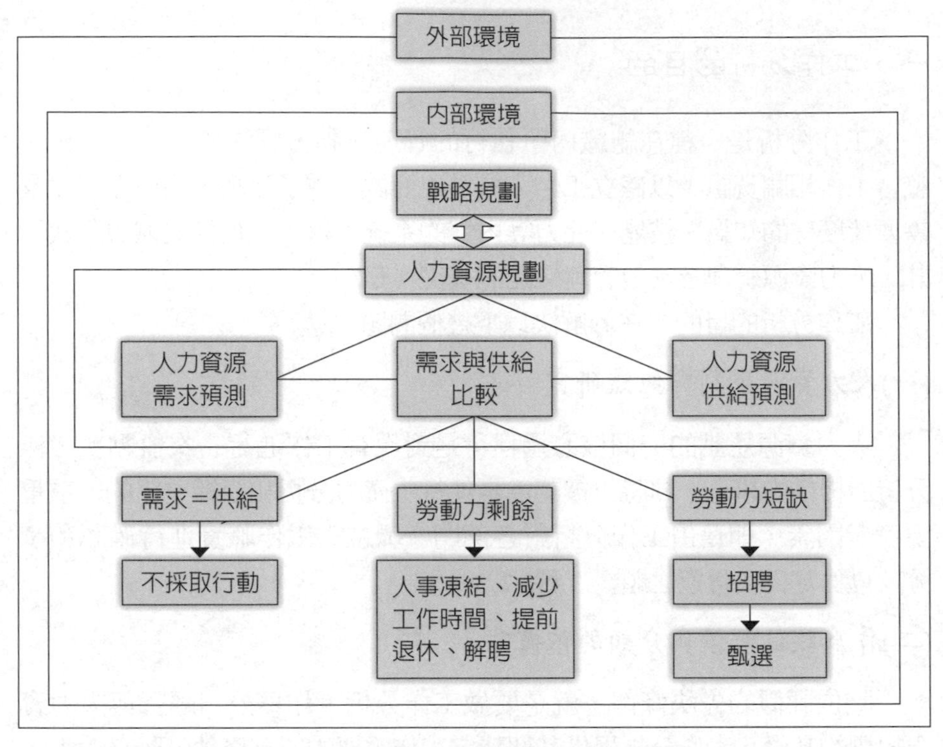

圖2-2　人力資源規劃模型

資料來源：付亞和（2005）。《工作分析》。上海：復旦大學出版社，頁81。

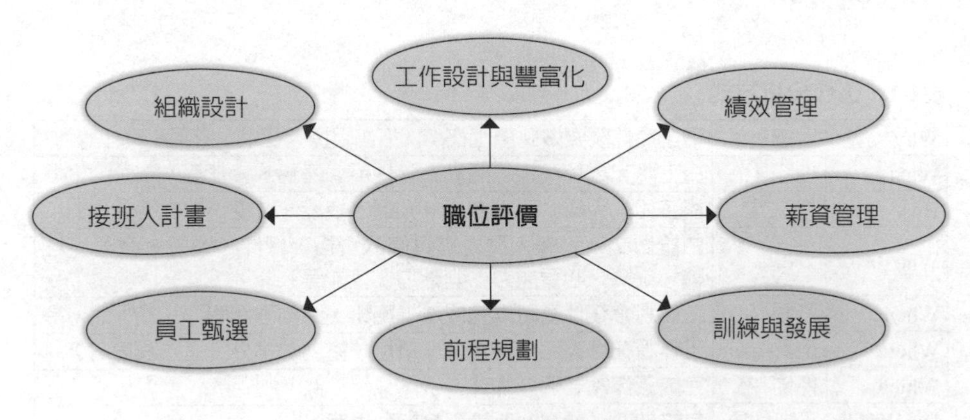

圖2-3　職位評價制度的運用

資料來源：美商惠悅企業管理顧問公司台灣分公司編印，「職位評價與薪資管理研討會」講義。

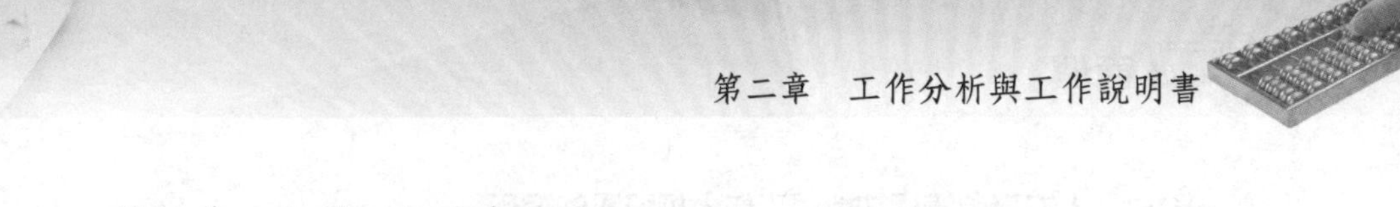

(三)人員招募、甄選、任用與配置

工作分析在描述專業知識、技能的標準，以及相關工作經驗的要求，可作爲任用某個職位新進員工的考量標準，達到人才選用之適用性，並對招募遴選制度加以調整、補充。

(四)員工培訓的基礎

工作分析所說明的內容，會列出這個職位所需要具備的資格，還有應該承擔的責任，在協助辦理教育訓練工作上有相當大的價值。

(五)員工職涯發展的規劃

工作分析具有預測的效果，幫助員工有機會在進行縱向的升遷或橫向的輪調時，瞭解其角色、定位與未來發展路徑與條件。

(六)影響績效評估的效果

藉由各職位工作分析的過程與結果，使部屬與主管明確知道彼此工作內容與目標，作爲績效考核依據之標準，並且設定各項加權比重，然後結合績效考核制度與公司經營總目標，落實在員工個人調薪之中。❶

(七)薪酬管理制度

依據工作內容及考核標準建立公平性與激勵性的薪酬制度，體現「多勞多得，少勞少得，不勞不得」獎酬分配原則。

正因爲工作分析是人力資源管理的基礎工具，它可爲人力資源管理的其他環節（組織設計、工作評量、招募遴選、訓練需求、績效評估等）提供各種所需的客觀基本資料，且有利於個人發展規劃及個人目標設定，近年來備受企業界的重視（**表2-2**）。

二、工作分析常用術語

有關工作分析的常用術語（名詞），茲說明如下：

1.工作任務（task）：爲了達到某種目的所從事的一系列活動。它可

表2-2　人力資源管理功能與工作分析資訊的運用

人力資源管理功能	工作分析資訊的運用
人資管理功能	·工作分析資訊之運用 ·組織研究
人力規劃	·確定所需人員的類別與資格條件 ·預測用人的變化／避免工作任務重疊 ·建立職缺遞補計畫（接班人計畫）
招募遴選	·工作流程分析 ·制定工作規範 ·確立招募評選標準 ·人事測評工具效度的依據 ·控制人事成本
培訓與生涯發展	·鑑定訓練需求／選擇訓練方法 ·評鑑訓練成效 ·建立職業生涯路徑 ·升職、換崗、人事調動
績效評估	·確立績效的標準／績效改進計畫 ·與員工溝通工作表現的期望
薪資管理	·建立職位評價／核薪標準 ·確定獎金的給獎標準 ·確定薪資水準／利潤分享 ·薪資調查／薪資結構的基礎
衛生與工作安全	·安全防範措施的分析 ·意外及職業災害的分析
員工紀律	·規劃出工作職責與權限（工作指導方針） ·建立工作規則與程序
勞資關係	·建立溝通渠道／訴怨處理 ·形成勞動契約 ·團體協商基礎 ·改善勞動關係

資料來源：丁志達（2012）。「薪酬規劃與管理實務班」講義。新竹科學園區同業公會編印。

以由一個或多個工作要素組成。例如：打印一封信件就是一項具體而明確的任務。

2.職責（duty）：職責係指由一個人承擔的一項或多項任務組成的活動。例如：進行員工滿意度調查是人力資源管理主管的一項職責，它包括：設計調查問卷、發放問卷、回收問卷並進行整理，把調查

範例2-1

職位名稱與職責說明

職位名稱	職責說明
車輛配送與庫存管理經理	負責汽車訂單與庫存管理
經銷商發展經理	負責發展理想的經銷商通路，管控經銷商標準、研議商業和投資計畫
售後服務部地區經理	負責全國的售後服務事宜，提供諮詢意見予經銷合作夥伴
技術經理	負責在台灣的產品支援、保固過程和服務品質
技術服務訓練講師	負責協調對所有的經銷工作夥伴員工進行技術服務培訓
顧客服務經理	負責制定執行在台灣的所有顧客服務

資料來源：歡迎加入AUDI／引自《聯合報》（2008/08/10，F1版人事廣告）。

結果通知有關人員等。

3.職位（position）：同一個組織中同一種職務的數量。一項工作可以只有一個職位，也可能有多個職位。例如：辦公室主任、電工等分別是一個職務，一個職務可以有多個職位，也就是說，可以有多個人同時做相同的工作。

4.職務（job）：為個人規定的一組任務及相應的職責。例如：生產計畫員、生產調度員等。

5.職業（occupation）：它係指不同組織中從事相似活動系列工作的總稱。例如：工程師、經理、教師、木匠等。工作和職業的主要區別是範圍不同。工作的概念範圍較窄，一般限於組織內，而職業則是跨組織的。此外，職業生涯是指一個人在其工作生活中所經歷的一系列職位、工作或職業。

6.職位功能（job function）：在職者所必須從事的詳細工作項目。

7.職能（competency）：工作者在工作上能表現優異且能創造高績效的行為特徵與能力，而這些行為特徵與能力加以整合與模組化，就

形成標準化的職能模式。

8.職位需求（job requirements）：在職者為發揮其職位功能而必須（曾經）參與的培養（開發／訓練）之活動，以獲取相關的知能。

9.工作分析（job analysis）：它是指有系統地蒐集相關工作資訊（工作之內容、責任、性質與員工所應具備的基本條件，包括：知識、技術、能力等）加以研究分析的過程，以提供組織規劃、工作設計、人力資源管理及其他管理機能的基礎。

10.工作說明書（job description）：工作分析結果之資訊的整理內容。包括：職稱、報告的隸屬關係、授權程度及主要的工作項目。

11.工作規範（job specification）：列舉出勝任各項職位，在職者所需具備的技術、知識與能力的最低要求。

在工作分析的過程中，正確使用相關術語，至關重要，因採用不同的術語描述，其產生的工作說明的結果相應變化很大。因此，在工作分析中，應該根據需要達成的目的，採取相應的術語。

工作分析考慮項目

工作分析考慮項目包括：(1)一般資料分析；(2)工作規範分析；(3)工作環境分析；(4)任職條件分析四大項。茲逐項說明如下：

一、一般資料分析

一般資料分析，可分為下列三個面向來說明：

1.工作名稱：工作名稱標準化，按照有關職位分類、命名的規定或通行的命名方法和習慣確定工作名稱。

2.工作代碼：各項工作按照統一的代碼體系編碼。

3.工作地點：各項工作的所在地區。

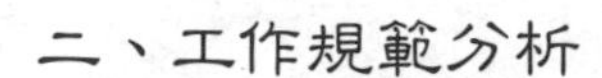

二、工作規範分析

工作規範分析，可分為下列四個面向來說明：

1.工作任務分析：明確、規範的工作行為。例如：工作的中心任務、工作內容、工作的獨立性和多樣化程度、完成工作的方法和步驟、使用的設備和材料等。

2.工作責任分析：透過對工作相對重要性的瞭解，配備相應權限，保證責任和權力對應，一般以定量的方式來確定責任和權力。

3.督導與組織關係分析：瞭解工作的合作關係和隸屬關係。包括：直屬上級、直屬下屬、該工作規範哪些工作、受哪些工作規範、在哪些工作範圍內升遷或調換、合作關係等。

4.工作量分析：工作量分析的目的，在於確定標準工作量。例如：勞動的定額、工作量基準、工作循環週期等。

三、工作環境分析

工作環境分析的目的，是確認工作的條件和環境，可分為下列四項來說明：

1.工作的物理環境分析：包括工作環境的濕度、溫度、照明度、噪音、震動、異味、放射、粉末、空間、油漬，以及工作人員和這些因素接觸的時間等。

2.工作的安全環境分析：包括工作危險性、勞動安全衛生條件、易罹患的職業病、患病率及危害程度等。

3.社會環境分析：包括工作群體的人數、完成工作要求的人際效應的數量、各部門之間的關係、工作地點內外的各項設施、社會風俗習慣等。

4.聘用條件分析：包括工作時數、工資結構、支付工資方法、福利待遇、該工作在組織中的正式位置、晉升的機會、工作的季節性、進修的機會等。

四、任職條件分析

任職條件分析，可分爲下列四項來說明：

1.教育培訓情況分析：包括受教育、培訓程度、經歷、學歷、資格等。
2.必備知識分析：包括對使用的機器設備、材料性能、工藝過程、操作規程及操作方法、工具的選擇和使用、安全技術、企業管理知識或持有的執照等。
3.經驗分析：完成工作任務所必須的操作能力和實際經驗。包括：過去從事同類工作的工資和業績等；從事該項工作所需的決策力、創造力、組織力、適應性、注意力、判斷力、智力以及操作熟練程度等。
4.心理素質分析：完成工作要求的職業性向。包括：體能性向（即任職人應具備的行走、跑步、爬行、跳躍、站立、旋轉、平衡、拉力、推力、視力、聽力等）、氣質性向（即任職人應具備的耐心、細心、沉著、勤奮、誠實、主動性、責任感、支配性、情緒穩定性等）。

工作分析過程

工作分析過程可分爲：(1)工作分析準備；(2)工作分析設計；(3)工作調查；(4)工作資訊分析；(5)編制工作說明書等五個步驟。

一、工作分析準備

工作分析準備，可分爲下列四項來說明：

1.獲得管理階層的支持：不論在任何企業，在進行工作分析之前一定要獲得最高管理階層的支持，用人單位部門才會樂於配合，人力資源部門的推動才不費力。人力資源部門人員在和最高管理階層溝通

時，應該讓他們瞭解工作分析將可以使他們更加清楚知道部屬在做什麼，而且讓他們知道公司的用人費用（包含：招募、訓練及其他庶務性費用與薪資等）的確是花得很恰當與合理。

2.取得員工的認同：員工對工作分析的認同是相當重要的。如果公司的管理階層沒有做好溝通的工作，告訴員工工作分析的目的及過程，可能會導致負面影響，因爲很多員工會對爲什麼要做工作分析感到疑惑與誤解（**表2-3**）。

3.確認工作分析目的：即確定取得的工作分析資料到底用途做什麼、要解決什麼管理問題。

表2-3　工作分析說帖重點

目的	此次本公司進行工作分析的主要目的，是為了配合公司進行各制度之制訂與修正。而此目的之達成需要有各職位之相關正確資料，因此，將藉由工作分析來瞭解各職位的工作內容、職掌與權責；工作環境及擔任此職位所必須具備的知識、技術、能力，以利於公司進行人力資源管理相關制度之修正。	
重要性	項目	重點
	薪資制度	為建立合理、公平之薪資給付之重要參考依據。
	工作分配	藉由工作分析可瞭解各職位間工作內容有無重複、疏漏及各職位的工作負荷是否平均，重新進行工作的調整與分配。
	招募遴選	可依照工作分析所決定出之任用資格來甄選新進人員。
	績效考核	工作分析清楚地訂定各職位之工作職掌，讓主管與員工充分的瞭解工作的內容為何，同時可根據各職位的工作內容、職掌及權責來決定績效考核的項目與方法。
	訓練與晉升發展	新進員工可依據職務說明書的引導，加速其適應該職位。員工可以依據職務說明書上任用資格所規範之知識、技術與能力瞭解自己必須提升及培養的能力有哪些，進而提升員工參與訓練的意願，同時，也可依據擔任各職位所須具備的資格條件，根據自己的興趣與能力來規劃自己的未來發展路徑。
備註	填表人請於5月5日前填寫完畢（請在填表人欄簽章），然後交由所屬單位各級主管審核（請特別注意審核工作職掌及擔任此職務之資格條件的填寫內容），若有填寫錯誤之處，主管請直接在問卷上更改，審核無誤後（請在審核人欄簽章），交由部屬將此資料依照規定格式謄於所附之電腦檔案，存於磁片中，將磁片並同原始書面問卷一併於 5月15日前交回人資部〇小姐。	

資料來源：張麗華（1999）。〈工作分析與職務說明書之建立——以S公司爲例〉。論文發表於行政院勞工委員會、中央大學人力資源管理研究所主辦之「第五屆企業人力資源管理診斷專案研究成果研討會」。

4.建立工作小組：分配進行工作分析活動的責任和權限，以確保分析活動的順利進行。由公司內部相關人員或委託企業管理顧問公司協助建立。

二、工作分析設計

決定要分析哪些「標竿職位」（benchmarking positions）（選定容易與競爭行業比較的職位），以保證分析結果的品質，確定工作分析項目和工作調查的方法。

1.制定工作分析規範：包括工作分析的規範用語、工作分析項目標準書。
2.選擇資訊來源：包括任職人、管理者、客戶、工作分析人員以及有關工作分析手冊。
3.選擇工作分析人員：工作分析人員一般由顧問公司的專業工作分析人員擔任，也可以由公司人員中培訓後擔任。工作分析人員應具備一定的經驗和學歷，保證調查分析活動的獨立性。

三、工作調查

工作調查，可分為下列幾項工作來進行：

1.準備工作調查提綱和各種調查問卷：包括工作調查提綱、工作調查日程安排、調查問卷格式。
2.確定工作調查方法：在多種工作調查方法中，選擇對本次工作調查適合的調查方法。
3.蒐集有關工作的特徵，以及所需的各種資訊數據：包括需要任職人員就調查項目做出如實的填寫或回答；資訊要齊全、準確，不能殘缺、模糊；以及採用某一調查方法不能將工作資訊蒐集齊全時，及時用其他方法補充。
4.蒐集任職人員必需的特徵資訊數據：對各種工作特徵和任職人員特徵的重要性和發生頻率，做出排列或等級評估。

5.工作調查要點：工作調查前要做充分的準備（召開說明會、座談會等，使公司的所有工作調查關係人員瞭解工作調查的方法、步驟，以及實施時的配合）、對調查人員進行培訓（必須使公司全體人員達成對工作分析的認同）、突出工作調查重點（一次工作調查不可能，也沒有必要將所有工作資訊都能蒐集起來，因此，必須事先對本次工作調查的重點加以確定）。

四、工作資訊分析

將工作分析所得的資料予以整理記錄。

1.審核蒐集到的各種工作資訊。

2.分析、發現有關工作和任職者的關鍵成分。

3.歸納、總結出工作分析的必要材料和要素。

五、編制工作說明書

將工作分析結果，以書面的形式表達出來，形成工作說明書，按照統一的規格和要求進行編制。

工作分析是否能夠達到最佳的效果，誤差的防止是十分重要的。防止誤差要注意到抽樣選擇適當的工作與樣本（該職位擔任者衆，且具關鍵性地位與價值）、問卷調查的內涵要夠清楚、易理解，以及在工作環境變遷下可能需要再重作一次工作分析。❷

工作分析方法

工作分析方法，一般有觀察法（observation method）、訪談法（interview method）、工作日誌法（work diary）、問卷法（questionnaire method）、特殊事件法（critical incident method）、實作法（experimental method）、綜合法（combination method）等（**表2-4**）。

表2-4　工作分析方法與內容

方法名稱	內容
觀察法	觀察法即是實地觀察工作的技術及工作流程之方法。當工作分析人員實際分析時，應將工作分析表式樣牢記，俾便詳細記錄所需分析的項目。
訪談法	訪談法是獲取工作資料的通用方法。有三種面談的形式可用來蒐集工作分析資料：個別面談、集體面談、管理人員面談。集體面談法是在一群員工從事同樣工作的情況下使用，通常會邀請其主管也出席，如果其主管未曾出席的話，也應找個別的機會將蒐集到的資料跟其主管討論。主管面談法是找一個或多個主管面談，這些主管對於該工作有相當的瞭解。
問卷法	問卷法通常被人們認為是最快捷而最省時間的方法。最首要的事情在於決定問卷的結構性程度，以及應該包含哪些問題。在一種極端的情形裡，有些問卷是非常結構化的，裡面有數以百計的工作職責，例如：需要多久時間的經驗才足以擔任本職務。在另一個極端情形裡面，問卷的問題形式非常開放，例如：請敘述你的工作中的主要職責。在實務上，最好的問卷介於這兩種極端情形之間，既有結構性問題，也有開放性的問題。
特殊事件法	特殊事件法是記錄工作中特別有效或無效的員工行為，當記錄數量夠多時，即可提供相當訊息。
工作日誌法	工作日誌法乃分析人員要求員工逐日記載所有的工作活動，及花費的時間，以實際瞭解工作的狀況。若能接著跟工作者及其上司面談，則效果更佳。
計量分析法	計量分析法主要在於決定一項工作價值及職位高低，一般常用的有職位分析問卷法（position analysis questionnaire, PAQ）、職能工作分析法。
實作法	實作法為分析者實際參與工作以瞭解工作。
綜合法	綜合法是以上所說明的各種方法中，任何兩種以上的方法合併使用而蒐集資訊的方法。因為任何方法均有其優缺點，所以依據所需工作數據與資料內容，數量分析人員選擇以上各種方法加以綜合應用，可以獲得最佳的結果。

資料來源：劉麗華（1999）。〈工作分析與職務說明書之建立——以S公司爲例〉。論文發表於行政院勞工委員會、中央大學人力資源管理研究所主辦之「第五屆企業人力資源管理診斷專案研究成果研討會」。

一、觀察法

觀察法是工作分析人員在工作現場運用感覺器官或其他工具，觀察特定對象的實際工作動作和工作方式，並以文字或圖表、圖像等形式記錄下來，來取得整體作業週期的執行作業。爲了獲取所有任務的訊息，必須觀察整個工作環節。

實施觀察法時，需注意的要點有：

1.取得調查對象的信任。
2.不要影響到工作的進行。
3.詳細記錄有關資料。例如：需要體力的消耗、努力的程度、噪音、高溫等。
4.觀察完成時，向工作者表示感謝。
5.和該職位的主管討論觀察的結果。
6.將觀察的結果彙總整理。

觀察法的主要益處是可以理解職位工作難度，或完成工作應具備的條件。觀察法常常能發現問卷或訪談所不能發現的職位特性。

二、訪談法

訪談法係透過工作分析人員與任職人員面對面的談話來蒐集工作資訊數據的方法。它以較深入的討論來瞭解他們在做什麼工作？爲什麼要做這些工作？以及如何來做這些工作？可用一對一訪談或集體訪談來進行。

實施訪談法時，應注意的要點有：

1.開始：取得共識，先討論範圍較廣泛，而且一般性的問題。例如：工作程序。
2.進行：問一些特定與工作有關的問題。
3.結束：向受訪談人表示感謝。

在訪談法中，員工通常會展示出問卷中不會提及的，或從工作本身不易觀察到的內容。

三、工作日誌法

工作日誌法主要是針對管理者、研發科技人員、專業人員及事務性工作人員。承辦工作的人員，約一個月期間內每天把整個工作活動細節加以記錄，然後分析之，以得到一張工作明細表及其頻率。如果工作日誌記錄得很謹愼，並且正確，工作日誌會相當有用。❸此外，組織圖、作業流程圖、負責編制的報表等，亦是提供資訊的重要參考。

四、問卷法

問卷法是蒐集大量職位資訊最簡單、最快捷的方式，同時也可能是最經濟的方法。

1.它係由任職人員填寫經過特別設計的調查問卷，來獲取工作資訊的方法。
2.它係經過特別設計，任職人員填寫問卷前，最好在填寫前進行必要的輔導，讓任職人員親自填寫。
3.它的內容要簡明、扼要，不能過於複雜、繁瑣。

工作問卷表設計，不僅要保證所需要的資訊涵蓋每個職位，而且要保證可以從中獲取準確的工作說明（描述）與工作規範。因此，寧可多包括一些可能用不著的問題，而不是因爲包括的問題不夠周延，而迫使員工再填寫第二種工作問卷表。

工作問卷表的設計內容可包括：

1.序言：介紹工作分析之進行目的，以及作答者能精確完整與及時作答的重要性。
2.填答者資料：包含員工姓名、員工編號、職稱、所屬部門、直屬主管、填答日期、在職時間、以前職務、在組織中的服務年限等。
3.工作作業：包含了對目前職務及職責的說明，以及對職務作業增減的看法與建議。此外，並請填答者依職務之重要性，或已發生頻率（百分比），作爲輔助說明。
4.執行該項工作所需之知識與技能：它係指能滿足執行該工作的所需資歷，包括：證書、執照、特殊技術、語文能力在內等。

工作問卷表填寫完成後，由主管審核、查證所填寫內容的正確性，必要時加以變更或修改，然後就可以著手撰寫工作說明書。

範例2-2

工作分析調查表

<table>
<tr><td rowspan="4">一、基本資料</td><td>1.職務名稱：微生物檢驗師</td><td>2.職務擔任人
姓名：　蘇○○</td></tr>
<tr><td>3.所屬單位：ASD</td><td>4.單位主管
職稱／姓名：　經理／楊○○</td></tr>
<tr><td>5.部門：Microbiology Laboratory</td><td>6.部門主管
職稱／姓名：　經理／楊○○</td></tr>
<tr><td colspan="2">7.你的所屬單位（組）從事同一工作的員工人數：3人</td></tr>
<tr><td rowspan="3">二、工作的一般說明</td><td colspan="2">1.你所屬的工作部門的一般目標（目的）是什麼？
品質管制</td></tr>
<tr><td colspan="2">2.你工作小組（組）的一般目標是什麼？
微生物檢驗，水，N₂，Environmental，確效及監控</td></tr>
<tr><td colspan="2">3.你所擔任職務的一般目標是什麼？
微生物檢驗，水系統確效，環境監控</td></tr>
<tr><td rowspan="20">三、職責／工作活動說明</td><td colspan="2">1.你每天的主要工作項目與職責有哪些？（請說明並依重要性排列及評估所占時間比例%）</td></tr>
<tr><td colspan="2">例：(1)資料蒐集與分析 30%　(2)協助主管調度人力 15%</td></tr>
<tr><td colspan="2">取樣：1 hour</td></tr>
<tr><td colspan="2">實驗：5-6 hour</td></tr>
<tr><td colspan="2">Notebook writing</td></tr>
<tr><td colspan="2"></td></tr>
<tr><td colspan="2">2.你每天的非例行性（但經常發生）工作（例如：每週一次或以上者屬之）有哪些？並請說明多久一次？（依重要性排列並評估各項所占時間比例%）</td></tr>
<tr><td colspan="2">例：(1)向直屬主管做異常報告 每週一次 10% (2)工作進度查檢 每月一次 5%</td></tr>
<tr><td colspan="2">Medium Validation</td></tr>
<tr><td colspan="2">Method Development</td></tr>
<tr><td colspan="2">Bacteria Identify</td></tr>
<tr><td colspan="2"></td></tr>
<tr><td colspan="2">3.你還有哪些非固定、非經常性的職責與工作活動並請說明？</td></tr>
<tr><td colspan="2"></td></tr>
<tr><td colspan="2"></td></tr>
<tr><td colspan="2"></td></tr>
<tr><td colspan="2">4.你的主要工作問題或需求來源為何（部門、組、人員）？</td></tr>
<tr><td colspan="2">VA, Production, Utility</td></tr>
</table>

<table>
<tr><td rowspan="18"></td><td colspan="4">5.你的主要工作指示來自何人？例：部門主管、直屬主管……（請列出職稱／姓名）</td></tr>
<tr><td colspan="4">經理／楊○○</td></tr>
<tr><td colspan="4">6.工作指令的性質（口頭、書面）？</td></tr>
<tr><td colspan="4">口頭，書面，皆有</td></tr>
<tr><td colspan="4">7.對分派或負責的工作如何執行？</td></tr>
<tr><td colspan="4">視重要性</td></tr>
<tr><td colspan="4">8.工作完畢後移交何處？</td></tr>
<tr><td colspan="4">VA, QA</td></tr>
<tr><td colspan="4">9.對你的工作標準、完工時間、數量等作決定的是誰（職稱／姓名）？</td></tr>
<tr><td colspan="4">經理／楊○○，自己</td></tr>
<tr><td colspan="4">10.工作發生困難時你通常去找誰（職稱／姓名）？</td></tr>
<tr><td colspan="4">經理／楊○○，VA Group</td></tr>
<tr><td colspan="4">11.你的工作需不需要你對何人（職稱／姓名）下命令？</td></tr>
<tr><td colspan="4">無</td></tr>
<tr><td colspan="4">12.你有無對何人（職稱／姓名）負督導之責？</td></tr>
<tr><td colspan="4">無</td></tr>
<tr><td colspan="4">13.你有無直接統御何人（職稱／姓名）？</td></tr>
<tr><td colspan="4">無</td></tr>
<tr><td rowspan="5">四、工具與設備</td><td>請列舉你所使用的機器或設備？並請勾選使用頻率。</td><td>一直使用（80%以上）</td><td>經常使用（50%-80%以上）</td><td>有時候使用（50%以下）</td></tr>
<tr><td>1. Bioloical Safety Cabinets</td><td>√</td><td></td><td></td></tr>
<tr><td>2. Endotoxim Device</td><td>√</td><td></td><td></td></tr>
<tr><td>3. Incubator</td><td>√</td><td></td><td></td></tr>
<tr><td>4. Microscope</td><td>√</td><td></td><td></td></tr>
<tr><td rowspan="10">五、工作條件</td><td colspan="4">1.你認為目前所擔任職位應具備之最低學歷資格為何？</td></tr>
<tr><td colspan="4">大專</td></tr>
<tr><td colspan="4">2.你認為目前所擔任職位需要額外的特殊訓練（在一般學校教育不容易學到）有哪些？</td></tr>
<tr><td colspan="4">確效</td></tr>
<tr><td colspan="4">3.為了能順利而滿意的進行工作，哪些專業技術是必需的？</td></tr>
<tr><td colspan="4">無菌操作，菌株辨認</td></tr>
<tr><td colspan="4">4.在從事此一工作中，會需要運用哪些能力？例：溝通、協調、分析、規劃……</td></tr>
<tr><td colspan="4">無菌操作，菌種鑑定</td></tr>
<tr><td colspan="4">5.你從事目前的工作需要多長的工作經驗才能勝任？例：1年以下、1-3年、3-5年……</td></tr>
<tr><td colspan="4">3個月以上</td></tr>
</table>

	6.合乎上述條件的新進員工需要多久才能進入狀況？例：半年以下、半年-1年、1-2年……	
	1個月	
六、溝通	除直屬主管及部門同事外，你尚需與哪些人接觸？（註明與你接觸的人的職稱、所屬部門、接觸的性質，如對象太多，請儘量加以歸類）	
	QA，數據有OOS產生	
	VA，系統確效	
	Production，生產	
	Utility，維護	
七、直屬主管填列	學歷	本工作所需最低教育程度為何？
	經歷、訓練	從事此一工作的新進人員必須具備哪些工作經驗或訓練，其工作表現才能符合要求？
		所需經驗、訓練的時間要多久？
	人格特質	擔任本工作新進人員除具備上述學經歷外，尚需具備哪些人格特質，其工作表現與工作績效才能達到平均水準？例：積極主動、責任感、擅溝通、耐心、合群……
簽署	職務擔任人：	直屬主管：
	日期：	日期：

註：1.本表請以目前實際狀況填寫，於一週內填寫完畢送交工作小組轉交顧問，以作為製作工作說明書參考。

2.填表人如有工作項目與其他工作同仁重疊時，請向直屬主管提出並討論之。

3.填寫此表如有疑問，請向工作小組尋求協助。

資料來源：精策管理顧問公司。

五、特殊事件法

特殊事件法是記錄工作中特別有效或無效的員工行爲，當記錄數量夠多時，即可提供相當訊息。

六、實作法

實作法為分析者實際參與工作，以瞭解工作的內容，所以，所獲得的資訊較其他方法獲得的資料可用性較高，但實際上，利用實作法時，需要花費許多的費用、人力以及培養專門技術人員，它主要用在勞力性的工作分析較為適合。

七、綜合法

綜合法是以上所說明的各種工作分析方法中，任何兩種以上的方法合併使用而蒐集資訊的方法。因為任何工作資訊蒐集方法均有其優缺點，所以合併（混合）使用時，它可以彌補單一工作資訊蒐集方法的缺陷，由此獲得的資訊將更加完整，更加有效（**表2-5**）。

表2-5　工作分析方法優缺點彙總表

方法		優／缺點
觀察法	優點	1.適用於大量標準化、週期短的體力活動為主的工作。 2.根據工作者自己陳述的內容，再直接到工作現場深入瞭解狀況。 3.主觀。
	缺點	1.干擾工作正常行為。 2.無法感受或觀察到特殊事故。 3.如果工作本質上偏重心理活動，則成效有限。 4.不適用於週期長、非標準化的工作。 5.不適用於各種戶外工作。 6.不適用於高、中級管理或智力活動為主的工作人員的工作。
訪談法	優點	1.可獲得完全的工作資料，以免除員工填寫問卷表之麻煩。 2.可進一步使員工和管理者溝通觀念，以獲取諒解和信任。 3.可以不拘形式，問句內容較有彈性，又可隨時補充和反問，這是問卷法所不能辦到的。 4.蒐集方式簡單。 5.與任職人員雙向交流，瞭解較深入。 6.可以發現新的、未預料到的重要工作資訊。
	缺點	1.資訊可能受到扭曲，因受訪者懷疑分析者的動機、無意誤解，或分析者訪談技巧不佳等因素而造成資訊的扭曲。 2.分析項目繁雜時，費時又費錢。 3.占去員工工作時間，妨礙生產。

（續）表2-5　工作分析方法優缺點彙總表

方法	優／缺點	
	缺點	4.回答問題時可能有隨意性、即時性，準確度有待驗證。 5.工作分析人員的思維模式或偏見影響判斷和提問。 6.對任職人員工作影響較大。 7.對工作分析人員的素質要求高，工作分析人員素質的水準將對訪談結果產生重大影響。 8.訪談法不能單獨使用。
問卷法	優點	1.成本最低及迅速回饋。 2.容易進行，且可同時分析大量員工的工作。 3.員工有參與感，有助於雙方計畫的瞭解。 4.可以面面俱到，蒐集到較多的工作資訊。 5.可以蒐集到準確、規範涵義清晰的工作資訊。 6.可以隨時安排調查。
	缺點	1.問題事先已經設定，調查難以深入；很難設計出一個能夠蒐集完整資料之問卷表。 2.一般員工不願意花時間在正確地填寫問卷表。 3.工作資訊的採集受問卷設計水準的影響較大。 4.對任職人的知識水準要求較高，一般是以問卷法為主，以訪談法和觀察法為輔，展開工作調查。
特殊事件法	優點	1.針對員工工作上的行為，故能深入瞭解工作的動態性。 2.行為是可觀察、可衡量的，故記錄的資訊容易應用。
	缺點	1.須花大量時間蒐集、整合、分類資料。 2.不適於描述日常工作。
實作法	優點	可於短時間內由生理、環境、社會層面充分瞭解工作。如果工作能夠在短期內學會，則不失為好方法。
	缺點	不適合須長期訓練者及高危險工作。
工作日誌法	優點	1.對工作可充分地瞭解，有助於主管對員工的面談。 2.採逐日或在工作活動後馬上記錄，可以避免遺漏。 3.可以蒐集到最詳盡的資料。
	缺點	1.員工可能會誇張或隱藏某些活動，同時彰顯其他行為。 2.費時、費成本，且干擾員工工作。

資料來源：丁志達（2012）。「職能資格與薪資管理講座班」講義。中國生產力中心編印。

不論使用何種方法蒐集資料，在進行工作分析的過程中，最重要的是設計工作分析表及訓練工作分析人員。實務上，工作分析人員常由人資人員和部門主管共同擔任，而工作分析表格的設計，則必須根據公司的組織型態、工作評價的對象和工作的性質而做不同目的的設計（**表2-6**）。

表2-6　工作分析方法與適用目的

目的＼方法	觀察法	訪談法	問卷法		實作法	特殊事件法
			行為導向	任務導向		
工作說明書	○	○	－	○	－	○
測驗的發展	○	○	○	○	○	○
面談的發展	○	○	○	○	○	○
工作評價	－	○	○	○	－	－
訓練的設計	－	○	○	○	○	○
績效評估的設計	－	○	○	○	○	○
生涯路徑的規劃	－	－	○	－	－	－

資料來源：Cascio, W. F. (1992). *Managing Human Resources Productivity, Quality of Work Life, Profits* (3e). McGraw-Hill, p. 116.

工作說明書

透過工作分析程序所得到的資訊，可作成兩種書面記錄，一爲工作說明書，一爲工作規範。前者說明了工作之性質、職責及資格條件等；後者則是由工作說明書衍生而來，著重在工作所需的個人特性，包含工作所需之技能、體力及能力等條件，這些皆是人力資源管理的基礎。

一、工作說明書的用途

工作說明書可以提供職位評價所需之情報，又可提供薪資結構建立一個合理的基礎。

工作說明書的主要用途，在以有系統地記錄一些工作資料，以便比較各項工作。

1.工作說明書可作爲職位評價的基礎，又可提供以後工作重新評價的參考。

2.作爲人力資源規劃的基礎，預測從事某項特定工作的人，需要接受多少培訓課程。

3.職位空缺需招考新人遞補時，可將工作說明書送請人力資源部門作為撰寫招募廣告、遴選及配置在最適當的工作職位依據。

4.讓新進人員熟悉他的工作，並培訓新進人員。

5.從工作說明書上可輕易得知員工的工作職責，使每一個人更瞭解他們目前的工作。

6.澄清各工作間的關係，以避免發生責任重疊和無人負責的現象。

7.利用工作說明書設定績效目標，並作為員工績效考核之基準。

8.利用工作說明書擬訂員工未來職涯發展之用。

9.為各部門內各階層設定升遷途徑，使他們事先瞭解職務工作內容。

10.工作說明書可提供新接任主管之參考，俾利瞭解管轄範圍。

11.工作說明書可作為薪資調查時的參考資料。

12.從工作說明書可預測將來企業所需技術、知識，俾利長期人力資源開發。

13.工作說明書有助於作為組織重整規劃之參考與改善工作流程。

14.工作說明書可作為懲戒怠惰者之依據（**表2-7**）。

表2-7　工作說明書編制的注意事項

- 工作說明書須能根據使用目的，反映基本的工作內容。
- 工作說明書的內容可依據職務分析的目的加以調整，內容可簡可繁。
- 工作說明書可以用表格形式表示，也可以採用敘述型。
- 工作說明書中，文字措辭應保持一致，字跡要清晰。
- 使用淺顯易懂的文字，文字敘述應簡潔，不要模稜兩可。
- 工作說明書應運用統一的格式書寫。
- 工作說明書應充分顯示各工作間之真正差異。
- 寫出應該做到的工作而非反映在職者之資歷。
- 重點而非細節（為完成該工作所需具備的基本經驗、技術，最好由主管來填寫）。
- 盡量以動詞做各職責敘述之始。
- 正常性工作而非特例或其他非經常性之工作。
- 工作說明書的編寫最好由組織高層主管、標竿職位的任職者、人力資源部門代表、工作分析人員共同組成工作小組或委員會，協同工作，共同完成。

資料來源：丁志達（2012）。「薪酬規劃與管理實務班」講義。新竹科學園區同業公會編印。

二、工作說明書記載的資料

在工作說明書中，應包括下列資料：

1.職位名稱：職位名稱是用於區別不同性質的職位，使人一看即知該份工作說明書所描述者爲何種工作。

2.工作摘要：工作摘要係對各職位工作內容、性質、任務處理方法的簡要描述，其目的在於說明該職位的工作內容，使有關人員透過此等說明，對於該職位目的的工作能有綜合性、概括性的瞭解。工作摘要的撰寫文字應力求簡單與清晰，切忌含糊籠統或文字冗長，必須能以簡潔文字描述出該工作的內容性質與處理方法。

3.職責說明：職責說明係就工作摘要所描述的工作內容做更詳盡的說明。它可以描述或採用列舉等方式，詳細說明每一職位職務的性質、任務、作業程序與方法、所負責任、決策方式，俾使有關人員對該職位之職責能有細密而精確的瞭解與認識。用語應力求簡單、明晰而完整。工作分析人員尤應妥善整理，務必使職責說明可以表明該職位的職責全貌。

工作說明應注意使用動詞（**表2-8**），準確地表達各個職位的具體工作內容。工作說明書必須避免使用模稜兩可的詞彙，否則，它對設計有效的薪酬管理體系將毫無意義。

在書寫工作說明書時，在第一頁底部最好加上這麼一句話：「上面所描述的職責，只是本工作的主要功能，並非本工作所有職責的詳細內容。」在實務上，工作說明書是無法包括某個工作的所有職責，它只是記載其主要功能，這樣便足以適切地評估該工作了，偶發性的職責很少塡入工作說明書內。有了上述的那句文字，就可以防止員工拒絕塡寫工作說明書。

表2-8　工作分析常用動詞庫（中英文對照）

英文	中文	英文	中文
adapt	採用	lead	帶頭
administers	管理、執行	maintain	保持
analysis	分析	make	製作
arrange	排列、安排、協商	manage	管理、執行
assist	協助、幫助	modify	修改
attend	參加	monitor	監督、監測、監控
authorize	批准	negotiate	商議、談判
build	建造	oversee	監視
calibrate	校準	observe	遵守
cash	兌現	operate	操作
check	檢查、核對	organize	組織
collect	蒐集	participate	參加
compare	比較	patrol	巡邏
compose	組成	pay	支付
conceptualize	概念化	perform	執行
conduct	引導、傳導	permit	批准
confer	贈予	post	張貼、布置、郵寄
connect	聯絡	plan	計畫
construct	建造、構造、創立	predict	預測
control	控制	prepare	準備
cooperate	合作、協作	prevent	防止
coordinate	協調、調整	product	生產
count	計算	provide	提供
delete	刪除	read	讀
design	設計	receive	接收、接待
direct	指導	recommend	推薦、建議、介紹
dispute	爭論、辯論	reject	拒絕
discuss	討論	repair	修理、修正、修訂
determine	決定	report to	報告
develop	開發、發展	resale	轉售
enter	進入、輸入	research	研究、調查
ensure	保證	resolve	解決、決定
establish	建立	review	評論
evaluate	評價	rotate	旋轉、輪值
examine	檢查	route	發送、安排

（續）表2-8　工作分析常用動詞庫（中英文對照）

英文	中文	英文	中文
file	文件處理	schedule	計畫、指定進度
forecast	預測	study	研究
formulate	闡明	submit	提交
gain	獲得	supervisor	監督、主管
greet	問候	support	支持
handle	處置	take charge	主持
identify	確認、識別	test	測試
inspect	檢查	use	應用
interpret	解釋	undertake	從事、承擔
interview	面談	verify	核對
keep	保持、維持	work with	共同工作
locate	定位、查找	write	寫、起草、執筆

資料來源：付亞和（2005）。《工作分析》。上海：復旦大學出版社，頁45。

三、工作說明書的撰寫者

工作說明書，通常可由下列三種人員來塡製：

1.由工作分析人員塡製工作說明書，因爲很少工作分析人員對每項職務內容都十分瞭解，所以在塡寫工作說明書時，實有必要舉行訪談。

2.由在職者塡報工作說明書之問卷。

3.由主管塡報部屬之工作說明書。

某種工作所涉及的技術、努力程度、責任以及工作環境等的重要性，在工作說明書上都有表明，而決定某項工作其上述因素的相對重要性，以及與其他工作情況比較，以決定薪資的整個行爲，則稱爲職位評價。

範例2-3

市場部經理職位說明書

一、職位基本資訊

職位名稱	市場部經理	所屬部門	集團市場部
直線上級	集團副總裁	直接下級人數	4人
編號	暫時空缺	工資序列	暫時空缺
分析時間		工作分析員	石偉

二、職位設置的目的

充分利用集團各方面的資源，制定營銷戰略和新產品開發戰略，提升集團公司形象和品牌價值，促進市場目標的實現

三、在組織中的位置

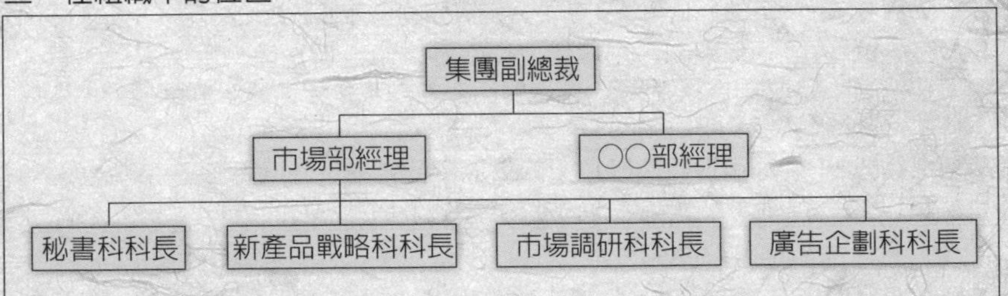

四、工作職責及衡量標準

重要性	工作職責	衡量標準
1	組織市場調研，及時向公司決策層提供簡明扼要、有價值的市場資訊和應對市場變化的策略建議，提高決策的科學性	新產品開發項目數 建議被採納情況 產品銷售額 新產品銷售額 企業品牌價值 市場占有率
2	根據調研資訊、市場動態和公司發展策略，協同公司決策層制定細緻周密的市場營銷策略和新產品開發策略，促進市場目標的實現	
3	透過技術交流、推廣活動、廣告策劃宣傳等活動，迅速培育和提升品牌形象，促進公司產品銷售和市場拓展	顧客滿意度
4	安排、協調、指導和監督部門成員的工作、激勵員工工作積極性，實現部門的高效運作	員工滿意度
5	進行公司內、外部相關單位的溝通和聯繫，充分利用多種資源，促進工作開展	

五、工作聯繫

子公司內部	單位
集團內部	集團總裁辦、財務部、企管部、研發中心、銷售公司、服務公司、審計部、法務部及各子公司
集團外部	各級政府機關、諮詢公司、媒體、行業主管部門、廣告公司、行業協會、理事會

六、任職資格要求

向度	最低要求
專業要求	市場營銷、MBA、企業管理、相關工科類專業
最低學歷（或工作證書）要求	大學本科畢業，無專門的工作證書要求
最低經驗要求	相關專業工作經驗3年以上；相關管理工作經驗3年以上（最好是在大中型企業）
公文寫作、電腦、外語要求	能熟練操作電腦，包括Internet的使用和基本的數據分析；有一定的外語閱讀能力；具有很強的文字表達能力
主要能力和素質要求	學習能力、創新能力、協調能力、溝通能力、進取心、責任心、團隊意識。極強的創造能力、較強的分析判斷能力、資訊檢索能力和心理承受力
職位培訓主要內容及方式	每年進行累計17天的市場調研方法、市場營銷、品牌管理知識、產品知識的培訓，其中職外培訓為7天

七、工作特徵

評價要素	特徵描述
工作的時間特徵	具有一定的規律性，可以自行安排或預先知道
工作的緊張程度	大部分時間的工作節奏、時限可以自己掌握，有時比較緊張，但持續時間不長
工作的均衡性	經常有忙閒不均的現象，並且沒有明顯的規律性
工作的地點	工作需要經常外出，外出時間約占總工作時間的50%

任職者簽名：	直接主管簽名：	集團主管簽名：
日期：	日期：	日期：

資料來源：湯惠朝、李梅香（2002）。〈用職位說明書掌控團隊：來自一家IT企業的案例〉。《企業管理》，總第247期，頁70。

工作規範

工作規範是說明員工在執行工作上所需具備的知識、技術、能力和其他特徵的清單，是屬於工作分析的另一項產品，有時放在工作說明書的後半部，其主要內容記載著工作行爲中被認爲非常重要的個人特質，針對「什麼樣的人適合做此工作」而寫，也是人員招募甄選的基礎，用來判斷某位求職者是否符合需求內容，其內容以工作所需的知識、技術、能力爲主。❹

一、工作規範的定義

工作規範通常應確定完成一項特定工作所需的最低資格，而不是要確定理想的資格。因此，工作規範一方面在分析各職位工作內容與其他職位工作內容的對等關係外，一方面亦在規定擔任是項職位所需的知識、技能與人格特質。英國政府任用部出版的一本訓練名詞字彙，對工作規範所下的定義爲：「一個工作所牽涉到的體力及智力活動，以及必要時與工作有關的社會及實體環境事務的詳細說明。」工作規範通常是以行爲方式來表達，諸如：工作人員所做的工作，從事該項工作時所使用的知識、所做的判斷，以及做判斷時所考量的因素。

二、工作規範的撰寫原則

工作規範是由工作說明書衍生而來，著重在工作所需的個人特質，是工作所包含技術和體力需求的主要說明，與強調工作內容、性質之工作說明書有所不同。良好的工作規範格式設計，要特別注意到每一個特殊因素，例如：教育、經驗和工作環境等。

工作規範雖然沒有標準的格式或規定的標題，但是依工作的類別而有所不同是必要的。例如：靠勞力的或靠腦力工作的，依組織型態之不同而異。工作規範的撰寫原則，一般可歸納爲：必須簡明扼要、避免累贅、

偶然發生之職務應註明、設備與設計等應予識別，用處亦需描述清楚、職稱需統一、依據工作事實所得的結論需置於陳述之後、主觀裁定之敘述必須與事實吻合，以及應交予實際執行者認可，以確保無誤。

三、工作規範撰寫的內容

在撰寫工作規範內容上，通常列入工作所需條件的項目，約有下列數項：

1.技能：如教育、經驗、智力運用、工作知識等。

2.責任：如對於他人的安全、對於他人的工作、使用的設備、材料或生產物料的種類、其他責任等。

3.體能：如站立、坐著、攀登、推舉、行走、身高、體重的要求等。

4.工作情況：如工作危險、工作傷害等。❺

結　語

工作分析、工作說明書、工作規範是現代人力資源管理的平台和基礎設施。一個企業如果不重視工作分析、工作說明書及工作規範，所謂人力資源管理就是無源之水，無本之木。

註釋

❶衛南陽（2005）。〈從工作分析開始留住人才〉。《震旦月刊》，第403期，頁5-8。

❷常昭鳴（2005）。《PHR人資基礎工程：創新與變革時代的職位說明書與職位評價》。博頓策略顧問公司，頁64。

❸H. T. Graham著，石銳譯（1990）。《人力資源管理：工業心理學與人事管理》（*Human Resource Management*）。台北市：臺華工商，頁171。

❹衛南陽（2005）。〈從工作分析開始留住人才〉。《震旦月刊》，第403期，頁5-8。

❺黃英忠（1995）。《現代人力資源管理》。台北市：華泰，頁110-111。

第三章

職位評價

- 職位評價概念
- 職位評價：非量化法
- 職位評價：定量法
- 職位評價方法的選擇
- 結　語

樹木由其果實而得名。

～威克里夫（Wyclif）～

職位評價或稱工作評價、職務評價，顧名思義，是在以有系統且用客觀的方法來決定職位彼此之間的「相對關係」，並將各職位納入職等，換言之，它是將各職位的相對價值與貢獻度加以區分，並藉由等級劃分的方式，定義出每個等級企業願意付給員工的薪資範圍。在職位評價過程中，可能需要將某個職位與其他職位進行比照，或者將某個職位與預先確定的標準進行比對，是薪資制度設計的關鍵步驟（**圖3-1**）。

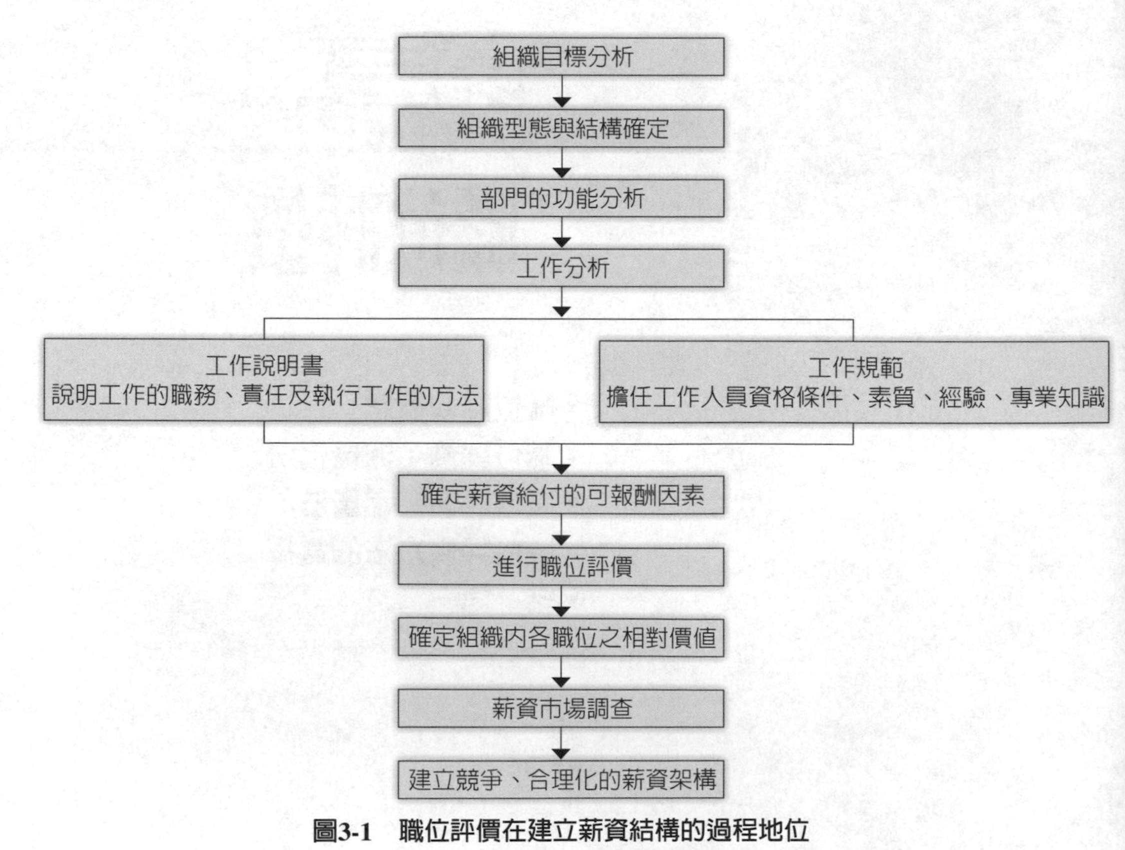

圖3-1　職位評價在建立薪資結構的過程地位

資料來源：丁志達（2012）。「薪酬規劃與管理實務班」講義。台灣科學工業園區科學工業同業公會編印。

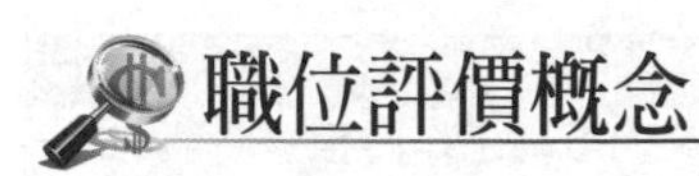

職位評價概念

早在十九世紀末，弗雷德里克・泰勒（Frederick W. Taylor）倡導科學管理時，已開始採用職位評價，但至第二次世界大戰時，企業界的使用才逐漸的增加（**表3-1**）。

表3-1　職位評價的定義

學者	定義
Cenzo & Robbins	職位評價是將組織內每一個工作指定其相對價值。
Armstrong	職位評價是根據工作的內容而非負責工作的績效，衡量工作的相對價值。
Dessler	職位評價在於決定工作之間的相對價值，其基本程序是按照努力、職責和所需技能等工作內容（報酬因素）彼此比較各種工作，如果根據薪資調查及公司的薪資政策，可以知道如何決定標竿工作的薪資，再根據職位評價的結果，其他員工的薪資也就可以一併制定。
Livy	職位評價它是分析、評估工作內容的一個過程，藉由一種一致性與系統性的基礎，定義工作的相對關係，幫助組織發展一種新的薪資給付結構的技術。
P. Pigors & C. A. Myers	職位評價是決定組織內每件工作個案與其他相關工作之價值的系統方法。
C. W. Lytle	職位評價係工作分析的延長，用以確定工作的相對價值，並將評價結果反映至適當的薪資結構，同時為調整薪資結構提供標準的程序。
W. French	工作是一項程序，用以確定組織中各種工作之間的相對價值，以使各種工作因其價值的不同，而給付不同的薪資。
D. L. Bartley	職位評價可顯示出公司中各工作之間的關係，以及正確地區分它們。瞭解了這個事實，員工才會接受他的職位與薪資。
黃英忠	職位評價為工作分析的擴張，係比較企業組織內各個工作所具有的責任度，及執行業務所遭遇的困難度與複雜度而決定其工作的相對價值，用以支付不同薪資之過程。
齊德彰	職位評價為尋找所有的工作在組織中的排序，並按其所支應的相關價值做層次性的安排，而此種安排是針對工作而非對人。
何永福、楊國安	職位評價乃是根據工作分析，有系統地比較及評核各類工作的內容和價值（對企業的貢獻）。這是一種以工作為本的薪金制度（job-base pay system），它是以員工從事的工作為依據，決定員工的薪資。

（續）表3-1　職位評價的定義

學者	定義
李建華、茅靜蘭	職位評價是一種方法，用以決定一個企業內各種工作間相關價值（the relative values）的全部過程。它係站在企業本身的立場，根據某些特定因素，將每個工作加以分析說明，用比較方法來確定個人工作評價之高低，再依此項高低不同，來設立並納入一合理的工資計畫。
譚啓平	職位評價是決定公司中某一職位與其他各職位相對價值的作業。它可提供具體確切資料，以作為建立薪資額訂定比率的依據。

資料來源：丁志達（2012）。「薪酬規劃與管理實務班」講義。台灣科學工業園區科學工業同業公會編印。

一、職位評價的目的

職位評價（評估）重在解決薪酬的對內公平性問題，職位評價最主要的目的，就是建立工作的相對價值，然而它還有幾項其他的目的：

1.它是比較企業內部各個職位的相對重要性，得出職位等級序列。
2.它是爲進行薪酬調查建立統一的職位評價標準，消除不同公司間，由於職位名稱不同，或即使職位名稱相同，但實際工作要求和工作內容不同所導致的職位難度的差異，使不同職位之間具有可比性，爲確保薪資的公平性奠定基礎。
3.它是促進管理者與員工對工作與薪資獲得共識（**表3-2**）。

職位評價是工作（職位）分析的自然結果，同時又以工作（職位）說明書爲依據。爲了達到評估職位價值的目的，在進行職位評價之前，應先對該項工作進行詳細的工作（職務）分析，以取得職務內容的有關資訊，然後組成評價委員會，從這些職務資訊中找出「可報酬因素」，例如：職務責任、職務條件、職務所需要的技能（skills）與努力程度等，據此評估每項職務的相對價值，並給予適當分數，在得到每項工作的價值分數後，即可根據一定比例計算出各職務應有的薪資水準。

由於職位評價所決定的薪資，是根據各職務的相對評分換算而來的，所以，只要評估過程能夠做到公正與客觀，應能達到薪資內部公平的目標。

表3-2　職位評價的目的

・確定組織目前的職務架構，並劃分其責任與管理權限。 ・衡量各職位對公司的價值，並維持內部的公平性。 ・將各項職務間建立有次序、符合公平性的關係。 ・確保核薪的合理性，並在市場上具競爭力。 ・將各項職務的價值發展成一個階層，並根據此階層建立薪資結構。 ・使員工對於組織內的職務功能與薪資關係達成共識，以減少勞資糾紛。 ・作為建立及管理薪資制度和政策的基礎。 ・釐清各職位的職責及應具備的條件，以作為考選、訓練和升遷之依據。 ・作為評估新職位的依據。 ・在工作價值明確下，評定獎工制度之基礎更為合理、可靠，進而使員工能爭取工作，願意付出心力。 ・在一個組織內建立一般的工資標準，使之與鄰近地區的企業保持同等待遇，並使其具有預期的相對性，從而符合所在地區的平均薪資水準。 ・在一個組織內建立工作間的合理差距及相對價值。 ・使新增的部門能與原有的工作保持適當的相對性。 ・確定各部門每種職位或工作之間的相對價值，並和其他不同部門的類似工作相互聯繫。 ・制定一種比較標準，與同業其他機構相同工作的待遇做一比較。 ・一種控制人工成本的方法。 ・減少勞資糾紛、促進勞資合作。

資料來源：丁志達（2012）。「薪資管理與設計實務講座班」講義。財團法人中華工商研究院編印。

二、職位評價的主要步驟

在職位評價之前，企業會決定是使用內部所組建的職位評價委員會，或是聘請坊間的企管諮詢顧問公司來從事職位評價的工作。如果公司採用內部職位評價委員會，則要決定成員組成的代表性，組織一個較具公信力的內部職位評價委員會的成員，將幫助降低員工對職位評價過程的焦慮和懷疑（**表3-3**）。

在企業進行職位評價時，將有以下幾個主要步驟：

1.蒐集有關職位資訊，其主要資訊應來源於工作（職位）說明書。
2.選擇職位評價人員，組成職位評價委員會。職位評價委員會是職位評價工作的領導和執行機構。

表3-3　職位評價委員會功能與責任

功能	‧成立職位（工作）評估小組。 ‧評估小組選出幾個具有代表性，並且容易評估的職位。 ‧將選出的工作訂為標準職位。 ‧評估小組根據標準職位的工作職責和任職資格要求等訊息，將類似的其他職位歸類到這些標準職位中來。 ‧將每一組中所有職位的工作價值設置為本組標準職位價值。 ‧在每組中，根據每個職位與標準職位的工作差異，對這些職位的工作價值進行調整。 ‧最終確定所有職位的工作價值。
責任	‧參與討論並確認評價因素、點數及權數。 ‧參與討論確認工作（職位）說明書及職位評價表格。 ‧接受職位評價教育訓練。 ‧進行職位評價。 ‧協助顧問對評價結果做必要的修正。 ‧與顧問進行差異討論並確認點數。 ‧與顧問商討並確認職級建議表。 ‧會同顧問呈交職位評價結案報告給高階主管裁決。

資料來源：丁志達（2012）。「薪酬規劃與管理實務班」講義。台灣科學工業園區科學工業同業公會編印。

3.使用職位評價系統評價職位。由專家設計並講解職位評價的原理和方法，以及職位評價委員會的工作方法，根據專家設計職位評價方案框架，經由職位評價委員會討論確認後執行。

4.評價結果整理。當所有職位評價結束後，將結果綜合在一起評論，以確保結果的合理性和一致性。

三、職位評價制度在管理上的價值

職位評價制度在管理上的價值，可分爲如下幾點說明：

1.職務評價方案可顯示出公司中各工作之間的關係，以及正確地區分它們。瞭解了這個事實，員工才能接受他的職位與薪資。

2.依據職位評價方案所建立的制度，使新的工作可以適當地安插進來，因而可建立一套健全而易懂的標準，使新的工作與制度中原有的舊工作銜接起來。

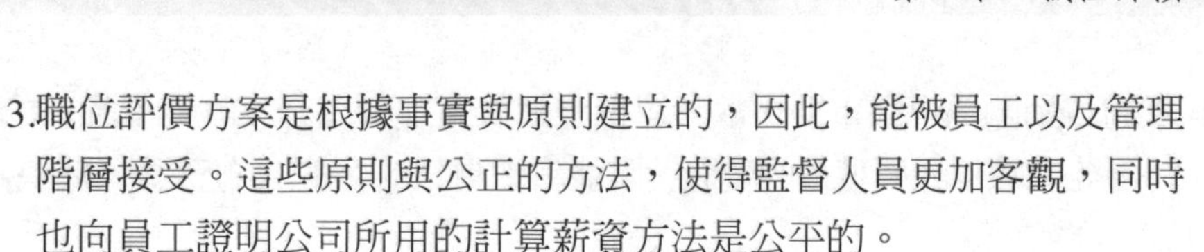

3.職位評價方案是根據事實與原則建立的，因此，能被員工以及管理階層接受。這些原則與公正的方法，使得監督人員更加客觀，同時也向員工證明公司所用的計算薪資方法是公平的。

4.職位評價方案把薪資制度與個人劃分開來，被評價的是工作而不是執行工作的員工本人。任何工作都先規定好一定的薪資，無論是誰，只要做這份工作，便可領到事先訂好的薪給。

5.職位評價制度讓員工瞭解哪些任務是他們必須履行的。職位評價是根據每個可報酬因素來衡量該職位的價值，不是預設立場的。

6.有了職位評價制度後，管理階層對各部門的功能、部門之間的關係，以及部門內各課（組）別之間的關係，會有更多的瞭解。職位評價也使部門的權限與責任得以廓清。

7.有了職位評價制度後，員工工作的重疊與不必要的活動可以降到最小的程度。重新調整部門內的工作情況，以及重新分派責任，可以提高工作效率。

四、職位評價的作用

職位評價是在工作說明及工作規範的基礎上，決定一項工作與其他工作的相對價值的系統過程，它同時是經濟報償系統的一部分。職位評價有以下作用：

1.確認組織的工作結構。

2.使工作之間的聯繫公平、有序。

3.開發一個工作價值的等級制度，據此建立工資支付結構。

4.在企業內部的工作和薪資方面取得一致。

在不斷變化的工作環境中，一個適當的職位評價體系是相當重要的。工作分析資料的主要作用是在人力資源計畫方面；工作規範是招聘和選擇的標準，同時也是培訓和開發的依據；績效評價，係根據員工完成工作說明中規定的職責（responsibilities）的程度評估，這是績效評價公平的基準；職位評價是決定報酬內部公平的首要方法。此外，職位評價資訊對員

工的勞動關係也很重要，當公司考慮對員工進行晉升、調動或降職的問題時，經由職位評價獲得的資訊，常能導致更爲客觀的人力資源管理決策。

五、與員工溝通的要項

任何組織實施職位評價的目的，並不在減低成本，而是希望作爲公平支付薪資的基礎。因此，在實施職位評價之前，必須先建立正確的職位評價觀念，有計畫地向單位主管與全體員工在公開場合宣導，促進彼此之間觀念的溝通，只有得到員工與管理層的同意與瞭解，才能取得眞誠的合作。溝通的目的，是讓員工接受評價過程和最終評價結果，這需要公開、誠實和準備足夠的資訊，讓員工去理解將要發生什麼和將怎樣影響他們的所得（**表3-4**）。

在進行職位評價時，應注意到以下幾點：

1.職位評價所評價的是職位本身，而不是用於評核員工在這個工作中的績效。

2.在評價之前，委員會的成員應充分理解所評價職位的資訊。

表3-4　實施職位評價前與員工溝通要項

- 解釋將現存制度改為預定實施制度的必要性。
- 強調評價計畫的本質是將單位裡的工作彼此比較而不是在評估員工。
- 向員工詳細講解評價過程和每一步驟的行為方式。
- 告訴員工負責計畫的委員會名單，以及從哪裡可以獲得更多的有關職位評價計畫資料。
- 表明職位評價計畫的目的，是建立適當的薪資結構而與工作人數無關。
- 強調不因實施職位評價計畫而解僱員工。
- 各項工作設立了等級後，會將各等級納入薪資給付（薪給）等級中，並為薪給等級設定工資率，消除了以人為標準的工資給付。
- 說明新的薪給等級是在何時開始實施，而且所有的員工從哪一天開始便要依據新的薪給等級制度給付工資。
- 職位評價後，應當升級的員工會立即晉升，當然有些工作很可能評價後，等級比目前的要低，這些員工的薪資不會減少，但是要將他們歸入「紅圈」的員工，凍結薪資。

資料來源：丁志達（2012）。「薪酬規劃與管理實務班」講義。台灣科學工業園區科學工業同業公會編印。

3.各職位的評價結果應進行比較，在評價初期，先進行標竿職位評價，即在不同的管理層級各選一種職位先進行評價，然後以此做標準進行評價。

職位評價：非量化法

職位評價之對象爲「工作」，係對工作「質」的衡量，而工作之價值捉摸不定，故必須有一客觀標準方法爲衡量工具。大多數傳統的職位評價計畫，都是由下列四種基本的變化所組合：(1)排列法（job ranking method）；(2)工作分類法（job classification method）；(3)因素點數法（point-factor method）；(4)因素比較法（factor comparison method）。

排列法與工作分類法通常稱爲「非量化法」（non-quantitative method），主觀、隨意性大，因爲它沒有將工作價值之間的區別予以定量化，通常是規模較小的公司在使用。

一、排列法

排列法（工作評等法）爲最早、最簡單的職位評價方法，它是指公司內的所有職位，按其重要性的大小、工作的困難情形或價值的高低依次排列。它的原理係建立在職位相關價值的排列上，其技術是使用一套比率排列卡去列出工作中各職位的責任和義務的重要程度，用以確定職位等級。例如：經理層爲一個級別，主任在另一個級別上，就形成了一套職位評價系統了。評估人員在運用排列法評價職位時，應全面地評價該職位的重要性或價值，首先由每個評估人員做出各自的判斷，然後在評價委員會議上，將所有成員的評估結果進行平均，最後列出排列順序。

排列法實施步驟如下：

職位評價的委員透過交替法決定職位的排列排序。它是將每種職位塡寫一份工作（職位）說明書或工作（職位）內容大綱的卡片，然後將這些職位說明書或大綱卡片進行排序，其中價值最高的職位排在最前面，價值最低的職位排在最後面，然後再從剩下的職位中選出價值最高和最低者，如此排列直到所有職位排序完成。例如：有10個不同職位評價時，在使用這種方法時，評估人員首先確定出最重要的職位標示爲「1」（最高順序號碼），然後確定最不重要的職位標示爲「10」（最低順序號碼），接下來評估人員確定第二個最重要的職位和第二個最不重要的職位，分別標示爲「2」和「9」，餘則類推，直到排列順序完成；另外一種作法，是在排出最高價值職位和最低價值職位後，在中間價值的職位中選出一有代表性者，剩下的職位則依價值大小排列插入其間，最後將全部職位依順序排列，並依此劃定各職位的等級，劃定時，有時可能一個職位屬於一個等級，有時是相鄰的兩個或幾個職位構成一個等級。

排列法只產生這些工作的順序，並沒有指出各個工作之間的相對困難度。例如：一個第二等級的工作，並不必然會比一個第四等級的工作困難兩倍。所以，它是最少被使用的職位評價方法（**表3-5**）。

二、工作分類法

工作分類法（工作分等法）的目的，不是創造出一大堆易於混淆的職位類型，而是要使用最有限的分類，來區分類似的和不同的工作（職位）。工作分類法如同排列法一樣，也是一種非計量性的評價法。工作分

表3-5　排列法優缺點比較

優點	缺點
·成本低。 ·不需要外聘顧問或職位評估專家參與。 ·應用迅速。 ·簡單易懂。 ·排序很容易向員工解釋。 ·與確定工作價值的純粹主觀方法相比，它是一種進步。	·它適用於職位數量很少的小型機構。 ·缺乏支持最終排序結果的數據（傾向猜測）。 ·排列受到評估人員個人主觀因素的影響。 ·員工接受程度較低。 ·排列法不是分析性的方法，因此很難算出適當的薪資差距。 ·只排順序，無法表示工作價值差異。 ·排列很不精確。 ·如果職位數量較多，就難進行排序。 ·評價者對公司的一切工作需廣泛瞭解。

資料來源：丁志達（2012）。「薪酬規劃與管理實務班」講義。台灣科學工業園區科學工業同業公會編印。

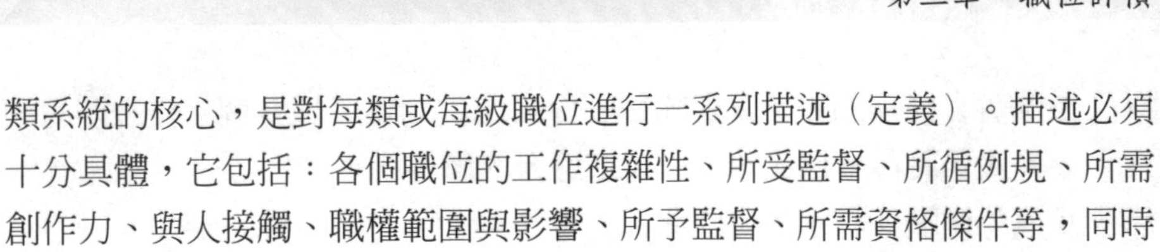

類系統的核心，是對每類或每級職位進行一系列描述（定義）。描述必須十分具體，它包括：各個職位的工作複雜性、所受監督、所循例規、所需創作力、與人接觸、職權範圍與影響、所予監督、所需資格條件等，同時也必須相當廣泛，以涵蓋各種不同的職位。

工作分類法與排列法不同之處在於，工作分類法並不是要確定每個職位的固定順序，反而它試圖找出各類職位之間的不同。工作分類法經常用到的分組方法，包括：薪資等級、工作等級、工作分類或工作水準。

設計工作分類法時，需要考慮一個關鍵問題，即企業所有的「標竿職位」需要劃分多少類？例如：美國聯邦政府將二十五萬工作人員劃分為十八類型的職位，因而即使規模相當大的企業，也最好不要超過這一數目。企業需要的等級數量，則要根據各個被評價工作的技能、責任、職責及其他資格條件的範圍而定，通常等級在八至十五類最適宜，少於八個等級，就可能表明沒有充分職位之間的區別，多於十五類，又似乎表明職位之間的區別又多了許多人為的因素在內。

(一)工作分類法設立的步驟

實施工作分類法，要先成立職位評價委員會，由評價委員會委員先決定各等級的「標竿職位」，然後為每一個等級下定義（說明各個等級的大致工作內容），這一部分是評價計畫中最精密、最複雜的部分。適當而清楚地寫明各等級的定義是非常重要的，因為這樣做，評價委員才能夠將每一個工作歸置於正確的等級。

工作分類法設定的步驟如下：

1.讓所有的員工知道這項即將實施的計畫。

2.更新企業的組織結構。

3.確定各部門的職責。

4.決定職位的數量多寡（標竿職位）。

5.為每一個職位準備一份「工作調查問卷」。

6.撰寫「工作說明書」。

7.為各等級（可報酬因素）下定義，並說明每一等級所需要的技術水準。

8.讓負責分等的委員會查閱每一份工作說明書，把各個工作說明書與等級定義作一個比較，以決定適合的職等。
9.為每個職等訂定薪資標準。
10.將這項評估的結果通知人力資源部門、各主管及各從業人員，以實施新的薪酬制度。

(二)工作分類法注意事項

應用工作分類法進行職位評價是一項系統性、技術性較強的工作，應注意的事項有：

1.工作（職位）說明書上的有關內容是進行職位分類的基本依據。一個職位不能同屬於兩個職系，只能劃歸於一個職系。（單一性原則）
2.當一個職位的工作性質分別和兩個以上的職系有關時，以歸屬程度高的那一職系為準，來確定其應歸屬的職系。（程度原則）
3.當一個職位的工作性質分別和兩個以上職系有關、且歸屬程度又相當時，以占時間較多的職系為準，來確定該職位的類別。（時間原則）
4.當一個職位的工作性質分別和兩個以上職系有關、歸屬程度相當且時間也相等時，則以主管單位的認定為準，來確定其應歸屬的職系。（選擇原則）
5.對易於混淆的職位，可按業務工作相近的職位劃分為技術類、行政類、業務類的職門系列。（分門別類原則）
6.將職門內的職位，根據業務工作性質基本相同的標準職位劃分為職組系列。
7.將職組內的職務再根據業務工作性質相同的標準劃分為職系系列。
8.對於具體的職系名稱、包含職位的範圍可以查閱有關職位分類辭典。
9.根據職位的繁簡難易程度、責任的輕重、所需人員任職資格的條件來區分。

工作分類法的目的，不是創造出一大堆易於混淆的職位類型，而是

表3-6　工作分類法優缺點比較

優點	缺點
‧在評估職位時將職位分類。 ‧適用性較大，如果遇到異常之類型職位，只需增加職級。 ‧在設計時，可將企業的所有職位包括進來。 ‧使用簡單，又比排序法客觀。	‧工作分類描述是一項艱鉅的工作，很難用一個簡明扼要的句子來描述這些複雜的職務，必須由職位分析專家來完成。 ‧等級的定義寫得太冗長，那麼就難運用。 ‧工作分類法很容易被操作。 ‧缺乏詳細的資訊支持工作分類評估（太多判斷）。 ‧工作分類到各等級時，常易受到現行薪資幅度之影響。 ‧會出現一個職位同時符合兩類職位描述。 ‧缺乏實際數據支持職位類型。

資料來源：丁志達（2012）。「薪酬規劃與管理實務班」講義。台灣科學工業園區科學工業同業公會編印。

要使用最有限的分類，來區分類似的和不同的職位。它的優點是簡單，但是由於它是就整個工作予以評價，因此並不一定精確（**表3-6**）。

職位評價：定量法

因素點數法與因素比較法通常稱爲「定量法」（quantitative method），相對非量化法而言，更爲科學、客觀化，因爲它將一個職位同另一個職位進行定量區分，通常是規模較大的公司在使用。在國際上，比較流行的如海氏（Hay）模式、CRG（Corporate Resources Group，後與William Mercer合併）模式和惠悅（Watson Wyatt）模式，都是採用對職位價值進行量化評估的辦法，不同的諮詢顧問公司對評價要素有不同的定義和相應分值（**表3-7**）。

範例3-1

海氏（Hay）工作評價系統評價因素描述

評價因素	因素說明	子因素	子因素說明	子因素等級
知識與技能	要使工作績效達到可接受的水準所需的專門知識及實際技能總和，它從專業理論知識、管理訣竅和人際技能三個方面來聯合評價	專業理論知識	從事該職位工作需要的實踐經驗、專業技能與理論知識的要求，可以主要理解為職位任職要求的高低。該子因素分八個等級，從基本的（第1級）到權威專門技術的（第8級）逐步遞增。比如技術總監職位的專業技能要求應該為8級（權威專門技術的），而基層的技術操作職位只需具備5級（基本專門技術的）即可。	1.基本的 2.初等業務的 3.中等業務的 4.高等業務的 5.基本專門技術 6.熟練專門技術 7.精通專門技術 8.權威專門技術
		管理訣竅	為達到要求績效水準面具備的計畫、組織、執行、控制、評價的能力與技巧。可以從管人和管事的幅度與複雜程度來理解，管人越多、管事越複雜的職位，管理訣竅要求越高。該子因素分五個等級，從起碼的（第1級）到全面的（第5級）逐步提高。比如，部門經理職位應該具備5級（全面的）管理訣竅，而基層的操作職位只需具備1級（起碼的）或2級（相關的）管理訣竅即可。	1.起碼的 2.相關的 3.多樣的 4.廣博的 5.全面的
		人際技能	管理他人或與他人協作所需要的溝通、協調、激勵、培訓等人際關係處理技巧。該子因素分「基本的」、「重要的」、「關鍵的」三個等級。	1.基本的 2.重要的 3.關鍵的
示例	假如某職位的技能要求為6，管理訣竅要求為3，人際技能為3，則可根據「知識與技能評價指導圖」查得，該職位的知識與技能綜合得分為608分。			

評價因素	因素說明	子因素	子因素說明	子因素等級
解決問題的能力	工作所需的自發能力的總和包括發現問題，進行分析診斷、權衡與評價，提出對策，直到最後作出決策的能力。表現為完成職位工作需要使用他們所擁有的知識與訣竅的百分比	思維環境	職位工作環境對任職者思維的限制程度。可以從工作是否需要按詳細的操作規程或明確的規章制度來完成，或現成的經驗指導等方面來理解。規定越細緻明確的 ，思維環境越簡單，規定越粗獷抽象的，思維環境越複雜。該子因素分八個等級，從幾乎一切按既定規則辦事，不能做任何變化和調整的1級（高度常規性的）到只做了含混規定的8級（抽象規定的），思維環境複雜性遞增。比如，基層職位的工作基本上都會有明確的規定，有些甚至是不需要規定的常規工作，可能是2至4級，而市場職位則只規定了目標，它的思維環境為6或7。	1.高度常規性的 2.常規性的 3.半常規性的 4.標準化的 5.明確規定的 6.廣泛規定的 7.一般規定的 8.抽象規定的
		思維難度	解決職位工作問題時，對任職者創造性思維的要求程度，它與思維環境指標關聯，思維環境越簡單，思維難度就越小，反之思維環境越複雜，要求應變的情況越多，思維的難度就越大。該子因素分五個等級，從簡單按既定規則辦事的重複性的（第1級）工作，到完全無先例可供借鑑的（第5級）創造性工作（比如研發），思維難度逐漸加大。比如，按操作規程實施操作的基層生產職位思維難度可能是2（模式化的），而普通管理職位的思維難度可能是3（中間型的），經理職位則要求為4（適應性的）。	1.重複性的 2.模式化的 3.中間型的 4.適應性的 5.無先例的

評價因素	因素說明	子因素	子因素說明	子因素等級
示例	假如上述職位只需按規章辦事，該職位的思維環境為5（明確規定的），思維難度介於模式化與適應性之間為3（中間型的），則可根據「解決問題的能力評價指導圖」查得，該職位的解決問題能力綜合得分為38%。			
承擔的職務責任	指任職者的行動對工作最終結果可能造成的影響、做出的貢獻和承擔的責任大小從行動自由度、職務對後果形成的作用和職務責任大小來綜合評價	行動自由度	注意，這裡的自由度為工作的相對權力，即任職者在獨立工作中擁有的解決和處理職位工作的自由度，並非平常理解的離職可能影響工作這種自由度。這與思維環境類似，對於重要設備的操作職位來說，如果不按規定操作就可能出現安全事故，造成損失或巨大損失，這種職位的行動自由度就很小，只能為1或2級，而一般管理職位，它的行動自由度一般為4，對於經理職位，公司對它只有部門目標的規定，它對如何實現目標擁有很大的自由度，一般為6或7。該子因素包含九個等級，從自由度最小的1級（有規定的）到自由度最大的9級（一般性無指導的）。	1.有規定的 2.受控制的 3.標準化的 4.一般性規範的 5.有指導的 6.方向性指導的 7.廣泛性指導 8.戰略性指引的 9.一般性無指導的
		職務責任量	主要是指職位工作的經濟權限。可以從職位工作對直接價值創造、成本的影響大小或可能發生的損失大小三個角度來理解和衡量職務責任大小。比如市場職位擔負公司生存的重任，它的職務責任當然是大量的，同樣前述操作職位如果出現操作失誤可能造成巨大損失，它的職務責任量也是大量的，但普通管理職位的工作失誤一般不會造成較大損失，另	1.微小 2.少量 3.中量 4.大量

評價因素	因素說明	子因素	子因素說明	子因素等級
			外，無論從它的工作對公司經濟目標的直接貢獻大小，還是從它的工作對成本的影響大小來看，都只能是少量甚至微小的。	
		職務對後果形成的作用	任職者的工作對職位目標的影響程度。按影響的直接和間接與否分為1（後勤）到4（主要）因素。主要作用，即由本人直接承擔工作責任。分攤性作用，即與其他部門和個人合作，共同完成，責任分攤；輔助和後勤的作用更小。	1.後勤 2.輔助 3.分攤 4.主要
示例	假如前述職位的行動自由度為4（一般性規定的），職務對後果形成的作用為3（分攤性的），職務責任量為2（少量的），則可根據「職務責任評價指導圖」查得，該職位的職務責任綜合得分為115分。			
職務類型	所有的工作均完成後，還需要對每個職位的職務結構類型進行評價。根據職位性質，一般分為以下三種類型： 1.「責任」型。這種類型的職位，責任比知能和解決問題的能力重要。如公司總裁、銷售經理、負責生產的幹部等。此時，責任權重>知能權重。 2.「平路」型。這種類型的職位，知能和解決問題能力與責任並重。如會計、人事等職能幹部。此時，知能權重＝責任權重。 3.「技能」型。這種類型的職位，職務責任不及知能與解決問題能力重要。如科研開發、市場分析幹部等。此時，知能權重>責任權重。			
示例	一般情況下，典型的責任職位，知能：責任權重＝40：60，偏責任型職位為45：55；而典型的知能職位，知能：責任權重為60：40，偏知能型職位為55：45。假如前述職位的職務類型為技能型職位，則知能：責任權重為60：40。			
綜合計算	計算方法：綜合得分＝知能得分×（1＋能力得分）×知能權重＋職務責任得分×責任權重，這樣前述示例職位的最後評價得分為：＝608×（1＋38%）×60%＋115×40%＝549分。			

資料來源：王凌峰（2005）。《薪酬設計與管理策略》。北京：中國時代經濟出版社，頁88-90。

表3-7　職位評價制度建置顧問輔導流程

流程項目	工作內容
1.確定職位評價目的	進行職位評價前，商討及確認職位評價目的、對象及用途，以作整體評價之基礎。
2.職位評價專案提報與說明	將職位評價之目標、執行方式、執行程序及各單位主管應配合事項做簡報，目的在使各級主管及相關人員瞭解職位評價之用途。
3.成立職位評價委員會	職位評價委員會成員最好至少應有5位，最多不超過7位，視組織規模而定。代表成員應來自不同功能部門，以代表各自職務類別提供資訊與修訂意見。在評價委員會中必須選派一位主任委員，負責評價作業進度控制、會議召開及協調、仲裁的工作。
4.確認評價因素	針對委員會成員進行選定評價因素問卷調查。選擇評價因素時，需與公司之產業特性、組織結構、經營者理念、企業文化等因素相結合，方能確切反應每一職位在組織內之相對價值。
5.建立或修訂現行職位說明書	依據確認之評價因素，以資料分析方式，建立職位說明書或將公司現有職位說明書與評價因素結合，進行職位說明書之修訂，以符合職位評價之所需。
6.擬定職位評價表格及職位評價手冊	確定評價工具及因素後，顧問將與人資單位主管共同擬定職位評價表格及進行職位評價時所需之說明資料（評價因素等級、等級描述）。
7.職位評價委員會研習	在進行職位評價之前，顧問將對職位評價委員會進行職位評價訓練與試評，以使每一位評價委員充分瞭解評價目的、用途與程序及每一因素的定義，才能善用評價工具，得到客觀公正的評價結果。
8.進行職位評價	由顧問與評價委員共同對公司關鍵職位之職位說明書進行評價。
9.進行差異討論並確認點數	在職位評價完成後，評價委員會需對所有職位之評價進行差異討論，以便最後確認該職位應得之點數。若有較大差異產生，而無法在討論中產生共識時，建議由主任委員負責協調、仲裁，以便完成評價及建立職級表。
10.將點數轉換成職級並完成職級表	在各職位之總點數確定後，即由顧問依總點數大小順序排列，並依組織規模與企業文化建議應設立等級之多少，完成職位等級表。
11.確認職級表	顧問與評價委員一起對所擬定之職級表進行討論，以確定合理性與合宜性；同時比對公司原有職級表與建議職級表，對可能存在或產生個別人員職級問題，進行討論並做成歸級建議，由最高主管做最後政策性裁決。

資料來源：常昭鳴（2010）。《PHR人資基礎工程：創新與變革時代的職位說明書與職位評價》。台北市：臉譜出版，頁468。

一、因素點數法

因素點數法（點數加權法）是由羅特（Merrill Lott）於1925年所創，許多學者認為此種方法到目前為止是所有評價方法中最盛行的一種職位評價方法，在美國有60～70%的公司採用此法。它是將工作跟一個分數表比較，獲得最高分的工作，就是最重要的工作，薪資也最高，其衡量標準包括：各個因素的定義和程度（degree），以及各個程度所占的點數，例如：文書與生產的工作需要不同的基準；評估管理與專業性的工作需要另一個基準。設計一項有效的點數加權法是一項複雜的工作，通常需要借重專家的參與（**圖3-2**）。

(一)因素點數法的設計

因素點數法的設計，以下列幾項較為重要。

◆選擇可報酬因素

可報酬因素（確定評價因素）是指用來描述和區分職位的因素，它是企業支付員工薪酬的依據。確定可報酬因素是可以透過工作（職位）分析、職位評價委員會決定或參考其他企業使用的要素。

因素點數法方案，通常使用六到十個可報酬因素，但所有方案中，通常都會使用幾項最基本的要素，例如：智能（是指專長及技術訓練，在精神上有能力做某種工作）、技巧（是指執行工作時所需的技巧）、體能（efforts）、責任和工作環境。使用幾個可報酬因素並不是關鍵問題，重要的是其數量應足以精確地區分出職位的不同，例如：選用於評價生產性工作的可報酬因素，可能包括：技能、努力及工作狀況，而選用於管理及專業性工作的可報酬因素，則可能包括：知識、責任及決策能力。使用過多的可報酬因素，並不會提高職位評價的精確性，而只會增加運用上的難度。

◆界定評價要素

每個評價要素選定後，下一步驟就是要定義各個要素，這個定義非常重要，因為它是職位評價的基礎。定義必須精確、清楚，以免評價人員出現不同的理解，導致錯誤的評價。

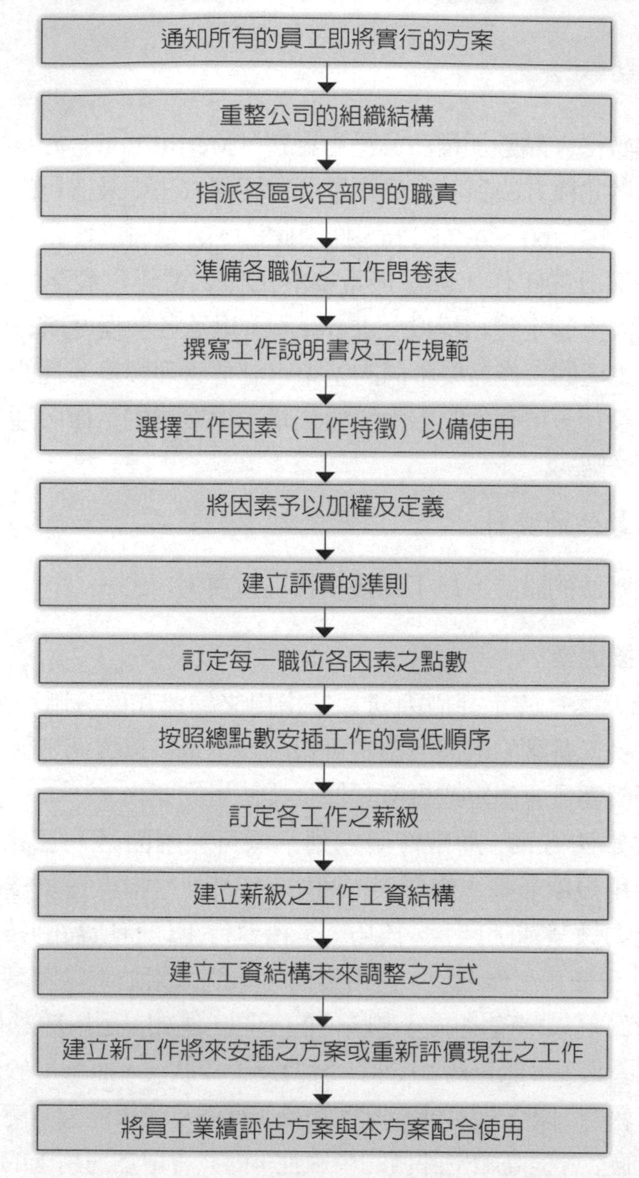

圖3-2　建立點數加權工作評價方案的步驟

資料來源：Bartley, Douglas L.著，林富松、褚宗堯、郭木林譯（1992）。《工作評價：工資與薪資的管理》（*Job Evaluation: Wage and Salary Administration*）。新竹：毅力，頁49。

範例3-2

職位價值測評因素及其權重

責任因素（權重300分）	知識技能因素（權重300分）	職位性質因素（權重 300分）	工作環境因素（權重100分）
經營損失的責任（60） 領導管理的責任（30） 內部協調的責任（35） 外部協調的責任（35） 工作結果的責任（40） 人力資源的責任（30） 法律的責任（30） 決策的層次（40）	最低學歷要求（35） 知識多樣化（30） 工作經驗（30） 語言表達能力（35） 電腦知識（30） 公關能力（30） 專業技術知識技能（35） 管理知識技能（35） 綜合能力（40）	工作對發展的貢獻（45） 工作壓力（40） 工作複雜性（30） 體力腦力勞動強度（30） 工作地點穩定性（25） 工作創造性（30） 工作緊張程度（40） 工作緊迫程度（40） 工作均衡性（20）	職業病（25） 工作時間特徵（25） 環境舒適性（20） 危險性（30）

資料來源：貴州省菸草公司遵義市分公司（2005）。〈加薪何必升職：基於寬帶薪酬體系的人力資源管理〉。《企業研究》（2005/08），頁54。

◆定義每個要素的等級

每個要素必須分成幾個等級，以便於準確地判斷一個職位現有要素的數目。一些要素可能分成七、八個等級，而另一些要素可能只分成三、四個等級。等級之間的變化要清晰，以方便評價人員的辨識。從運用該要素的整個過程來看，要素越不重要，排序數目也就越少，依此類推，越重要的要素等級數目越多。在確定每個要素等級數目後，就需要確定各個等級的定義。

◆確定每個要素的相對價值與分值

要素的權重很重要，因爲它反映著企業確定職位薪酬的基礎。儘管要素可以透過統計法確定，但最普通的方法是藉助職位評價委員會的判斷。

(二)因素點數法要素評估步驟

確定因素點數法要素權重，有下列四個步驟：

1.根據要素重要性予以分級排列。

2.按百分比給各要素打分數。

3.決定方案中所用的總分數，並根據已確定下來的權重給每項要素打分。

4.每個成員先分配要素等級的分值，最後由職位評價委員會統一。

在因素點數法要素的各個等級的分數方面，它沒有固定的標準，通常採用算數（例如10、20、30、40、50……）或幾何（10、20、40、80……）方法。各個評價人員獨自閱讀職位描述，將它與要素和等級的定義進行比較，並決定適合各個職位的要素等級。職位評價委員會開會時，將各個成員的評估結果加以比較，最後得出統一的評估結果。

因素點數法有個缺點，就是發展點數基準所需的時間量。然而一旦爲代表性工作適當地規劃出一個基準，評價其餘的工作就不需要花費太久的時間（**表3-8**）。

表3-8　因素點數法優缺點比較

優點	缺點
‧它比排列法和工作分類法客觀。 ‧易於使用和理解。 ‧評分的精確數字，使主管與員工容易接受。 ‧每個要素的定義訂立後，可以沿用很久，可適用現有職位的變化或新增職位。 ‧使用5至15種不同的因素來比較，能減少錯誤，減輕評估人員個人偏見的影響。 ‧根據不同職位之間的數字差別，可輕易地確定職位類型。 ‧運用點數加權法方案評估，決策就有了支持性數據。 ‧一旦訂定工作比較表後，就很容易評估其他的工作。 ‧較易處理評價後所發生的抱怨問題。	‧制定要素尺度時非常費時，通常需要尋求外界的幫助來協助設計方案的一些細節，費用較排列法或工作分類法為高。 ‧需要確定要素尺度和分數的細節，因而作業時間要比排列法或工作分類法長。 ‧因為職位是與一種固定的標準相比較，而不是相互間進行比較，因此可能會忽視職位間一些微妙而重要的區別。 ‧定量評估的假象會遮蓋了主觀判斷。

資料來源：丁志達（2012）。「薪酬規劃與管理實務班」講義。台灣科學工業園區科學工業同業公會編印。

二、因素比較法

因素比較法是由尤金・班吉（Eugene Benge）和海氏（E. N. Hay）於1926年所創的，它是唯一使工作價值與貨幣基準相互關聯的傳統職位評價技術，使用工作和工作比較，是最複雜的職位評價方法，評價人員只有受過充分的訓練之後，才能有效地運用該方法。

因素比較法類似於因素點數法，同樣稱爲定量計畫，因爲每個被評價的工作最終都被訂定一個數字或貨幣值（因素比較法係以一個貨幣基準來取代點數基準）。因素比較法就如同因素點數法，它們同樣選出代表性的工作（但代表性工作的工資率絕對必須被所有的職位評價委員視爲合理且公平的），然後確認出可報酬因素，然而因素比較法有別於因素點數法之處，在於因素比較法不將可報酬因素細分爲子因數（job sub-factor）與量度。兩種定量方法的另一個差異，就是關於可報酬因素的等級，在因素比較法中，每個可報酬因素是根據它在代表性工作中的重要性來評等，是一次僅評定每個代表性工作的一個因素的等級，而不是一次即評定一個工作的所有因素的等級。❶

因素比較法的設計

因素比較法的設計步驟（**圖3-3**）中，以下列「定義可報酬因素」及「可報酬因素的等級」加以說明之。

◆定義可報酬因素

因素比較法中常用的可報酬因素，有技能、職責、體能、工作條件（working conditions）等幾項，它普遍存在於所有職位中，經過挑選並仔細定義，將被確定用來作爲工作評價的可報酬因素。

◆可報酬因素的等級

可報酬因素是職位評價制度中比較工作內容的基礎，以及評估各工作相對價值的依據。可報酬因素的等級，可分爲下列三種：

1.通用因素（universal factors）。一般通用因素的內容有：技能、職

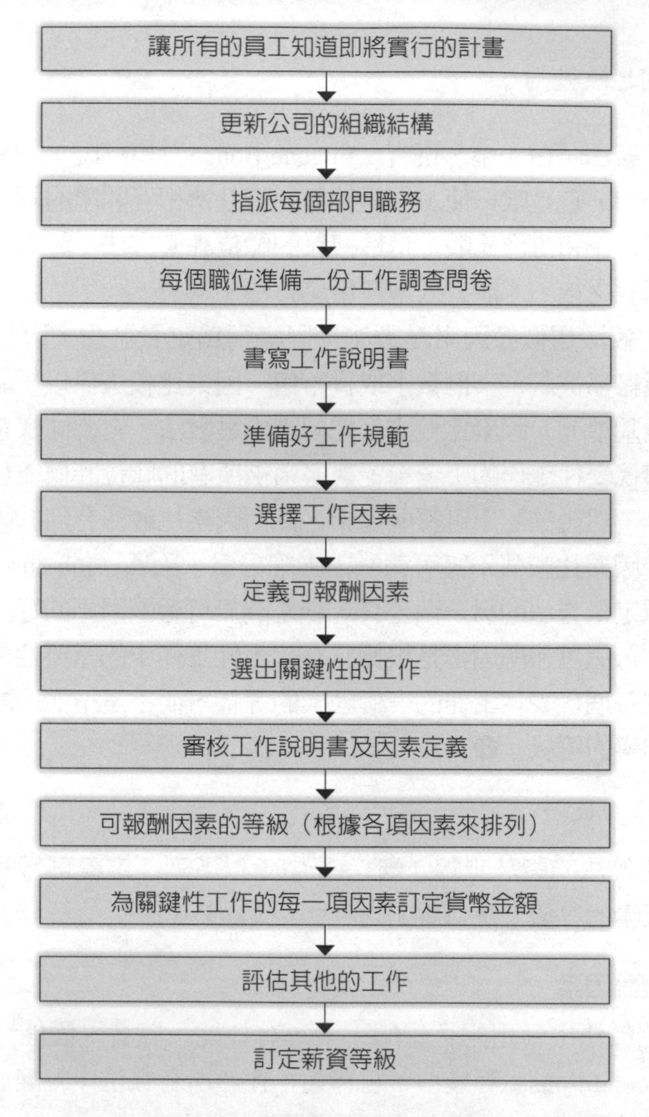

圖3-3　建立因素比較法的步驟

資料來源：Bartley, Douglas L.著，林富松、褚宗堯、郭木林譯（1992）。《工作評價：工資與薪資的管理》（*Job Evaluation: Wage and Salary Administration*）。新竹：毅力，頁33-49。

責、體能、工作條件。

2.附屬因素（sub-factors）。其類別有：

(1)技能方面：專業訓練／訓練時間、教育程度、經驗、工作知識、規劃能力、溝通技巧等。

(2)職責方面：決策的層次、決策錯誤對公司所產生的影響、責任（accountability）、困難程度、獨立作業、所督導的直接與間接部屬人數、所督導人員／部門的變化與複雜度、自主性等。

(3)體能方面：體力、眼力（體力方面）、工作量、時間的壓力、專心程度、耐力（精神面）等。

(4)工作條件：工作環境、心理及情緒的壓力、工作的機密性等。

3.程度或層次（degrees or levels）。有關程度或層次，可分爲下列六項來說明：

(1)如何選擇可報酬因素：

- 和工作的價值有合理關係的。
- 可以定義和衡量的。
- 適合於使用同一職位評價制度的所有職位。
- 涵蓋各工作的重要層面。
- 避免重疊。
- 因素不宜太多。

(2)選擇並說明各個職位：根據可報酬因素分析並說明各個職位，其「重要的」或「標竿職位」爲：

- 內容穩定，很少隨時間變化。
- 廣爲人知，並且易於爲勞動市場的企業所識別。
- 描述清晰、準確。
- 在難易程度和責任方面，具有很好的參考價值。
- 確定的薪酬級別爲勞動力市場所認可。
- 與所選定的其他重要職位一起代表企業的所有職位。
- 確定的薪酬級別較爲準確。
- 「標竿職位」的具體數目，應視系統內的職位多樣化程度而定，通常會選定八到十五個職位。

(3)根據各個要素將各職位排序：職位評價委員會的各個成員，根據各個要素將各職位垂直比對，然後將結果彙總，並計算出平均數作爲最終排序。

(4)根據各個要素確定其權數：職位評價委員會各個成員，依據各個因素對公司的相對重要程度決定其權數，然後再由職位評價委員會開會達成一致意見。例如：技能50%、職責30%、體能10%及工作條件10%。計算各個職位的總分並決定職位的層級。

(5)比較關鍵職位的要素和薪酬排序：因素排序是縱向比較，而薪酬排序是橫向比較，如果一個職位在兩種比較中的排序都相同，那麼該職位就是關鍵職位，因爲兩種判斷可以相互印證。

(6)建立工作比較尺度表：因素比較的尺度，用於評估企業內其他的剩餘待評價的職位，簡單的說，尺度就是將分配到關鍵職位要素上的薪酬。

選擇適當工作特質或因素，在職位評價方案中是很重要的一部分。工作調查問卷及工作說明書塡寫完成後，就能夠選定各項評估的因素，如果選了一項評價的因素，後來卻發現在這個因素下，大部分員工的評等都在同一等級，那麼這一個因素就不是衡量該工作群體的一個好指標，應該予以放棄。

一般被選上的工作因素，必須符合下列條件：

1.每項因素必須多少與「工作難易度」或「工作價值」有關。

2.當所有因素組合起來時，它們應該與「工作難易度」有合理的「相互」關係。

3.所選擇的因素必須能觀察（observable）及衡量（measurable）。

4.每種因素必須能用來區分所有的工作。

5.不該使用兩種因素來衡量相同的特質。

一旦選定了某因素，下一步驟自然是比較各因素的重要性，然後予以加權（分等）。如果在建立職位評價計畫的過程中發現另外有一、兩種因素值得考慮，則再加到表列中也十分容易，然而，百分比不能超過

100%，因此新加入的因素必然影響到其他因素的百分比。

發展評價計畫的下一個步驟，是將每個因素再細分成更多層次，例如：「工作知識」可能被分成五到六個層次，而工作條件只分成二個或三個層次。在訂定各個因素的點數時，用較大的數目如：20、40、60來分配，比用較小的數字如：2、4、6要容易些。爲了克服權數太小的問題，通常可將眞實的百分比乘上3到10的數目，選用哪個乘數並不重要，只是每個因素都乘以相同的數目即可（**表3-9**）。

在決定任何一個因素的層次時，我們必須檢視我們欲評價的工作，並決定有多少層次可被確認，以及能適切地定義。僅說某一因素有五個層次是不夠的，每個層次務必清楚地定義出來，這樣任何人評價一項工作，將之與某一因素比較時，才能決定何種層次能準確地反映出從事該工作需要具備何種條件。

一旦某項因素的總點數確定了，個別層次的點值（分數）就很容易確定。在完成一個評價表之前，必須先確定各因素的層次，其次才能賦予點數。每項因素的層次一旦決定點數且分配完成後，接著就必須爲各層次下定義，以便比較各項工作（**表3-10**）。

表3-9　因素加權的作法

因素	百分比	乘數	新的總點數值
工作知識	35	8	280
複雜性	20	8	160
體力負荷	12	8	96
危險性	12	8	96
對設備所負的責任	12	8	96
工作條件	9	8	72
合計	100	8	800

資料來源：丁志達（2012）。「薪酬規劃與管理實務班」講義。台灣科學工業園區科學工業同業公會編印。

表3-10　因素比較法優缺點比較

優點	缺點
‧依照企業內具體職位和薪酬情況量身訂作，使得職位評估方案十分適合企業的具體情況。 ‧適合職位的變化和新職位的增加，它的有效期間較長。 ‧透過職位與職位之間、要素與要素之間的互評，可以增進評價的準確度。 ‧使用的要素評估少，減少要素間的交叉量。 ‧評估是根據薪酬進行的，因而隨著職位的評估，也同時確定了職位的價格，而不必再增加一個步驟。 ‧一旦建立了最初的比較尺度，它操作起來就相當容易。 ‧它對可報酬因素的闡述相當清晰。	‧耗費時間，實施費用高。 ‧很難向主管或員工解釋清楚，因此可能不易被接受。 ‧方案的制定是一個很複雜、困難度較高的過程。 ‧評估人員必須接受培訓，否則不能有效地運用該系統。 ‧隨著市場薪酬水準的變化，整個系統不得不隨之改變，以保持其準確性。 ‧評估人員在分配薪酬時，可能會受到特定職位現行薪酬水準的影響，因此評估過程中可能存在著偏見。

資料來源：丁志達（2012）。「薪酬規劃與管理實務班」講義。台灣科學工業園區科學工業同業公會編印。

職位評價方法的選擇

職位評價是以主觀的方法來決定工作的價值，並提供一種能使個人判斷變得更有系統的分析，而使職位評價有更客觀、更精確的架構。

一、職位評價方法選擇的考慮因素

所有的職位評價方法都有其優缺點，要選擇哪一種職位評價方法，主要取決於下列因素：

1.企業組織的規模。
2.工作的種類多寡和複雜程度。
3.可用經費的多寡。
4.要評價的工作水準。

範例3-3

職階結構表

職階	甲公司	乙公司			丙公司			丁公司
		主管級	行政級	技術級	主管級	專業級	操作級	
1	副總經理	副總經理			總經理			總經理
2	廠長	協理	總經理特助	總工程師	副總經理 總工程師	正工程師 正管理師		副總經理
3	副廠長	經理	總經理特助	高級研究員 總工程師	經理 處長 主任秘書	正工程師 正管理師		經理 廠長
4	組長	主任 副理	專門委員	正研究員 高級工程師	副理 副處長 所長、室長 工地主任甲 工地主任乙	正工程師 正管理師		副理
5	工廠主任 課長 專員	組長	高級專員	研究員 正工程師	課長 工地主任丙	工程師 管理師		高級工程師 高級專員
6	高級工程師 管理師 督導	課長 值班主管	資深專員	副研究員 工程師		助理工程師 助理管理師	專業領班	主任 課長 一級工程師 專員
7	工程師 管理師 領班	高級領班	專員	助理研究員 副工程師			一般領班	副主任 副課長 二級工程師 專員
8	助理工程師 管理師 領班	領班	助理專員	助理工程師 資深技術員			技術員 管理員	組長 三級工程師 專員
9	技術員 管理員 護士		資深辦事員	技術士（操作） 助理工程師			其他	課員
10	事務員		辦事員	技術員 操作員				助理員
11			助理員	助理員				
12			服務員	服務員				

資料來源：顏安民（1999）。〈他山之石的薪酬制度〉。《石油通訊》，第576期（1999年8月號），頁17。

5.管理當局對目前職位評價方案的瞭解程度。
6.員工對職位評價的接受程度。
7.目前業界採用職位評價的方法。
8.現行企業實施的薪資制度與薪資成本的現況。

在小型的企業（100人以內的員工）裡，實施職位評價計畫，除了填寫和審核工作調查表外，指定一個人可以做所有與工作評估有關的工作；在大型公司（100人以上的員工）中實施職位評價計畫時，應設置職位評價委員會，由主管人員、人力資源部主管、工會代表（員工代表）組成，博納各方意見，集思廣益，並從職位評價委員會中遴選（指定）一位負責人（通常指派人力資源部主管擔任）。職位評價委員會委員應當向自己部門裡的同事解釋職位評價計畫的功能，並且代表自己的單位發表對該計畫的意見。

二、選擇職位評價方法的效標

在選擇適當職位評價方法時，可依據下列三項效標來決定：

1.複雜程度與費用：排序法最簡單，花費亦最低，適用於中小型企業；因素點數法較複雜，花費亦高，適用於大型企業。
2.合法性：排序法的爭議性較大；因素點數法較理性，較有系統，爭議較少。
3.理解性：因素點數法最易理解；排序法與因素比較法較難理解，也較主觀，且不易被接受。

此外，選擇職位評價方法時，尚須顧及組織本身的特性，通常企業組織內會有許多不同的工作群，例如：生產、行銷、人力資源等，很難找到共同或普遍性的工作因素。因此，企業大多根據不同的工作群採用不同的職位評價法，或用不同的工作因素來評價，以多元的工作評價方式來進行，換言之，每個工作群可依各自的評價方法，按排列或點數的高低排出工作層級（job hierarchies）作爲擬訂薪資結構的基礎。❷

範例3-4

標竿職位評價表

評價項目	編號	10021	10024	10025	10028	10029	10030	10033	10035	10036	10037
	部門	投資發展處	勞資處	捲煙銷售	經濟運行處	黨委政工處	物資公司	機關服務中心	財務處	人力資源處	科技處
	職位	處長	處長	經理	處長	政工處長	物流管理	主任	會計稽核員	處長	處長
	姓名	孫○○	潘○○	葉○○	徐○○	楊○○	宋○○	何○○	葉○○	陸○○	陳○○
一、工作環境	1.工作環境（1-5等）										
	2.工作危險性（1-7等）										
二、工作自主性	1.循例的程度（1-7等）										
	2.主管督導程度（1-6等）										
三、對成果的影響（1-10等）											
四、工作壓力（1-10等）											
五、工作複雜度	1.問題的性質（1-7等）										
	2.問題的廣度（1-8等）										
	3.問題的深度（1-7等）										
六、業務接觸	1.範圍及頻率（1-9等）										
	2.目的及深度（1-7等）										
七、體力負荷（1-10等）											

資料來源：精策管理顧問公司。

企業主管若能謹慎、周詳地考慮這些因素，將有助於找出最好的職位評價方法。除非企業的人資主管有經驗，且對各種職位評價方法瞭若指掌，否則藉助外界企管顧問專家的指導，才能建立最佳的職位評價制度（**表3-11**）。❸

表3-11　職位評價計畫的後續管理

要項	說明
評價管理	職位評價作業完成後，應將後續維護及管理等事宜交由專責單位處理（一般以「人力資源單位」負責）。
定期檢查	它包括工作內容複查及薪資調查兩方面，其檢查頻率可以每年或兩年為週期，視產業特性及組織需求而定。
職位再評價	由於工作並非一成不變，因新工作的產生或原有工作的消失；或因製程、設備等變動；或因定期查檢發現不合時宜；或因員工不滿等因素，即需進行職務再設計，以達成評價計畫的目的。
申訴管道	它一方面可以增強員工對評價制度的支持，另一方面則有助於意見反映，適時紓解員工不滿情緒。

資料來源：常昭鳴（2010）。《PHR人資基礎工程：創新與變革時代的職位說明書與職位評價》。台北市：臉譜出版，頁125。

結　語

職位評價的目的是通過對工作進行系統的和理性的評價來確定職位等級，然後由職位等級決定薪酬結構，從而使企業薪酬制度符合內部一致性的公平要求。同時，藉由職位評價制度的建構完成，亦可作爲人力資源管理體系的聘僱、績效評估及人才培育系統的基礎。

註釋

❶Lloyd L. Byars & Leslie W. Rue著，鍾國雄、郭致平譯（2001）。《人力資源管理》（*Human Resource Management*, 6e）。台北市：麥格羅．希爾，頁323-324。

❷張火燦（1995）。〈薪酬的相關理論及其模式〉。《人力資源發展月刊》（1995/04），頁3。

❸王振東（1986）。〈如何建立工作評價制度〉。《現代管理月刊》，第117期，頁88。

第四章

薪資制度設計

- 薪資管理工具
- 薪資調查
- 薪資制度設計原則
- 薪資結構設計方法
- 薪資結構設計的專有術語
- 扁平寬幅薪資結構
- 結　語

工欲善其事，必先利其器。

～《論語》～

根據惠悅企管顧問公司的一項全球性調查研究，分析企業吸引人才的困難，其中最重要的前三項還是在於獎酬：不具競爭性的本薪與固定獎金、不具吸引力的福利，以及不具競爭性的變動獎金。因此，如何設計具競爭性的獎酬制度，成了企業的一大挑戰（**圖4-1**）。❶

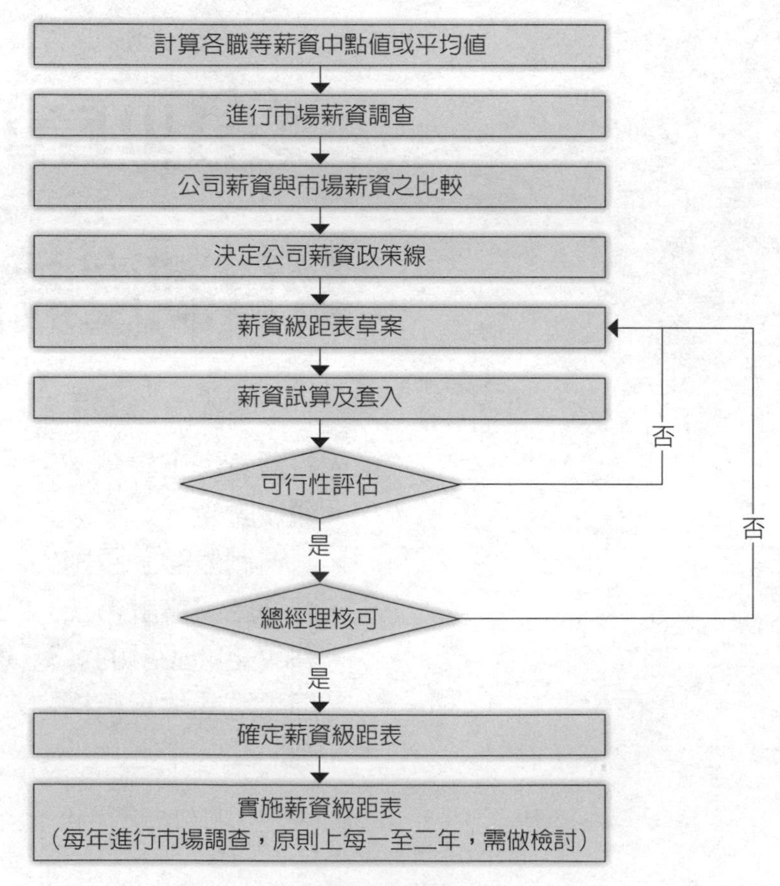

圖4-1　薪資設計流程圖

資料來源：常昭鳴（2010）。《PMR企業人力再造實戰兵法》。台北市：臉譜出版，頁321。

薪資管理工具

薪資管理工具主要在於確保薪資目標之達成，故建立一套完整薪資制度，可以用下列四項工具作爲主軸：

一、工作分析

工作分析主要目的係在蒐集資料，以瞭解工作內容、釐清工作內涵、改善組織效率及增進員工工作滿足感，並可進一步依工作分析之資料據以編寫工作說明書與工作規範，以記錄工作執掌及其資格條件，並可提供職位評價依據。

二、職位評價

職位評價係以科學之方法，把企業內各種工作用客觀之方式加以評定，以決定該職位對企業的相對價值。在職位評價時，可對內、對外爲之。企業要進行職位評價時，須成立職位評價委員會，其成員由瞭解企業內之各階層主管組成，由委員會成員選出較適合企業文化的可報酬因素，再加以不同之加權及點數，以建立薪資結構。

三、薪資調查

薪資調查之目的，主要是瞭解外界薪資之改變情形，以利公司建立薪資結構。

四、薪資結構

企業在建立、發展薪資結構時，可考量公司薪資政策、薪資級距表、各薪資職等最低及最高給付範圍、個別員工薪資導入薪資結構等四個因素（**圖4-2**）。

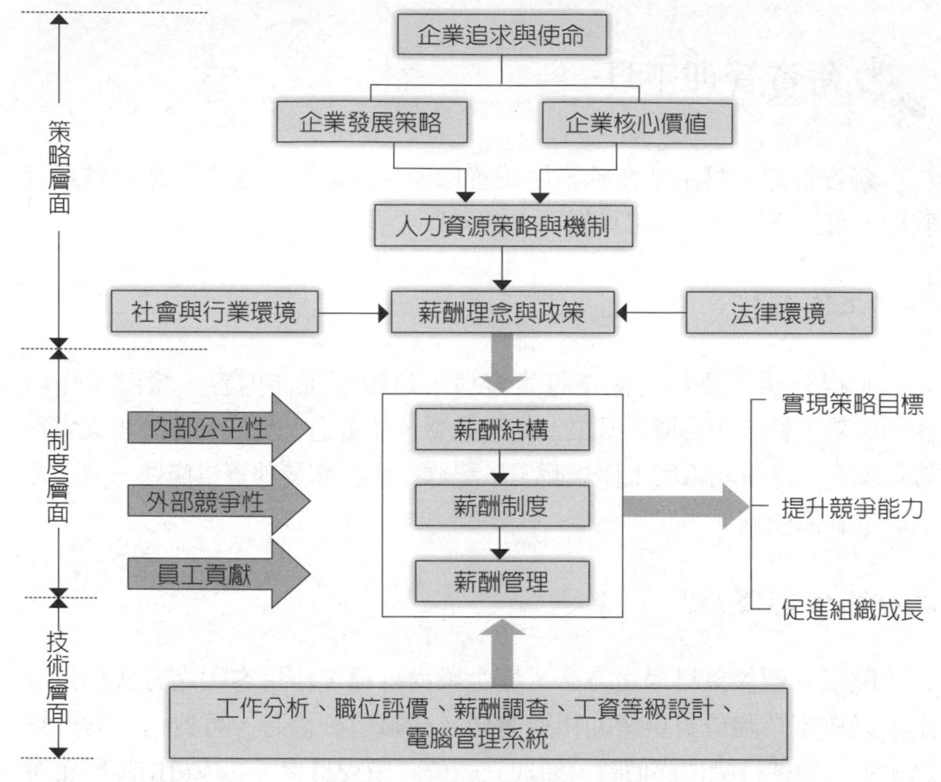

圖4-2　薪酬設計的策略角度

資料來源：王凌峰（2005）。《薪酬設計與管理策略》。北京：中國時代經濟出版社，頁29。

薪資調查

薪資市場是一個高度敏感的市場，只有隨時把握薪資市場行情的企業，才能以最合理的價位招攬到最合適的人才，也才能正確選擇最佳的薪資政策。

健全的薪資制度，至少必須具備公平、合理、具有激勵作用、提升組織績效、確保組織生存與發展的條件，而薪資市場調查是人力資源管理者能瞭解組織的薪資水準在市場上競爭力的重要參考指標之一。在薪資調

查過程中，必須經過精心構思，周密計畫，嚴密組織，正確指導才能獲得最佳效果（**圖4-3**）。

一、薪資調查的目的

薪資調查的目的，旨在使公司的薪資能與同業「匹配」，並求出薪資曲線（salary curves）。薪資調查也可幫助公司制定薪資全距中點薪的幣值（the dollar value of the salary range midpoints）。此外，薪資調查還有下列的目的：

1.幫助企業瞭解同一人力來源的勞動力市場的其他企業的薪酬政策、薪酬作法、薪資給付、福利制度的相關資訊，以作爲企業內設計、修改薪酬政策的重要參考依據。

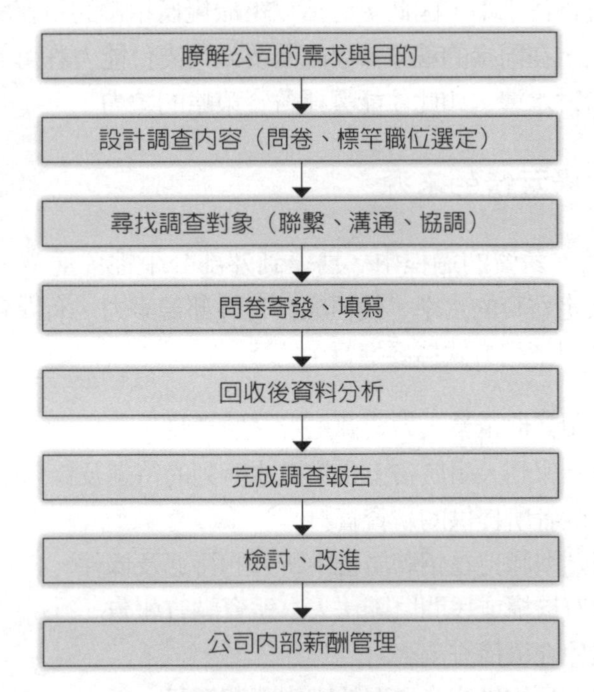

圖4-3　薪資調查程序

資料來源：丁志達（2012）。「薪酬規劃與管理實務班」講義。台灣科學工業園區科學工業同業公會編印。

2.幫助制定新進人員之僱用起薪。

3.幫助查對薪資不合理的職位。

4.幫助瞭解同業平均考績調薪、平均晉升調薪與一般調薪之價碼（調幅）。

5.幫助掌握薪資管理的新趨勢。

6.糾正員工對某類工作給薪的誤解，並對員工工作動機產生正面的影響。

7.衡量企業的競爭力。

8.薪資結構的「定價」。

9.計畫年度調薪預算與維持薪資政策與運作。

10.與員工／工會薪資給付基準的溝通工具。❷

在薪資策略（salary strategy）的運用上，中小企業很難跟著大企業採取同等的薪資給付水準，因此，必須以組織規模相當的薪資給付水準的企業來相互比較，在同樣的就業市場範圍及公司支付能力許可的範圍內，彈性制定薪資給付水準，如此才能發揮薪資策略的效力。

二、薪資市場行情的來源

在制定基本薪資的過程中，爲達到外部公平性，通常企業採用薪資調查，用於決定薪資的水準，使組織具有外部競爭力。有關薪資市場行情的來源，可利用下列方式擇要進行：

1.非正式和其他企業人力資源主管交換意見。

2.定期蒐集報刊人事廣告上企業徵才所列的待遇及條件。

3.參考應徵者所提供的薪資資料。

4.參考同類型職位在招聘廣告中所列的待遇及條件。

5.參考政府機構或民間財團法人之薪資調查報告。

6.向職業仲介機構查詢。

7.向經常交易的供應商尋取他廠的薪資資訊。

8.參觀就業博覽會取得資料。

9.定期向專門做薪資調查的企管顧問公司購買其薪酬分析報告。
10.委託企管顧問公司做薪資調查。
11.參加人力資源管理人員組成的聯誼會取得資料。
12.企業自行做年度薪資調查。

三、年度薪資調查作業

企業年度薪資調查的作業流程如下：

(一)薪資調查的對象

選擇薪資調查的對象，會牽涉到兩個關鍵的問題，即應選擇哪一類的企業及應調查幾家公司。一般而言，選擇適合做薪資調查的公司，應具備以下的原則：

1.具有互相競爭性，特別是專業性技術人員可互相流動的企業。
2.工作環境、勞動條件、經營規模、企業的知名度相當的企業。
3.具有代表性的其他行業，各選擇一家作爲比較共通職務薪資行情的參考。例如：資訊人員與會計人員是金融業、電子業、化工業等各行各業所需的通才（generalists），瞭解這些行業的資訊人員職位的薪資行情，有助於該職位薪資給付的準確度。
4.調查的企業會據實提供正確資料者。
5.薪資制度上軌道而非雜亂無章的企業。
6.距離公司較近（生活費用指數類似的地理區域），而且屬於在同一勞動市場僱用同類型職位之企業。
7.這些企業在未來必須要有很高的成長度。

(二)薪資調查的家數

選擇薪資調查的企業，會受到人力、財力、物力及時間的限制，通常以十五家左右爲調查的對象最適宜，如果調查家數太少，可信度不足；調查家數太多，則相類似的條件不易蒐集，若取樣發生偏差，則調查統計的資料就不可靠，更何況，邀請參加的企業，必須平日經常往來關係不錯

的人資主管，才願意「共襄盛舉」，平日很少交往的企業是絕不會答應薪資資料相互交換的。

(三)選擇代表性的職位

選擇代表性的職位，是指在本質上其工作職責可明確區分，而且界限明顯，穩定而無重大變動，能代表工作價值，且該職位存在於競爭性的行業中。因此，選擇代表性的標竿職位（工作）的條件有：

1.工作內容是大家所熟悉，而且較為固定的。
2.許多公司都有這種工作。
3.選擇的「標竿職位」均有代表性的工作。
4.工作必須隨著教育、經驗等不同而有差異。
5.重要工作也可包括組織內很難在就業市場聘僱到的職位，或是離職率較高的工作。
6.通常以選擇二十五至三十項重要工作（職位）來調查較為適當（**表4-1**）。

表4-1　標竿職位名稱（中英文對照）

英文職稱	中文職稱	英文職稱	中文職稱
General Management	管理階層	Production	生產
General Manager	總經理	Head of Manufacturing	廠長
Vice President	副總經理	Production Manager	製造經理
Marketing & Sales	行銷及業務	Production Superintendent	製造主任
Head of Marketing	行銷及業務部門主管	Production Supervisor	製造現場主管（技術性）
Sales Manager	業務經理	Non-technical Production Supervisor	製造現場主管（非技術性）
Area Sales Manager	地區業務經理	Production Foreman	領班
Area Sales Supervisor	地區業務主任	Skilled Production Worker	技術工
Senior Sales Representative	資深業務代表	Semi-skilled Production Worker	半技術工

（續）表4-1　標竿職位名稱（中英文對照）

英文職稱	中文職稱	英文職稱	中文職稱
Sales Representative	業務代表	Unskilled Production Worker	非技術工
Junior Sales Representative	初級業務代表	Warehouse Manager	倉儲經理
Marketing Manager / Group Product Manager	行銷經理	Warehouse Supervisor	倉儲主任
Senior Product Manager	資深產品經理	Warehouse Foreman	倉儲領班
Product Manager	產品經理	Warehouse Keeper	倉儲管理員
Marketing Researcher	市場調查員	Quality Control & Engineering	品管與工程
Customer Services Manager	客戶服務經理	Quality Control Manager	品質管制經理
Customer Services Supervisor	客戶服務主任	Quality Control Supervisor	品質管制主任
Senior Customer Services Officer	資深客戶服務專員	Senior Quality Control Engineer	資深品質管制工程師
Customer Services Officer	客戶服務專員	Quality Control Engineer	品質管制工程師
Public Relations Manager	公關經理	Laboratory Analyst	實驗室分析員
Finance & Accounting	財務及會計	Engineering Manager	工程部經理
Head of Finance	財務部門主管	Engineering Supervisor	工程部主任
Accounting Manager	會計經理	Senior Engineer	資深工程師
Chief Accountant	主辦會計	Engineer	工程師
Accounting Supervisor	會計主任	Engineering Technician	維修工程師
Senior Accountant	資深會計	Purchasing	採購
Accountant	會計員	Purchasing Manager	採購經理
Junior Accountant	初級會計	Purchasing Supervisor	採購主任
Accounting Clerk	會計辦事員	Buyer	採購員
Information Technology	電腦資訊	Junior Buyer	初級採購員
Information Technology Manager	資訊經理	Purchasing Assistant	採購助理
		Secretarial & Support	秘書及其他

（續）表4-1　標竿職位名稱（中英文對照）

英文職稱	中文職稱	英文職稱	中文職稱
Senior Systems Analyst	資深系統分析師	Executive Secretary	執行秘書
Systems Analyst	系統分析師	Department Secretary	部門秘書
Programmer	程式設計師	Secretary	秘書
Computer Operator	電腦操作員	Senior Clerk	資深辦事員
Human Resources & Administration	人力資源及行政	Clerk	辦事員
		Receptionist	總機
Head of Human Resources & Administration	人力資源及行政部門主管	Executive Driver	高階主管司機
		Truck Driver	大卡車司機
		Van Driver	小貨車司機
Human Resources Manager	人力資源經理	Human Resources Assistant	人力資源助理
Human Resources Supervisor	人力資源主任	Administration Supervisor	行政主任
Human Resources Specialist	人力資源專員	Administration Manager	行政經理

資料來源：惠悅企管公司台灣地區薪資調查報告目錄樣本。

一般而言，企業所選擇調查職位，必須多至足以使每一參加薪資調查的企業，於其查核薪資表時，有足夠提供的資料。舉例而言，某一家企業的職位有十五職等，則從每一職等中，各選一或二種確實能顯示工作難易程度、職責大小的關鍵性或代表性的職位，其任務與職責在一段期間不變，而此一職位的工作人數亦相當衆多，在薪資費用上占重要的分量，作爲薪資比較的基礎。

(四)確定要蒐集的資訊

由於有些企業給員工的本（底）薪高，而另一些企業給員工的福利多，「本薪」、「福利」都是人事成本，所以在薪資調查時，不能僅僅比較各職位的基本薪資，還必須深入調查其他與人事成本有關的資料（表4-2）。

表4-2　薪資問卷調查的項目與內容

項目	內容
薪資政策	調薪預算、升遷（等）與調薪政策、轉調或降級薪資的管理、各級主管調薪的權限等。
給付方法	計件、計時、日薪、週薪、月薪、年薪等。
調薪幅度	百分比或固定金額調整；最近三年調幅的多寡。
調薪次數	年度調薪、半年調薪或依績效考核等第分不同月數調薪。
調薪計畫	最近一次的調薪是何時？下次的調薪在何時？調薪預算是多少？
薪資架構	薪資等級、薪級幅度、薪級差距、年度薪資架構各職等調整多少百分比或固定金額。
給薪現況	新人起薪、現在支付各調查職位的平均薪資水準（最低、最高與平均給薪資料）。
勞動條件	每週工作天數及工作小時、各類帶薪假期、加班給付等。
津貼獎金	伙食津貼、交通津貼、輪班津貼、房屋津貼、危險工作津貼、年終獎金、全勤獎金、績效獎金、分紅等。
福利措施	股票認股權、年節補助金、團體人壽險、團體醫療險、退職金、上下班交通車、伙食提供、宿舍、健康檢查、工作服、優惠貸款及福利委員會推動的員工福利措施等。
其他項目	瞭解某些正在實施或規劃中的人事、福利制度，以為借鏡。

資料來源：丁志達（2012）。「薪酬規劃與管理實務班」講義。台灣科學工業園區科學工業同業公會編印。

(五)蒐集薪資資料的方法

由於各企業對工作所使用的職稱（職位名稱）並無一定的標準，有些工作職位名稱相同，但工作內容差別很大，因此，不能僅以職稱作爲比較的基礎，而必須事先設計薪資調查表，其內容包括：

1.工作職位（要以對方的職位名稱來設計，回收問卷後，再套入公司內所使用的職稱）。
2.此一職位的工作說明（工作說明書）。
3.此一職位必須具備的學、經歷條件（工作規範）。
4.此一職位在公司服務的年資（是否包括在以前工作的年資要說明清楚）。
5.目前擔任此一職位的人數。

6.最高薪資、最低薪資、平均薪資的金額。

(六)薪資調查的過程

在蒐集薪資資料的過程或技術方面，最常採用的方法有：

◆訪談法

訪談法的優點是面對面的討論，可以深入地討論各職位的異同點，並可以清楚地傳遞資訊，能夠獲得較完整的資料，對職位的配對比較正確，保證了最大限度的有效性，但要花費較多的時間、人力與費用。

◆郵寄問卷法

郵寄問卷法可蒐集到較多和較完整的資料，省時又經濟，但蒐集到的資料有些不易理解或明瞭其差異性。

◆電話聯絡法

電話聯絡法的優點是爭取時效，回答率高，但無法獲得詳細的資料，一問一答，沒有問到的問題，對方是不會給予補充的，因爲對方也許認爲你已知道或不需要此一資訊。電話聯絡或許用於釐清郵寄問卷的回答是一種很好的溝通工具。

◆網際網路傳遞法

網際網路的傳遞是從事薪資調查的最新技術。網際網路的好處是它很廉價且快速，使用網際網路的缺點是資料在傳送過程中如有疏忽，可能造成資料的外流。

上述薪資調查方式，可以交互運用，第一次邀約參加薪資調查的公司，要採用專人訪談的方式，以瞭解該公司的全盤組織架構、職位等級區分，以後再邀約時，就可採用郵寄問卷表（或網際網路傳遞法），再用電話聯絡，瞭解一些書面填寫上的疑點。

(七)資料回收與整理

薪資調查面臨的一項挑戰就是要確保足夠的回收率，以便在薪資調查所取得數據的基礎上做出薪資方面的決策。爲了確保資料回收率，即需要向參加薪資調查的企業保證提供調查總結的報告，及確保回答資料的保密性。因爲薪資調查後，資料的分享，是參加的公司願意花時間塡寫問卷的原因之一。在薪資調查彙總表上，要將參加公司的名稱用代號表示，以達到個別公司之間的薪資保密。

通常薪資調查彙總表，分爲三段式的資料來說明：

1.一般人事、福利資料概述（例如：各公司的員工人數、產品別、工作時間、各項津貼等）。
2.一般薪資概況（例如：新進人員的起薪、年度調薪預算百分比等）。
3.各調查職位彙總統計（包括：各職位的人數、最高薪資、最低薪資、平均薪資等）

薪資調查資料的分析結果，可以作爲企業薪資結構是否調整的依據、年度調薪幅度預算的參考、與薪資掛鉤的各項人事規章制度的修改等。❸

(八)薪資調查的週期

由於各企業年度調薪月份的不同，薪資資料隨時在變，故薪資調查是經常性的工作，調查的頻率或週期的長短，可依下列的情況決定：

1.企業內部異於常態的員工流動現象產生時。
2.勞動力市場人力供需失調時。
3.競爭同業年度調薪後。
4.企業關鍵職位人員招募困難時。

依據薪資調查資料，企業能夠瞭解該地區各職位大概的薪資狀況，才不致付出太高的薪資，搞亂了當地勞動力市場的薪資給付行情，提高了產品的生產成本，削弱了產品在市場上的競爭力，亦不致因付得太低而成爲同業的人才訓練所。同時，在每一位員工期望調薪之際，有一調薪的準繩，才不致盲目調薪，自亂陣腳。

(九)年度薪資調查的作業準則

薪資調查不是一次結束的行爲，一旦企業開始進行薪資調查後，下列的幾項作業準則需要遵循，以保證勞動力市場薪資調查結果的連續性和準確性。

1.每年在同一時間進行調查。
2.每年使用基本相同的企業群體做調查。
3.薪資調查中使用相同的關鍵職位。
4.分析、比對薪資數據時，使用相同的統計方法。
5.仔細監控調查問卷，刪除不需要或不再有用的問題。
6.比對去年該企業提供資料的差異性，並設法瞭解之。

(十)取得薪資調查後的作業

各企業可設定要比對的對象爲哪一種產業別，並取得相關業別的薪資調查整理報告，然後進行下列檢視：

◆在招募與留才方面

參考各職位一般無工作經驗的起薪，及有專業經驗的給付薪資水準，以避免求職者要求不合理之薪資；檢視各職務之薪資給付在就業市場上是否具有競爭力，避免流失優秀人才。

◆在制定薪資福利政策方面

調整公司薪資策略的百分位數（P50、P75、P90）、檢視目前公司在同質性產業中的薪資定位百分位數、檢視公司內部人力成本是否偏低／偏高／適中、參考當年度一般企業調薪幅度，以及檢視公司之薪資結構是否與同質性產業相去甚遠（**圖4-4**）。

(十一)薪資調查注意事項

薪資調查資料整理後，在執行薪資結構調整時，務必用電話再跟參加薪資調查企業承辦人員再校對一次，因在這段期間內，參加調查的企業可能在薪資結構上做過改變，如此，才能保證薪資調查資料的準確性及可

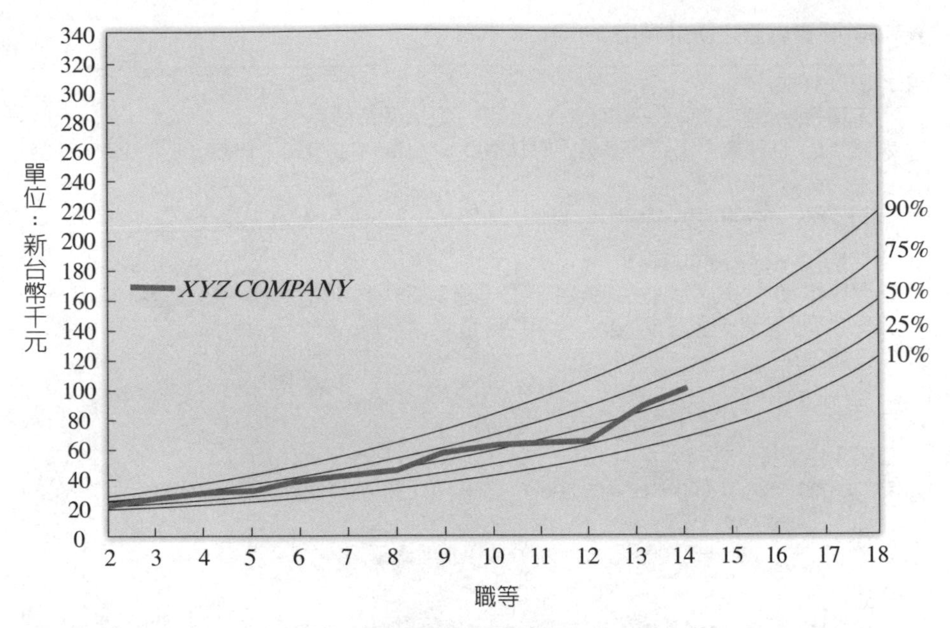

圖4-4　薪資調查結果統計分析比較表

資料來源：美商惠悅企業管理顧問公司台灣分公司編印。「薪資管理研討會」講義。

用性。

在執行薪資調查時，要特別注意不能光拿職稱來做比較，而要以實際的工作內容、職能及權責來詳加比對所取得的同業的調查資料，才可運用在企業內部調整薪資結構及建議年度調薪之依據。

類似的職務，在不同的企業或許有不同的職稱，但是要比較的是工作內容，以及該職位所應具備的條件，綜合所有因素，然後再就勞動力市場因素考慮需要多少薪資才能聘請到人才。一旦確定了工作的市場薪資比率和建立了薪資政策，企業就必須爲它的每一項職位評價（**表4-3**）。

表4-3　薪資調查之統計應用

平均數（Mean）

平均數是幾個數字加總，再除以（÷）這「幾」個數目而來。

例如：5位助理技術員之月薪分別為16,200、16,400、16,450、16,600、17,050，其計算平均數公式為：

（16,200＋16,400＋16,450＋16,600＋17,050）÷5＝16,540（平均數）

加權平均（Weighted means）

加權平均是將個別平均數，用該平均數之原有資料觀測值之數目予以加權。例如：

公司名稱	助理工程師人數	平均薪資
甲公司	5	30,000
乙公司	8	31,000
丙公司	12	32,000

加權平均計算公式為：

5×30,000＋8×31,000＋12×32,000÷（5＋8＋12）＝31,280（加權平均）

非加權平均計算公式為：

（30,000＋31,000＋32,000）÷3＝31,000（非加權平均）

中位數（Median）

一組薪資調查資料觀測值由小至大，排成序列，位置中間的數字稱為中位數。其意義在於可以擷取趨中資料，避免受到極端值的影響，例如：

16,200
16,400
16,450 }（中位數介在16,450與16,600之間，其值為16,525）
16,600
17,050
17,200

衆數（Mode）

衆數是資料序列中，發生次數最多的特定數目。

例如：16,200、16,350、16,500、16,500、16,500、16,750、16,900、17,000、17,150這九組數目中，16,500出現三次，即為衆數所在。

百分比（Percentiles）

資料自小至大的序列中，有同樣百分比之觀測值低於該百分位所出現之觀測值。例如：在一組由小而大排序的月薪資料之中，第80分位的數值若為32,000，表示在該月薪序列中有80%的月薪都少於32,000。

百分比之觀測值計算的方法是以「P」代表百分位，「n」為資料觀測值之數目，將資料觀測值由小而大排序並加以編號，則百分位所代表的則是P (n+1)的觀測值。

資料觀測值	排序編號
31,670	11
31,000	10
29,570	9
28,560	8

（續）表4-3　薪資調查之統計應用

28,010	7
27,600	6
26,900	5
25,890	4
25,670	3
24,560	2
23,000	1

第10百分位＝（.10）×（11+1）＝（.10）×（12）＝第1.2個觀測值
觀測值＝23,000＋（0.2）×（24,560-23,000）＝23,000＋312＝23,312
（註）：23,000為第1個觀測值，24,560為第2個觀測值
第25百分位＝（.25）×（11+1）＝（.25）×（12）＝第3個觀測值
（註）：25,670為第3個觀測值
第50百分位＝（.50）×（11+1）＝（.50）×（12）＝第6個觀測值
（註）：27,600為第6個觀測值
第75百分位＝（.75）×（11+1）＝（.75）×（12）＝第9個觀測值
（註）：29,570為第9個觀測值
第90百分位＝（.90）×（11+1）＝（.90）×（12）＝第10.8個觀測值
觀測值＝31,000＋（0.8）×（31,670-31,000）＝31,000＋536＝31,536
（註）：31,000為第10個觀測值，31,670為第11個觀測值

四分位（Quartiles）

四分位是將資料序列觀測值之數目分為四等分，因此，第一等分位的最高值又稱為第一個四分位，第二等分位的最高值又稱為第二個四分位，第三等分位的最高值又稱為第三個四分位，第四分位的最高值又稱為第四個四分位，而第四個四分位之觀測值，即是資料序列之最大值。第一個四分位表示該資料序列中有25%的觀測值低於第一個四分位所出現之觀測值。
第75百分位＝第三個四分位
第50百分位＝第二個四分位＝（中位數）
第25百分位＝第一個四分位
第一個四分位及第三個四分位之間距稱為四分位差距，期間就囊括了資料序列中間50%的觀測值。

幅距

幅距就是一組資料的最大觀測值與最小觀測值之差。例如：

會計員	資深會計員
20,000	35,000
19,400	29,000
19,000	28,600
18,500	28,000
18,200	27,000
18,000	26,500
17,300	26,000

（續）表4-3　薪資調查之統計應用

	17,000	25,800
	16,500	25,500
	16,000	25,000
人數	10	10
幅距	4,000	10,000
四分位差距	2,225	2,975

（以會計員為例，第三個四分位值為19,100，第一個四分位值為16,875。19,100-16,875＝2,225）

資料來源：羅業勤（1992）。《薪資管理》。自印，頁6-6～6-17。

(十二)薪資調查的指導原則

不論企業使用的薪資調查類型如何，都應該遵循下列的指導原則，以避免問題產生：

◆評估參與公司的同等性

薪資調查對象應考慮其企業的規模與類型因素。諸如：聲望、安全、業績成長及座落地點等因素。

◆不只是比較基本工資或薪俸（薪資），整個報酬組合都應該要考慮

這一部分包括：獎勵與福利。例如：一個企業可能提供很少的福利，但是卻以高於基本工資與薪俸作爲補償。

◆考慮工作說明書中的變化

工資與薪俸調查最爲衆所周知的缺點，就是很難找到可以直接比較的工作。在一個薪資調查中，通常比對需要一個比簡短的工作說明書更多的資料才能將各個工作妥善地相配。

◆將調查資料與調整期間連結

最近的工資與薪俸如何被調整？瞭解這點有助於調查影響資料的正確性。一些企業可能剛做過薪資調整（pay adjustment），而另一家企業則可能尚未做過薪資調整（**表4-4**）。❹

表4-4　薪資調查的橋樑

橋樑	優點	缺點
親自處理	·親自參予 ·量身訂製 ·聯絡情誼	·人手不足 ·時效壓力 ·同業不一定買帳
輪流處理	·相互瞭解 ·聯絡情誼	·保密程度 ·資料有所保留 ·資料容易外流
業外對象	·省時 ·省事 ·省力	·內容完整性 ·正確性 ·保密性 ·欠人情
專業顧問	·較專業 ·省時、省事、省力 ·資料豐富	·對該行業的瞭解 ·費用負擔

資料來源：惠悅企管公司／引自：丁志達（2012）。「薪酬規劃與管理實務班」講義。台灣科學工業園區科學工業同業公會編印。

薪資制度設計原則

適性（fit）是薪資制度設計實務中最重要的因素。所謂適性，係指各企業必須衡量組織目標、經營環境、資源取得及管理風格等因素，量身訂製出公司的薪資制度。因此，各公司的薪資制度自然呈現不同的特色。❺妥善設計薪資制度，不但可以提升服務品質，促進團隊合作精神，甚至還可以使公司達到脫胎換骨的功效（**表4-5**）。

有關薪資設計的基本原則，可歸納下列幾點：

1.具有歷史傳統之企業組織，薪資設計制度之調整不同於「新設公司」薪資體系的草創，不能完全揚棄舊制之規範，應做「體制內改革」，才能創造和諧，建立共識的員工關係。

2.瞭解同業薪資水準，以企求達到薪資之外部競爭性，經得起與其他同業比較，並利於人才競爭。

表4-5　薪資構成項目特性與衡量方法比較表

薪資項目	名稱	性質	目的	衡量基礎	衡量方法
本薪	本薪 正薪 底薪 保障薪 基本工資	基本性 經常性 固定性 個別性 財務性	滿足個人生活、地位之基本需求	年齡 學歷 經歷 服務年資 工作條件 能力	1.採用職位評價（排列法、工作分類法、因素比較法、因素點數法） 2.訂定薪資表（薪等、薪點、薪率）
津貼（加給）	物質津貼 房租津貼 水電費 食物代金 眷屬津貼 專業加給 職務加給 超時加給 夜班加給 交通津貼 出差費	特殊性 固定性 個別性 財務性	顧及個人生活及職務的特殊需要	生活 職務 時間 空間	衡量實際需要與財務狀況訂定之
獎金	工作獎金 業績獎金 績效獎金 盈餘獎金 考績獎金 年終獎金 全勤獎金 增產獎金	激勵性 變動性 個別性與集體性 財務性	激勵員工或慰勞其辛勞	1.工作或營運績效標準 (1)金額（營收、利潤） (2)數量（生產量、銷售量） (3)比率（成長率、銷售率、機具使用率） (4)時間 (5)品質 (6)安全 2.出勤狀況	1.以設定之績效標準與實際表現比較 2.訂定獎金的額度與分配 (1)以績效評核：團體、個人 (2)以薪資比率：固定、變動
福利	工作場所設施 環境衛生 團體保險 結婚 生育 喪葬 意外事故補助 各種有薪假	補充性 間接性 個別性與集體性 非財務性	協助組織運作順暢 降低離職率 提高士氣 增進就業安全	資格 員工需要 財務狀況 社會狀況 工會力量	衡量實際需要與財務狀況訂定之

資料來源：謝長宏、馮永猷（1989）。〈激勵性薪資制度之設計〉。《人力資源管理》，頁85-104。

3.薪資問題並非孤立事件，其設計必須配合組織、職位體系及晉升辦法，三者完整結合，才能相輔相成。

4.薪資制度之遊戲規則貴在客觀與理性，必須考慮各項職務之「相對價值」，以發揮「屬職」之特色。

5.對於員工資歷，給予適度尊重，兼具「屬人」薪資的特色，但非無意義的純粹「年功序列制」，以免造成人事成本遞增，並防止高薪低就的後遺症。

6.薪資制度貴在反映員工表現與薪資的關係，然亦需杜絕釀成過度遞延於薪資差異之長期不公平，以發揮「屬能」薪資之激勵效果（**表4-6**）。

7.薪資的設計，應促使其能實質滿足員工生活及工作之基本需求，並顧及職務特殊性之給付，更進而對於表現優異者有應得之彈性獎酬（工作獎金或年終獎金）。

表4-6　薪資方案的比較表

薪資方案／優劣分析	屬人薪資	屬職薪資	屬能薪資
特色	衡量年資、學歷，給付薪水	不執行該職務，則不支薪（職務已標準化者較適用）	能力夠，不執行該職務亦給付該職位之給薪
優點	・重視前輩 ・尊重經驗（組織與工作相關者較有利） ・具保障性	・具同工同酬（不同工作不同酬） ・較具客觀性（可與工作配合） ・具某種程度保障	・激勵真正有能力者 ・具加薪彈性（只要認定能力夠） ・較具開放、專技導向
缺點	・可能高薪低就 ・薪資成本不斷增加 ・較無法激勵年輕而能力強之員工	・職級需先設定，較複雜 ・易僵化 ・以升等、升級為加薪依據（人事管道升遷阻塞時，較缺乏激勵性）	・過度競爭，較不尊重前輩（傾向個人主義） ・能力評定較不易明確 ・薪資管理不易

資料來源：吳秉恩（2002）。《分享式人力資源管理：理念、程序與實務》。台北市：吳秉恩發行；翰蘆圖書總經銷，頁472。

表4-7　調整薪資結構注意事項

1.一定要盡早讓員工知道薪資結構調整的計畫，預留時間蒐集員工對新制的反應，不要匆促公布後，不管員工反應如何，就立刻在第二個月開始實施。 2.盡可能讓員工知道公司為什麼採用這種新制度，例如公司希望維持多少的利潤，公司希望激勵表現好的員工等，也要讓員工知道自己的表現將如何影響公司的獲利。 3.具體讓員工知道採用這種新制度後，他們平均的薪水將會是多少。如果表現很好又將可以拿到多少。 4.如果可能，不妨先有一段新、舊制階段實施的過渡期，讓員工仍然拿到舊制的薪水，但是員工卻清楚知道，如果用新制來計算，他們的薪水又將是多少。

資料來源：EMBA世界經理文摘編輯部（1999）。〈小心調整員工薪資結構〉，《EMBA世界經理文摘》，第152期（1994/04），頁17。

8.薪資設計之操作作業，除應具備固定結構之恆常性外，在面臨環境因素的變遷（例如：工作技術改善、職位體系調整等）時，能有效彈性調整，卻不破壞薪資結構的完整性（**表4-7**）。❻

薪資結構設計方法

薪資理論沒有一套科學的方法對薪資的決定提供滿意的答案。在傳統上，薪資系統有兩種基本的給付基礎，一是「產量」，另一則是「時間」。根據這兩種給付基礎，十六世紀的義大利威尼斯商人分別發展出按件計酬（piece-rate system）與按時計酬（time-rate system）的兩種不同的薪資制度。但「產量」與「時間」只反映薪資在核算基礎上有兩種不同的單位，但不足以說明薪資隨著地區性、職務類別、績效貢獻度與個人特有技能等因素所產生的差異。所以，在設計薪資的考量時，仍需多方面加以分析（**表4-8**）。

表4-8　各類薪資制度基本類型優缺點比較

類別	優點	缺點
計件工資制	・容易計算單位產品之人工成本。 ・以成果計酬較為公平。 ・可增進工作效率。 ・可減少監督者之費用支出。	・為求速度快，導致生產品質粗劣的產品。 ・容易導致工作過勞，影響身體健康。 ・會因工作簡化或管理技術改進而縮減報酬，導致員工不滿。
計時工資制	・數額確定，且計算簡便。 ・員工工作不會導致情緒緊張，有利提高產品之品質。 ・員工有固定的收入，可以專心的工作。	・員工工作與報酬不能一致，缺少激勵作用。 ・無法確知單位產品的人工成本。 ・為了確保工作效率，必須更多的監督人員，增加管理上的費用。
年功薪資制	・可安定員工的情緒，樂於久任，減低員工流動率。 ・有利於工作技能的傳承。 ・可降低人員重置成本的開支。	・強調資歷、論資排輩，不直接與績效掛鉤，時間一久，容易養成依賴性，表現為過分依賴於終身僱用。 ・表現為等待工齡年限的增長。 ・表現為不利於合理人才流動和老年化趨勢等弊端。 ・薪資調整或加薪評估時，無法確實評估出個人能力及工作績效與薪資間的關係。
技能薪資制	・在員工獲得更多的技能後，使組織之運作更有彈性。 ・提高個別員工生產力，使勞力能更有效地利用。 ・為員工提高技能水準提供金錢的刺激。 ・獲得更多技能的員工，可以完成整個作業流程的每一環節，能更有效的解決工作上瓶頸的問題。 ・可加強員工的自我管理能力。	・薪資制度未做明確之劃分：本薪及獎金各有其設計上的意義，必須重新思考薪資體系，賦予每項薪資項目之意義，並建立其合理性。 ・與工作關係不夠密切（同工不同酬）：「技能制」計酬方式跳離職務內容給付薪資，而以員工個人所具備技能決定其薪酬，故難以反映員工對工作及組織貢獻度，相對缺乏薪酬內部公平性。 ・薪資制度無法與績效考核做適當之結合：績效獎金之發放、員工調薪與升遷，缺乏客觀之技能評估標準與依據，容易流於主管的主觀判定，容易產生弊端與不公平性。

（續）表4-8　各類薪資制度基本類型優缺點比較

類別	優點	缺點
		．技能制本意是為鼓勵內部員工發展更多職位技能，但並不適用穩定性之生產流程與技術結構，致使現行薪資制度並無法有效激勵員工付出之努力。 ．增加勞動成本：公司需採用領先市場支薪之政策，才能留住具多技能之員工。 ．不公平的知覺：如果二位員工做同樣的工作，只因其中一位員工掌握了更多的技能，而得到更多的薪資給付，對另一位員工而言，就會產生一種不公平的知覺。 ．在企業體質不好或不景氣時，企業之人事成本負擔較重。
職務薪資制	．易於做薪資比較。 ．有助於組織達成內在的公平性。 ．有助於組織管理薪資制度及薪資成本。 ．具有客觀性，能提供理性參考依據。	．單純考慮工作（職務）因素，無法考慮員工之技術能力。 ．無法誘發員工學習技能與知識。 ．強化層級節制。
績效給薪制	．在適宜的情況下，績效給薪可以激發出符合需要的行為。 ．績效給薪制度有助於吸引和留住成就導向型的員工。 ．績效給薪有助於聘請到表現優異的人，因為這種制度能滿足他們的需求，同時也會令表現不佳者感到氣餒。	．不利於提高員工的綜合素質與開發員工的潛能。容易造成員工的短期行為。 ．如果績效考核不公時，容易造成員工不滿情緒的發生，反而會影響工作效率。
薪資的寬階	．主管有充分設定薪資率的自主權。 ．員工的發展不受限制。	．短期內出現高流動率，並且溝通頻繁。

資料來源：丁志達（2012）。「薪酬規劃與管理實務班」講義。台灣科學工業園區科學工業同業公會編印。

一、整體獎酬計畫考量面向

爲使整體獎酬計畫的周延性，需從下列幾個面向加以考量（**表4-9**）：

表4-9　決定薪資系統考慮的因素

外在因素	組織因素	工作因素	個人因素
1.市場因素 ・就業市場勞動力供需情況 ・大學、專科、高職學生人數狀況 ・地區性工商業專業人員流動率情形 ・勞動力結構變化的情形 ・經濟景氣與失業率狀況 2.工會因素 3.區域與同業薪資狀況 4.政府法令的規定 5.社會習慣	1.公司在該地區與同業分析比較 2.公司的獲利與付薪的能力水準 3.公司的經營規模與大小 4.資本密集或勞力密集的行業屬性 5.公司的經營理念 ・採領先薪資或跟隨市場價碼 ・薪資與福利狀況	1.技術 ・心智能力的要求 ・職務的複雜性 ・個人的資格條件 ・做決定與判斷的能力 ・管理能力 ・教育／訓練／知識社會與人際關係 ・專業與技術操作能力 ・做日常工作能力 ・動作性向能力 ・創新能力 ・適應能力 ・先前經驗 2.責任 ・做決定的水準 ・監督的能力 ・所負責工作與營利的關係 ・接觸公眾與接觸顧客能力 ・工作的可靠性及正確性 ・使用設備、材料及經管的財產 ・擁有公司機密文件的程度 3.努力 ・體力的要求 ・心智的能力 ・注意力的久暫 ・工作的忍受度 4.工作條件 ・工作環境 ・工作危險性	1.績效／生產力 2.工作經驗 3.發展潛能 4.個人特質 ・工作意願 ・職務與地位 ・工作時間 ・工作單調性 ・出差頻率

參考來源：李長貴（1997）。《績效管理與績效評估》。台北市：華泰，頁264-266。

1.勞動力市場：瞭解勞動力市場獨特的競爭優勢，以及求才、留才所面臨的重要挑戰，並將此資訊融入內部或外部的人力供需趨勢分析中。

2.雇主：瞭解企業的營運目標，及為達成目標所需的人才、技能和價值驅動關鍵要素，進而制定相關的人力資源策略。

3.員工：瞭解各領域、階層員工不同的期望及觀點。

4.競爭市場：瞭解整體獎酬在競爭市場中的定位，以及對於落實營運策略的幫助。

5.財務狀況：瞭解目前及未來之獎酬設計對於企業的影響及其成本結構。

6.環境分析：瞭解企業內部及市場上相關獎酬計畫的運作方式，以及各項獎酬計畫如何與整體獎酬配合，並且找出對於員工和成本的影響。

透過上述的探討，企業可以在合理的成本支出下，找出提升整體獎酬連結組織效益及員工價值的作法。❼

二、決定個人薪資的因素

一般在決定個人薪資時，會考慮的一些相關因素有：

1.職務：以工作分析、職位評價等方法衡量職務的價值，並以職務價值為核薪的主要依據。它包括：職務責任的大小、工作條件、職務相關的技能、職務內容、職位層級高低、工作環境等。

2.技能：以員工所具備的技能程度為核薪的主要依據。它包括：員工的專業知識、管理才能、語言能力、教育程度、工作資歷、工作熟練度、各類證書等。

3.績效：以員工的績效表現為核薪的主要依據。它包括：工作績效、工作品質、銷售量、目標達成率等（**圖4-5**）。

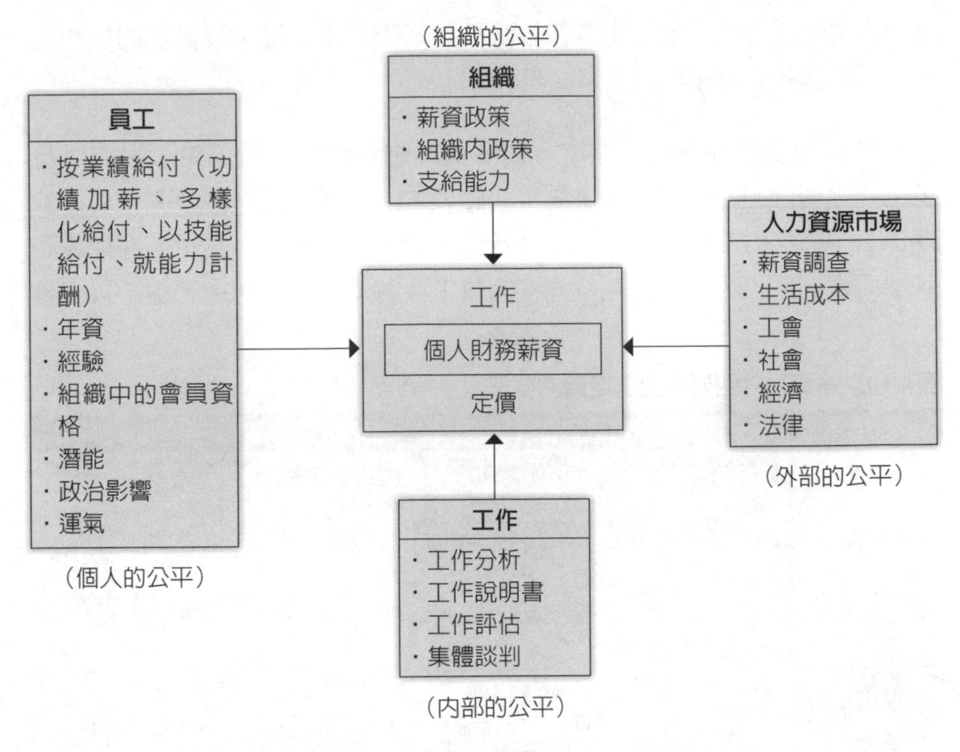

圖4-5　個人財務性薪資之基本因素

資料來源：Mondy, R. Wayne & Noe, Robert M., III, (1987). *Personnel: The Management of Human Resources*. Allyn and Bacon. Inc., p. 417.

三、薪資結構設計的關鍵性要素

薪資結構設計約有下列四大關鍵性要素：

1.保健（hygiene）基準性薪資：組織基於外部公平性考量，以員工適當的保健需要爲基準所設計的薪資。

2.職務基準性薪資：組織基於外部公平性考量，以公司內各項職務的相對價值爲基準所設計的薪資。

3.績效基準性薪資：組織基於激勵員工努力的考量，以員工的績效表現爲基準所設計的薪資。

4.技能基準性薪資：組織基於激勵員工學習之考量，以員工的技能程度爲基準所設計的薪資（**表4-10**）。

在各種基準性薪資類型中，保健基準薪資制具有員工生活保障與員工工作之報酬兩方面的意義，屬於「屬人薪」；職務基準薪資制較易導致外部公平性、內部公平性、激勵性及對整體薪資的滿足。當企業採用職務基準薪資制時，相對的應開放適度的員工參與及高度的溝通管道，以使員

表4-10　薪資設計四要素模式之觀念整理

薪資設計要素	保健基準性薪資	職務基準性薪資	績效基準性薪資	技能基準性薪資
設計目的	維護薪資的外部公平性	維護薪資的內部公平性	激勵員工的工作動機	激勵員工的學習動機
薪資基準	員工適當的保健需要	各項職務的相對價值	員工的績效表現	員工的技能程度
核薪依據	物價、生活水準、薪資調查資料	職務評價分數	績效評估分數	技能評鑑分數
理論基礎	公平理論（外部公平）	公平理論（內部公平）	期望理論 代理理論	學習理論 組織變革理論
保健要素	・參考物價指數、地區生活成本、國民平均所得 ・參考公務人員調薪幅度 ・參考同業及當地就業市場的薪資水準 ・考慮到員工的家計責任與負擔 ・提供適當的生活津貼	・考慮到職位高低與職責大小 ・根據職務評價結果給予適當薪資 ・考慮到職務的內容與性質 ・考慮到工作場所與周邊環境 ・考慮到該職務必備的基本條件與資格	・根據績效表現給予適當薪資 ・薪資隨著該月份實際績效而變化 ・調薪幅度根據過去一年的績效表現 ・紅利與年終獎金隨著貢獻度而變化	・具備新技能時會有薪資上的激勵 ・員工技能條件不同，薪資會有所差異 ・調薪幅度參考過去一年的教育訓練紀錄
配合措施	薪資調查系統	職務評價系統	績效評估系統	教育訓練系統

資料來源：諸承明、戚樹誠、李長貴（1998）。〈我國大型企業薪資設計現況及其成效之研究：以「薪資設計四要素模式」爲分析架構〉。《輔仁管理評論》，第5卷，第1期，頁102。

工能充分反映其意見，適當調整薪資組合；績效基準性薪資制較易導致外部公平性、激勵性及對整體薪資的滿足，當企業採用績效基準性薪資制時，應輔以適度的員工參與及溝通管道；在技能基準薪資制方面，它是以「拉」的方式讓員工主動學習，而不是以「推」的方式要求員工被動受訓，使員工能擁有多種的技能，保持組織的彈性，當企業若要實施技能基準薪資制時，應注意提供多樣化的教育訓練，同時謀求更完善的技能給薪制度，減少員工的抗拒程度，讓技能基準薪資制眞正發揮其功能。❽

四、給付等級的決定

等級（職等）的設計係依職位評價的結果，將工作或職位的困難度、職責等類似功能的職位予於歸類，以利於組織內人力的調動與運用，而薪資結構設計重點之一，即在給付等級的決定，其實施步驟依序如下：

1.實施薪資調查，瞭解同業間之薪資水準。
2.進行職位（工作）評價決定工作的相對價值。
3.將工作集群歸至各個給付等級。

職位評價決定工作之間的相對價值之後，即可決定各項職位的薪資待遇（**圖4-6**）。

五、設計薪資結構的步驟

一般設計薪資結構，有下列幾個步驟：

1.將薪資調查的結果畫成分布圖。
2.將差異過大的薪資資料剔除。
3.畫出市場平均薪資線。
4.畫出公司目前的平均薪資線。
5.決定公司的薪資政策線。

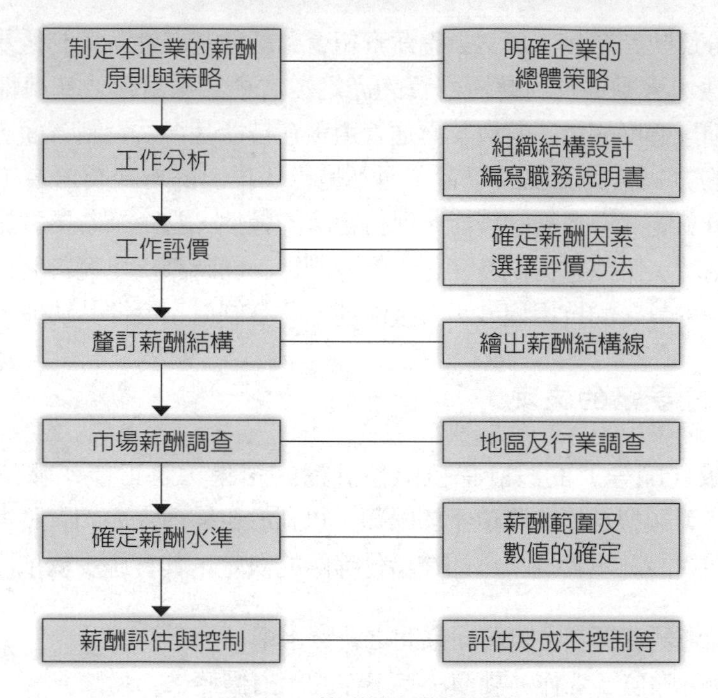

圖4-6　薪酬管理流程圖

資料來源：李劍、葉向峰（2004）。《員工考核與薪酬管理》（*Performance & Pay Management*）。北京：企業管理出版社，頁395。

6.決定職位等級數。

7.計算各職等的薪幅等中線。

8.決定各職級的薪幅範圍。

9.完成薪資結構（**表4-11**）。

表4-11　薪資結構設計表　　單位：新台幣／元

職等	薪資（月薪）					薪資全距（%）	薪等間距（%）
	1Q 最低薪資	2Q 最低薪資	等中點	3Q 最高薪資	4Q 最高薪資		
1	20,167	22,184	24,200	26,217	28,233	40	
2	22,131	24,621	27,110	29,600	32,089	45	12
3	24,784	27,572	30,360	33,148	35,936	45	12
4	27,688	31,149	34,610	38,071	41,532	50	14
5	31,568	35,514	39,460	43,406	47,352	50	14
6	36,304	40,842	45,380	49,918	54,456	50	15
7	40,933	46,562	52,190	57,819	63,447	55	15
8	47,482	54,011	60,540	67,069	73,598	55	16
9	55,082	62,656	70,230	77,804	85,378	55	16
10	63,208	72,689	82,170	91,651	101,132	60	17
11	73,954	85,047	96,140	107,233	118,326	60	17
12	87,270	100,360	113,450	126,541	139,631	60	18
13	102,985	118,433	133,880	149,328	164,775	60	18

說明：

1.等中點（S）：依就業市場薪資調查資料及企業內薪資政策而決定的金額。

2.薪資全距（Y）：薪資全距之決定來自於就業市場薪資調查資料，以及企業內該職等各工作熟練階段所需歷練的時間來決定。公式如下：

（同一職等最高薪資－同一職等最低薪資）÷同一職等最低薪資×100＝薪資全距

3.最低薪資公式：S－{S×[Y÷(2＋Y)]}

4.最高薪資公式：S＋{S×[Y÷(2＋Y)]}

5.薪等間距：薪等間距係指相鄰之上一薪等（較高職等）之等中點除以（÷）下一薪等（較低職等）等中點之比（%）。例如：

27,110（第2職等等中點）÷24,200（第1職等等中點）×100＝12%

6.職等重疊部分：相鄰二職等，下一職等（較低職等）與上一職等（較高職等）之等幅中彼此重疊的部分，由下一職等（較低職等）之最高薪資減去（－）上一職等（較高職等）之最低薪資，再除以（÷）上一職等（較高職等）最高及最低薪資的差距。例如：

（甲）7職等與8職等的重疊

63,447（7職等最高薪資）－47,482（8職等最低薪資）＝15,965

（乙）8職等的等幅

73,598（8職等最高薪資）－47,482（8職等最低薪資）＝26,116

（丙）7職等與8職等重疊率為：

（63,447－47,482）÷（73,598－47,482）×100＝61%

資料來源：丁志達（2012）。「薪酬規劃與管理實務班」講義。台灣科學工業園區科學工業同業公會編印。

六、設計薪資體系成功的關鍵

設計薪資體系成功關鍵的要求條件有（**表4-12**）：

1.顧客是企業立命的根本，最好的薪酬體系設計，應該能鼓勵員工提高對顧客的服務品質，培養以顧客爲中心和成本管理等思想的價值觀。

2.經理和一般員工認爲這些方案行之有效，能給他們帶來信心，則決策就可以客觀地做出來。

3.薪資體系的管理及修改要簡單，經營環境的改變或實施新的工作流程時，報酬計畫也必須跟著改變。

4.公司能夠吸引並留住人才。

表4-12　薪資設計理論要素與實務制度之整合性模式

理論要求／實務制度	保健要素	職務要素	績效要素	技能要素
本薪制度	根據保健需要決定薪資水準（薪資曲線的全距及其斜率）	根據職務價值，決定各項職務所適用的薪等	·在固定的薪資全距範圍，薪等不變下，視績效決定員工薪資 ·決定是否調整適用的薪等（視績效調整職務）	在固定的薪資全距範圍內（薪等不變下），視技能決定員工薪資
特定性質的薪酬制度	·伙食津貼 ·交通津貼 ·偏遠地區津貼 ·房租津貼 ·眷屬津貼 ·派外津貼 ·生活成本調整方案	·主管加給 ·專業加給	·生產獎金 ·銷售獎金 ·功績獎金 ·年終獎金 ·員工認股 ·加班費 ·紅利	·技術加給 ·學位加給

資料來源：諸承明（2003）。《薪酬管理論文與個案選集——台灣企業實證研究》。台北市：華泰，頁55。

5.讓員工參與其中的制定薪資過程，請他們協助選出適用的評價標準，並確定這些標準是否是簡單、易於瞭解，並且是合理的。
6.有效的報酬應該要能激發員工的創業精神。
7.報酬必須能讓員工與企業成功發生利害關係。
8.薪資報酬必須反映現實，和員工績效產生密切關係，如果眞能做到這點，企業達到目標的機會將大大提高。❾

有效的薪資系統，應該能夠使組織中與市場中的薪資水準一致，並隨著物價成本的變動，薪資水準有所調整，而且對於表現傑出的員工，亦能夠彈性化地給予額外的加薪，其方式亦必須簡單易懂。

範例4-1

亞馬遜網路書店的薪資設計

亞馬遜網路書店（Amazon com.）是處在一種低毛利、高競爭的行業，因此在公司內提倡節儉的企業文化，從精簡的員工、儉樸的辦公設備，都可感受到其文化，但是對於公司最重要的資產——員工，亞馬遜網路書店卻有另一套激勵的方案，它從重點大學或競爭者那裡吸引優秀的人才，雖然一開始報酬並不比同業高，但只要員工表現進步，亞馬遜網路書店卻會將員工的現金報酬減少，而以公司股票購買方案來鼓勵員工不斷努力成長。

資料來源：EMBA世界經理文摘編輯部（2000）。〈發揮報酬的驚人力量〉。《EMBA世界經理文摘》，第161期，頁126。

薪資結構設計的專有術語

薪資結構是管理上作爲一種勞動成本控制的方式，爲員工起薪、晉升、調薪等的準則。

在設計薪資結構時，會使用一些專有術語，諸如：薪資等級（pay grades）、薪資全距（salary ranges）、薪資均衡指標（compa-ratio）、中位數（midpoint）、最低薪資（the minimum of salary range）、最高薪資（the maximum of salary range）、等重疊（overlap）、薪等間距（midpoint progression rate）、工資曲線（wage/salary curves）等。

一、薪資等級

爲了簡化一個薪資結構的管理，相似價值的工作經常被分等，稱爲薪資等級。如果職位評價是使用因素點數法，等級通常定義爲在某種點

範例4-2

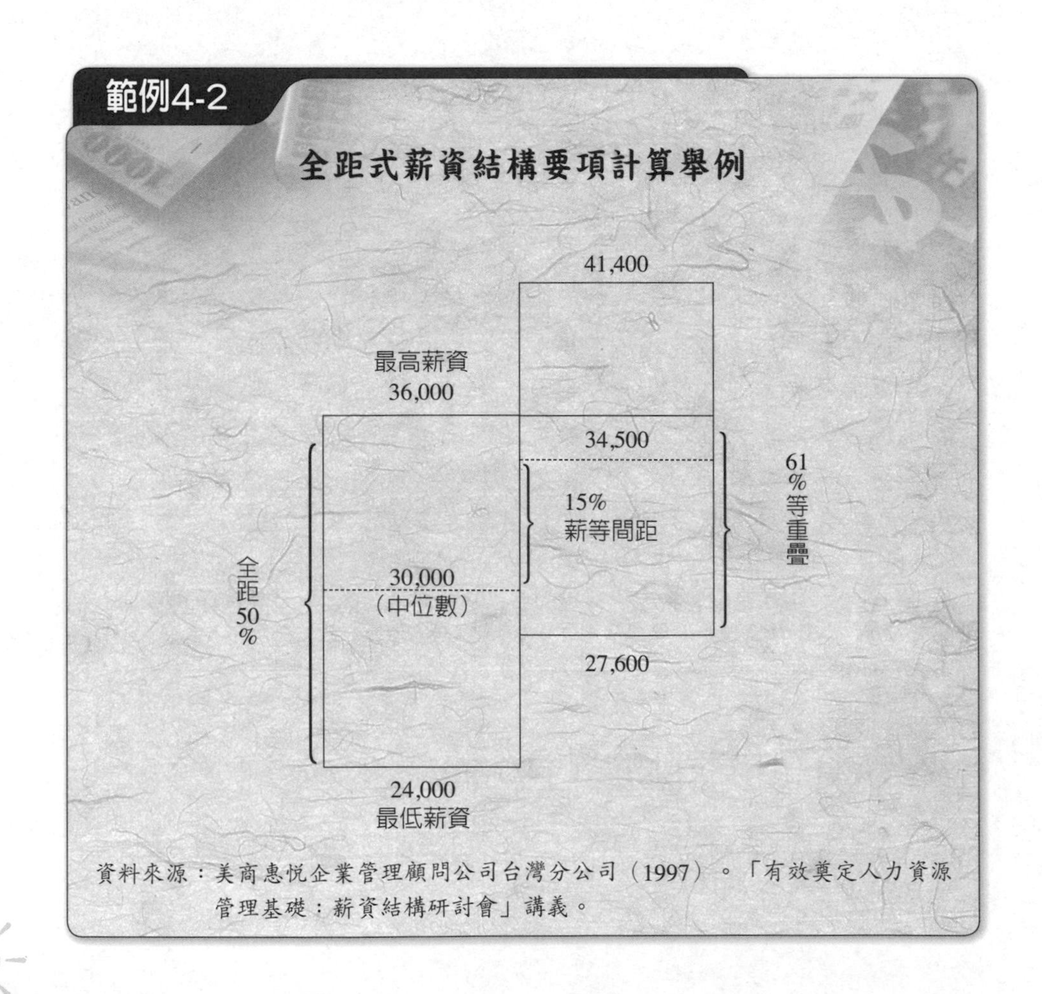

資料來源：美商惠悅企業管理顧問公司台灣分公司（1997）。「有效奠定人力資源管理基礎：薪資結構研討會」講義。

數範圍以內；如果使用因素比較法，則可以使用一個金錢範圍來定義等級。理想而言，薪資等級內的員工薪資落點應該根據績效或功績，但事實上，這個區分經常僅依據年資，當員工達到一個特定等級的範圍頂端時，這個員工只有升至一個更高的等級，薪資方能被增加（**表4-13**）。

薪資等級的設計，有下列優點：

1.便於調整薪資全距。
2.能確認職位評價，以達完美境界。
3.職位列等後，可不再論積分，即能區別職位與職位之間的相對關係。
4.職位列等後，可易於辨識升遷與否。

至於薪資等級應分多少等級才適當，應取決於公司組織層級多寡而定，一般係劃分爲十至十五個職等居多。

二、薪資全距

薪資全距或稱薪資幅度、薪資隔差，是爲一種特定的工作建立一個可容許的薪資範圍，它具有一個最小值（minimum，最低薪資）及一個最大值（maximum，最高薪資），它是一種控制薪資的方法。一個員工在相同工作中的表現決定了這個員工的薪資落在這個工作的哪個範圍內。

表4-13　公務人員俸級區分表

區分	說明
委任	分五個職等，第一職等本俸分七級，年功俸分六級，第二職等至第五職等本俸各分五級，第二職等年功俸分六級，第三職等、第四職等年功俸各分八級，第五職等年功俸分十級。
薦任	分四個職等，第六職等至第八職等本俸各分五級，年功俸各分六級，第九職等本俸分五級，年功俸分七級。
簡任	分五個職等，第十職等至第十二職等本俸各分五級，第十職等、第十一職等年功俸各分五級，第十二職等年功俸分四級，第十三職等本俸及年功俸均分三級，第十四職等本俸為一級。

資料來源：洪國平（2005）。〈建構我國公務人員績效俸給制度問題分析〉。《公務人員月刊》，第108期，頁11。

範例4-3

職系、職等、職稱總表

<table>
<tr><th>職等</th><th>職稱</th><th colspan="2">行政管理職系職稱</th><th>業務管理職系職稱</th><th>企劃管理職系職稱</th><th>技術服務職系職稱</th><th>電腦應用職系職稱</th></tr>
<tr><td>1</td><td>管理（技術）員</td><td colspan="2">助理</td><td></td><td></td><td>技術員、助理工程師</td><td></td></tr>
<tr><td>2</td><td>管理員
技術員</td><td colspan="2">專業助理</td><td>工程師</td><td>規劃員</td><td>工程師
資深技術員</td><td>設計師
工程師</td></tr>
<tr><td>3</td><td>管理員
技術員</td><td colspan="2">資深專業助理
助理秘書</td><td>工程師</td><td>資深規劃員</td><td>工程師
資深技術員</td><td>設計師
工程師</td></tr>
<tr><td>4</td><td>初級管理師
初級工程師</td><td colspan="2">副課長（副主任）
秘書、專員</td><td>資深工程師</td><td>專員</td><td>高級工程師</td><td>高級設計師</td></tr>
<tr><td>5</td><td>初級管理師
初級工程師</td><td colspan="2">課長（主任）
資深秘書、專員</td><td>資深工程師</td><td>專員</td><td>高級工程師</td><td>高級設計師、分析師
高級工程師、管理師</td></tr>
<tr><td>6</td><td>初級管理師
初級工程師</td><td colspan="2">資深課長（資深主任）
資深秘書、專員</td><td>專員</td><td>專員</td><td>專員</td><td>分析師
管理師</td></tr>
<tr><td>7</td><td>中級管理師
中級工程師</td><td colspan="2">副理、執行秘書
高級專員</td><td>副理
高級專員</td><td>副理
高級專員</td><td>副理
高級專員</td><td>副理、高級分析師
高級管理師</td></tr>
<tr><td>8</td><td>中級管理師
中級工程師</td><td colspan="2">經理、執行秘書
高級專員</td><td>經理
高級專員</td><td>經理
高級專員</td><td>經理
高級專員</td><td>經理、高級分析師
高級管理師</td></tr>
<tr><td>9</td><td>中級管理師
中級工程師</td><td colspan="2">資深經理（S. M.）
高級經營規劃專員</td><td>資深經理（S. M.）</td><td>資深經理（S. M.）</td><td>資深經理（S. M.）</td><td>資深經理（S. M.）</td></tr>
<tr><td>10</td><td>高級管理師</td><td colspan="2">資深經理（DIR.）
高級經營規劃專員</td><td>資深經理（DIR.）</td><td>資深經理（DIR.）</td><td>資深經理（DIR.）</td><td>資深經理（DIR.）</td></tr>
<tr><td>11</td><td>高級管理師</td><td rowspan="5">經營管理職系</td><td>協理</td><td>協理</td><td>協理</td><td>協理</td><td>協理</td></tr>
<tr><td>12</td><td>高級管理師</td><td>副總經理</td><td>副總經理</td><td>副總經理</td><td>副總經理</td><td>副總經理</td></tr>
<tr><td>13</td><td>經營管理師</td><td>資深副總經理</td><td>資深副總經理</td><td>資深副總經理</td><td>資深副總經理</td><td>資深副總經理</td></tr>
<tr><td>14</td><td>經營管理師</td><td colspan="5">執行副總經理</td></tr>
<tr><td>15</td><td>經營管理師</td><td colspan="5">總經理</td></tr>
</table>

資料來源：聯強國際機構職位分類通則。

一個良好的基本工資與薪俸制的關鍵，就是要在組織內爲不同的工作建立不同的薪資全距（**圖4-7**）。

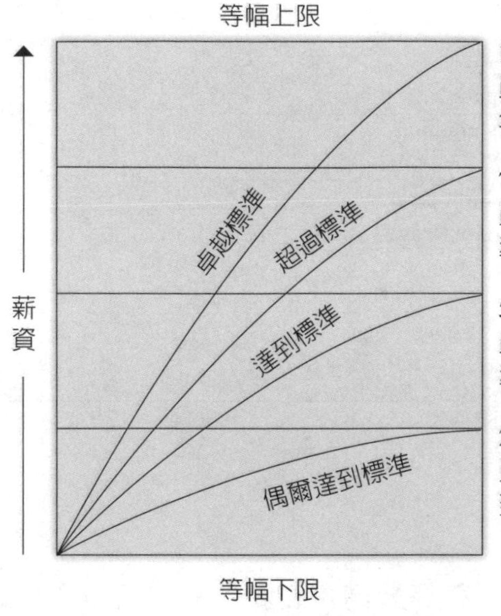

100%
員工績效表現在一段期間內（例如五年），持續保持卓越標準。

75%　第三4分位
員工績效表現在一段期間內，持續超過標準。

50%　等中點（中位數）
員工績效表現在一段期間內，可達到標準，但是仍須繼續學習其餘部分。

25%　第一4分位
員工績效表現在一段期間內，不能完全達到標準或屬新進人員，仍在學習階段。

圖4-7　薪資等幅中有關績效之界疇

資料來源：羅業勤（1992）。《薪資管理》。自印，頁7-3。

薪資全距的建立，涉及兩個基本面：

1.確定不同的工作對組織的相對價值（確保內部公平），職位評價是決定工作對組織的相對價值的主要方法。
2.為不同的工作定價（確保外部公平），薪資調查則是工作定價最常用的方法。

至於薪資全距的設計，係依據各職等中的薪資中位數來計算，決定其應該將全距拉寬多少幅度，再決定薪資職等的最高與最低薪資。薪資全距常隨職位的性質而異，通常職位越高，薪資全距值越大，因此若屬低職位，薪資全距在30%至40%之間，而專業技能與管理職位則應有40%至50%的薪資全距，分布程度較大，但在實施扁平寬幅薪資結構（broad banding pay structure）型態的企業，同一層級的薪資全距值範圍也

表4-14　依薪幅計算最高與最低值

假定薪幅固定為60%

$$\text{Salary Range} = \frac{\text{Maxmimum} - \text{Minimum}}{\text{Minimum}}$$

$$= \frac{\text{Midpoint}（1+a\%）- \text{Midpoint}（1-a\%）}{\text{Midpoint}（1-a\%）}$$

$$a\% = \frac{\text{Salary Range}}{2+\text{Range}}$$

$$= 0.6 /（2+0.6）$$

$$= 23.07\%$$

檢驗：（1.2307－0.7693）／0.7693＝59.98%

資料來源：美商惠悅企業管理顧問公司台灣分公司（1997）。「有效奠定人力資源管理基礎：薪資結構研討會」講義。

可能擴大超過150%以上。

薪資全距值的計算，係由同一職等最高薪資減（－）同一職等最低薪資，再除以（÷）同一職等最低薪資，通常用百分比來表示（**表4-14**）。

三、薪資均衡指標

薪資均衡指標是對公司薪資狀況的重要測度，其公式如下（**表4-15**）：

薪資均衡指標＝實際薪資÷標準薪資（薪等中位數）

從薪資均衡指標中可窺知實際薪資與薪資曲線的薪等中位數相近程度。理論上，可得知公司實際薪資和調查薪資的相近程度。在運用上，以百分比來顯示一位員工目前薪資與薪等中位數的距離。根據薪資均衡指標的結果，如果相對比較率為100，即表示某一等級的員工薪資總平均值與薪資表中相同層級的薪等中位數完全相符。若是相對比值高於100，則表示屬於此一層級的資深員工過多，或過多職位的薪資水準是落在於此一層級的頂端；若是相對比值低於100時，可能有下列情況存在：

表4-15　薪資均衡指標的計算公式

薪資均衡指標是對公司薪資狀況的重要測度。其公式如下：
薪資均衡指標＝實際薪資÷標準薪資（薪等中位數）。例如：

職等	薪等中位數	人數	平均實際薪資
1	600	20	550
2	700	9	650
3	800	9	750
4	900	6	800
5	1,000	5	1,050
6	1,200	4	1,300
7	1,500	3	1,700
8	1,900	1	2,300
9	2,400	0	0
10	2,900	1	2,800

加權平均實際薪資：846
加權平均標準薪資（薪等中位數）：862

依照上表資料，薪資均衡指標為846÷862＝0.98；如果加權平均實際薪資為900，加權平均標準薪資（薪等中位數）不變，則薪資均衡指標為：900÷862＝1.04。

資料來源：Henrici, Stanley B.著，楊信長譯（1986）。《薪資管理實務》（*Salary Management for the Nonspecialist*）。台北市：前程企管，頁149-150。

1.表示公司的薪資水準不再具有競爭性。

2.近年來內部的工作擴展，新進員工過多。

3.過度人事流動，產生對新進員工的需求，這些員工所支領的是較低的起薪。

4.公司不需藉支付高薪去招募和留住員工。

5.就此行業的工作而言，公司的薪等中位數訂得太高（**表4-16**）。

四、中位數

中位數又稱中點薪、中位值、等中點，是調查其他企業的薪資而求得的。在薪資調查後，依各職等中的重要性，界定工作或職位的薪資平均數或中位數，並畫出市場的薪資線（pay line），然後再依公司的薪資政策是要領先或落後，或是與同業的薪資同步，訂出公司的薪資線。

表4-16　高低薪資均衡指標產生的原因

低薪資均衡指標產生的原因	高薪資均衡指標產生的原因
・人事異動頻繁 ・員工離職率高 ・資深員工相對少 ・薪資成長落後 ・公司調薪不夠頻繁 ・歷年調薪不夠多 ・薪資政策不切實際，低比較率可能是薪資政策曲線偏高所致 ・突然擴大規模，一下子聘用許多新進人員，由於他們都是低薪資者，迫使比較率降低了 ・員工服務年資淺	・人事安定 ・員工流動率偏低，隨著考績調薪的發放，會使公司平均實際薪資高過其他企業相稱職位的薪資 ・過分的考績調薪 ・主管為鼓勵員工表現，動輒以考績調薪 ・生意不好，縮小公司規模，資遣新進人員，保留資深員工就會提高比較率 ・調薪時間。從上次調薪調整薪資中位數到現在已將近一年，期間曾調過考績調薪與通貨膨脹調薪，此時的比較率可能已相當高

資料來源：Henrici, Stanley B.著，楊信長譯（1986）。《薪資管理實務》（*Salary Management for the Nonspecialist*）。台北市：前程企管，頁156-159。

五、最低薪資

所謂薪資全距中最低薪資或稱最小值，係指對無經驗、新進員工的給付而言，其計算公式如下：

$$\text{最低薪資}=S-\{S\times[Y\div(2+Y)]\}$$

S＝預定該職等薪資全距的中位數

Y＝預定的該職等薪資全距（即最高與最低薪資差距的百分比）

以**範例4-2**（全距式薪資結構要項計算舉例）爲例：

最低薪資＝30,000－{30,000×[0.5÷(2＋0.5)]}＝24,000

六、最高薪資

薪資全距中最高薪資或稱最大值，係指對能力特優者的給付而言，其計算公式如下：

$$\text{最高薪資}=S+\{S\times[Y\div(2+Y)]\}$$

S＝預定該職等薪資全距的中位數
Y＝預定的該職等薪資全距（即最高與最低薪資差距的百分比）
以**範例4-2**（全距式薪資結構要項計算舉例）爲例：
最高薪資＝30,000＋{30000×[0.5÷(2＋0.5)]}＝36,000

七、等重疊

等重疊係指相鄰二等級之間的重疊部分，即下一等級與上一等級之等幅中彼此相同的部分而言。等重疊的計算公式如下（**圖4-8**）：

等重疊＝〔（相鄰較低職等的最高薪資－相鄰較高職等的最低薪資）〕÷〔（相鄰較高職等最高薪資－相鄰較高職等最低薪資）〕×**100%**

以**範例4-2**（全距式薪資結構要項計算舉例）爲例：
等重疊＝（36,000－27,600）÷（41,400－27,600）×100%＝61%

八、薪等間距

薪等間距通常以百分比表示，其計算公式如下：

（相鄰較高職等等中點－相鄰較低職等等中點）÷相鄰較低職等等中點

以**範例4-2**（全距式薪資結構要項計算舉例）爲例：
薪等間距＝（34,500－30,000）÷30,000×100＝15%

一般而言，設計薪等間距，屬於高職等的間距在15%至20%左右（較少晉升機會但對公司目標貢獻較大者），低職等的間距在10%至15%左右（加重責任機會及對公司貢獻較少者）（**表4-17**）。

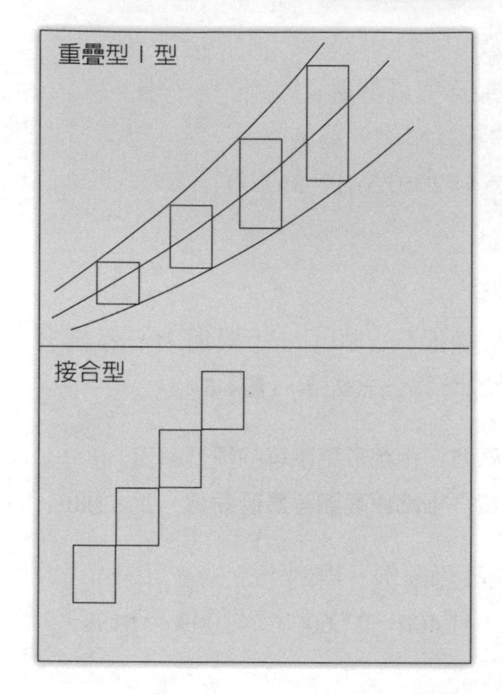

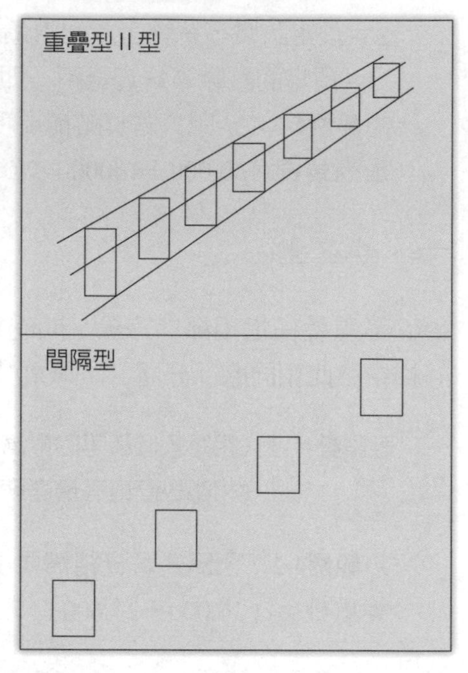

圖4-8　薪資重疊的類型

資料來源：歐育誠（1999）。〈公共管理之利器：薪資管理之探討〉。《公共管理論文精選 I》。台北市：元照，頁142。

表4-17　韋伯法則

韋伯法則基於人類的心理特點，認為人對事務大小差異的感覺是以15%為級差的。如果以15%為一級，當兩個事務大小的差異小於一級時，人的感覺沒有什麼差別；當兩個事務大小的差別達到一級，即15%，則人類「可以感覺到不同」；而當兩個事務大小的差別為兩級，即30%時，則人類感覺到「有明顯的區別」；如果當兩個事務大小的差別為三級，即45%時，人類會感覺到「有重大的區別」。三個緯度是知識技能（know how）、解決問題（problem solving）和責任性（accountability）。崗位之間的差別也可以用韋伯法則來區分。

如總經理和秘書崗位的差別，人們感覺是十分明顯的，這是因為從崗位的三個緯度來說，其差別都大於三級，而對於財務部經理和人力資源部經理崗位的差別，有時就不是十分確定，這是因為其崗位的三個緯度的差別，可能都不超過兩級。

在組織的崗位設置時，上司和下屬崗位的三個緯度之間的差異，有一定的合理範圍，差別太大或太小，都預示著某種不合理性。

資料來源：朱瑞寶、顧雪春（2003）。〈看不見的手——淺析薪酬設計中的參數運用〉。《企業研究》（2003/08），頁41。

九、工資曲線

工資曲線或稱薪資曲線，是工作的相關價值與其工資（薪資）率之間用圖表的方式描述（**圖4-9**）。繪製工資曲線的目的，在於顯示職位價值與目前薪資待遇之間的關係。它將目前各個給付等級的薪資待遇表示出來，其中垂直軸是「給付率」，水平軸是「給付等級」。爲確保最後的薪資結構與職位評價及薪資調查資料能夠一致，有時最好根據現行的薪資與調查資料各畫出一條工資（薪資）率，並兩者相互比較，任何矛盾即可快速偵測並糾正（**圖4-10**）。

繪製出工資曲線有幾個步驟：

1.決定各個給付等級的平均薪資待遇。

2.把上述資料描繪在工資曲線上。

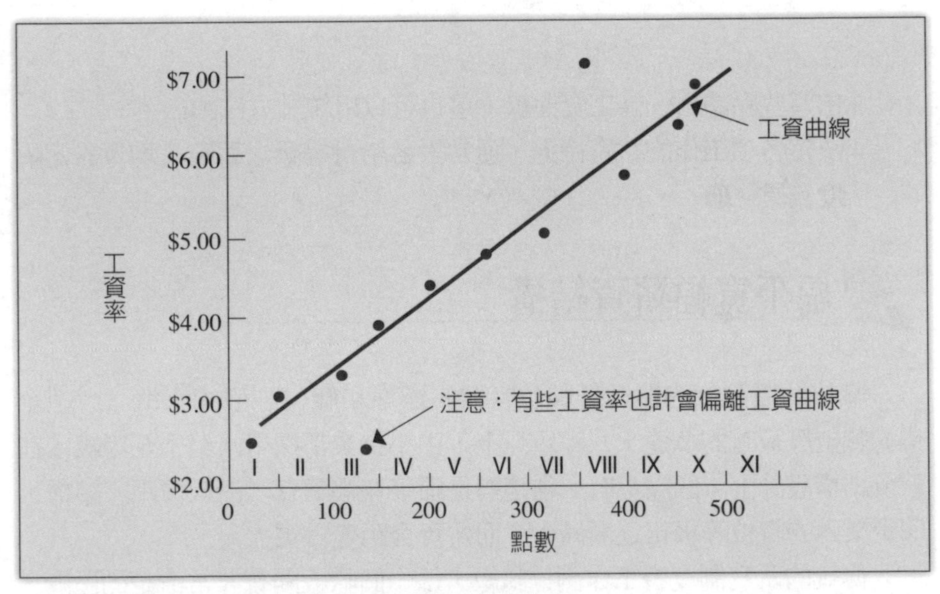

註：圖中的各點分別代表各個工作等級的平均薪資率。

圖4-9　工資曲線

資料來源：Dessler, Gary著，李茂興譯（1992）。《人事管理》（*Personnel Management*）。台北市：曉園，頁303。

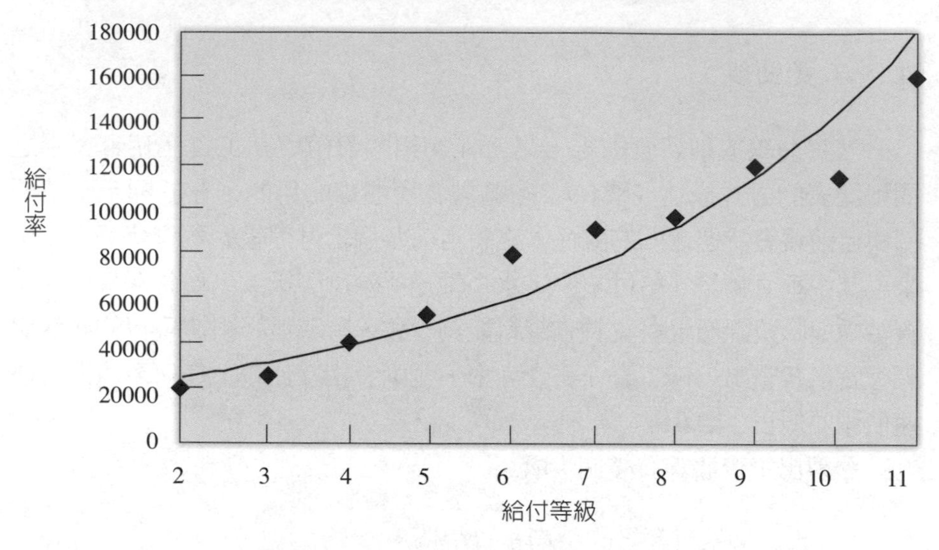

圖4-10　發展薪資曲線（迴歸分析）

資料來源：美商惠悅企業管理顧問公司台灣分公司（1997）。「有效奠定人力資源管理基礎：薪資結構研討會」講義。

3.由這些點繪出一條工資曲線，這也可以用統計方法繪出。

4.決定各項工作的薪資待遇，通常對各給付等級之薪資，均會設定幅度差異。❿

扁平寬幅薪資結構

職位評價制度的關鍵是職位評價的標準和職位評價的水準。大型企業的職位等級有的多達十八等級以上，中小企業都採用八至十五等級。在薪資結構設計上，國際上有一種趨勢是扁平寬幅薪資（減級增距）結構，即企業內的職位等級正逐漸減少，而薪資全距變得更大。

傳統的薪資制度將工作劃分職級，每一個職級間有非常清楚的區隔，而薪資的扁平寬幅（寬階）薪資結構最主要的想法，是希望打破過去的職級制度，在薪資方面能更有彈性。傳統上，相同職級的薪資是相同的，但是在扁平寬幅薪資制度下，相同的職級，沒有固定的薪資結構，沒有最高

限制，也沒有最低的底線，完全以市場價格為考量，以市場價格為依據，是要讓企業知道，以這樣的條件能不能聘僱到人才，公司照市場價格給付薪資是合理的，但是這位人才必須要有所貢獻，所以在徵選人才的時候，一定要注意其職能與才能是不是非常契合。企業採用扁平寬幅薪資的原因有：打破舊的等級制度、寬廣員工工作角度的視野、簡化組織層級及薪資作業流程、整合組織結構作業及提供更具彈性的勞動力等（**表4-18**）。

一、扁平寬幅薪資模式的特徵

所謂「扁平寬幅薪資」，就是企業將原來十幾個、甚至二十幾、三十幾個薪資等級壓縮（compression）成幾個級別，但同時將每一種薪酬級別所對應的薪酬浮動反應拉大，從而形成一種新的薪酬管理系統及操作流程。

企業實施扁平寬幅薪資模式，有下列的幾項特徵：

第一，打破傳統薪酬結構所維護和強化的等級觀念，減少了工作之間的等級差別，有利於企業提高效率，以及創造學習型的企業文化，同時有助於企業保持自身組織結構的靈活性和有效地適應外部環境的能力（**圖4-11**）。

表4-18　企業採行扁平寬幅薪資結構的原因

企業變革的手段	採行扁平寬幅薪資結構，可以使企業更具競爭力，以及能夠降低經營成本。
幫助員工之生涯發展	薪資結構的改變主要是為了發展員工生涯，包括：強調員工個人未來的能力發展比其垂直的職位晉升更為重要，並使薪酬制度能夠更具彈性，以提供個人能力與績效的激勵。
改善薪資行政系統作業	過去的薪資行政作業流程耗時、費力，以及經營成本過高，使得組織不得不發展出一套更簡化，且具彈性的薪資系統，以解決過去薪資結構所導致的行政作業包袱，並提供更具效率的作業需要。
轉移給薪或調薪決策的主導權	實施扁平寬幅薪資結構的企業，其對於給薪或調薪決策主導權已從人力資源部門轉移到第一線主管的身上。

資料來源：黃國隆、胡秀華（2002，4月）。〈人力資源管理策略與企業文化對扁平寬幅薪資結構實施成效的影響〉。《2002年兩岸管理科學暨經營決策學術研討會論文集》，淡江大學、北京大學、南華大學主辦，頁206。

第二，引導員工重視個人技能的增長和能力的提高。在傳統等級薪酬結構下，員工的薪酬只取決於職務提升而不在能力，即使能力再高而職位不變，都無法獲得高薪。但在扁平寬幅薪資制度內，即使是在同一薪酬寬帶下，企業爲員工所提供薪酬範圍是傳統的五個甚至更多的薪酬等級，此時員工就不需要爲薪酬的增長而去斤斤計較職位晉升等方面的問題，只要注意發展企業所要求的技能、技術和能力，做好企業著重強調的有價值的工作，拿高薪是自然的事。

第三，有利於職務輪換，培育那些新組織的跨職能成長和開發。在傳統的等級薪酬結構中，員工的薪酬水準是與其所擔任的職位嚴格掛鉤的。由於同一職位級別的變化並不能帶來薪酬水準上的變化，但是這種變

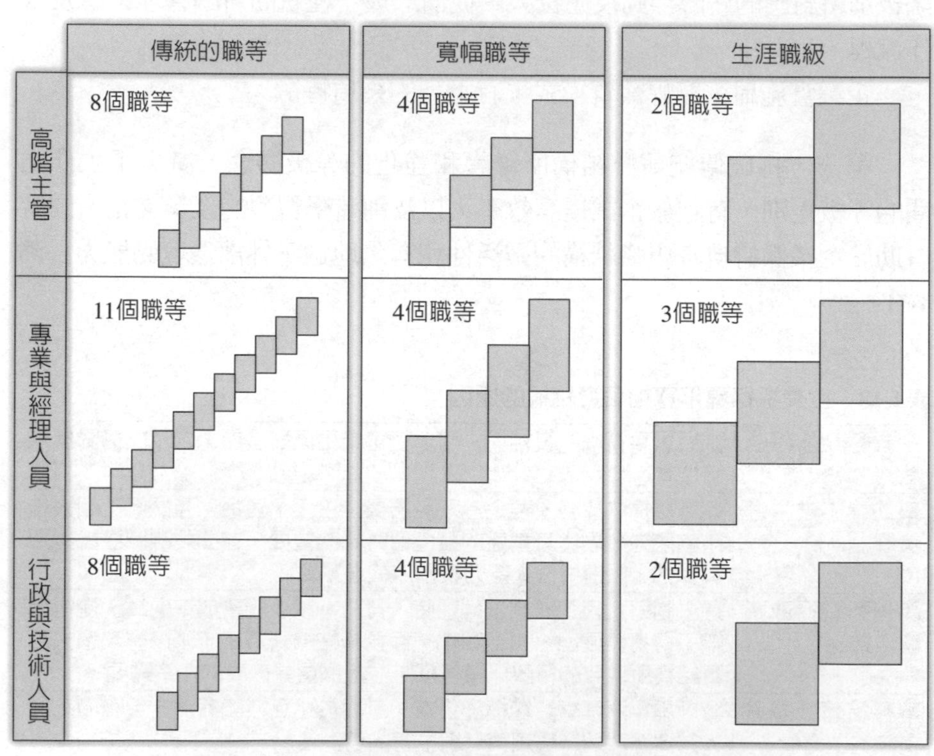

圖4-11　扁平寬幅薪資結構與傳統薪資結構之比較

資料來源：Abosch, K. S. & Hand, J. S. (1994). *Broadbanding Design, Approaches and Practices*. ACA.

化使得員工不得不學習新的事務，從而工作的難度增加，辛苦程度更高，這樣，員工不願意接受職位的同級輪調，而在扁平寬幅薪資制度下，由於薪酬的高低是由能力來決定，而不是由職位來決定，員工樂意透過相關職能領域的職務輪換來提升自己的能力，以此來獲得更大的回報。

第四，有利於管理人員以及人力資源管理人員的角色轉變。實施扁平寬幅薪資對於員工薪酬水準的界定留有很大空間。在這種情況下，部門經理對薪酬的決策方面擁有更多的權力和責任，可以對部屬的薪酬提出更多的意見和建議，同時也有利於人力資源管理人員從一些附加價值不高的事務性工作中脫身，轉向其他一些高級管理的策略性活動發展。

第五，有利於推動良好的工作績效。在扁平寬幅薪資下，上級對穩定突出業績表現的部屬有較大的加薪影響力。此外，扁平寬幅薪資結構透過弱化員工之間的晉升競爭，而更多地強調員工之間的合作和知識共享，共同進步，以此來幫助企業培養積極的團隊績效文化，從而提高了工作績效。

第六，扁平寬幅薪資體系能密切配合勞動力市場上的供需變化。扁平寬幅薪資型的薪酬結構，是以市場爲導向的，它使員工從注重內部轉向更爲注視個人發展，以及自身在外部勞動力市場上的價值。扁平寬幅薪資型的薪酬結構中，薪酬水準是以市場薪酬調查的數據，以及企業的薪酬定位爲基礎確定的，因此，薪酬水準的定期審查與調整，將會使企業更能把握其在市場上的競爭力，同時，有利於企業相應地做好薪酬成本的控制工作。當然，最爲重要的，可能是某些職位的薪酬因爲市場原因突然大幅度提高時，企業可以在不破壞原有薪酬體系和框架範圍內適應這種變化。⓫

二、扁平寬幅薪資型結構的種類

在組織扁平化並尋求行政簡化的同時，扁平寬幅的薪資型結構可分爲兩類：

一種是將職級放寬的薪資結構，稱爲「寬幅職等」（broad grades）或稱「薪資職級」（salary bands），此種薪資結構除了職等減少外，通常從二十個職等簡化至十個職級，也將薪資全距值範圍拉得較寬：從50%到

75%，但其仍保有傳統薪資結構中的中位數與四分位數（quartiles）的觀念，組織中將孕育更多的通才與職稱，相對的專業人才（specialists）將會減少。

另一種著重生涯規劃與發展層級的薪資結構，稱爲「生涯職級」（career bands），其比寬幅職等擁有更少的職等，從二十個職等簡化至五或六個職級，而且薪資全距値也拉得非常寬，從150%到300%或400%不等，甚至也可能根本沒有薪資全距，而且通才人數的成長與寬幅職等相比將增加更多，甚至有些人終其職涯都在同一個職級內（**表4-19**）。

三、實施扁平寬幅薪資型結構的問題

扁平寬幅薪資型結構在實際運作時，可能會遇到下列的問題與挑戰：

第一，傳統的薪資行政作業系統，根據中位數的原則，很容易計算出給薪與調薪的薪資全距範圍；然而在轉變成扁平寬幅薪資的結構時，由於其薪資全距非常的寬廣，甚至沒有中位數的觀念，這對於給薪與調薪的作業將是一大考驗。

第二，就員工個人而言，對於組織的任何改變，多少總是會抱持一些懷疑的態度，甚至產生抗拒的現象，這是在變革管理（change management）中管理者必須面對的課題。

第三，傳統上針對高績效員工，常會透過「垂直式」（vertical）晉升的酬賞模式，然而新的薪資結構已把以往過於強調職涯往上爬升（upward）的型態，轉變成爲重視多能力「橫向」（sideways）的發展，也就是重視的是員工個人知識及技術更深與更廣的延伸。

第四，由於主管將有更大的權責來決定員工的薪資，若主管不夠成熟或管理經驗不足時，在進行調薪時，有可能採取過寬的政策做濫好人，此時將可能增加公司的人事成本。

第五，因爲扁平寬幅薪資結構之彈性較大，所以更需要有效的與値得信賴的就業市場資料來作爲制定薪資制度與調薪的依據。

第六，員工薪酬雖然較具彈性，但也限制了員工升遷的機會，使得企

表4-19　企業的實務與扁平寬幅薪資結構理論之比較

項目	傳統的薪資結構	扁平寬幅薪資結構之理論架構	企業的實務
職級評等	詳細的職位評價作業過程。	淘汰傳統的職位評價系統。	簡化職位／角色評價流程。
職級數目	20-30	4-5	5-10
職級的特色	薪資全距介於40%到50%。 根據不同的職位功能別，建立不同的薪資結構。	薪資全距介於150%到400%。 簡化且單一的薪資結構適用於整個組織。	薪資全距介於50%到107%。 「薪資全距中的薪資全距」，根據職位別／功能別為基礎，在同一職級中，再建立出不同的薪資結構。
根據市場行情給薪	利用市場資訊發展薪資結構。	利用市場資訊做成個別薪資決策。	利用市場資訊發展薪資結構，並影響個別的薪資決策。
薪資管理 1.薪資全距值	在較窄的職等中，薪資全距也較小。	在職級中，薪資全距拉得非常的寬。	介於傳統的薪資全距與理論的大寬幅的薪資全距間。
2.個別調薪	人力資源部門編列調薪預算，再根據部門績效，分配調薪預算。	一線主管全權決定調薪的預算與分配的方法。	人力資源部門編列調薪預算，並作原則性控制，一線主管根據部屬的績效決定調薪的幅度。
3.生涯發展	對於晉升將會有很大的調薪幅度。	摒除晉升調薪的規則，強調能力的發展勝於傳統晉升調薪的型態。	強調職位的成長，並規劃員工能力發展計畫。
4.調薪預算	中央集權。	一線主管主控所有給薪與調薪預算。	針對年度調薪、市場調整與員工能力發展的薪酬係由一線主管來掌控。

資料來源：胡秀華（1999）。〈組織變革之策略性薪酬制度：扁平寬幅薪資結構之研究〉。《亞太地區人力資源管理趨勢國際研討會論文集(2)》。台北市政府勞工局勞工教育中心主辦，頁17-12。

業主與員工必須思考員工升遷的新困境。⓬

四、扁平寬幅薪資型結構的實務運作

實務上，在落實扁平寬幅薪資型結構時，所必須考慮並設計的流程、階段與時間規劃，包括下列數端：

(一)評估企業是否適合新制度

檢視現有薪資制度之優缺點，再評估是否可有效強化制度，以滿足現今企業經營的需求與目標。如果改變是必須的，則必須透過正式的評估管道，包括：諮詢或調查一線主管或員工焦點團體（employee focus groups）的意見，以瞭解組織成員對於新制度接受的態度。基本上，需要近三個月左右來完成此階段作業。

(二)規劃設計新的薪資結構之架構

在完成檢視新制度的適用性之後，就必須開始規劃薪資結構的運作架構，包括：扁平化職級之定義、需要簡化成爲幾個職級、職位或角色的重新界定、薪資全距的範圍，以及薪資給付的基礎與標準等。此階段制度結構建立，則至少需要三至六個月來完成。

(三)發展一套完整溝通、教育與訓練計畫

新制度的落實須長期且有效的貫徹，才是成功的重要關鍵。組織當然必須投入相當成本於溝通與教育訓練計畫，以建立員工的認同承諾與投入。此動態的運作則需要一至三個月左右的時間。

(四)測試並落實制度

在落實新制度於整個組織時，需要以焦點團體或模擬情境來先行測試制度的運作，以瞭解制度的適應情況，同時也可調整制度運作的可行性，然後再逐步適用於整個組織。此一階段也需要運作一至三個月左右的時間。

(五)評估新制之成效

新制度逐步引進於整個組織後半年至一年後，就必須開始檢視制度落實的成效。持續地改善制度的適應性才不會流於形式。⓭

結　語

傳統薪資制度是以重視團隊和諧、謀求員工生活安定爲訴求，薪資的核給以群體合理性爲考量基礎，採取年資遞增的政策，且爲避免繁雜計算，多採用固定式的薪資，而在過去數十年來的經濟背景的人力資源供需狀況下，這種薪資制度自有其時代的意義。但是隨著加入世界貿易組織（World Trade Organization, WTO），人才供需市場由以往的買方市場變成賣方市場，傳統薪資結構已經不能適應今後的經營環境及滿足勞雇雙方的需求而必須加以改變。不論企業處在生命週期的什麼階段（**表4-20**），不論企業希望鼓勵員工什麼價值，妥善設計企業的薪資制度，可以發揮令人意想不到的力量。

表4-20　報酬策略與發展階段的關係

		人力資源管理重點	經營策略	風險水準	薪資策略	短期激勵	長期激勵	基本工資	福利
企業發展階段	初創階段	創新、關鍵人才加入、創業衝勁	風險投資	高	注重個人激勵	股票	股票認股權	低於市場水準	低於市場水準
	發展階段	招聘、培訓	以投資促進發展	中	個人、集體獎勵並重	現金	股票認股權	與市場水準持平	低於市場水準
	成熟階段	協調、溝通、資源管理技巧	保持利潤、保護市場	低	個人、集體的相互運用	分紅現金	購買股票	高於市場水準	高於市場水準
	衰退階段	減員管理、強調成本控制	收穫利潤及產業轉換	中－高	獎勵成本控制	/	/	低於市場水準	低於市場水準

資料來源：根據Randall S. Schuler & Vandra L. Hubero (1993). *Personel and Human Resource Management* (West Publishing Company), p. 377和Wayne F. Cascio (1995). *Managing Human Resources* (McGraw-Hill), p. 352有關資料整理。引自陳黎明（2001）。《經理人必備：薪資管理》。北京：煤炭工業出版社，頁288。

企業薪資制度一經建立，如何投入正常運作並對之實行適當的控制與管理，使其發揮應有的功能，是一個相當複雜的問題，也是一項長期的工作。企業界不存在絕對公平的薪酬方式，只存在員工是否滿意的薪酬制度。人力資源部門可以利用薪酬制度問答、員工座談會、員工滿意度調查、內部刊物等形式，充分介紹公司的薪酬制定依據。

註釋

❶張玲娟（2004）。〈人才管理：企業基業常青的基石〉。《惠悅觀點》（2004/08）。

❷Stanley B. Henrici著，楊信長譯（1986）。《薪資管理實務》（*Salary Management for the Nonspecialist*）。台北市：前程企管，頁125。

❸丁志達（2005a）。《人力資源管理》。台北市：揚智文化，頁259。

❹Lloyd L. Byars & Leslie W. Rue著，鍾國雄、郭致平譯（2001）。《人力資源管理》（*Human Resource Management*, 6e）。台北市：麥格羅．希爾，頁329。

❺林文燦（2001）。〈行政機關績效獎金制度研討始末〉。《人事月刊》，第33卷，第6期，頁33。

❻諸承明、戚樹誠、李長貴（1998）。〈我國大型企業薪資設計現況及其成效之研究：以「薪資設計四要素模式」爲分析架構〉。《輔仁管理評論》，第5卷，第1期。

❼Stephen Dickens著，徐可柔譯（2004）。〈透過整體獎酬創造人才資產價值〉。《惠悅觀點》（2004/11）。

❽洪瑞聰、余坤東、梁金樹（1998）。〈薪資決定因素與薪資滿意關係之研究〉。《管理與資訊學報》，第3期，頁50-51。

❾H. T. Graham & R. Bennett著，創意力編譯組譯（1995）。《人力資源管理（二）：實務規劃》（*Human Resources Management*）。台北市：創意力出版，頁209-210。

❿吳秉恩（2002）。《分享式人力資源管理：理念、程序與實務》。台北市：吳秉恩發行，翰蘆圖書總經銷，頁479。

⓫佚名（2004）。〈寬帶薪酬設計：大有學問〉。《人力資源》，總第196期（2004/06），頁44-45。

⓬黃國隆、胡秀華（2002，4月）。〈人力資源管理策略與企業文化對扁平寬幅薪資結構實施成效的影響〉。《2002年兩岸管理科學暨經營決策學術研討會論文集》，淡江大學、北京大學、南華大學主辦，頁203。

⓭胡秀華（1998）。〈組織變革之策略性薪酬制度：扁平寬幅薪資結構之研究〉。台灣大學商學研究所碩士論文，頁58-59。

第五章

績效評價與績效付薪制度

- 績效管理與績效考核
- 目標管理制度
- 關鍵績效指標考核
- 全方位績效回饋制度
- 平衡計分卡
- 績效報酬制度
- 結　語

有作為的經理者都會採用人事考核制度，努力對員工的能力和業績做出客觀而公正的評價。

～松下幸之助～

績效管理與績效考核

據《尚書．堯典》記載，早在三皇五帝時，堯欲將帝位禪讓給舜之前，先將其投放在荒山野林裡，因風雨雷震、毒蟲猛獸都沒有加害於他，證明舜的「玄德」能夠上聞於天，所以授命而獲得帝位，這恐怕是存在文字紀錄最早的績效考核了。堯採用自己的方式，對舜進行了考核，總之，舜通過了「考驗」，證明了自己的神異能力以及受到神的眷愛，所以獲得了帝位。所不同的是，今天的績效考核，主題由「舜」變成了公司的「員工」，考核內容由帝王的「素質和能力」轉變爲員工工作職位上的「工作行爲和工作成效」，而對考核結果的運用也不僅限於「封帝」，而是演變爲加薪、升職、培訓、調動、解聘等多種形式。

一、績效管理的功能

績效管理有下列的主要功能：

(一)工作分析

透過工作分析，確定每個員工的工作說明書，形成績效管理的基礎性文件，作爲未來績效管理實施的有效工具。

(二)職位評價

透過職位評價，對職位價值進行有效排序，確定每個職位的相對價值，爲以後的薪酬變動提供可衡量的價值參考。

(三)職務變動

所有員工的薪酬給付並非一致，表現優良者，可用職務晉升、加薪、職務遷調等管理活動來激勵員工，提升績效，鼓勵工作情緒。

(四)培訓發展

員工的知識、技能、經驗的水準如何，是否需要培訓，需要什麼樣的培訓，以及員工的職業規劃等都透過績效管理獲得，這也是績效管理的目的。

(五)薪酬管理

企業最關心的當屬如何使員工的薪酬分配更加的合理、更加的公平、更加的有競爭性和激勵性，所以要透過對員工的績效管理和考核，使獲得考核成績優異的員工，得到獎金、調高報酬給付來鼓勵其對組織的貢獻度。

(六)目標管理

目標管理是績效管理的特點之一，績效管理透過整合企業的策略規劃、遠景目標與員工的績效目標，使之統一起來，使員工的工作更具目的性，使公司的運作更具效率。

(七)員工關係管理

員工關係管理（溝通）是人力資源管理的一個重點，績效管理所倡導的持續不斷的溝通，有助於員工與主管之間、員工與員工之間更加互助合作，創造佳績。

(八)管理者的管理方式

績效管理所倡導的管理方式與以往的管理方式有著很大的不同，更多地強調溝通、強調合作，這種管理方式在不斷地改變著管理者的行爲，不斷地引導管理者向科學化、規範化發展。

(九)員工的工作方式

在績效管理中，員工是績效管理的主人，這給了員工更大的工作自主權，提高了員工的地位，不斷激勵員工就自己的績效問題尋求主管的幫助，以盡可能地達到自己的績效目標。在這個過程中，員工的自我管理意識和能力都能不同程度地得到提高。員工在這種觀念的薰陶下，經過適當的指導，工作的方式逐漸地改變，從被動到主動，從完全依賴到自我的完善發展（**圖5-1**）。❶

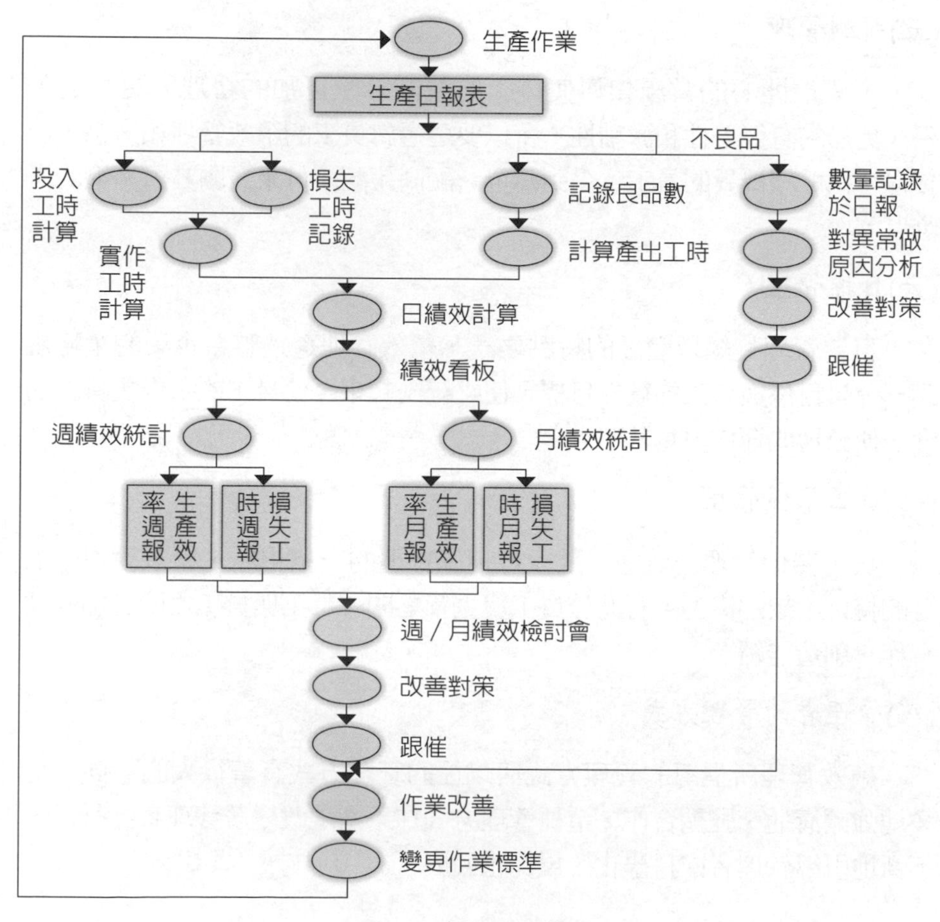

圖5-1　績效管理系統

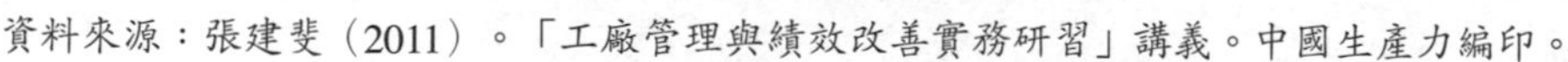
資料來源：張建斐（2011）。「工廠管理與績效改善實務研習」講義。中國生產力編印。

範例5-1

績效決定薪資

第一個實例是1990年代的美國航空公司的地勤人員。當時運輸工人工會與公司簽訂的一項合約，就是把加薪和績效結合在一起。合約的內容界定薪資增加的多寡，決定在把旅客行李從飛機上送到旅客手上時間的快慢。此一合約方法激勵了所有人員，而使航空公司、行李輸送員、旅客都獲得很大益處。

第二個實例也是1991年左右，在一家Shearson Lehman證券分析公司所實施的。他們使用了一種獎金計畫，分析師用特定的方法分析某種股票績效，然後評定為「可買」、「良好」、「中等」、「欠佳」四種等級（這四種等級至今仍然沿用，而且「可買」之中又分出「強買」、「中買」、「抱持」、「出售」等）。分析師的獎金是依照一年來的評估預測及分析與該股績效相比較。準確度越高，獎金便越高。所以，每次有分析師對某一特定股票評估升等（upgrade）時，該股票也因而大漲幾天。

資料來源：石銳（2000）。《績效管理》。行政院勞工委員會職業訓練局，頁109-110。

二、績效評估與薪資報酬的結合

組織內需以績效評估來修正員工的績效問題，並給予適當的回饋、檢討與改善，以決定適當的獎賞，來維持與提升員工工作績效。績效評估完成後，一般需要有追蹤考核與獎勵的相關措施，追蹤考核能適時協助或調整目標，當員工逐漸達成績效目標時，應適時鼓勵，並給予適時獎賞，才能在競爭激烈的環境中不斷提升員工的生產力（**表5-1**）。

表5-1　績效與薪資報酬結合的基本原則

．公司要清楚瞭解是什麼在驅動企業的價值，並且廣泛溝通；主管會針對重要績效指標進行評量。 ．公司把薪酬和所創造的真正價值結合在一起，這些價值會反映在長期股價與事業績效上。 ．企業知道前線員工是創造利潤的關鍵，因而設計適當的評量評估和激勵，獎勵關鍵員工。 ．企業設計簡單易懂的透明化薪酬制度，讓員工與投資人瞭解而且信賴。

資料來源：O. Gadiesh, Marcia Blenko, & R. Buchanan文，李田樹譯。〈把薪酬和績效連起來〉。《EMBA世界經理文摘》，第200期（2003/04），頁49。

目標管理制度

人群關係的組織理論，起於1930年代前後，至上世紀六〇年代左右，將研究的重心由「組織結構」轉向組織中「人」的因素來探討，偏重員工行爲與非正式組織的研究，重視員工在組織中的互動與參與。

一、目標管理的意義

彼得．杜拉克（Peter Drucker）受此學派的影響，於1954年即提出「目標管理」（management by objectives, MBO）的理念，強調主管與部屬共同合作與協商的重要，這是一種管理的工具，也影響日後採用「目標管理」作爲員工績效評估的一種方法。

目標管理的基本思維模式，在於一個組織必須建立其大目標，以爲該組織的方向；爲達成其大目標，組織中的主管必須分別設定其本單位的個別目標，並應與組織的方向協調一致；個別的目標實爲主管遂行其自我控制的一項衡量標尺。目標管理的推行，事實上並沒有所謂「最好的方法」，也沒有任何足以保證其成功的制度，只有靠主管的堅毅與決心，以及靠主管確能瞭解他們的目標，加上確能瞭解他們應如何努力，始能達到其目標，目標管理制度才能獲致最大的成果（**圖5-2**）。

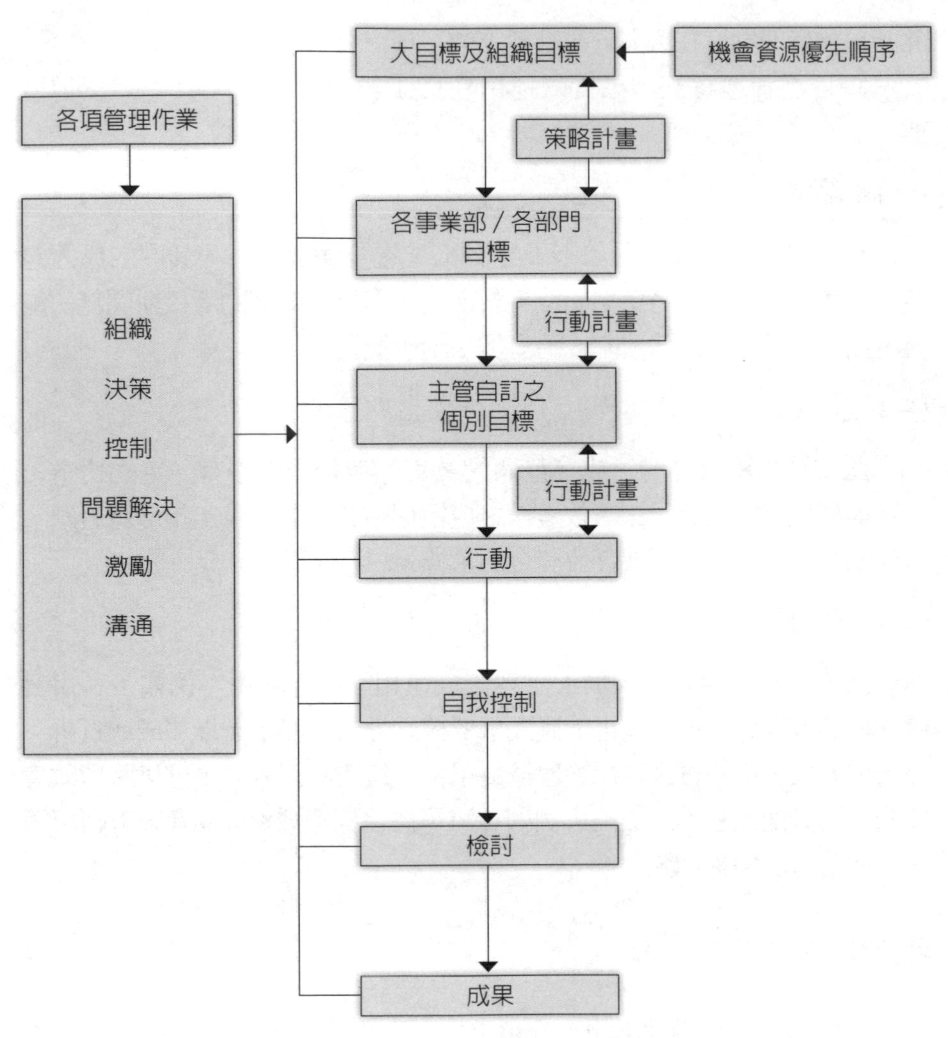

圖5-2　目標管理制度的全面程序

資料來源：Alexander Hamilton Institute, Inc.著，許是祥譯（1991）。《目標管理制度》（*Management by Objectives*）。中華企業管理發展中心，頁75。

二、目標成果之評核與獎勵

目標執行結果經過評核之後，就成爲衡量員工績效及提供獎勵的依據。由於此種獎勵係以實際達成的成果爲基礎，合乎客觀、公正的原則，

此乃目標管理制度在人力資源管理上的一項主要功能。

將目標管理實施結果實際運用在員工績效考核上，有下列三種型態：

(一)分離型

目標管理之達成與否並不影響員工升遷及薪資異動，其中的原因包括：傳統的員工績效考核期間或調薪期間，與目標管理的考核期間無法配合，而將目標成果的達成率，另訂辦法給予獎勵。

(二)結合型

此方法仍將目標的達成在整個的員工的考績表上占有一定的比重。將目標管理的成果與員工績效考核之成績相結合，計算員工年度總考績，再作為員工升等、調薪或發放獎金的依據。

(三)調整型

此方法仍將目標成果與人事考核成績相互搭配使用。例如：利用目標管理發放獎金，但必須再依據人事考核之分數將獎金予以加成或打折；另一種方式，是將實施目標管理績優單位（達成率高者），可以將績效考核的等第分配比率予以提高，例如：將單位目標達成率90%者，考績甲等的人數可增加10%。❷

三、目標訂定的原則

任何個人或組織在從事工作或活動時，必然有其目標，茫無目標，基本上是一種病態。目標可分為：有意識的目標與無意識的目標兩種，前者可明顯陳述，後者則受文化的壓抑或不能明顯陳述。文化是長時期所累積起來求生存的法則，當求生環境發生變化以後，內部文化也會因應生存而改變，文化轉變需要高度的智慧與藝術，以收去蕪存菁的效果，關鍵在於知道趨勢與傳統習慣的平衡，無論如何，企業在決定目標時，必須遵守下列原則：

1.整體目標訂定時必須兼顧內、外在環境。內在環境，係企業內員工

的行爲能力，可運用的資源、時間；外在環境包括：市場、政治、社會、法律以及競爭對手的動態。綜合內、外在環境，必須是對企業有利而且可行的。

2.各級單位的目標必須能支持共同的整體目標，使組織內的一切行爲的目標一致、行動一致，構成一個整體的目標組合。

3.所有目標必須明確而且具體地說明，使之能作爲比較衡量的基礎。

4.目標的訂定必須要確實可行，並符合工作者的期望，使工作者覺得目標達成與否關係其個人的成敗得失，故目標的訂定具有激勵的效果。

5.訂定目標時，必須顧及影響目標達成所有有關因素，當發覺這些因素不能克服且不能承擔其風險時，必須降低目標。故訂定目標能發覺潛在的問題。

範例5-2

目標與報酬給付關聯性

美國芝加哥公牛隊（Chicago Bulls）在1997、1998年球季與喜歡作怪的丹尼斯・羅德曼（Dennis Rodman）簽約，條件文如下：

羅德曼一年的保障薪資是450萬美元；如果球季中他不惹事生非，可以再獲得500萬美元；如果他努力以赴，第七度蟬聯籃板王，公司會再給他50萬美金的獎勵；而如果他的助攻率良好，可以再獲得10萬美元的鼓勵。

這個作法的確有效，羅德曼在整個球季中，只因不服裁判規定而被請出場一次，他贏得籃板王的頭銜，保持了良好的助攻率；而芝加哥公牛隊同年也贏得了NBA（National Basketball Association，美國國家籃球協會）冠軍。

資料來源：EMBA世界經理文摘編輯部。〈讓員工充分發揮潛力：完全經理人秘笈〉。《EMBA世界經理文摘》，第157期（1999/09），頁59。

6.目標的範圍要大小適度，太大可能導致滯礙難行，太小則會造成資源浪費，各級目標必須經過上級單位的逐級核實，以便與整體目標相結合。

7.目標必須按其重要性予以等級區分，排妥輕重緩急，以使資源做最有效發揮。

8.已確立的目標必須因應環境狀況的變遷隨時予以增刪修補，保持正確可行。

9.目標訂定後，必須使全體工作人員澈底瞭解，不只是使其知道要完成的目標責任，而且要使其瞭解應該完成的原因；目標修訂後，也得如此，使工作者有切身的參與感和責任感，達成後也可分享成就感。

關鍵績效指標考核

關鍵績效指標（key performance indicator, KPI）是現代企業中受到普遍重視的績效考評方法，它是透過對組織內部某一流程的輸入端、輸出端的關鍵參數進行設置、取樣、計算、分析，衡量流程績效的一種目標式量化管理指標，是把企業的策略目標分解爲可運作的願景目標的工具，是企業績效管理系統的基礎。關鍵績效指標可以使部門主管明確部門的主要責任，並以此爲基礎，明確部門人員的績效衡量指標，使績效考評建立在量化的基礎之上，建立明確可行的關鍵績效指標體系，是做好績效管理的關鍵（**表5-2**）。

一、建立關鍵績效指標體系的原則

關鍵績效指標的確定，是依據SMART原則：明確的（specific）、可衡量的（measurable）、可達成的（achievable）、相關的（relevant）和有時限的（time bound）來推行（**表5-3**）。

表5-2　常用的關鍵績效指標

◎財務構面KPI		
項次	衡量指標	衡量方式
1	資產總額	總資產
2	呆帳金額	呆帳金額
3	獲利率	總利潤／總資產
4	採購績效	實際採購金額／預算金額
5	員工平均產值	總收入／總員工數
6	員工平均獲利	總利潤／總員工數
7	人力資源管理	人力資源管理
8	資產報酬率	（本期純益＋稅後利息費用）／全年度平均資產總額
9	資本報酬率	本期純益／平均股東權益總額
10	應收帳款周轉率	銷貨淨額／平均應收帳款
11	銷貨毛利率	銷貨毛利／銷貨淨額
12	員工平均貢獻	總貢獻／總員工數
13	速動比率	速動資產／流動負債
14	流動比率	流動資產／流動負債
15	投資報酬率	報酬／總投資
16	每股盈餘	（本期純益－特別股股利）／加權平均流動在外普通股股數
17	EPS	每股盈餘
18	人事費用比例	人事費用／營運費用
19	業務開發費用比例	業務開發費用／管銷費用
20	研發費用比例	研發費用／總費用

◎顧客構面KPI		
項次	衡量指標	衡量方式
1	公司形象	公司形象問卷調查
2	顧客平均規模	前十大客戶營收總金額／10（客戶家數可依個別企業而定）
3	平均維修天數	平均維修天數
4	顧客抱怨比例	每月客訴次數
5	延遲交貨率	延遲交貨次數／總交貨數
6	每月帳單或相關資訊正確寄達且數據無誤的程度	每月帳單或相關資訊發生錯誤次數
7	每顧客單位成本	總銷售成本／總顧客數
8	每顧客年銷售額	年銷售額／總顧客數
9	存貨周轉率	銷貨成本／平均存貨
10	產品修復時間	修復完成日期－客戶送修日期
11	市場占有增加率	（本期市場占有率－前期市場占有率）／前期市場占有率
12	業務目標市場拜訪數	業務目標市場拜訪數
13	顧客滿意度	顧客滿意度問卷調查
14	顧客回流率	客戶購買後一個月的再購買比例
15	推薦率	經推薦客戶數／當月新客戶數
16	作業失誤率	作業失誤次數／總作業次數
17	市場占有率（%）	產品銷售金額／市場總銷售金額
18	新產品銷售金額比例	新產品銷售金額／總銷售金額
19	策略性客戶比例	策略性客戶銷售金額／總銷售金額
20	策略市場占有率	策略市場銷售金額／策略市場總銷售金額

◎內部流程構面KPI		
項次	衡量指標	衡量方式
1	平均前置時間	平均前置時間
2	生產力成長率	（本期員工產值－上期員工產值）／上期員工產值
3	職災發生率	每季職災發生次數
4	環保事故發生率	每季環保事故發生次數
5	停工天數	每月停工天數
6	機具閒置時間	機具閒置時間
7	物料閒置時間	物料閒置時間
8	製造成本降低率	（本期製造成本－上期製造成本）／上期製造成本
9	平均員工產值	營收／總員工數
10	流程改善程度	專案評量
11	企業網路普及率	公司上線電腦個數／公司總電腦數
12	資料庫利用率	每月資料數使用次數／員工數
13	會議執行效益	會議結果執行數／會議決議數
14	供應商個數	供應商個數
15	物料進廠檢驗合格率	物料進廠檢驗合格數／物料進廠檢驗抽樣數
16	行政效率	公文平均傳遞時間
17	資產利用率	資產利用金額／總資產
18	機具故障停工天數	平均每季機具故障停工天數
19	交叉銷售比率	代銷他事業部銷售金額／事業部銷售金額
20	A級供應商供應比率	A級供應商供貨數／總供貨數

◎學習成長構面KPI		
項次	衡量指標	衡量方式
1	生產力成長率	（本期員工產值－上期員工產值）／上期員工產值
2	研發能力	公司專利個數
3	公司專利平均年齡	公司專利平均年齡
4	基礎研究投入時數	基礎研究投入時數
5	適法性比例	每季政府來文糾正次數
6	國際化程度	經理人的國籍不同於公司登記地的總人數
7	瀕退員工比率（%）	3年內退休員工人數／總員工數
8	員工平均受訓程度	總受訓時數／總員工數
9	員工流動率	（本期員工數－上期員工數）／上期員工數
10	證照比例	員工平均持有證照數
11	職能差異率	實際職能點數／預計職能點數
12	員工認同度	員工認同度問卷調查
13	核心幹部比例	核心幹部人數／總員工數
14	新產品開發成功率	新產品開發成功數／總產品開發數
15	職業傷害降低率	（本期職業傷害數－上期職業傷害數）／上期職業傷害數
16	員工平均訓練費用	每名員工平均訓練費用
17	招募員工能力	平均職缺補足時間（天）
18	員工滿意度	員工滿意度問卷調查
19	資訊系統更新率	每年資訊系統更新金額
20	員工提案數	員工提案數

資料來源：資誠企業管理顧問公司（2005）。〈輕鬆搞懂KPI〉。《經理人月刊》，第4期（2005/03），頁72-73。

表5-3　關鍵績效指標的SMART原則

Specific	明確的	明確地說出必須完成什麼事。
Measurable	可衡量的	可以讓你追蹤做了什麼事，什麼還沒有做。
Achievable	可達成的	所訂定的目標不要不切實際，免得突然讓部屬覺得沮喪。
Relevant	相關的	目標必須能夠支持公司的使命、目標和策略。
Time bound	有時限的	決定在什麼時間內完成，或者應該每隔一段時間就完成。

資料來源：EMBA世界經理文摘編輯部。〈新主管存活教戰手冊〉。《EMBA世界經理文摘》，第152期（1999/04），頁127。

(一)目標導向

關鍵績效指標必須依據企業目標、部門目標、職務目標等來進行確定。

(二)注重工作品質

因工作品質是企業競爭力的核心，但又難以衡量，因此，對工作品質建立指標進行控制特別重要。

(三)可操作性

關鍵績效指標必須從技術上保證指標的可操作性，對每一指標都必須給予明確的定義，建立完善的資訊蒐集管道。

(四)強調輸入和輸出過程的控制

設立關鍵績效指標，要優先考慮流程的輸入和輸出狀況，將兩者之間的過程視爲一個整體，進行端點控制。

二、確立關鍵績效指標的要點

確立關鍵績效指標，有下列幾項要點：

1.把個人和部門的目標與公司的整體策略目標聯繫起來。以全局的觀念來思考問題。

2.指標一般應當比較穩定，即如果業務流程基本未變，則關鍵指標的項目也不應有較大的變動。

3.指標應該是可控制、可以達到的。

4.關鍵指標應當簡單明瞭，容易被執行、被接受和被理解。

5.對關鍵績效指標要進行規範定義，可以對每一關鍵績效指標建立「關鍵績效指標定義表」。

善用關鍵績效指標考評，將有助於企業組織結構整合化，提高企業的效率，精簡不必要的機構、不必要的流程和不必要的系統（**表5-4**）。

表5-4　組織績效面向及其評估指標

組織績效面向	評估指標
財務績效指標	投資報酬率、投資報酬率成長率、資產報酬率、淨值報酬率、權益報酬率、營收成長率、盈餘成長率、投資的現金流量、獲利率、成長力比率、營業淨額、營業淨額成長率、稅前淨利成長率、公司自有資金比率、存貨周轉率、應收帳款周轉率、銷售金額等
營運績效指標	產品品質、產品設計、產品或服務種類、新產品或服務的開發、產能利用率、存貨管理、效率、成長、企業目標達成度、對資源的掌握能力、企業的安全性、意外發生率、企業對供應商的談判力、達成母公司所要求目標的程度、與競爭者的相對績效、整體公司績效等
人力資源績效指標	員工生產力、員工平均收益、員工平均年資、員工每人平均獲利額、員工每人平均生產額、留職率、員工流動率、重要員工流失率、高階與其他主管的流動率、員工升遷至高階主管與其他主管的比率、人力資源聲望、人力資源價值、參與及權力賦予、訓練與發展、員工士氣、工作滿足感、相關人員認同程度、吸引員工的能力、將員工留在組織內的能力等
市場績效指標	企業聲譽、市場潛力、市場對該企業的評估、公共報導對企業的支持度、股票市場價值、市場占有率、市場占有率的成長率、市場占有率穩定性、行銷、銷售水準、銷售成長率、顧客服務、顧客滿意、及時配送等
適應性績效指標	穩定性、適應力、環境控制、求生存的認知、策略運用能力、創新能力、技術發展能力、整合能力、資訊與溝通、彈性、機動性、資源掌握能力、紓解壓力的能力、面對衝突的凝聚力、組織目標的內化、管理者與員工的關係、員工之間的關係、成就的強調、創新產品數、獲得專利產品數、新產品上市的成功率、新產品占銷售的比率

資料來源：常紫薇（2002）。〈企業組織運作之內在績效指標建立之研究：以一般系統理論爲研究觀點〉。中原大學企業管理研究所未出版碩士論文。

三、關鍵績效指標體系的建立

關鍵績效指標體系的建立，首先明確企業的策略目標，按此制定年度具體目標和計畫，找出關鍵業務領域的關鍵績效指標及企業的關鍵績效指標。接下來，主管部門在與各單位溝通交流的基礎上分析績效驅動因素（技術、組織、人），確定實現目標的工作流程，依據企業的關鍵績效指標建立部門的績效指標，然後各部門的主管和其他員工一起再將部門的績效指標進一步細分，分解爲更細的關鍵績效指標及各職位的績效衡量指標，形成員工的考核要素和依據。這種上下互動建立關鍵績效指標體系的過程，本身實際上是統一全體員工朝向著企業策略目標努力的過程，必將對各部門管理者的績效管理工作起到很大的促進作用（**圖5-3**）。

部門管理指標蒐集與彙整	各部門管理指標檢討與確定	管理報表安裝 相關資料的蒐集 評定標準訂定	每週檢討會議	行動對策
行動： 各部門進行內部關鍵作業流程檢討。 填寫KPI蒐集數據，表中應詳細說明各項KPI & MI的定義或公式、來源表單、提供資料的部門／單位。	行動： 由顧問團協助逐一檢討各部門所提供的資料，並確認各部門KPI & MI符合目前公司目標的整體需求。	行動： 對於確認後的KPI & MI（management indicator，管理指標）設定評定的標準（base line）。 各部門管理報表的安裝與各指標資料的蒐集。	行動： 定期對KPI & MI進行檢討。 對未能達成的KPI & MI進行原因分析並由總經理室進行控管。	行動： 對各部門／單位所提出的改善行動與對策持續監控，並確認改善的成果。

圖5-3　關鍵績效指標執行步驟及時程計畫

資料來源：安侯顧問公司（2005）。〈金豐機器：它讓我們落實每週檢討改善〉。《經理人月刊》，第4期，頁92。

全方位績效回饋制度

傳統的績效考核，都是由員工的直屬主管來做評核，是一種「單向評估」、「定點評估」的結果，相對的也產生績效考核偏誤的現象，使部屬不能心悅誠服地接受，更遑論進一步的改善。因此，近年來，歐美地區大企業已逐漸採用「全方位績效回饋制度」（multi-source feedback systems），強調績效管理的公平性與客觀性，以作爲提升管理職能之重要工具，而其中最矚目者是全方位（360°）績效評比法（360-degree performance evaluation），例如：杜邦（DuPont）公司、陶氏化學（Dow Chemical）公司、戴姆勒·克萊斯勒（Daimler Chrysler）汽車公司、美國運通（American Express）公司等，均已實行此一制度。全方位績效回饋制度即綜合主管、部屬、同儕、顧客、供應商與員工本人自評等多元的評核結果後，再對員工的工作成績結果做出最終的評價，這種考核方式在提供部屬未來發展規劃時最爲有用（**圖5-4**）。❹

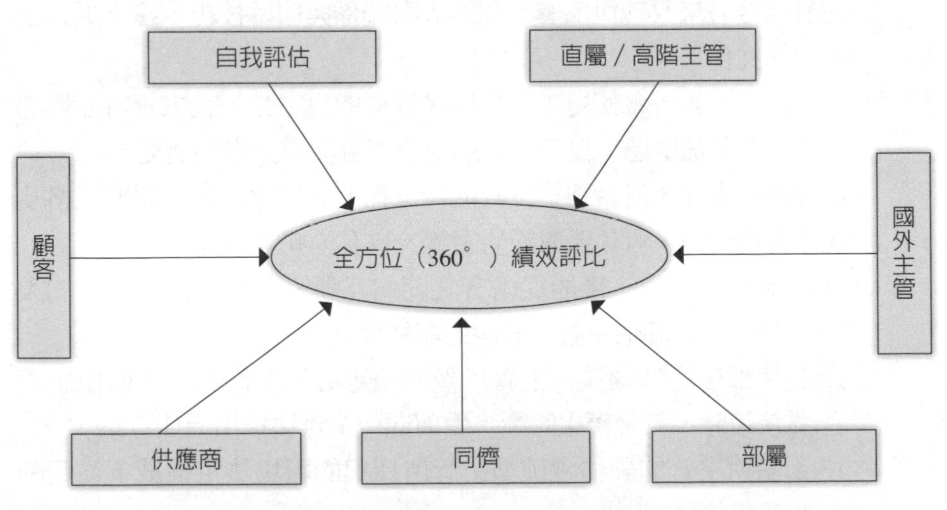

圖5-4　全方位（360°）績效評比

資料來源：丁志達（2012）。「目標設定與績效考核技巧研習班」講義。中國生產力中心中區服務處編印。

一、全方位績效回饋制度的作法

全方位績效回饋制度乃是結合了績效考核與調查回饋原理與實務爲依據，其作法有：

(一)主管評估（傳統作法）

傳統上，直屬主管必須負責部屬的績效，而且主管較能觀察與評估部屬的績效。

主管評估主要觀點是主管要負起員工獎懲、訓練、激勵和紀律的作業，以維持部門內有效的管理。它適合觀察受評者的被交辦工作的執行情形，以及其對於公司以及部門目標的達成情形。

(二)部屬評估主管

部屬評估主管的理論基礎依據的論點有：

1.部屬評估主管，會協助主管本身的成長，幫助主管更瞭解自己，使主管能努力來改善與部屬之間的人際關係與領導技巧，建立更和諧的組織文化。

2.部屬評估主管，會使得工作場所溝通更能民主化，且主管對部屬的需求也會更加敏感，促使主管進而改善協調與計畫的進度。

3.部屬評估主管，適合觀察主管的授權程度、溝通技巧、領導風格及規劃組織能力。但其部屬評估主管，也有一些限制面：

(1)部屬評估主管，僅能從兩者之間的互動，會集中在與主管的人際面，無法評估主管所表現的組織績效面。

(2)爲使部屬心情愉快，主管所做的決定必須取悅員工，而使主管做決策時，較會優柔寡斷，瞻前顧後，無法提出最佳方案。

(3)部屬對主管的評估會破壞主管所授與的職場法定權威，從而降低組織的績效。

範例5-3

員工績效考核暨發展表

Badge No.工號______________ Name姓名______________
Date of Hire到職日______________ Department部門______________
Position Title職稱______________ Period of Appraisal考核期間______________

I. PERFORMANCE RESULTES OF MAJOR RESPONSIBILITIES AND ASSIGNMENTS
主要責任及任務的執行狀況與完成結果 50%

Emphasize quality, timing, cost and profit contribution in meeting the position objectives.
強調其工作品質、時效、成本、貢獻是否達到該職位的目標。

A.Performance Results Description of major responsibilities and assignments 主要完成的責任與指定任務 40%
A-1 Major performance achievements主要的成就： 評核其對公司與組織的貢獻成果，以及任務完成的成就。 A-2 Major areas to be improved最需加強或改進之處：
B.Special achievements（beyond normal assignment）特殊成就（超出正常任務之外） 10%
（Identify the facts of the employee's special achievements beyond normal assignment. 請具體說明該員工在正常任務之外的特別成就）

II. PERSONAL CAPABILITY EVALUATION個人能力評量

The evaluation is to examine the employee's job related capability.

依照目前及未來職務上所需要的條件，來測定員工所具有的能力。 32%

Factors評量因素	Rating Score 高←————→低	Describe specific strengths/ weaknesses詳述特殊強處或弱點
Planning & Organizing Capability計畫與組織能力 8% 針對工作做有系統的計畫與安排，掌握時間、進度、方法，使工作按部就班順利完成。有效地將任務加以整合，並將各種可運用的資源做最有效的分配，以期最短的時間獲致最大的成果。		
Independent Judgment & Problem Solving Capability獨立判斷與問題解決能力 8% 根據經驗、專業性，針對事實或意見加以掌握、分析，主動發掘問題、分析癥結所在，並找出適當方法及時妥善解決問題之能力。		
Creativity/Innovation創新與求新 8% 思索、創造新技術、新方法或新觀念的能力，不囿於經驗、習慣以及主觀因素，而能對工作、公司作積極的貢獻。		
Job Related Professional Knowledge & Techniques工作相關的專業知識與技術 8% 具備工作上所需瞭解廣面的知識與資訊以及技術與技巧，以期任務可以有效地完成。		

III. INDIVIDUAL TRAIT EVALUATION個人特質評量

The evaluation is to examine the employee's traits affecting performance.

評估對績效有影響的個人特質。 18%

Traits特質	Rating Score 高←————→低	Describe specific strengths/ weaknesses詳述特殊強處或弱點
Initiative自動自發 6% 在不需監督與支持的情況之下，能自我驅策，獨立面對目標，自行開展來完成任務、主動改善工作方法／習慣、積極尋求更多的挑戰及責任。		
Team Work團隊合作 6% 對工作的熱忱與奉獻、對建設性意見的接納、對同事尊重、遵守管理階層所訂的政策、接受主管工作指導的態度良好、竭誠輔佐上司，以及在工作上與他人合作的情形及配合度。		
Business Sense & Positive Attitude to the Job & the Company對公司／工作具積極貢獻態度 6% 從公司經營角度著眼，將公司的事當作自己的事業來經營，保持積極敬業的精神、具責任感、致力於提高工作水準。		

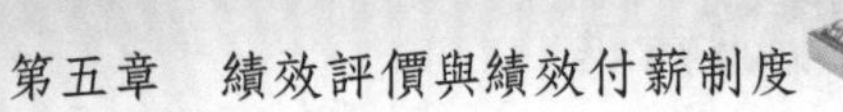

IV. OVERALL PERFORMANCE SUMMARY整體績效評估結果

Total Score of Evaluation Result評量結果			
I. Performance Results 績效結果 50%	II. Personal Capability 個人能力 32%	III. Individual Traits 個人特質 18%	Total 總分
%	%	%	%

Based on total performance, check below that best describes the employee's overall performance.根據以上評量結果，請在下面勾出一項來表示該員工的整體績效。

1.Results very exceptional 表現傑出	2.Results above standard 表現全超出標準	3.Results Occasionally above standard 表現偶爾超出標準	4.Results at Standard 表現在平均標準	5.Results usually at standard 表現未全達標準	6.Results close to standard 表現差	7.Results unsatisfactory 表現不及格
(91%-100%)	(84%-90%)	(77%-83%)	(70%-76%)	(60%-69%)	(50%-59%)	(Below 50%)

1.Noteworthy strong areas and potential個人特殊優點及潛能：

(a) ____________________

(b) ____________________

(c) ____________________

2.Areas requiring more improvement個人需強化之處：

(a) ____________________

(b) ____________________

(c) ____________________

V. COUNSELING RECORD諮商紀錄

1. Action plan to improve current job performance改進目前工作績效的計畫：

____

____

____

2.Action plan to aid immediate and future growth幫助員工未來發展的計畫：

____

____

____

Appraiser考核者 ______________________ ______________________

Immediate Superior/Date 直屬主管／日期 | Position Title 職稱

Reviewer's Remarks：審核者評語 ______________________

____

Reviewer審核者 ______________________ ______________________

Next Level Management/Date 第二層主管／日期 | Position Title 職稱

Only after all management approvals and HR Division review, the employee's acknowledgement can be signed.在主管人員批准、人力資源處審查之後，再由員工認知與簽名。

Employee's acknowledgement：員工認知

Employee's Signature：

員工簽名 ______________________

Date：

日期 ______________________

Employee's Remarks：

員工註記 ______________________

資料來源：台灣國際標準電子公司。

(三)同儕互評

同事間相互瞭解工作狀況，當評估是從數名同事處取得資訊時，這些評估結果的信度與效度都非常高。同儕互評適合觀察受評者是否在工作中與同事合作無間。但同儕互評的前提有：

1.在部屬中有相當高度的人際信任。

2.在組織中是推行沒有同事競爭的報償制度。

3.同事之間有機會觀察其他同事的作業情況。

一般來說，有專業或技術的員工，以同儕評估的正確性很高，同儕

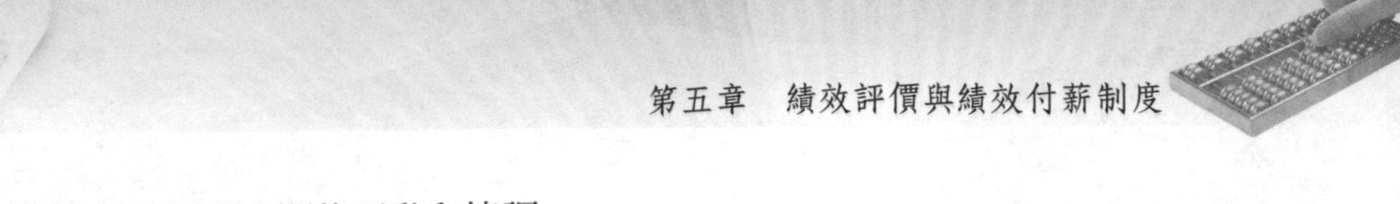

評估會促進同事之間的互動和協調。

(四)自我評估

要使績效考核制度更具合理性、接受性，並且減少部屬對績效考核不平、不滿的方法，就是採用「自我評估制」（**圖5-5**）。自我評估，顧名思義，員工為自己的行為（成績、能力、態度等）自我評量，然後主管再據此評定。自我評量的項目有：目標達成率、專業知識程度、專業知識的進修、行銷技巧等。

(五)顧客（供應商）評估

適合觀察受評者無法從公司內部評核者得到的不同訊息。顧客評估的重點有：

1.貢獻評估：透過顧客評估可改進未來行為。

2.個人發展評估：旨在改進未來的績效作業，並透過自我學習和生長的輔導或諮商（**表5-5**）。

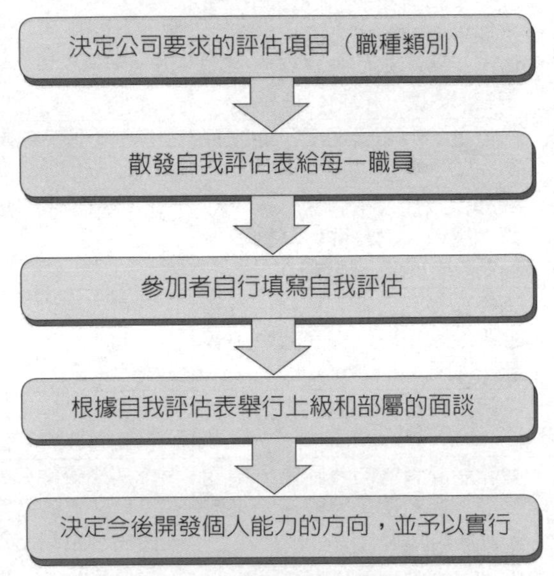

圖5-5　自我評估制度程序

資料來源：荻原　勝著，董定遠譯（1989）。《新人事管理——二十一世紀的人事管理藍圖》。台北市：尖端，頁40。

表5-5　全方位績效評比與傳統績效評估方法的比較

類別	全方位（360°）績效評比	傳統績效評估方法
資料的來源	‧全方位：直屬主管、部屬、同儕、顧客、自評	‧由上而下：直屬主管
資料的正確性	‧能夠清楚將員工不同水準的工作表現作明確的區分與辨識	‧不同員工之間評估結果的區分與辨識小
資料的有效性	‧各種效標之間的區辨大 ‧效度較高	‧各種效標之間的區辨小 ‧會受各種偏誤的影響而降低效度
資料的完整性	‧為未來取向，重視工作過程，著重於行為、技術和能力 ‧可評鑑員工私下的工作表現	‧為過去取向，重視工作成果，著重於結果或期望 ‧評估的是員工公開的工作表現
對無表現的評估	‧有其他來自各方面的評估，實際反映受評者的真實表現	‧缺乏對無表現部屬不佳之評估的其他支持證據，故為避免不必要之麻煩，有時會給予超出表現所應得評鑑結果
評估的公平性	‧觀察角度、機會全方位，員工表現有被完整全認知的機會，不會因故被忽略或誤會 ‧由受評者提供評估者的名單，結果來自所有評估的總和，並透過安全保護措施的檢驗，不會因少數一兩位有意見操弄而左右，影響公平性	‧評估結果會受到政治因素、個人偏好，以及友誼、同學、校友、同鄉的介入而影響
評估系統的設定	‧由員工參與和管理者及專家共同完成	‧只由管理者或專家單獨完成
評估結果的用途	‧兼顧行政性（考評、升遷、敘薪與獎懲）與發展性（訓練、行為改變與生涯規劃）	‧只能單獨做行政性用途
法律用途	‧有來自多元的評估資料，兼顧公平性、正確性與有效性，較無法律問題上的爭議	‧容易因評估不公平或主管的個人偏誤而有法律爭議
與員工的關係	‧支持、鼓勵、合作的關係	‧監督、鬥爭、易陷入對立的監督者與被監督者的關係
受評者的感受	‧包含受評者的自我評估，接受度高，且希望多瞭解接受來自多方面的回饋 ‧透過參與的過程，對整個系統及其結果產生承諾感，進一步提高對採用此系統之組織與工作本身的滿足感	‧讓部屬覺得只是例行公事，為了行政上的調薪與升遷而做的評估，且易出現因對主管個人有意見而不接受評估結果

（續）表5-5　全方位績效評比與傳統績效評估方法的比較

類別		全方位（360°）績效評比	傳統績效評估方法
使用者的感受		・有人分擔評估者的工作，且不必擔心結果正確性或部屬反彈的責任	・有時因工作專業化，對部分部屬的工作，主管的相關知識不足，心有餘而力不足
評分者的訓練程度		・無特別要求	・要求完整的評分者訓練
對使用者的幫忙		・可以藉回饋資料的整理，讓評分者瞭解各個不同面向評估結果的差異，提升評分者的評估能力 ・受評者可以藉以瞭解自評與他評的差異，促進行為改變的動機	・只限於行政方面的功能，如升遷、敘薪與獎勵，無法提供個人職涯發展上的指導
制度認知		・年度績效成果的判定	・工具性的行為
組織型態		・分享能力發展的資訊	・強調層級權威
角色行為	評估者	・回饋資訊的提供者	・法官
	受評者	・自我檢視的評估者	・被動者
	直屬上司	・多元資訊的彙總者與教練	・監督者

資料來源：劉岡憬（1998）、陳玉山（1997）研究。

二、全方位績效評比法盲點

根據美國威斯康辛大學管理學教授大衛・安東里尼（David Antonioni）對全方位績效考核方法的報告，指出下列幾項對全方位考核方法的忠告：

1.評估者希望他們的意見只是用來作爲被評估者改進的回應，而不是希望用來決定被評估者加薪或升遷的依據。
2.被評估者認爲，用講評式的評估比計分式（以10分爲滿分，5分爲中等）或分等式（極優、優、中、劣、極劣）更爲有用。
3.經理人希望評估者具名，但評估者希望不具名。
4.如評估者要具名，下級對上級的評估則常發生故意給高分的狀況。
5.在經理人收到的回應資料中，25%屬並不意外的肯定；30%屬意料之外的肯定；20%到30%屬可預見的否定；15%到20%屬意料外的否定回應。

6.有19%的經理人意外發現，他們的評比比自己想像的要低。

7.只有50%的經理人將下級評估上級的結果與人分享。

8.被評估者如果對此制度不信任，和評估者的溝通一定會出現鴻溝。

9.被評估者對評估者的回應往往當耳邊風。

10.被評估者往往要自己去發掘改進之道。

11.有72%的評估者認為，他們的上司不重視評估回應的結果。

12.有87%的評估者認為，評估者忽略他們的努力。❺

任何新制度之推行皆應配合詳盡規劃之推廣，幫助員工對其產生正確認識與期望，使克有成。

平衡計分卡

長久以來，企業的經營績效往往以財務數據作為衡量標準，但隨著資訊時代的來臨，這套方式已不合時宜。平衡計分卡（balanced scorecard, BSC）是一種策略管理和績效評估工具，它提供一種全面評價系統，主要透過測量企業的四個基本方面，向企業各層次的人員傳送公司的策略，以及每一步驟中各自的使命，這個基本指標分別是：財務績效指標、客戶方面績效指標、內部經營過程績效指標，以及學習與增長績效指標。

一、策略管理的工具

資訊時代重視的是無形資產的投資效益，譬如：產品和流程的創新、員工知識和技術的提升、顧客滿意度的提高，這些都不是傳統的財務會計模式能夠衡量的，而且過度重視短期獲利，也會犧牲了長期性的投資和競爭力。因此，企業必須採用一套全新的管理工具，能兼顧財務和非財務的績效衡量，指引企業未來的策略發展，平衡計分卡便在這種時代背景的需求下應運而生。

根據美國《財星雜誌》（*Fortune*）報導，美國一千大排行中，高達40%的企業都實行「平衡計分卡」，而《哈佛商業評論》（*Harvard Business Review*）更推崇「平衡計分卡」爲七十五年來最具影響力的策略管理工具，它將企業績效量度從過去重視的財務，再新增顧客、企業內部流程、學習與成長爲四大構面，讓企業更容易找到競爭力。

二、平衡計分卡的創始者

平衡計分卡於1992年初由大衛・諾頓（David Norton）和羅伯・柯普朗（Robert Kaplan）把他們在「諾朗諾頓研究所」（Nolan Norton Institute）共同主持一項「未來的組織績效衡量方法」的研究成果，發表在《哈佛商業評論》上，開始獲得企業界的重視，也陸續被許多企業所採用。在實際應用的過程中，平衡計分卡也由原先的績效衡量系統演變爲策略管理的工具，亦即藉由平衡計分卡的實施，能夠和組織的策略結合在一起，把企業的願景和策略轉化爲實際的行動方案（**圖5-6**）。❻

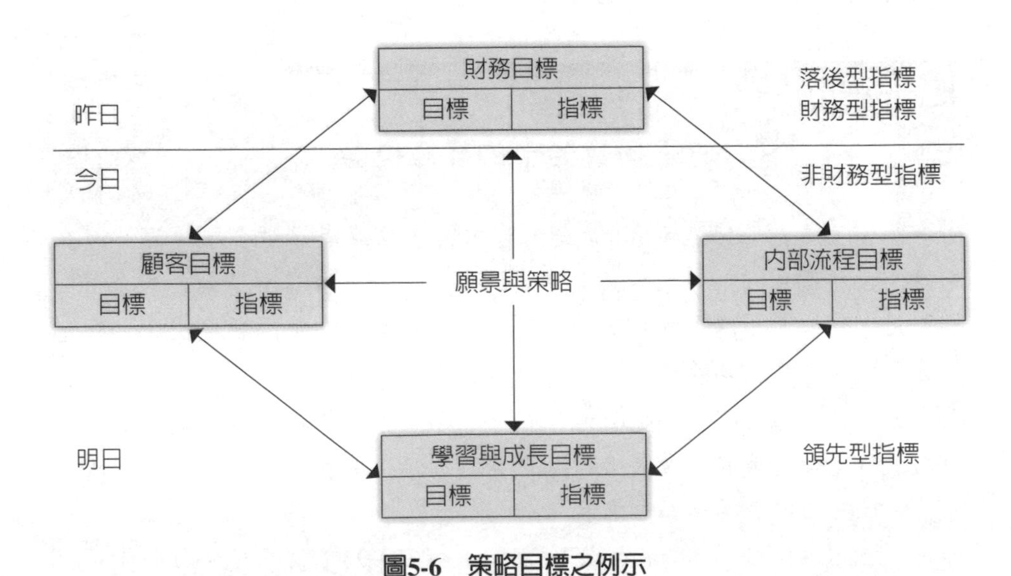

圖5-6　策略目標之例示

資料來源：張文隆（2006）。《當責》。中國生產力出版，頁347。

三、平衡計分卡與績效管理

平衡計分卡要求企業必須將企業的願景、經營策略及競爭優勢轉化成企業員工的績效指標，以幫助企業落實企業的願景與策略，這精神與績效管理是共通的。

因爲績效管理的目的，就是用來引導員工的行爲，以確保企業「年度目標」的達成，若將年度目標管理與企業的願景、經營策略及競爭優勢結合，即可使產品資源達到「聚焦」的效果。平衡計分卡同時也將企業績效管理以四個面向展開，可協助企業掌握策略發展及執行的實際狀況。

平衡計分卡之關鍵在於企業必須先有明確的「經營策略」及「競爭優勢」，再將其轉化成爲可以衡量的績效指標，最後還要詳細展開並連結到員工的績效指標。這些過程說來簡單，執行起來恐怕不甚容易，必須全體動員（包括最高主管）耗費幾個月（甚至歷經幾年的修正），以及聘請外界顧問來協助，以免閉門造車（**表5-6**）。

範例5-4

平衡計分卡的實施經驗

洛克華德（Rockwater）是蘇格蘭的一家海底建築公司，客户包括：大型石油、天然氣和海洋建築等公司。它是由二家建築公司合併而成。1994年引進平衡計分卡以後，成功地整合二家公司的文化和營運系統，並強化其競爭力。

大都會銀行（Metro Bank）在1993年實施平衡計分卡以後，成功的改變企業的策略和發展方向，把銀行的全力業務由以交易為導向改變為全方位的金融商品和服務。

國家保險公司（National Insurance）在1993年推行平衡計分卡，成功的進行組織變革，讓公司轉虧為盈。

資料來源：陳偉航（2005）。〈平衡計分卡轉化願景爲行動〉。《工商時報》（2005/5/11，經營知識31版）。

表5-6　平衡計分卡的實施流程

1.簡潔明瞭地確立公司使命、遠景與戰略。
2.成立實施團隊，解釋公司的使命、遠景與戰略。
3.在企業內部各層次展開宣傳、教育、溝通。
4.建立財務、顧客、內部運作、學習與成長四類具體的指標體系及評價標準。
5.數據處理。根據指標體系蒐集原始數據，透過專家打分數確定各個指標的權重，並對數據進行綜合處理、分析。
6.將指標分解到企業、部門和個人，並將指標與目標進行比較，從而發現數據變動的因果關係。以部門層面的平衡計分卡作為範例，各部門把自己的戰略轉化為自己的平衡計分卡。在此過程中要注意結合各部門自身的特點，在各自的平衡計分卡中應有自己獨特的、不同於其他部門的目標與指標。
7.預測並制定每年、每季、每月的績效衡量指標具體數字，並與公司的計畫和預算相結合。
8.將每年的報酬獎勵制度與經營績效平衡表相結合。
9.實施平衡計分卡，進行月度、季度、年度監測和反饋實施的情況。
10.不斷採用員工意見修正平衡計分卡指標並改進公司戰略。

資料來源：江積海、宣國良（2003）。〈平衡的美景與陷阱——如何使用平衡計分卡〉。《企業研究》，總第222期，頁26。

績效報酬制度

利用財務獎勵方式來鼓舞績效超過預定工作目標的員工，是菲得列・泰勒在十八世紀倡導後才逐漸流行的，如何運用薪資與績效連結起來的薪酬獎勵計畫去激勵員工，是當今企業主思考的課題。好的績效帶來高的報酬，反之則否，唯有確實進行這個原則，才能有效激勵員工工作意願與績效。按件計酬、工作獎金、利潤分享及淨額紅利都是績效報酬制（performance-related pay, PRP）的形式。績效薪資與期望理論關係密切，按期望理論的說法，如果要使激勵作用得到最大，則讓員工相信績效與報酬之間存在著強烈的關係，如果報酬是根據非績效因素，例如：年資、職位頭銜來分配的話，那麼員工可能會減低努力的程度（**圖5-7**）。

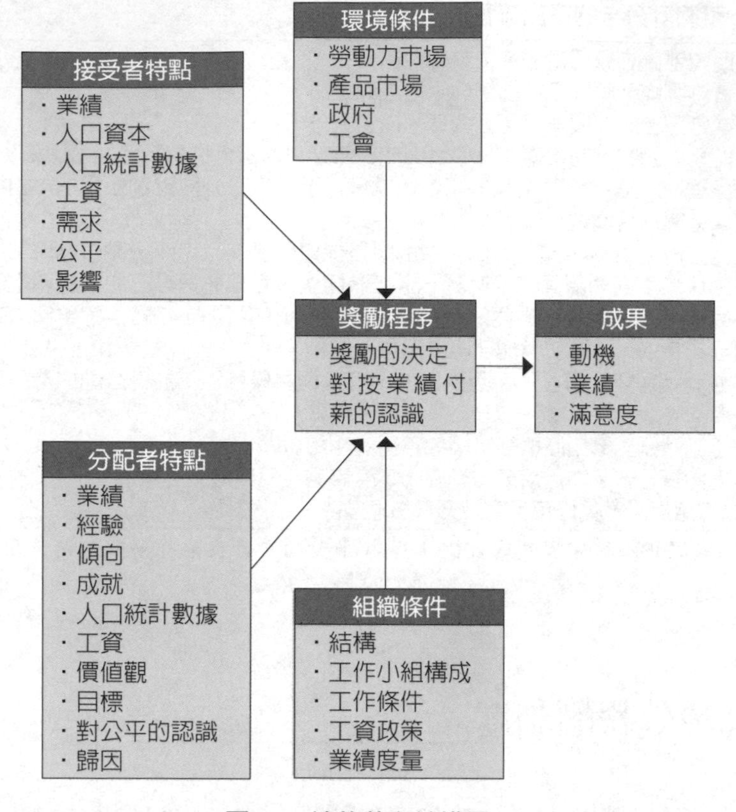

圖5-7　績效薪資結構圖

資料來源：Heneman (1990)；引自理查德・威廉姆斯（Richard S. Williams）著，趙正斌、胡蓉譯（1999）。《業績管理》（*Performance Management: Perspectives on Employee Performance*）。東北財經大學出版，頁198。

孟子曰：「權，然後知輕重；度，然後知長短；物皆然，心爲甚。」公司的每一點成績、每一分利潤都是由所有員工的有效勞動共同創造的。績效考核就是要透過評價員工爲公司的整體績效所做出的貢獻大小，獎勵那些爲公司作出貢獻的工作行爲，並確定獎勵份額，使之與貢獻大小成正比。

範例5-5

IBM的績效支薪制

今天的資訊業要求的是創新、創造力和團隊工作，起伏不定的利潤率和反覆無常的客戶，使公司更須講求績效。如果薪資制度強調的是個人成就及內在的報償，再加上缺乏強有力的短期獎勵制度，便很難使員工有優異的表現。為了激勵工作上的競爭，IBM開始了一系列強調排名的績效評估標準，績效標準也開始逐漸浮現。

IBM改變了它的慣例，因為原來的獎勵制度已無法滿足企業的需要。薪資及可預期的獎金無法激發出最好的績效。IBM的公司主管因此決定不同等級的薪資才有激勵作用，而固定的薪資制度將不再適用。

IBM過去一直試著依個人的績效來支付酬勞，業務人員有佣金，其他的員工則依其個人的長期績效來加薪。但是為了挽救公司，高階管理者賦予依「績效支薪」一個新的涵義，依「績效支薪」現在不只是指主管對員工的績效評估，還包括評估員工對IBM成功的實際貢獻。

為了加強整個報酬制度的激勵效果，固定薪資的比重相對減低，而工作績效獎金則增加了。新的獎金計算方法加入原有的報酬制度中，使得正式的營收和利潤目標更加緊密結合，原來在年終才結算獎金的慣例已廢棄不用。經理人的獎金可以高達基本薪資的15%到75%，很多計畫規定只要百分之百達成計畫目標，就可以從中獲得10%的獎金，達成率每增加1%就可以再從中獲取3%的獎金（最高不得超過基本薪資的兩倍）。績效不佳者則需罰款，目標達成率低於90%的計畫，每低於1%就會損失2%的計畫獎金。因此，績效好的人比以前賺得多，績效差的人比以前賺得少。

資料來源：Mills, D. Quinn & Friesen, G. Bruce著，王雅音譯（1998）。《浴火重生IBM：IBM的過去、現在與未來剖析》。台北市：遠流，頁220-221。

一、績效薪資操作中存在的優點與難點

由美國薪酬協會所支持的一項調查指出，績效報酬制度將持續成長。該調查更顯示，採用績效報酬制度共產生134%的淨回收，即公司每付出1美元，就能回收2.34美元；另一項針對英國四百家與美國一千家企業的調查，也支持此結果。採用績效報酬制度的股東報酬比其他公司平均多了兩倍以上（**表5-7**）。❼

表5-7　績效調薪架構作業流程

一、公司要辦理績效調薪時，假設員工人數、薪資與考核分布呈現之資料如下：

1.有35位員工。

2.績效分布：1等2位；2等8位；3等24位；4等1位；5等0位。

3.薪資分布：第四分位（4th）3位；第三分位（3rd）17位；第二分位（2nd）10位；第一分位（1st）5位。

4.各薪資欄位假設幅度為：8%~18%（假設年度調薪預算幅度為10%）

績效考核等第→	5【丁】		4【丙】		3【乙】		2【甲】		1【優】		人數合計
薪資幅度↓	%	人數	%	人數	%	人數	%	人數	%	人數	
第四分位（4th）					8%		10%	2	12%	1	3
第三分位（3rd）			8%		10%	15	12%	2	14%		17
第二分位（2nd）			10%	1	12%	5	14%	3	16%	1	10
第一分位（1st）			12%		14%	4	16%	1	18%		5
人數合計			1		24		8		2		35

二、試算方式：

【A】平均分位與人數的關係

分位		人數	合計
（4th）	×	3	＝12
（3rd）	×	17	＝51
（2nd）	×	10	＝20
（1st）	×	5	＝5
合計		35	88÷35＝2.5（≒3）

【B】平均考核等級

考核等級		人數	合計
【1】	×	2	＝2
【2】	×	8	＝16
【3】	×	24	＝72
【4】	×	1	＝4
【5】	×	0	＝0
合計		35	94÷35＝2.6（≒3）

（續）表5-7　績效調薪架構作業流程

【C】分位區隔、考核等級、人數與試點之關係

分位區隔	考核等級	人數		試點	合計
（4th）	1	1	×	12%	＝12
（4th）	2	2	×	10%	＝20
（3rd）	2	2	×	12%	＝24
（3rd）	3	15	×	10%	＝150
（2nd）	1	1	×	16%	＝16
（2nd）	2	3	×	14%	＝42
（2nd）	3	5	×	12%	＝60
（2nd）	4	1	×	10%	＝10
（1st）	2	1	×	16%	＝16
（1st）	3	4	×	14%	＝56
合計		35			406÷35＝11.6%

【D】試算後與調薪預算之誤差調整

1.假設年度調薪預算幅度為10%，則

10%÷11.6%＝0.86

2.調整各等級加薪幅度正確値為：

18%×0.86＝15.48%≒16%

16%×0.86＝13.76%≒14%

14%×0.86＝12.05%≒12%

12%×0.86＝10.32%≒10%

10%×0.86＝ 8.60%≒ 9%

8%×0.86＝ 6.88%≒ 7%

三、作業完成建議表

績效考核等第→	5【丁】	4【丙】	3【乙】	2【甲】	1【優】
薪資幅度↓	↘薪資調幅百分比↙				
第四分位（4th）			7%	9%	10%
第三分位（3rd）		7%	9%	10%	12%
第二分位（2nd）		9%	10%	12%	14%
第一分位（1st）		10%	12%	14%	16%

資料來源：丁志達（2012）。「薪酬規劃與管理實務班」講義。台灣科學工業園區科學工業同業公會編印。

績效報酬制度的優點有：

1.在適宜的情況下，績效報酬可以激勵出員工符合企業所需要的行爲。

2.績效報酬制度有助於吸引和留住成就導向的員工。

3.績效報酬制度有助於聘請到表現優異的人，因爲這種制度能滿足他

們的需要，同時也會令表現不佳者感到氣餒。❽

但實際上，績效報酬制的理論也面臨下列的幾項難點：

1.績效報酬並不能爲員工提供激勵，反而經常使員工喪失熱情。
2.幾乎很少有確鑿的證據可以說明績效報酬有助於保留高水準績效的員工，也沒有證據能夠證實那些績效水準低的員工打算離開原來的組織。
3.在看待績效報酬對組織文化影響的問題上，員工也都會持否定態度，更多的人則持中立立場。
4.員工無從得知績效公平與否，但是與那些績效水準低的員工相比，績效水準高的員工更傾向於認爲它是公平的。
5.很難找到足夠的證據說明什麼才是預期的積極績效結果。
6.有些證據表明，在績效報酬的實施和運作過程中存在著相當大的操作性困難。
7.目前這套制度的實施還無法滿足某些與心理學有關的管理原則（**表5-8**）。❾

表5-8　績效報酬制度的限制

‧它幾乎專門注重在個人績效上。但在一些案例中，個人的績效可能由超越他（她）所能控制的因素來決定。例如：同事、資源，與資訊在決定員工是否能在高標準執行上都扮演一定的角色。
‧它主要依據績效評核系統，這可能使它本身受制於誤差與錯誤結果。員工常常對已給的績效等級有異議。當報酬提升是根據等級來給付時，這些問題會擴散到導致一些主管建議完全的拋棄功績報酬計畫。
‧它可能注重績效的期間太過於寬廣，也就是說，個人績效可能在不同日、不同週、不同月而有顯著差別。功績系統報酬薪資增加是依據整體績效跨越全年的基礎上給薪，所以它可能不能解釋在個人績效中短期變化與波動。
‧它容易使員工遭受到相當多的不一致的待遇，而且可能導致偏袒和不公平的感覺。如果一個組織中的成員不認同他們的主管對於員工的績效評等，則他們會傾向不認同以此水準為基礎的員工績效獎酬。
‧在績效薪酬系統下，增加支付給個人的加薪會變成他們基本薪酬永久可以領得到的一部分（每個月都能領得到這一次增加的薪資）。如果個人在接下來的很多年，表現平平的話，他（她）還是會獲得當年績效最好那年為基礎薪酬的增加額。

資料來源：Angelo S. DeNisi & Ricky W. Griffin著，莊立民、梁鐿徽、李曄淳、陳莞如譯（2005）。《人力資源管理》。新北市：普林斯頓國際公司，頁372。

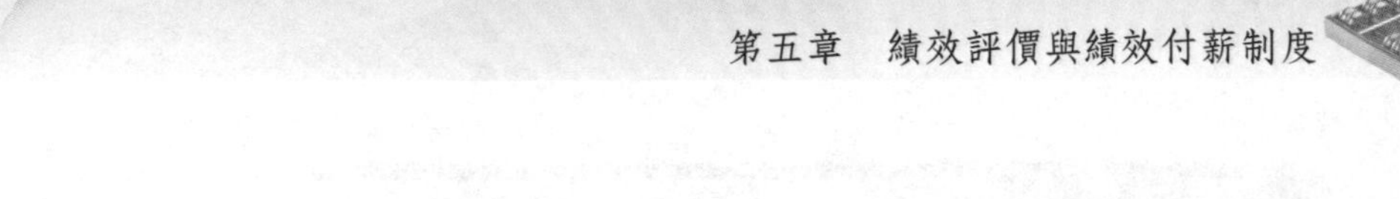

二、實施績效報酬制的條件

關於基本固定薪資與變動獎金比率，已有愈來愈多的公司普遍採行以績效爲基礎的變動薪資（獎金）計畫。採行變動獎金計畫之作法，是以增加獎金給付作爲薪資總額之一定比例，並適用於公司之各階層人員。❿

企業要成功實施績效報酬制的先決條件包括：

1.對管理階層的信任：如果員工懷疑管理階層，就很難使一個績效計薪計畫成功。

2.不存在績效限制：由於績效計薪的計畫通常是根據一個員工的能力與努力，因此，工作的架構必須使員工的績效不會被超出其能力控制範圍的因素所阻礙。

3.受過訓練的上司與管理者：上司與管理者必須接受有關設定與衡量績效標準的訓練。

4.完善的衡量制度：績效應根據工作內容及所達成的結果作爲標準。

5.支付能力：因功績而增編薪資的預算數字，必須要大到足以吸引員工的注意力。

6.清楚地區分生活費用、年資及功績間的關係：如果缺乏有力的區分，員工通常會自然地假設加薪是因爲生活費用或年資的增加。

7.充分溝通整體的薪資政策：員工必須對功績薪資如何配合薪資狀況有一個清楚的認識。

8.彈性的報酬時間表：如果所有的員工不是在相同日期被調整薪資，則較容易建立一個可信的績效計薪計畫。⓫

範例5-6

勞資雙方團體協約約定書

聯合報股份有限公司產業工會（以下簡稱勞方）98年9月23日第八屆第一次臨時代表大會授權○○○等十人為協商代表，與聯合報股份有限公司（以下簡稱資方）指派之○○○等三人，依團體協約法就聯合報系所屬金傳媒薪幅制度調整案，進行勞資團體協商，達成下列約定（以下簡稱本協約），勞資雙方均應遵守：

一、勞工同意資方強化經營體質政策，但績效考核制度應公開、公平、公正，並讓勞方會員充分瞭解、參與，不得黑箱作業。

二、金傳媒所屬經濟日報所有勞方會員，99年1月採原薪移轉，100年1月起依薪幅評比，開始實施薪幅新制。

三、資方於99年底重新議薪時，同步推動勞方會員簽署同意書，同時給予勞方會員充分選擇權。凡同意接受資遣的勞方會員，若薪資調降且符合原團體協約規定優離退者（即工作15年以上、年滿50歲；或工作滿20年以上者），資方應依原團體協約計算方式辦理離退（即依勞基法退休金計算標準方式）。

四、資方實施薪幅新制後，勞方會員離退時，離退金採取二段式計算（即實施薪幅新制前的年資，依目前的平均薪資計算離退金；薪幅新制實施後，則依薪幅新制平均薪資計算），勞方會員離退時，合併計算給予，但薪幅新制實施後的薪資高於現有薪資時，應從優計算離退金。

五、資方勞資關係組成立的申訴委員會，成員應包括資方及勞方代表，詳細辦法與實施細節由資方勞資關係組與勞方共同研商，並於99年上半年度完成，報經總管理處備查後實施。

六、資方承諾會加強落實主管考核，相關獎懲由人資單位明訂於績效考核辦法中，若主管未能有效落實績效考核，一經查證屬實，應嚴厲懲處主管。

七、為落實績效考核制度，資方承諾未來主管與勞方會員都應在明確的績效目標下進行考核，依實際績效與貢獻評比（每季評比績效結果，由各部門在公平、透明原則下訂定公布方式），不會有主管比例偏高疑慮。另因績效考核採強制分配制度，造成績效獎金差異，勞方要求資方未來在資方情況好轉時，提高年終獎金發放比例。

八、資方承諾，實施薪幅新制時，有關勞方會員之薪資議定，應與勞方充分討論與審慎嚴謹規劃。

九、資方承諾，實施薪幅新制後，各部門成立的績效評核委員會與薪酬議定委員會，成員結構加入具有勞方代表身分的基層勞方委員。

十、本協約內容業經勞方98年11月19日第八屆第二次臨時代表大會通過，適用於金傳媒勞方全體會員。

十一、本協約本一式三份，由資方、勞方雙方各執乙份，另一份函報主管機關核備，並於主管機關核備後之翌日生效。

立約人

勞方：台北市聯合報股份有限公司產業工會

代表：

資方：聯合報股份有限公司

代表：

中華民國九十八年十二月十七日

資料來源：聯合報產業工會，《聯工月刊》第243期（2009/12/31），頭版。

三、薪酬與績效結合的原則

經營者要把薪酬和績效連起來，要把握下列的幾項基本原則：

1.他們應清楚瞭解，是什麼在驅動企業的價值，並且廣泛與員工溝通；他們會針對重要績效指標進行評量。
2.他們把薪酬和所創造的眞正價值結合在一起，這些價值會反映在長期股價與事業績效上。
3.他們知道前線員工是創造利潤的關鍵，因而設計適當的評估和激勵制度，獎勵關鍵員工。
4.他們設計簡單易懂的透明化薪酬制度，讓員工與投資人瞭解而且信賴。⓬

範例5-7

績效調薪矩陣圖

薪資幅度→ 績效調薪↘ 績效等級↓	Q1 第一區隔 0~25%	Q2 第二區隔 25~50%	Q3 第三區隔 50~75%	Q4 第四區隔 75~100%
優	（14%） 13～15%	（12%） 11～13%	（10%） 9～11%	（8%） 7～9%
甲	（11%） 10～12%	（9%） 8～10%	（7%） 6～8%	（5%） 4～6%
乙	9% （8～10%）	7% （6～8%）	5% （4～6%）	3% （2～4%）
丙	4% （3～5%）	2% （1～3%）	0	0

資料來源：丁志達（2012）。「薪酬規劃與管理實務班」講義。台灣科學工業園區科學工業同業公會編印。

四、實施績效報酬制的注意要點

企業在設計績效報酬制時，應注意下列的幾項要點：

1.確保努力與報酬直接關係。
2.報酬必須爲員工所重視。
3.仔細研究工作方法與流程。
4.計畫的內容爲員工所瞭解與容易計算。
5.設定績效的標準。
6.保證設定的標準不任意更改。
7.保障基本薪資。⓭

結　語

績效和獎酬的連結看起來似乎容易，但卻是許多企業難以擺平的事。如果能將員工的付出及努力，與績效、獎酬環環相扣，並且運用得宜，對於創造「執行力」文化將有極大的助益。⓮

註釋

❶趙日磊（2004）。〈整合績效管理〉。http://www.7712.org/hrm/jixiao/hrm_30208.html。

❷王忠宗（2001）。《目標管理與績效考核：企業與員工雙贏的考評方法》。新北市：日正企業顧問，頁175-179。

❸范振豐。「目標管理與績效評估」講義。新北市：中國生產力，頁4-5。

❹丁志達（2005d）。《績效管理》。台北市：揚智文化，頁294-295。

❺管理集短篇（1997）。〈三百六十度評估法〉。《EMBA世界經理文摘》，第130期，頁19-20。

❻陳偉航（2005）。〈平衡計分卡轉化願景爲行動〉。《工商時報》（2005/05/11，31版）。

❼Donald F. Harvey & Robert B. Bowin著，何明城譯（2002）。《人力資源管理》（*Human Resource Management: An Experiential Approach*, 2e）。台北市：智勝文化。

❽陳黎明（2001）。《經理人必備：薪資管理》。北京：煤炭工業出版社，頁11。

❾理查德·威廉姆斯（Richard S. Willliams）著，藍天星翻譯公司譯（2002）。《組織績效管理》（*Performance Management*）。北京：清華大學出版社，頁206-214。

❿勤業眾信會計師事務所（2005）。《外商來台投資一般成本總覽》。經濟部投資業務處出版，頁64。

⓫Lloyd L. Byars & Leslie W. Rue著，鍾國雄、郭致平譯（2001）。《人力資源管理》（*Human Resource Management*, 6e）。台北市：麥格羅·希爾，頁299-300。

⓬O. Gadiesh, M. Blenko, & R. Buchanan著，李田樹譯（2003）。〈把薪酬和績效連起來〉。《EMBA世界經理文摘》，第200期，頁49。

⓭林中君（1998）。〈如何運用財務獎勵提升工作績效〉。《資誠通訊》，第99期，頁13-14。

⓮魏美蓉（2004）。〈執行力文化的關鍵：有效連結績效管理與獎酬制度〉。《能力雜誌》，第577期，頁84-87。

第六章

激勵理論與獎勵制度

- 薪資與員工滿意度
- 內容理論
- 過程理論
- 增強理論
- 激勵的層次性
- 員工激勵制度設計
- 結　語

一個沒有受激勵的人，僅能發揮其能力的20～30%，而當他受到激勵時，其能力可以發揮80～90%。

～哈佛大學心理學家威廉・詹姆士（William James, 1842-1910）～

薪酬的給付，一直被認為必須兼具公平性、合理性與激勵性，因此，企業實施獎勵薪酬計畫（incentive pay plans），便是企圖增強績效與報酬之間的關係，從而激勵這些受影響的員工。大多數的獎勵薪酬計畫，是將薪酬與企業的獲利直接結合起來，因此企業才能將企業的成敗反映於薪資費用的增長與縮減（**表6-1**）。

表6-1　員工報償的內容

<table>
<tr><th>類別</th><th colspan="2">項目</th><th colspan="2">內容</th></tr>
<tr><td rowspan="4">基本薪資</td><td colspan="2">保健基礎的給付</td><td colspan="2">維持最低生活水準與市場競爭力</td></tr>
<tr><td colspan="2">職務基礎的給付</td><td colspan="2">因職務不同而異</td></tr>
<tr><td colspan="2">績效基礎的給付</td><td colspan="2">以績效評估的結果來給與</td></tr>
<tr><td colspan="2">技能基礎的給付</td><td colspan="2">按個人條件（學歷、經歷、執照）給與</td></tr>
<tr><td rowspan="7">獎金</td><td colspan="2">績效獎金</td><td colspan="2">年終分紅、考績獎金</td></tr>
<tr><td colspan="2">全勤獎金</td><td colspan="2">全勤獎金、不休假獎金</td></tr>
<tr><td colspan="2">年節獎金</td><td colspan="2">春節、端午、中秋三節</td></tr>
<tr><td colspan="2">團體績效獎金</td><td colspan="2">利潤分享計畫、成果分享計畫</td></tr>
<tr><td colspan="2">員工分紅入股</td><td colspan="2">依企業利潤與員工績效發給或申請</td></tr>
<tr><td colspan="2">股票選擇權</td><td colspan="2">依勞動契約約定給與，在一定期間後實現</td></tr>
<tr><td colspan="2">功績加薪</td><td colspan="2">依據績效評估的結果來調薪</td></tr>
<tr><td rowspan="5">福利</td><td rowspan="4">法定福利項目</td><td rowspan="2">保險</td><td>勞工保險</td><td>生育、傷病、醫療、殘廢、失業、老年及死亡</td></tr>
<tr><td>全民健康保險</td><td>疾病、傷害、生育事故</td></tr>
<tr><td>退休金</td><td colspan="2">以平均工資乘工作年資乘基數</td></tr>
<tr><td>假期</td><td colspan="2">例假日、法定假期、特別休假、婚喪假、產假、公假</td></tr>
<tr><td>其他服務項目</td><td colspan="3">團體保險、康樂性活動、宿舍、交通、伙食、員工協助方案、進修、托兒所等</td></tr>
</table>

資料來源：張緯良（2007）。《人力資源管理：本土觀點與實踐》。新北市：前程文化事業出版，頁363。

薪資與員工滿意度

薪資對於求職者和在職員工都極爲重要。從工作中得到的報酬，對大多數求職者來說，都是一項主要考慮的因素。薪資不光是一種謀生手段，也是讓員工獲得物質及休閒需要的手段，它還能滿足員工的自我或自尊的需要（**表6-2**）。

一、薪資滿足或不滿足的影響因素

在實證方面，綜合各研究的結果顯示，對薪資滿足或不滿足主要的影響因素大致可以歸納爲：(1)人口統計變項；(2)人格特質變項；(3)組織有關的變項等。

(一)人口統計變項

人口統計變項中，包括：年齡、年資、性別、婚姻狀況、職位、教育程度、家庭人口數、年薪等變數，都是可能影響薪資滿足的因素。

表6-2　學者對薪資之激勵效果觀點彙總表

學者	論點
A. H. Maslow 馬斯洛	當生理安全需求為「支配性需求」（dominant need）時，則薪資具有激勵作用。
J. S. Adams 亞當斯	薪資滿足決定於「參考群體」比較之公平性之知覺，亦即感覺越公平越有效，反之則否。
V. Vroom 佛洛姆	金錢是主要激勵工具，然而必須工作努力後，其績效之實現與預期相符，同時，績效後之獎酬與預期相符，則激勵效果才能發揮。
E. E . Lawler 勞樂	薪資給付與調整，必須確實來自績效，才能有薪資滿足感，否則則低。
E. A. Locke 洛克	薪資滿足決定於實際所得與預期所得之差異，差距越小，則越有激勵效果，反之則否。

資料來源：吳秉恩（2002）。《分享式人力資源管理：理念、程序與實務》。台北市：吳秉恩發行；翰蘆圖書總經銷，頁466。

(二)人格特質變項

人格特質變項中，則以成就動機（指個人努力去從事自己認為重要或有價值的工作，以及追求創造、追求自我發展，以達成某些目標，並使之達成盡善盡美的內在趨動力）、個人傳統性（指個人遵從權威的觀念，認為在各種角色關係及社會情境中，應遵守、順從、尊重及信賴權威），或現代性取向（指個人平等開放的觀念，以平等思想代表一種開放與容人的胸懷）較具有影響力。

(三)組織有關的變項

對組織有關的變項，包括：行業別、公司型態、組織規模、組織生命週期等因素。薪資政策與其管理程序的變項中，各項薪資要素的重視程度越高，薪資滿足感亦高，但各項要素的相對比重，並不會直接影響員工的薪資滿足。❶

當員工對薪資不滿意時，員工通常會採取辭職、成為問題員工、在工作上製造麻煩、設法組織或成立工會抗爭、在執行工作時得過且過，絕不多做，但也不致少做到被開除或受到處罰等行為表徵（**圖6-1**）。

二、工作滿足的理論基礎

工作滿足（job satisfaction）其主要概念都是來自激勵理論，因此，不可忽視激勵理論的重要性。最先提出工作滿意概念的是賀伯克（R. Hoppock），他認為工作滿意是員工心理與生理兩者對環境要素的滿意感受，意指員工對工作情境的主觀反應（**圖6-2**）。

工作滿足的理論眾多，整理工作滿足相關文獻可以發現，其工作滿足之激勵理論包括：需求層級理論、雙因子理論、期望理論及公平理論等四種型態。而根據激勵理論的發展，大致又可分為三個主要學派，即內容理論（content theory）、過程理論（process theory）和增強理論（reinforcement theory）（**表6-3**）。

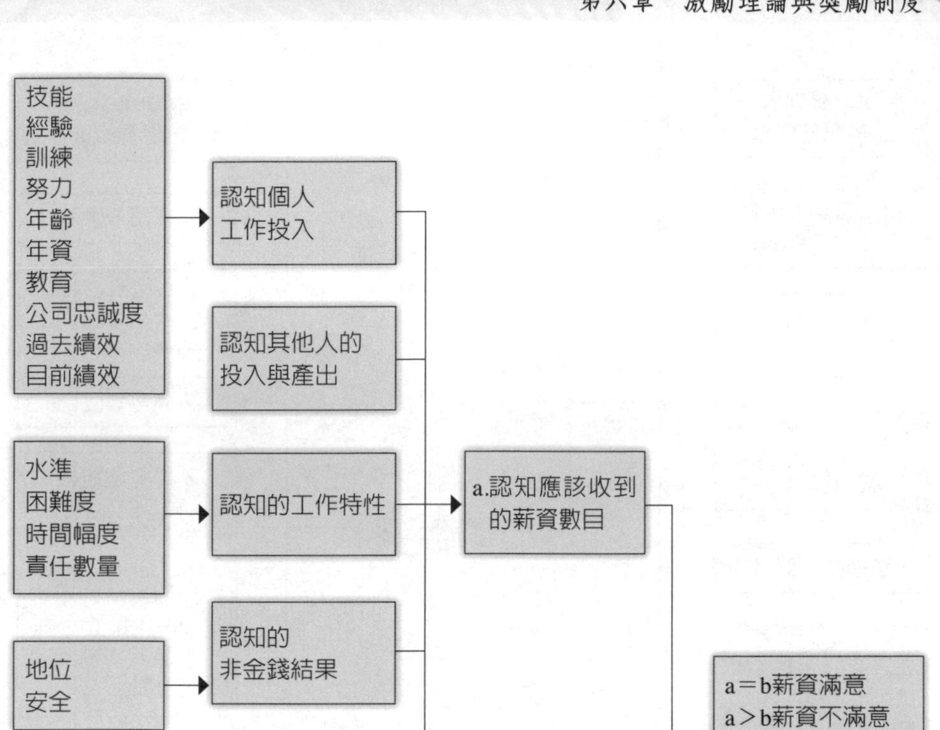

圖6-1　薪資滿意的決定因素模式

資料來源：Lawler, Edward E., Ⅲ (1971). *Pay and Organizational Effectiveness: A Psychological View*. New York: McGraw-Hill, p. 215。引自Byars, Lloyd L. & Rue, Leslie W.著，鍾國雄、郭致平譯（2001）。《人力資源管理》（*Human Resource Management*, 6e）。台北市：麥格羅．希爾，頁310。

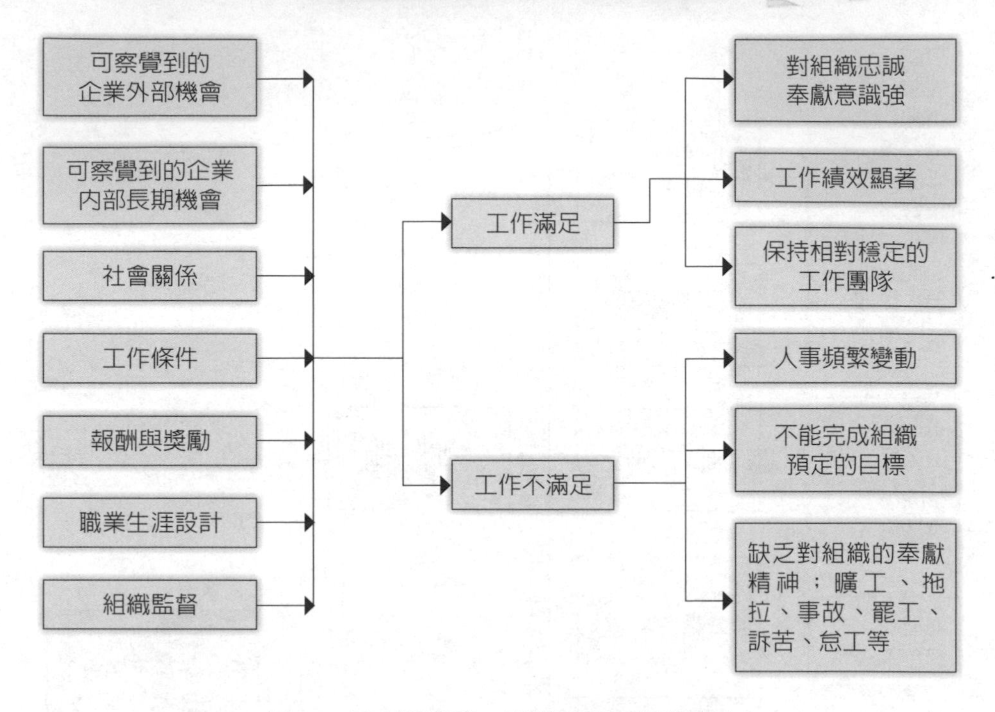

圖6-2　工作滿意度：影響因素及相關結果

資料來源：段曉強、朱衍強（2005）。〈從積分激勵計畫看工作滿意度〉。《人力資源》，總第198期，頁63。

表6-3　激勵理論彙整表

理論分類	代表學者	代表理論	內容概述
早期的激勵理論	Taylor	科學管理原則	人的工作動機在於獲取財務報酬（金錢），因此，應以財務為誘因，作為激勵的基本工具。其論點強調工作機械層面，重視效率，但忽略人性因素與單一性工作動機之假設，為其缺失。
	Mayo（1933）	霍桑研究	對於員工的激勵方式，應以人性為出發點，員工的社會心理需求被滿足，才能提高其生產力。主張「有快樂的員工即有較高的工作效率」的看法。
	Douglas McGregor（1960）	XY理論	對於人性的看法，一種為負面的，稱X理論；一種為正面的，稱Y理論。McGregor主張之激勵方法為重視「決策授權」、「意見溝通」、「鼓勵參與」、「工作豐富化」，進一步將「人性」與「管理」結合。

（續）表6-3　激勵理論彙整表

理論分類	代表學者	代表理論	內容概述
內容理論	Maslow（1954）	需求層級理論	人類具有生理、安全、社會、自尊、自我實現五種需求，當一個需求滿足後，才會晉升到另一個需求層級。
	Herzberg（1966）	雙因子理論	所有工作滿足與需求的關係有兩種因子：(1)激勵因子：較趨內向，與追求成長的需求有關；(2)保健因子：較趨外向，滿足避免痛苦的需求。
	McClelland（1970）	三需求理論	所有人的內在需求均依三種不同需求，按照不同比例混合而得，個人差異性甚大。三種需求分別為成就、權力、歸屬需求。
	Alderfer（1972）	ERG理論	將Maslow之需求層級理論歸類為三種需求：生存需求、關係需求、成長需求，並認為個人可以同時追求兩種以上需求的滿足。
	Argyris（1962）	成熟度理論	認為工作標的之設計如出自員工自己或讓其參與，將比單方面由上司指派的好，因為其認為隨著員工身心之成熟，自然有意願承擔責任，滿足獨立自主之需求。
過程理論	Adams（1963）	公平理論	個人會對自己的工作投入與獲得回饋的比率做一個衡量，並會與他人所得做比較，這是基於公平要求之故。
	Vroom（1968）	期望理論	一個人的努力會視報酬的價值，以及他認為付出努力後可獲得報酬的機率，兩者所共同決定。
	Locke（1968）	目標設定理論	人類行為是由「目標」及「企圖心」所形成，個人對目標之承諾將決定其努力動機，尤其對設有完成期限或達成標準者，其激勵作用更大。高目標且能達成者，又較低目標者能產生更大之績效。
增強理論	Skinner（1953）	增強理論	人們的行為很大程度上是取決於行為所產生的結果，那些能產生令人滿足結果的行為，以後會經常得到重複；相反的，那些會導致令人不滿意結果的行為，以後再出現的機會很小。

資料來源：黃世勳（2005）。〈激勵制度與工作績效認知關聯性之研究：以壽險業務員工為例〉。元智大學管理研究所碩士論文，頁14-15。

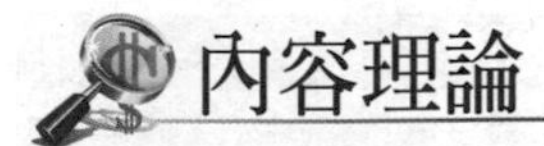

內容理論

內容理論的主要代表學派有：需求層級理論（hierarchy of needs theory）、雙因子理論（two-factors theory）、ERG理論、三需求理論（three needs theory）和成熟度理論（maturity theory）（**圖6-3**）。

一、需求層級理論

1970年代過世的美國心理學家亞伯拉罕・馬斯洛（Abraham H. Maslow），是一位深具影響力的人本心理學的泰斗，其最知名的學說是「需求層級理論」，這套理論與激勵員工有非常密切的關係。他的假設中認爲人類有五種層級的需求（**圖6-4**）：

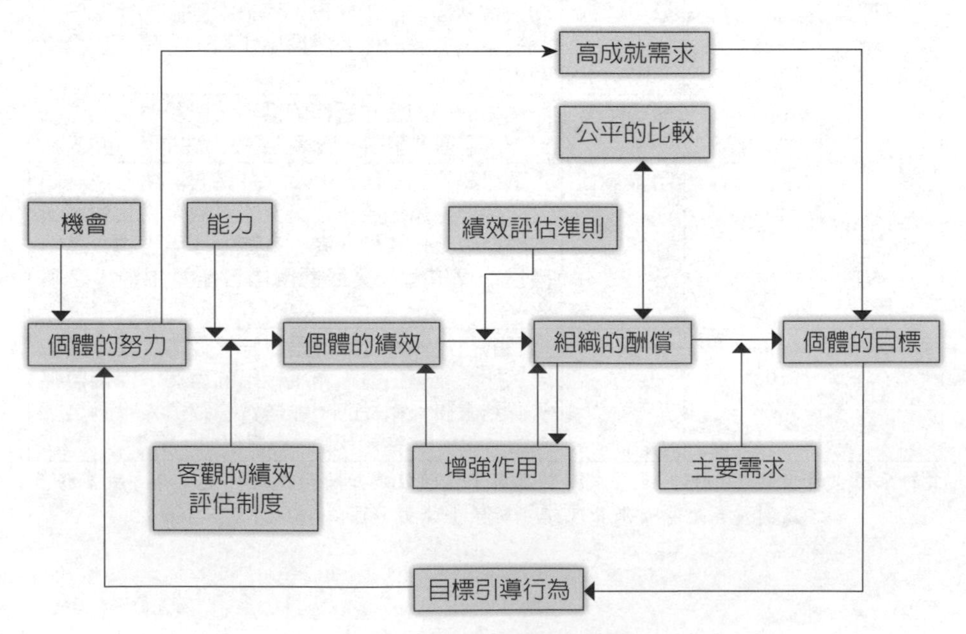

圖6-3　近代激勵理論的整合

資料來源：Robbins, Stephen P.著，李青芬、李雅婷、趙慕芬譯（2002）。《組織行爲學》（*Organizational Behavior*）。台北市：華泰，頁191。

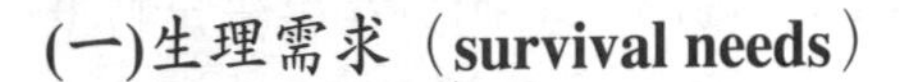

(一)生理需求（survival needs）

人類賴以維持生命生存下去必須要的需求，是人類最基本所必須滿足的需求。包括：飢餓、口渴、居住、性慾或其他肉體上的需求等。

(二)安全需求（security needs）

人類有需要獲得保護、避免受到傷害的需求。包括：身體及感情的安全感、家庭的溫暖與安定的環境等。

(三)歸屬需求（belonging needs）

人類有在社會上付出與得到友誼的需求。包括愛情、歸屬感、接納和友情等。

(四)自尊需求（prestige needs）

人類有獲得他人尊重與尊重他人的需求。包括：內在的尊重和自尊、自治權與成就感，以及外在的尊重（地位、認同與受注意）等。

(五)自我實現需求（self-actualization needs）

人類最高層次的需求。包括：成長、發揮自我的潛能及自我實踐的感覺、完成自己有能力完成的事務之趨動力。

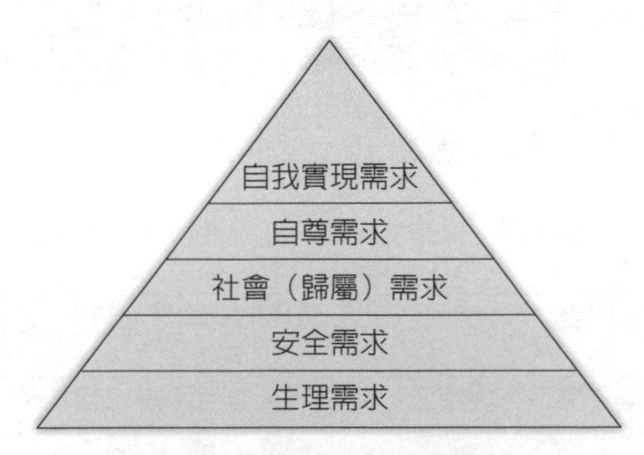

圖6-4　馬斯洛的需求層級

資料來源：Stephen P. Robbins原著，丁姵元審訂（2006）。《組織行爲》。新北市：普林斯頓國際出版，頁121。

馬斯洛認爲人類的需求有其層次，在過程中，人們只有先滿足較低層次的需求，才會尋求較高層次的精神和道德發展。舉例來說，飢餓的人就不太可能有創造力。我們在滿足了基本的身體上需求之後，才會進入一個感到自己被愛戴和尊敬的狀態，並產生一種歸屬感，包括：找到了哲學和宗教的認同感，從而尋求自我實現（**表6-4**）。

如果以馬斯洛需求理論來看薪資，一定要能滿足金字塔下方的三個要素，分別是生理需求、安全需求及歸屬需求，而當薪資高於某種程度時，自我實現需求的重要性就遠高過生理等基本需求了（**圖6-5**）。

表6-4　自我實現的特點

特點	說明
對現實有清楚的認識	包括：發現虛假事物的能力，並能準確地對他人進行判斷。
接納	原封不動地接納事物。
自發性	指一種豐富而非同尋常的內心生活，擁有兒童般純潔的能力，經常以全新的眼光看待世界，並能發現塵世間的美好事物。
以問題為中心	指能把注意力集中在自己以外的問題或挑戰上，即具有一種使命感或意圖，從而使心胸狹隘、內省和自我遊戲沒有藏身之地。
尋求獨處	獨處從其本身來講是令人愜意的，因為它能帶來安寧，擺脫不幸和危機，允許思念和決定，具有獨特性。
自主性	不受他人意見的影響，不受地位或回報的左右，對內心的滿足更感興趣。
人類親屬關係	對所有人有種真正的愛，以及希望幫助他人的慾望。
人道與尊重	相信我們能從任何人學到東西，即使是壞人也有可能改惡從善。
道德觀念	一種清楚的、能夠區分善惡的觀念。
幽默感	不為傷害感情或者暗示他人不如自己的笑話所影響，而為凸顯人類普遍存在性。
創造力	不是莫札特與生俱來的天賦，而是在所做、所說的事物中表現出來的能力。
抵制文化束縛的能力	即能把自己目光放到文化或時代的局限性之外。
缺點	所有人都是在經歷過程中生活，並且不是來自精神疾病的一切罪惡、焦慮、自責、嫉妒等。
價值觀	建立在積極的世界觀之上。宇宙不是被當成一片叢林，而是被看成一個富饒的土地，提供我們所需。

資料來源：Butler-Bowdon, Tom著，殷文譯（2004）。《最偉大的50部勵志書》（*50 Self-Help Classics*）。台中市：晨星，頁245-246。

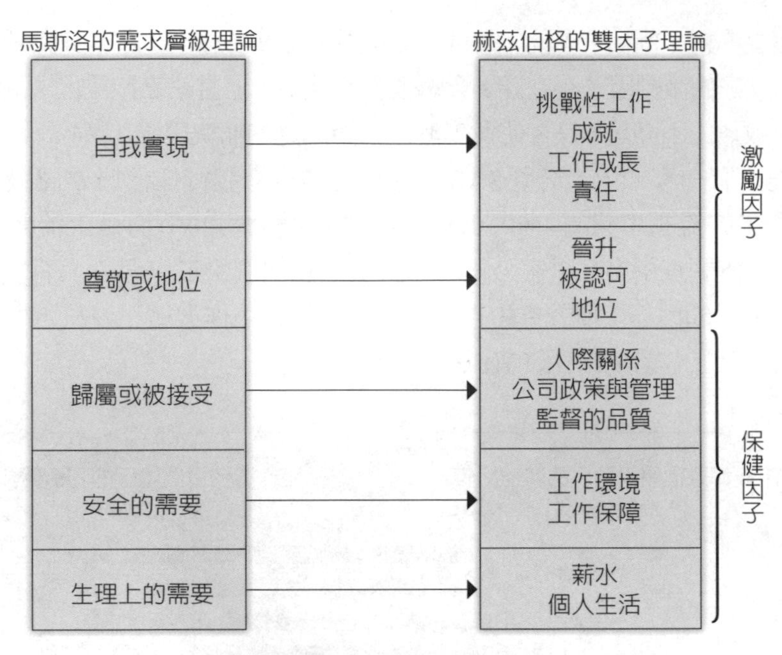

圖6-5　馬斯洛與赫茲伯格的激勵理論比較

資料來源：Koontz, Harold & O'donnell, Cyril著，王象生、吳守璞譯（1992）。《管理學精義》（*Essentials of Management*, 2e）。中華企業管理發展中心，頁487。

二、雙因子理論

心理學家佛德烈·赫茲伯格（Frederick Herzberg）提出的雙因子理論，理論中認爲，影響工作滿意有兩個因素：保健因子（hygiene factors）和激勵因子（motivation factors）。從赫茲伯格雙因子理論可看出，對薪資影響最大的要素是工作的成就。

保健因子的部分，指的是維持一項工作所需要的要素，例如：組織的政策與管理、人際關係、薪資、工作條件、工作的保障和工作環境等。良好的保健因子存在時，只能預防員工低落的表現行爲及不滿足的發生，而無法促使人們有好的表現及增加員工的滿足，但缺乏保健因子時，會導致員工的不滿足。激勵因子的部分，指的是工作滿足的因素與工作激勵和個人成長發展有關，例如：成就、讚賞、責任感、受重視感、工作本身和升遷發展等。良好的激勵因子存在時，會導致員工滿足，但當缺乏激勵因子時，並不會導致員工不滿足，只會使員工無法獲得滿足的愉快經驗（**圖6-6**）。

美國有一家未上市公司SAS，這家企業沒有發行任何股票認股權，可是員工的流動率只有4%，低於一般高科技公司的平均員工流動率的20%。根據調查指出，這家公司的員工很滿意他們的工作環境，而且員工可以在公司的內部工作計畫中自由的調任，這種工作型態正好符合了目前美國新生代工作者的特徵（**表6-5**）。

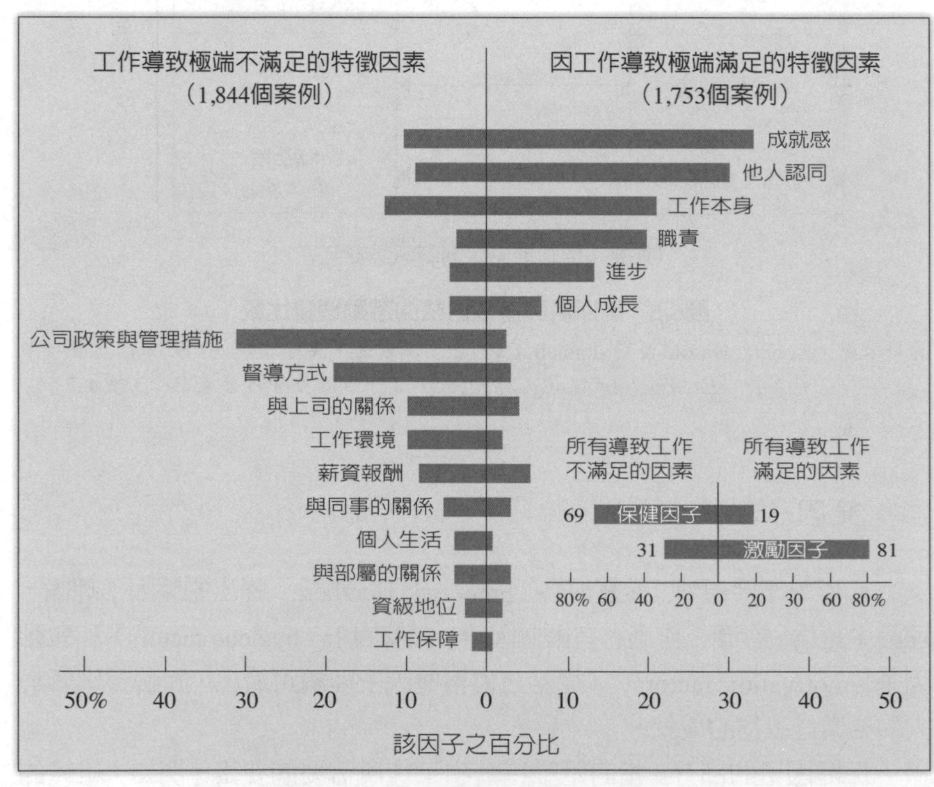

圖6-6　保健因子與激勵因子的比較

資料來源：Reprinted by permission of Harvard Business Review. "Comparison of Satisfiers and Dissatisfiers." An exhibit from One More Time: How Do You Motivate Employees? By Frederic Herzberg. January 2003. Copyright © 2003 by the Harvard Business School Publishing Corporation. All rights reserved.／引自：Stephen P. Robbins原著，丁姵元審訂（2006）。《組織行爲》。新北市：普林斯頓國際出版，頁123。

表6-5　企業贏得員工忠誠的作法

美國《幸福》雜誌發表了人們最願意要在其中的100家美國公司名單工作的原因為： 1.員工能夠獲得平等的尊重，經理人員和員工是一種親密無間的朋友關係，同事之間也是一種友好的協作關係。 2.員工能夠從事有挑戰性的工作，能做自己想做的事，具有發揮自己聰明才智的條件，員工在工作中能夠獲得成就感。 3.員工能得到無微不至的關懷，能夠得到許多意想不到的福利，例如設立工廠托兒所，幫助員工購買東西，洗燙衣服；提供托幼補助、午餐補貼、孩子入大學的學費補助、老人贍養補貼；准許女員工在懷孕或哺乳期間在家工作或減少工時等等。 4.員工努力工作能得到豐厚的報酬。

資料來源：韓秀景、曹孟勤（2002）。〈企業對員工忠誠嗎？〉。《企業管理》（2002/05），頁62-63。

三、ERG理論

美國耶魯大學克雷頓・奧爾德佛（Clayton Alderfer）將馬斯洛的「需求層級理論」加以修訂，提出三種核心需求：存在（existence）需求、關係（relation）需求和成長（growth）需求，爲人的三種核心需求，故稱之爲ERG理論。

存在需求是指維持生存的基本需求，相對於馬斯洛的生理及安全需求；關係需求係指人們想維持重要人際關係的慾望。唯有透過與他人互動，才能滿足個體社交及建立身分地位的慾望，其相對於馬斯洛的歸屬需求及自尊需求的外在部分；而成長需求是指個人追求自我發展的慾望，相對於馬斯洛的自尊需求的內在部分及自我實現需求。

ERG理論各需求可以同時存在，且可同時具有激勵作用，如果較高層次的需求未能滿足的話，則滿足低層次需求的慾望就會加深。

四、三需求理論

三需求理論是由大衛・麥克里蘭（David C. McClelland）所提出，這三種需求就是成就需求（need for achievement）、權力需求（need for power）及歸屬感需求（need for affiliation）。

1.成就需求：認爲人類有主動追求成就或尋求成功的慾望，而非僅對環境給予的感受採取被動的滿足方式。
2.權力需求：促使別人順從自己意志的慾望。
3.歸屬感需求：追求與別人建立友善且親近的人際關係的慾望。

每個人均有此三種需求，但強度因人而異，且因不同的動機而有不同的行爲，所以，對不同需求強度的人應找出最適宜的工作性質內容或調整工作的要求，才能對工作行爲有適當的引導。

五、成熟度理論

克利斯・艾吉利斯（Chris Argyris）成熟度理論，係指艾吉利斯曾研究管理實務對於個人行爲及成長的影響結果發現，人由不成熟狀況到成熟狀況有七種變化（**表6-6**），在工作上給予員工有成長與成熟的機會，並幫助他們滿足生理與安全以外的需求，如此則可以用來激勵他們，並使他們發揮更大的潛力來完成組織目標。

表6-6　人由不成熟到成熟的七種變化

不成熟→→→→→→→→→→→→→→→→→→成熟	
被動性	主動性
依賴性	獨立性
少樣行為	多樣行為
短暫而淺嘗的興趣	持續性而強烈的興趣
視界短	視界遠
附屬他人	淩駕他人
缺乏自我意識	自我意識與控制

資料來源：李明書（1995）。〈從激勵的觀點探討薪酬制度〉。《勞工行政》，第84期，頁48。

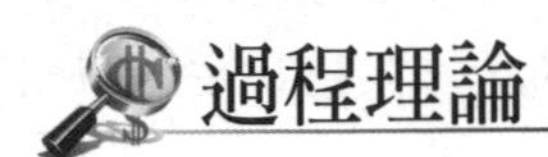

過程理論

過程理論的主要類型以期望理論、公平理論及目標設定理論（goal-setting theory）為代表。

一、期望理論

在解釋激勵理論中，目前廣為大家所接受的，乃是維克托・佛洛姆提出的期望理論。佛洛姆認為人之所以想採取某種行為的意願，例如努力工作，取決於他認為行為後能得到某結果的期望強度，及該結果對他的吸引力。具體而言，期望理論認為，企業若想要員工產生工作動機，除了獎酬本身應具有吸引力之外，在過程中必須讓員工產生適切的期望。而期望強度取決於兩項機率：一是員工會評估努力能否達成預定績效的機率；另一則是員工會評估達成績效能否帶來獎酬的機率。唯有當這兩項機率都高時，員工的期望才會提高，而工作動機也才能隨之增強（**圖6-7**）。

期望理論建立在三個基本概念上：

1.誘惑力：指對事物具有的吸引力或排拒力，意即個人主觀上對事物

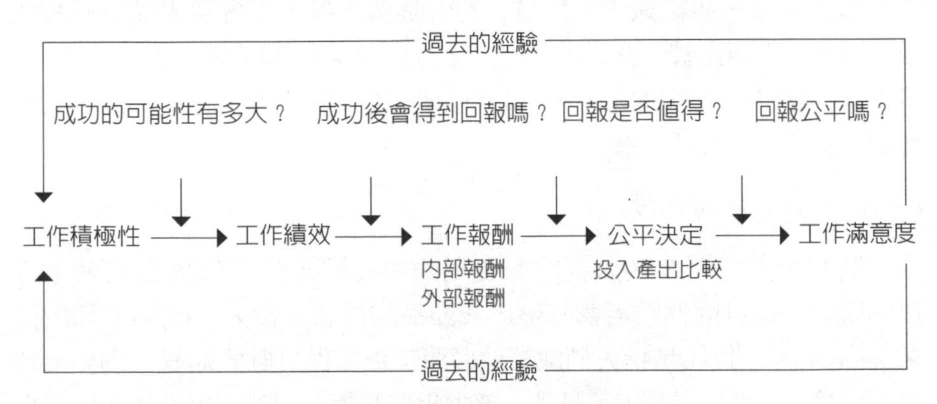

圖6-7　期望理論的激勵模型

資料來源：楊曉明（2004）。〈期望在員工激勵〉。《人力資源》，總第186期，頁38。

的情意取向或感覺態度，例如：工作報酬對個人吸引力的大小。

2.期望：指個人對可能結果的預測，也是對行動產生某種特定結果可能性的看法，及個人努力獲得成功的一種信念。

3.工具價值：指直接結果能導致或避免另一種結果的連結程度，是人們對直接和間接結果之間關係的知覺，即工作者感覺到做好工作與所獲得報酬之間的關係。❷

管理者的激勵行為，需要先瞭解員工對達成高度生產力目標的機率（就是期望），進而增強員工對升遷的慾望程度（也就是期望值），期望與期望值之乘積便可發揮激勵作用，並表現出激勵作用的程度多少。員工對生產力的偏好越強，且對生產力預期實現的機率越高，則激勵作用亦越大。❸

二、公平理論

對員工來說，薪資給付公平與否，是非常重要的。根據亞當・史密斯（J. Stacey Adams）提出的「公平理論」認為，薪資滿意的程度取決於工作者對付出與報酬之間平衡的知覺，換言之，個人工作滿意的感受，取決於個人實得的報酬與他所認為應得報酬二者之間的差距是否感到公平，或將自己的付出與所得和他人比較，希望能保持兩者之間的平衡。

員工會經常與組織內同類員工的薪酬做比較，也會與組織以外其他員工同類工作相比較，藉以衡量一下是否值得繼續為組織「賣命」。因為員工往往會將回報與付出的努力做比較，所以薪酬制度的公平與否，的確會嚴重影響員工行為。❹

(一)投入與所得的比較

亞當・史密斯在其公平的薪資理論中提到，員工個人自覺公平合理的薪資，是以兩個因素為基礎形成公平的信念：投入（input）和所得（outcome）。投入是指人們關於他們對工作所做貢獻的知覺，例如：教育、經驗、專業知識水準、技能、努力程度和對公司的貢獻度等；所得是指員工對他所從事的工作中得到的回報知覺，例如：薪資水準、加薪幅

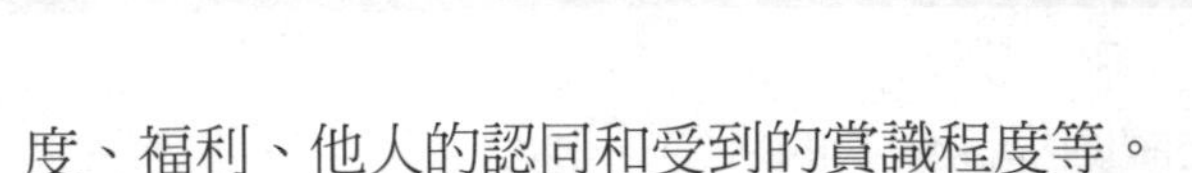

度、福利、他人的認同和受到的賞識程度等。

員工透過將他們的所得與投入比（O/I）與另一個人的所得與投入比進行比較，來判斷他們的薪資是否公平。根據一項研究發現，員工並不將他們的比較僅局限在一個人身上，他們往往有幾個參照性的他人，這樣，當員工評價他們的薪資公平性時，會做好幾種對比，只有當每一種對比都被認為是相等的時候，公平的知覺才會形成。

當員工的O/I比率低於他們的參照性的他人的這一比率時，他們覺得被付給了超低工資，極易導致對組織或管理人員的不滿；當該比率等於別人之比率時，他們感到組織的公平，會得到強有力的激勵；當比率大於參照性他人的比率時，他們又認為被付給了超高薪資，但一段時間後，由於滿足於僥倖的心理，工作又恢復原樣（**表6-7**）。

(二)員工知覺不公平時的反應

根據公平理論的說法，當員工感到不公平時，可能會有下列的反應：

1.透過改變自己的努力或績效來降低其投入。例如：不要太賣力工作。

表6-7　公平理論模式

自己		社會比較	他人	
對自己不公平 給付過當 （overpayment）	結果／投入 罪惡感	大於 >	結果／投入 憤怒感	對他人不公平 給付不足 （underpayment）
對自己不公平 給付不足 （underpayment）	結果／投入 憤怒感	小於 <	結果／投入 罪惡感	對他人不公平 給付過當 （overpayment）
對自己公平給付 （equitable payment）	結果／投入 滿足感	等於 =	結果／投入 滿足感	對他人公平給付 （equitable payment）

註：1.結果：報酬，員工從工作上獲得薪資及鼓勵。
　　2.投入：員工對工作的貢獻，如經驗、資歷或工作時間。

資料來源：Greenberg & Baron (2000: 144)。引自鍾振文（2003）。〈薪酬滿足知覺、薪酬設計原則對於員工工作態度與績效之影響〉。中央大學人力資源管理研究所碩士論文，頁12。

2.透過尋求增加薪資來試圖提高他們的所得。例如：若在按件計酬的給薪下，員工將生產的產品品質降低，但把產量拉高。

3.扭曲對自己的認知。例如：以往我總認爲自己的步調是適中，現在我終於瞭解自己是比別人賣力多了。

4.試圖改變自己的參照性他人的投入和所得。例如：我賺得錢也許沒有姊夫多，但我還是比爸爸當時強得多呢！

5.離開現今的工作。例如：根據研究發現，支付超低薪資與缺勤、人員流動及工作努力程度下降有相當的關聯，這種關聯在那些賺取低薪資的員工中尤爲強烈。

6.當不公平的知覺建立在外部比較基礎上時，人們更傾向於辭掉他們的工作；當不公平的感覺是建立在內部比較他人的基礎上時，人們更傾向於繼續留下來工作，但減少他們的投入。例如：變得不願意幫助其他人處理問題，在截止期間內做不完工作、不再賣力工作等。

(三)員工知覺公平時的反應

當員工知覺下列情況時，他們就會相信他們所得的報酬是公平的：

1.相對於同一組織內部的同事所得的薪資它是公平的（內部一致性）。

2.相對於其他組織中具有相似職位的員工所得的薪資它是公平的（外部競爭性），它也公平的反映了員工對組織的投入（員工貢獻度）。

爲了消除此一員工心理上的比較，亦即所謂員工心理知覺太高或太低現象，在管理實務上最直接有效的方法，就是透過客觀而公開化的職位評價過程，讓員工瞭解職位價值的制定標準與過程，如此一來，可以消除個人心理上的疑慮和不安，以免員工因心理感覺而非實質待遇之不公平引發管理問題，甚至引起員工的流動。

(四)公平理論在薪資設計的應用

薪資公平理論在環境的變遷與市場競爭下，傳統一面的學歷、背景、努力、能力等等，可能要被職能（competency）專才及智慧資本（intellectual capital）所取代，誰能改變市場生態贏得勝利，他就是價值的代表。❺

將公平理論應用在薪資制度，可以得到三種公平的表現形式：內部公平、外部公平和員工個人公平。

◆內部公平的應用

內部公平，就是公司的職位與職位之間的等級必須保持相對公平，也就是薪資政策中的內部一致性。在設計薪資制度時，薪資架構的制定，就是爲了解決內部公平性。內部公平要靠工作分析、職位評價來比對與衡量。公司的薪金比率反映了每個員工的工作對公司所做的總體貢獻。要使薪資比率達到內部一致，組織首先必須確定每一項工作的總體重要性或價值，而一項工作的價值判斷，涉及完成該工作所需的技能和努力、工作的困難程度、工作人員所承擔責任的多少等。

◆外部公平的應用

外部公平，就是公司的整體薪資水準必須考慮市場的整體薪資給付水準，強調的是公司薪資水準與其他同業的薪資水準相比較時的競爭力。外部公平要靠薪資調查的數據來比對。

◆個人公平

個人公平，就是指員工薪資的一部分應該與公司部門或個人績效結合起來，從而保證個人績效越好的員工的報酬也越高。要保證個人的公平，則要透過績效考核來實現（**圖6-8**）。

薪資結構設計首先需要考慮的問題，就是如何維持薪資的公平性，避免員工因爲薪資不公平而心生不滿。員工在評估公平性時，會同時考慮到內部公平與外部公平兩方面的因素。維護內部公平應建立適當的職位評價系統，而外部公平問題要參考組織外部客觀的市場薪資水準，個人公平則需從績效考核著手（**圖6-9**）。

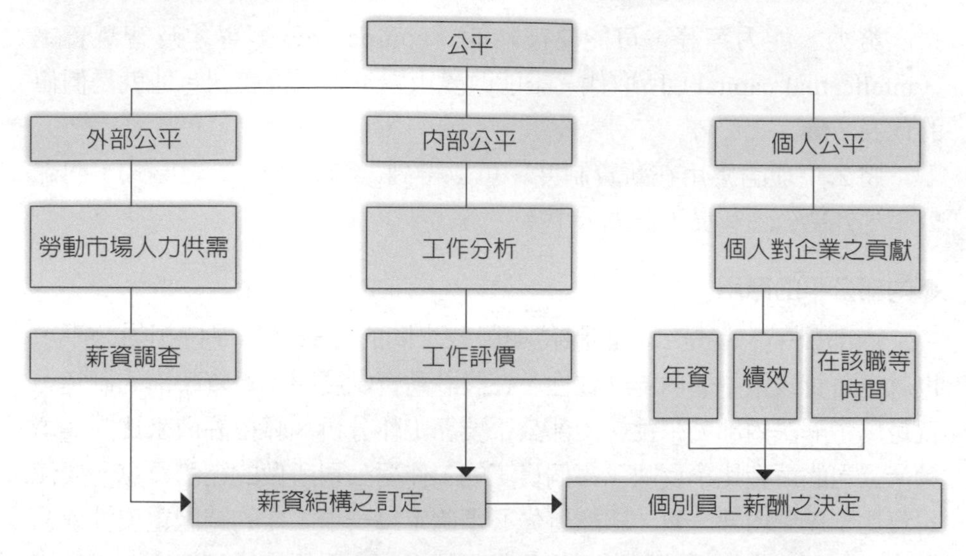

圖6-8　外部公平、內部公平、個人公平在薪酬管理上之影響

資料來源：Wallace & Fay (1983)。引自鍾振文（2003）。〈薪酬滿足知覺、薪酬設計原則對於員工工作態度與績效之影響〉。中央大學人力資源管理研究所碩士論文，頁36。

(五)公平理論與報酬分配的關聯性

公平理論與報酬分配的關聯性，至少在以下四個方面提供了一些有價值的建議：

1.按時間付酬時，收入超過應得報酬的員工的生產力水準，將高於收入認為公平的員工。

2.按產量付酬時，收入超過應得報酬的員工，與那些收入認為公平的員工相比，產品生產數量增加不多而主要是提高產品品質。

3.按時間付酬，對於收入低於應得報酬的員工相比，將降低生產的數量和品質。

4.按產量付酬時，收入低於應得報酬的員工，與收入認為公平的員工相比，他的產量高而品質低。

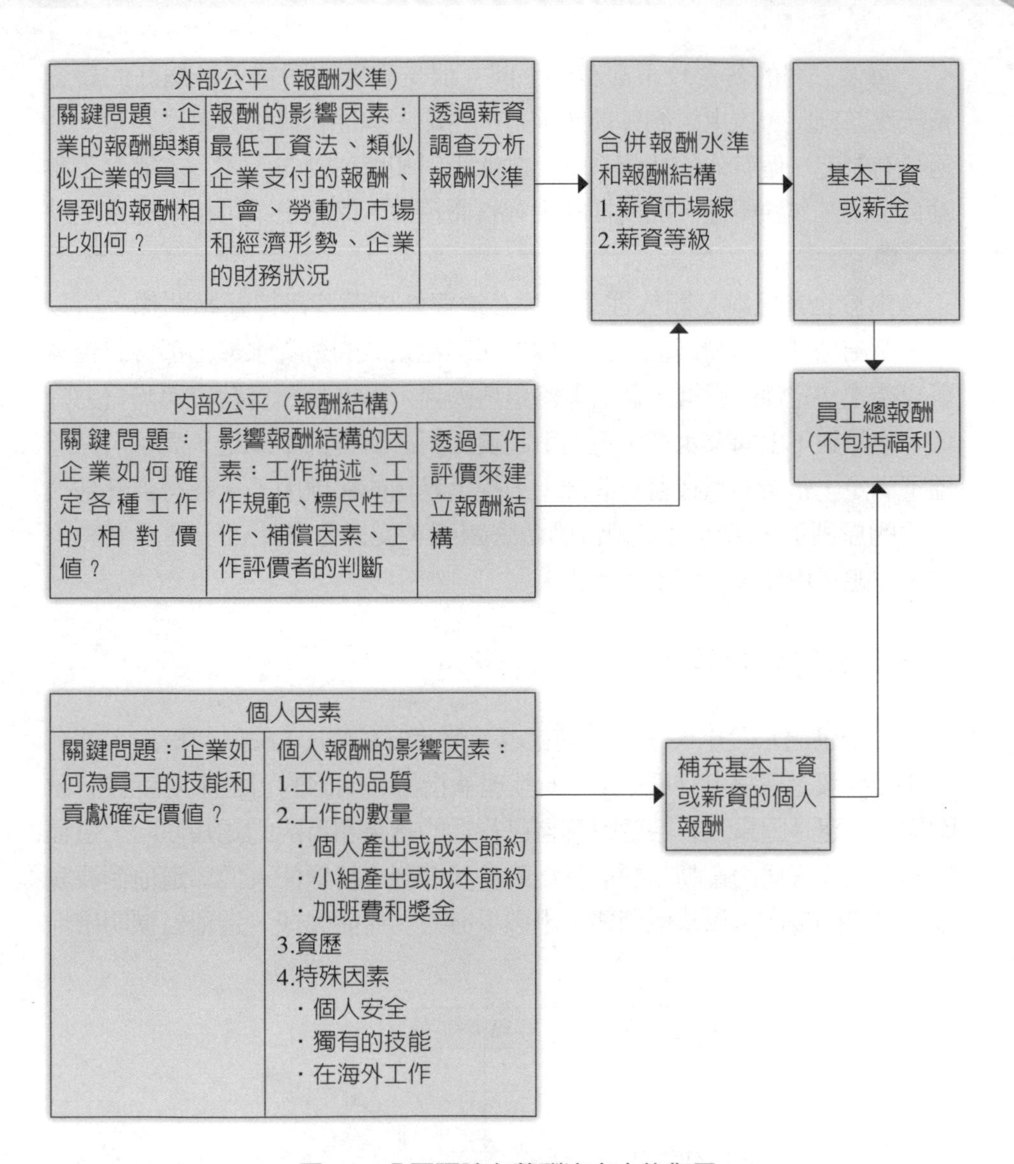

圖6-9　公平理論在薪酬決定中的作用

資料來源：Leap, Terry L. & Crino, Michael D. (1989). *Personnel/ Human Resource Management,* Macmilan, 1989, p. 382。引自陳黎明（2001）。《經理人必備：薪資管理》。北京：煤炭工業出版社，頁89。

每個公司的薪資政策都有所不同，但是就總體而言，一個好的薪資系統應該同時考慮上述的外部競爭力、內部一致性和員工貢獻度因素。公司只有制定一個有效的薪資系統，才能吸引和留住優秀人才，才能眞正激勵員工的工作積極性，從而提高企業整體績效，保證企業可持續穩定地發展。❻

由於企業組織是開放性系統，必須與外界環境保持互動關係，所以企業所處地區的物價高低、生活成本與其他企業的薪資水準，都會對企業薪資產生決定性的影響，倘若忽略這些因素，將導致實質薪資與購買力降低，或是跟不上同業水準，進而引起員工對於薪資的不滿足。爲了消除這種不滿足，企業必須在薪資設計上，提供足夠的保健因子，在符合外部公平性的原則下，給予員工適當的薪資報酬，使得企業能吸引外界優秀人才，並避免內部人員的不當流失。

三、目標設定理論

二十世紀六〇年代末期，愛德溫·洛克（Edwin Locke）提出了著名的「目標設定理論」（**圖6-10**）。該理論指出，明確的目標本身就具有激勵作用，這是因爲人有希望瞭解自己行爲的結果和目的的認知傾向，這種瞭解能減少行爲的盲動，提高行爲的自我控制。目標使人們知道他們要完成什麼樣的工作，以及他們要付出多少努力，才能完成，這種目標明確性

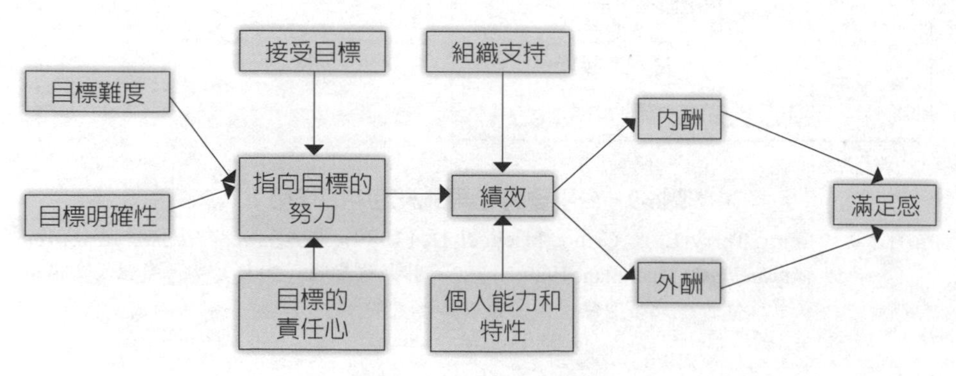

圖6-10　目標設定理論

資料來源：徐成德、陳達（2001）。《員工激勵手冊》。北京：中信出版社，頁199。

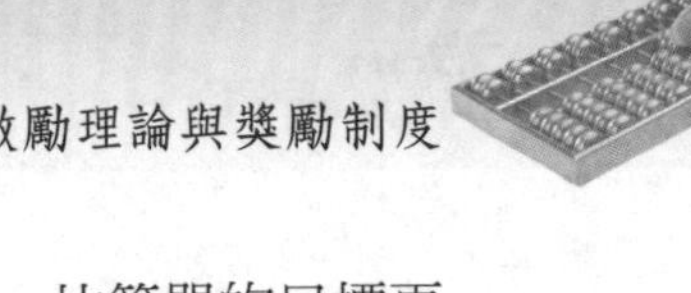

能提高績效，尤其是當目標相對較困難但又可以實現時，比簡單的目標更能導致較高的績效。如果在工作中及時給予回饋，使人瞭解進展，瞭解行爲的效率，也具有激勵作用，提高工作績效。

目標設定理論提出在組織管理中目標明確化，而不是簡單的告訴員工：「請盡你的最大努力工作」，同時在工作中應適時提供績效的回饋，說明與目標的距離。❼

增強理論

增強理論認爲行爲之後果才是影響行爲的主因，換句話說，個體採取某種反應之後，若立即有可喜的結果出現，則此一結果就會變成控制行爲的強化物，會增加或減少該行爲重複出現的機率。因此，應強調藉著獎勵期望行爲，來激勵企業員工。

增強理論指出，凡需經過學習而發生的操作行爲均可透過控制「強化物」來加以控制與改造。增強理論方式有正強化和負強化兩種。正強化即用獎金、讚賞等吸引員工在類似條件下重複產生某一行爲；負強化即預先告知某種不符合要求的行爲可能引起的後果，來避免該行爲；自然消退，即對某種行爲不予理睬，使之逐漸消失；懲罰，即用批評、降薪、開除等手段來消除某種不符合要求的行爲（**圖6-11**）。

就理論本質而言，內容理論著重對組織中成員內在需求的瞭解，因此較能採取適切的激勵措施；而過程理論著重在激勵行爲的內在及促進其

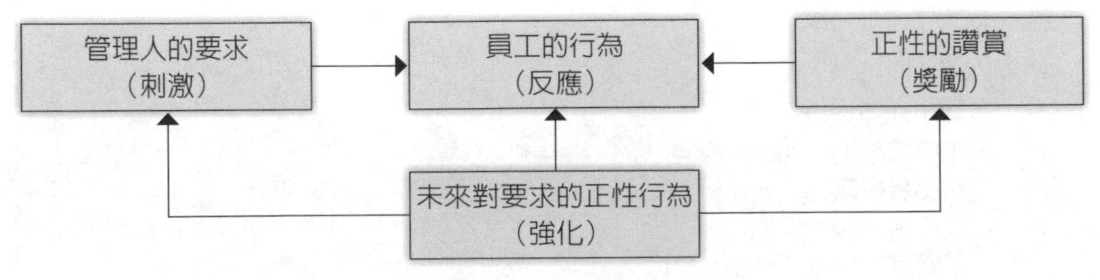

圖6-11　增強理論

資料來源：丁志達（2012）。「薪酬規劃和管理實務班」講義。台灣科學工業園區科學工業同業公會編印。

實際效用，此兩大理論乃是相輔相成的；增強理論著重在運用激勵促使期望行爲。管理人員在設計或執行激勵工作時，應綜合激勵理論的優點來解決問題，並同時達到組織目標與個體目標。❽

激勵的層次性

在企業中報酬和激勵相互聯繫，不僅來自於人力資本價值補償的需要，更來自於人力資本消耗的差異，特別是對於高科技企業中的技術創新者與管理者，他們從資料的掌握程度、資料的處理方式上，都存在極大差異，這種差異的共同要求是對於他們所承擔的大部分風險需獲得相應報酬的補償，這種差異的不同要求則是對於不同人力資本的所有者要有不同的報酬與激勵。因此，企業對員工的激勵應分層次進行。

範例6-1

生產線直接作業人員獎勵辦法及審核標準

目　　的：凡生產線直接作業人員能發揮團隊合作精神、提高生產力，具有具體數據或事蹟者給予獎勵。

適用對象：生產線直接作業人員

獎勵類別：

一、團體工作績效獎
二、個人改善提案獎
三、個人熱心服務獎
四、個人工作辛勞獎

獎勵內容：

一、團體工作績效獎
- 工作效率高（30%）
- 產品合格率高（20%）
- 進步率（20%）
- 整體離職率低（15%）
- 環境整齊清潔（15%）

二、個人改善提案獎
- 對生產線流程、工具、設備、材料、安全衛生、節省人力、廢料再生、不良

率降低等提出具體意見，經採納實行確實能降低成本、提高工作效率及產品品質。

三、個人熱心服務獎

- 對事故之發生能防患未然或及時消除其危害之擴大者。
- 工具、材料能妥善使用保管、減少報廢（浪費）而能提出數據，如報廢量及使用量減少等。
- 對生產線直接作業人員工作、士氣增進及溝通瞭解，促成整體目標的達成有貢獻者。
- 協助公司辦理生產線直接作業人員各項活動成效顯著者。

四、個人工作辛勞獎

- 配合公司需要能主動積極設法完成訂單產量及工作。

獎勵辦法：

類別	方式	獎品
團體工作績效獎	1.團體（以生產線為獎勵對象） 2.每月獎勵以一生產線為限	獎品或聚餐（按每人新台幣150元之價值核給）
個人改善提案獎	個人（限作業員、生產助理、領班助理、檢驗員）	獎品（價值分為400、600、800元三類）
個人熱心服務獎	個人（限作業員、生產助理、領班助理、檢驗員）	獎品（價值分為400、600、800元三類）
個人工作辛勞獎	個人（限作業員、生產助理、領班助理、檢驗員）	獎品（價值分為400、600、800元三類）

申請辦法：

一、申請獎勵之人選於每月10日以前由領班、管理員、主任填妥推薦單送部門經理及人力資源處審核，審核標準如附件，每月定期頒獎。

二、個人改善提案獎及個人熱心服務獎每月合計受獎人員以當月底生產線作業人員總人數3%為限。

三、個人工作辛勞獎每月合計受獎人員以當月底生產線作業人員總人數4%為限。

四、慎選獎勵人員，以達公開、公正、公平之獎勵原則，如無適當人選則應予從缺。

五、受獎事蹟公布於各工作區布告欄內。

實施日期：自民國　　年　　月　　日起實施，如有修訂，另行公告。

附件：直接生產作業人員獎勵辦法審核標準

一、團體工作績效獎

A.內容：

(一)工作效率高（30%）：以財務處週報表、月報表為審核依據。

(二)產品合格率高（20%）：由產品檢驗人員（IPI）日報表為依據。

(三)進步率（20%）：對工作效率高、產品合格率高、整體離職率低及環境整齊清潔之成績與前三個月之成績相比較。

(四)整體離職率低（15%）：每月統計一次。

(五)環境整齊清潔（15%）：依生產線環境整齊清潔比賽規則評分為依據。

B.評分標準：

(一)工作效率高：以當月份工作效率占70%，前三個月之工作效率占30%。

例如：當月份工作效率為100%；前三個月工作效率分別為120%、90%、100%，則其當月的工作效率計算為：

工作效率＝100×70%＋〔（120＋90＋100）÷3×30%〕＝101%

(二)產品合格率高：IPI所提供的數據是錯誤率，產品之合格率為：100%－錯誤率

(三)進步率高：以工作效率高、產品合格率高、整體離職率低、環境整齊清潔等四項之個別成績與過去三個月的成績做比較，如有進步則以「＋」號表示，退步則以「－」號表示。

例如：當月的成績為105，過去三個月的成績為100、95、102。

進步率＝〔105－（100＋95＋102）／3〕÷〔（100＋95＋102）／3〕＝6.06%

(四)整體離職率低：分別計算未滿半年年資者離職率和半年以上年資者離職率，然後再分別以60%、40%相乘之，並相加得出整體離職率。

例如：某一生產線有60名作業人員，其中未滿半年者有20人，半年以上者有40人，又假設有3名未滿半年離職者及2名半年以上離職者，則整體離職率為：

（3÷20）×60%＋（2÷40）×40%＝0.09＋0.02＝0.11＝11%

(五)環境整齊清潔：依據環境整齊清潔比賽規則辦理。

C.綜合分數以五大項分別排名次，表現越佳者名次越低，然後依名次分別以30%、20%、20%、15%、15%相乘之，每月擇一生產線獎勵。

二、個人改善提案獎：

對下列生產線流程、工具、設備、材料、安全衛生、節省人力、廢料再生、不良率降低等提出具體意見，經採納實行確實能降低成本、提高工作效率及產品品質。

(一)降低成本之提案：如材料、時間、人力之節省及廢料之利用等。

(二)工作效率提高之提案：如改善工具、設備之設計或作業流程之簡化等。

(三)品質提高之提案：如改善工作方法、不良率之降低或產品壽命之延長等。

(四)安全衛生之提案：如預防安全事故等。

三、個人熱心服務獎

(一)對事故之發生能防患未然或及時消除其危害之擴大者。

(二)對工具、材料能妥善使用保管，減少報廢（浪費）而能提出數據，如報廢及使用量減少等。

(三)對生產線直接作業人員工作、士氣增進及溝通瞭解，促成整體目標的達成有貢獻者。

(四)協助公司辦理生產線直接作業人員各項活動成效顯著者。

四、個人工作辛勞獎

(一)依財務處每月加班時數統計表，擇優獎勵。

(二)對特別訂單能適時完成，由提名人提出具體事證，經審核通過後獎勵。

資料來源：台灣國際標準電子公司。

一、一般員工激勵的層次

企業在確定獎酬內容時，最基本的一條原則是，獎酬資源對獲得者要有價值。對員工而言，效價（個體對他所從事的工作或所要達到的目標的估價）為零或很低的獎酬，難以激發他們的工作意願，為了滿足不同員工的需求，管理者可列出獎酬內容的類別，讓員工自己進行選擇。一般而言，針對一般員工的激勵方式，主要有金錢、認可與讚賞、享有一定的自主權、自助式福利制度、員工持股、員工培訓與發展等。

二、知識型員工激勵的層次

知識型員工作為追求自主性、個性化和創新精神的員工群體，他們的激勵更多的來自於工作的內在報酬本身。從人力資源管理的發展歷程中，我們可以看到激勵知識型員工的基本策略：在激勵的重點上，企業對知識型員工的激勵，不是以金錢刺激為主，而是以發展成就和成長為主。在激勵方式上，它強調的是個人激勵、團隊激勵和組織激勵的有機組合，在激勵的時間效應上，把對知識型員工的短期激勵和長期激勵結合起來，強調激勵手段對員工的長期效應。在激勵報酬設計機制上，從價值創造、價值評價、價值分配的事前、事中、事後三個環節來設計獎酬機制。

範例6-2

創造發明獎勵辦法

第一條：總則

凡公司（以下稱「本公司」）員工，於受僱期間內，有創新發明者，其權利義務，依本辦法之規定，本辦法未規定者，適用其他有關規定或法律之規定。

第二條：定義

本辦法所稱之員工，謂創新發明完成並提出「構想揭露書」（以下簡稱「揭露書」）時，任職本公司之正式員工及試用員工。

本辦法所稱之創新發明，謂具有產業利用價值之專利法上之發明、新型、新式樣。

本辦法所稱之受僱期間內之創新發明，係指員工於僱傭關係中受本公司有關部門指示或屬其職務範圍內，或因與本公司之契約關係或其他事實而參與計畫或計畫之擬訂，而由該計畫直接完成之創新發明，或與其他員工於公司業務範圍內所參與或執行之創新發明。

第三條：權利之歸屬

員工於受僱期間內之創新發明，其權利悉屬本公司。

第四條：提出揭露書之時期

創新發明應於創作完成時，或可得確定時即行提出揭露書。

創作係屬其他計畫、設計或創作之一部分，且具有獨立之功用，或為其他計畫、設計或創作之改良者，應於其部分或改良完成時或可得確定時提出揭露書。

二人以上分別以同一創新發明提出揭露書時，應以先完成者為創作人。不能證明完成之先後者，以提出之日為完成之日。同日提出者，應併案審查。

第五條：獎勵

員工提出揭露書經部門以上主管核可，即給予每案獎勵新台幣貳仟元整之提案獎金。如該揭露書經審查委員會審核通過，並完成專利之申請程序後，即給予每案新台幣肆仟元整之申請獎金，並依「歡樂100激勵計畫」之規定給予每人1至5點之獎勵。

創新發明獲准專利確定時，創作人應依下列標準獎勵：

發明專利，創作人每人給1至5點，獎金每案新台幣參萬元整，但每人不得少於新台幣陸仟元整。

新型專利，創作人每人給1至4點，獎金每案新台幣貳萬元整，但每人不得少於新台幣伍仟元整。

新式樣專利，創作人每人給1至3點，獎金每人以新台幣貳仟元為原則，但每案以新台幣壹萬元為上限。

前項之專利獲數國核准者，每增加一國，其創作人應另發給獎金每案新台幣伍仟元整，但總數不得超過新台幣貳萬元整。

本條所規定之權利，於專利證書受撤銷時，不受影響。但其撤銷係創作人故意或重大過失所致者，應追繳之。

創新發明對本公司有特別貢獻者，總經理得參酌審查委員會之建議，加發創作人每人新台幣壹萬元以上之獎金，並酌給點數，但最多以100點為限。

公司員工對外發表技術著作需經所屬部門一級主管核可，其獎金比照本條第二項第三款辦理。

第六條：揭露書應記載事項

「構想揭露書」應記載下列事項，交法務室初期審核並呈報意見書後交審查委員會審查。

創作人姓名、所屬部門及揭露之日期；

創作之名稱；

創作之綱要及圖式；

習知技術之說明或資料；

創作之功能或目的；

創作現階段或未來預備應用之產品；

完成創作或預計完成創作之日期；

創作人簽名；

部門主管或計畫主持人、見證人之簽署。

第七條：審查之期間

審查委員會受理意見書，應儘速召開評審會，進行審查，並於開始審查之次日起，十個工作日內核定之。

前項之審查期間於必要時，得延長一次。

第八條：核定

審查創新發明，應就是否對外申請專利權及第五條第一項之獎勵，分別核定之，並應附理由。依法不得對外申請或依本公司政策不宜對外申請專利權者，亦同。

審查或複議之結果，認為向有關主管機關申請專利權時，即應給予第五條第一項之獎勵。

職務上之創新發明經審查或複議後，認毋庸向外申請專利時，但創作人願以自費申請且該申請將不損及本公司之利益時，得依創作人之請求，將其創新發明之權利，移轉予創作人。但除本辦法有特別規定外，創作人取得之專利權，本公司有免費實施權。

第九條：審查之方式

審查創新發明，應盡一切審查之能事，客觀認定。如有必要，得邀請創作人面詢或商請其提供詳細之資料。

前項之面詢或提供資料必要之時間，不得計入審查期間。

第十條：公布

創新發明受審查核定應對外申請專利者，於向有關之主管機關提出申請後呈請總經理公布之。

前項之公布內容以創作之名稱、創作人姓名及核定之內容為限。

第十一條：複議之原因

任一創作人，不同意第八條之核定時，得於收受核定之決議後一週內申請複議。但不得或不宜對外申請者，不在此限。

本公司員工不同意第八條之核定時，得於第十條之公布後一個月內，由所屬部門主管代為申請複議。

依本公司決策，決定不宜對外申請之案件，總經理得參酌審查委員會之建議，給予創作人適當之獎勵。

第十二條：複議之方法

申請複議，應以複議申請書，記載下列事項，向總經理提出：

申請複議之創作名稱、案號及公布之日期；

申請之要旨；

申請之理由及證據；

申請人所屬部門並簽名；

如為部門經理代為申請者，其簽名；

申請之日期。

申請複議不合前項之規定，無正當理由未於一個月內補正者，應逕予決定，並通知申請人。

第十三條：複議之程序

複議之結果，變更原核定者，總經理應公布之。

第七條至第九條之規定，於複議程序準用之。

對於複議之決定，不得申請再複議。

第十四條：保密義務

揭露書及其附件，以及與該揭露書有關之資料及申請文件等，於依法或經本公司核准或因其他事實公開前，概屬本公司之機密文件，全體員工均有守密之義務。

第十五條：創作人之協助義務

員工提出揭露書後，應盡其所能，協助本公司之審查及對外申請程序。員工協助本公司取得專利權之義務，不受離職之影響。

前項之協助應包括口頭及書面說明、操作展示、繪製圖式、製作說明書、提供申請專利權之審查、再審查、異議、舉發、訴願、再訴願、行政訴訟、民刑事訴訟及非訟程序有關之技術、法律及其他意見。

員工依本辦法之規定提供協助時，得使用本公司之設備及資料，但以經有關部門核准者為限。

員工依本辦法之規定提供之協助及其相關物品，本公司保留一切權利，但其協助有效果者，得酌給獎勵。

第十六條：特殊創意之獎勵

對本公司之經營、製造、行銷及其他有關事項有重大貢獻之創意，雖不符本辦法之規定，總經理仍得依各部門經理之建議，酌予獎勵。

第十七條：撤銷他人智慧財產權之獎勵

提供資料、證據，因而撤銷和本公司產品相關之他人專利權之核准或註冊者，其提供者應給1至5點，並發給獎金每案新台幣伍仟元整。

前項之獎勵不公布之。

第十八條：避免涉訟之獎勵

提供資料、證據，因而證實他人專利權之存在，致本公司避免涉及專利權糾紛者，其提供者應給1至3點。

第十九條：單位主管之責任

單位主管主動發掘得依本辦法受獎勵之創新發明，致其創作人獲獎勵者，應給與同創作人依第五條第一項應給之點數。

單位主管怠於為前項之發覺，致本公司遭受損害者，依本公司獎懲有關規定辦理。

第二十條：獎勵發給之期間

本辦法所規定之獎勵，應於應獎勵之事實確定後，一個月內發給。

第二十一條：申請費用之負擔

依本辦法之規定所為之申請，其費用應由本公司全數負擔。

第二十二條：審查委員會

審查委員會由研發部門最高主管指派適當人選數名及法務室專利工程師共同擔任審查委員。

第二十三條：本辦法自民國　　年　　月　　日實施。

第二十四條：修正

本辦法之修正，應由主管部門呈請總經理為之。

資料來源：新竹科學園區某大科技公司。

三、管理人員激勵的層次

企業中管理人員的高層次需求的強度相對偏高一些。因此，針對管理人員的激勵方法主要有：針對管理人員的權力需要，高層管理人員對低階管理人員要善於授權，透過滿足其權力需要來激發工作的積極性；建立通暢的晉升系統；設計合理的經濟報酬結構，包括：基本工資、短期或年度獎勵、正常的員工福利（employee benefits）、管理人員的特別福利等。❾

員工激勵制度設計

金錢不是眞正的激勵因子，但卻是最重要的保健因子。激勵措施可分爲金錢的激勵和非金錢的激勵兩種，是打動員工心靈的手段。激勵要有持續性，次數要頻繁，量（次數）比質（金錢價值）重要，但每位員工的需求、期望值是不一樣的，任何的激勵措施都應該注意員工的個別差異性，細心體察，從巨觀到微觀，施以不同的激勵方法，以達到眞正激勵的效果，讓員工持續努力不懈，保持高昂的工作士氣與鬥志。

範例6-3

創意性的獎勵方式

- 把「謝謝」掛在嘴邊。
- 寄一封表揚信給員工的配偶和家人。
- 自願為員工做一些他最不願意做的事，例如：替他洗車。
- 記住員工的特殊日子（例如：生日）送張賀卡祝賀他。
- 因為員工的傑出表現，讓全部門休假一日。
- 把你的專屬停車位借給員工免費停車一週。
- 購買特別的文具或裝飾品，給新進員工一個個性化辦公空間。
- 給員工一本相關專業的暢銷新書。
- 在公布欄張貼一張註明具體事例的表揚信。
- 給員工公假，讓他去從事喜歡的社團活動或學習新技術。
- 在你的辦公室放一個抽獎盒，當某位員工表現出色時，他可以從盒中挑選喜歡的獎賞形式，從免費午餐到汽車油票都可以。
- 做一個員工成績剪貼簿，每當員工受到表揚時，就記下具體內容和得獎感言。
- 讓員工成為老鳥來帶菜鳥。
- 在週五下午帶員工看一場鼓舞人心的電影，然後早點送他們回家。
- 在每週的特定日子，買點零食到辦公室與員工分享，藉此瞭解員工的工作，並聽取他們的意見。

資料來源：陳芳毓（2004）。〈獎勵方式 可以玩多少創意？〉。《經理人月刊》（2004/12），頁161。

一、金錢的激勵措施

如果企業注意創新，就必須把獎勵放在鼓勵冒險。如果組織著重成本削減，就應努力把獎酬偏重在提案改善上。

1.物質獎勵制度：員工達到一定業績，可享有一些小禮物獎勵。例如：可以用感謝卡或電影票獎勵那些認眞工作的員工，甚至請吃一頓飯、喝杯飲料也可以。

2.旅遊制度：海外旅遊是一般對業務人員，特別是傳銷人員最普遍使用的獎勵方法。

二、非金錢的激勵措施

美國管理學者傑若・葛拉漢（Gerald Graham）認爲，針對員工在工作上的表現親自給予立即的讚揚最有效，另外，還有四種獎勵員工有效的

範例6-4

創意性低成本之獎品種類

項目	獎品種類
零食點心	飲料、爆玉米花、水果、餅乾、甜甜圈、開心果……
餐點	午餐、晚餐、牛排西餐、披薩、野餐烤肉……
禮券	百貨公司、餐廳、商店、戲院、音樂會等禮券
文化禮品	訂贈雜誌、書籍贈閱、贈送報紙……
視聽製品	錄影帶、錄音帶、照片……
會員證	俱樂部、健身房、讀書會、充電會……
個人用品	T恤、夾克、馬克杯、鋼筆、計算機、日記簿、名片夾……
辦公用品	文具、每日行事表、日曆……
訓練	參加國內外訓練研習班、參加國際會議、專業會議……
體育運動	高爾夫球、網球、乒乓球等球敘……
交通	支付計程車費、代洗車、汽車裝飾品、供應停車位……
證書匾額	證書、感謝卡、感謝信、便條……
金錢	獎金、小額現金、兌換券……
獎勵員工的最大作用是告訴員工你心裡的感謝與喜悅，讓對方領悟到你的善意與感激，並期望他接受獎勵之後，能再接再厲創造佳績，促成良善的循環。	

資料來源：管理雜誌編輯部（1996）。〈一分鐘管理精華：獎勵員工不只1001種〉。《管理雜誌》，第263期，頁32。

方法分別是：管理者親自寫信讚美員工、以工作表現作爲升遷的基礎、管理者公開表揚優秀員工、管理者在會議上公開表揚，並進一步激勵士氣。這些激勵方式的共同特色是不花一毛錢，或是花很少的錢，均屬於非財務性的激勵方法。

其他非金錢的激勵措施包括：

1.協助員工增進專業知能：利用一對一的在職訓練，加強員工的專業技能；運用工作輪調、工作豐富化及工作多樣化等方式，使員工樂在工作，滿足員工的期望。
2.協助員工生涯規劃。

範例6-5

打動人心的獎金制度

美國麻州一家貨運公司的業務人員支領固定薪資，在每次營業額有所增加時，便要求以加薪作為鼓勵，一旦加薪的願望落空，員工便心生不滿，而選擇跳槽至提供佣金的公司。高流動率阻礙了這家公司的成長。

該公司委託的顧問公司發現，只做細微的調整並無法解決真正的問題，因此在重新設計制度之前，顧問公司根據該公司欲成為區域貨運公司的目標，在該區域內選擇舊有顧客最多、競爭者最少、載貨哩程最長及空車返回哩程最短的路線，作為將來營運的主要範圍。每一筆在此範圍內產生的交易利潤，營業員可獲得5%的佣金。規則中並明訂：當公司的營業額增加至某種程度時，抽佣百分比可以增加多少。

這套以公司獲利計酬的獎金制度推行得十分成功，使得該公司的營業成長一度衝上130%！

資料來源：EMBA世界經理文摘編輯部（1999a）。〈打動人心的獎金制度〉。《EMBA世界經理文摘》，第155期，頁120。

3.員工參與管理：在扁平化的組織架構下，都採用參與管理方式來設計決策過程，與部屬共同討論並設定工作目標及執行計畫，經常不斷的將工作進展回饋給部屬，讓部屬不斷的累積工作經驗。

4.公開表揚：利用公開的場合，說出具體事例，讚許接受表揚的員工；如果員工的表現對公司營運有相當大的助益，就可以用表揚大會等形式來表揚他們。

5.邀請眷屬參加公司的活動：利用每年舉辦的遊園會、運動會、登山活動等員工聚會，順便邀請員工眷屬參與。

6.員工住院探病：員工住院探病，除了關心與掛念員工的病情前往探視瞭解外，更讓同病房的病友，感受到住院員工被公司管理階層所重視。

三、獎勵員工的原則

無論財務性的獎勵或非財務性的獎勵，在運用上，都要注意以下幾個原則：

(一)獎勵的方式要配合被獎勵者的喜好

凡越能令被獎勵者心動的方法越能達到激勵作用。有些時候，上層主管很忙碌，對於屬下的讚美，往往透過中層的主管來轉達，雖然同樣都是讚美，但是上級主管的一句肯定讚美的話，卻是員工最期望的，會比中階主管說上十句讚美的話更受用。

(二)獎勵要配合員工達成的成就

當一位員工花三個月完成一個專案，與另一位員工花三天的時間解決一個問題，兩者所給予的獎勵應該也不一樣，因爲不管員工表現的不同而給予相同的獎勵，可能會讓達成較高績效的員工感覺待遇不公平而不肯再努力，如此一來，反而形成反激勵的效果。

(三)獎勵要抓住適當的時機，且要把獎勵的理由表達出來

獎勵越是及時效果越好，且要把獎勵的事蹟公布，才能使員工認同

公司的「獎懲政策」，建立「揚善棄惡」的企業文化。如果獎勵當時未明確表達獎勵的原因而讓被獎勵者產生一頭霧水，就喪失了獎勵的效果。如果有位主管讚美其部屬一個月前的所作所爲，也許這位部屬早已經忘得一乾二淨，自然高興的程度一定亞於在事情發生當時你給的讚美。

(四)獎勵對象因人而異

生產線從業人員的激勵要用多種績效獎金作爲誘因，例如：全勤獎金、良率控管獎金、月生產獎金、季生產獎金等；研發人員則要採用專利獎金、發明獎金等來激勵。

任何企業在設計激勵制度時，也應該考慮到團體激勵措施。如果企業過度強調個人「英雄事蹟」而獨享的獎勵制度，容易打擊其他員工的工作士氣，加深同事之間的衝突與敵意，而讓整個組織的團隊精神因而渙散是不值得的。因此，利用企業每年舉辦的園遊會、運動會、登山活動等大型活動，除讓全體員工「歡聚一堂」參加活動外，順便邀請眷屬參與，即

範例6-6

「金香蕉獎」的由來

多年前，惠普（Hewlett-Packard, HP）公司的電腦工作小組為了一個問題傷透了腦筋，經過幾週的努力，終於有一位工程師衝進了總裁的辦公室，並高喊：「找到答案了！」總裁深深為這一位工程師傑出表現所感動，想當場獎勵一番，但身上無一物可給，情急之下，這位總裁把手伸到桌上的一盤水果上，拔下了一根香蕉來送給那位工程師，聊表謝意，而這位工程也感到被激勵了。

因為這個點子廣受喜愛，公司甚至發明了用黃金打造的香蕉領針，後來它成為公司內部競相爭取的獎品。此事件就是惠普公司最高榮譽「金香蕉獎」的由來。

資料來源：Armstrong, David M.著，黃炎媛譯（1997）。《小故事，妙管理》（*Managing by Storying Around*）。台北市：天下文化出版，頁44。

台灣諺語：「摸蜆兼洗褲」，一舉數得。例如：惠普（HP）科技公司為了增進員工眷屬對其員工工作環境的認識與瞭解，每年選定一天作為家庭日（family day），邀請員工家屬來公司參觀，讓家屬瞭解其父（母）、配偶、子女的工作環境。透過家庭日的舉辦，員工家眷對其企業文化會有更深一層的瞭解。

範例6-7

著名企業的激勵施行方案

- 感謝的「真心話」要大聲說出來！（台灣愛普生影像科技）
- 走出辦公室，聆聽員工與通路夥伴真正的心聲（台灣樂金LG）
- 把錢放回員工口袋！退還減薪挽救低迷士氣（台積電、聯電）
- 以身作則最激勵！用「無聲的語言」說服員工（奧圖瑪投影機）
- 震不垮的希望與信心！用激勵戰勝困境（麥當勞南投埔里加盟店）
- 「即使吃泡麵也絕不裁員！」以承諾鼓舞人心（寬寬人創）
- 帶人也要帶心！和員工講相同的「語言」（中華汽車）
- 掌舵者堅持理念，激勵公司業績破百（歐萊德髮妝）
- 每天集體讀書30分鐘，讀書會讓員工變人才（歐德傢俱）
- 有福同享！對待員工像家人般體貼（金士頓記憶體模組）
- 記住每個人的名字，讓員工感覺被重視（玉山銀行）
- 挑戰金氏世界紀錄，激勵組織向心力（趨勢科技、直銷商賀寶芙）
- 高階放身段洗廁所，激勵大夥齊心努力（統一超商）
- 員工滿意度決定主管KPI！讓僱用關係變夥伴關係（DHL洋基通運）
- 老闆化身「娛樂長」，帶動員工士氣（廣達電）
- 老闆扮演「激勵長」，親自寫信和基層搏感情（南山人壽）
- 最佳員工留名公司石磚道上，激發員工榮耀感（萬寶龍）
- 砸大錢培訓，激勵員工在工作中成長（麥當勞）
- 沒有股票分紅，用願景、認同感拉抬士氣（台灣安捷倫科技）
- 老闆與員工「共患難」！高層減薪不減士氣（友達、三一集團）

資料來源：謝佳宇。〈20堂企業必學激勵課〉。《管理雜誌》，第452期（2012/02），頁26-39。

四、傳銷業的激勵手段

傳銷業是一種以「人」爲主要通路的行業，銷售組織網是否穩定健全和傳銷公司能否成長息息相關。訓練是維持傳銷商品品質的方式，激勵則是打動直銷商心靈的手段。

傳銷業者最常引用馬斯洛理論，說明人們之所以願意工作，是因爲他們希望從中獲得某些需求。傳銷業者據此擬訂了許多豐富獎金、佣金之外的激勵措施，讓傳銷商從中獲取滿足。這些獎勵包括：

1.獎品制度：達成一定業績者可享有實物獎勵。

2.旅遊制度：海外旅遊是傳銷商最普遍的獎勵方式，業者費盡心思招待傳銷商住五星級飯店，享受貴賓式的貼心招待，眞正做到以傳銷商爲尊。

3.晉升制度：隨著業績的增加，直銷商的階級、頭銜不斷改變，身分和地位也越來越高，並能享有更多特殊權利。

4.表揚制度：優秀的直銷商由公司在公開場合予以英雄式的表揚，不少的傳銷業者把這類的活動運用得淋漓盡致。例如：安麗（Amway）公司在企業總部的一面牆上特別精心布置直銷商的「榮譽榜」，把優秀直銷商照片張貼起來，除了讓直銷商感到無比的榮耀外，也讓所有來參觀公司的直銷商下線都看得到「名利雙收」的效益。

範例6-8

安麗（Amway）直銷事業獎銜與獎勵一覽表

獎銜	資格	表揚	月結獎金	年度獎金	單次獎金	海外旅遊	其他
銀獎章	·個人小組25萬分 ·21%2組 ·21%1組＋個人小組10萬分	銀獎襟章	業績獎金	－	－	－	銀獎章研討會
金獎章	銀獎章×3個月（不須連續）	金獎襟章	業績獎金	－	－	－	金獎章研討會
直系直銷商	銀獎章×6個月（3個月連續）	·DD標章、證書 ·成功榜 ·安麗月刊	·業績獎金 ·4%領導獎金（若符合資格）	－	－	傑出直系直銷商海外旅遊累計積分	新直系直銷商研討會
紅寶石直系直銷商	個人小組50萬分	·紅寶石襟章、證書 ·成功榜 ·安麗月刊	·業績獎金 ·2%紅寶石獎金 ·4%領導獎金（若符合資格）	－	－	傑出直系直銷商海外旅遊累計積分	－
明珠直系直銷商	21%×3組	·明珠襟章、證書 ·成功榜 ·安麗月刊	·業績獎金 ·1%明珠獎金 ·4%領導獎金	－	－	傑出直系直銷商海外旅遊累計積分	－
翡翠直系直銷商	21%×3組×6個月	·翡翠襟章、證書 ·成功榜 ·安麗月刊	·業績獎金 ·1%明珠獎金 ·4%領導獎金	翡翠獎金	－	傑出直系直銷商海外旅遊累計積分	－
鑽石直系直銷商	21%×6組×6個月 *21%×7組×6個月	·鑽石襟章、獎牌 ·成功榜、懸掛肖像 ·安麗月刊、封面	·業績獎金 ·1%明珠獎金 ·4%領導獎金	·翡翠獎金 ·鑽石獎金 ·執行專才鑽石獎金*	－	·西太平洋鑽石海外旅遊 ·台灣鑽石海外旅遊 ·傑出直系直銷商海外旅遊	鑽石會議
執行專才鑽石直系直銷商	21%×9組×6個月	·執行專才鑽石襟章、獎牌 ·成功榜、懸掛肖像 ·安麗月刊、封面	·業績獎金 ·1%明珠獎金 ·4%領導獎金	·翡翠獎金 ·鑽石獎金 ·執行專才鑽石獎金*		·創辦人邀約海外旅遊 ·西太平洋鑽石海外旅遊 ·台灣鑽石海外旅遊 ·傑出直系直銷商海外旅遊	鑽石會議

獎銜	資格	表揚	月結獎金	年度獎金	單次獎金	海外旅遊	其他
雙鑽石直系直銷商	21%×12組×6個月	·雙鑽石襟章、獎牌 ·成功榜、懸掛肖像 ·安麗月刊、封面	·業績獎金 ·1%明珠獎金 ·4%領導獎金	·翡翠獎金 ·鑽石獎金 ·執行專才鑽石獎金*	20萬	·創辦人邀約海外旅遊 ·西太平洋鑽石海外旅遊 ·台灣鑽石海外旅遊 ·傑出直系直銷商海外旅遊	鑽石會議
參鑽石直系直銷商	21%×15組×6個月	·參鑽石襟章、獎牌 ·成功榜、懸掛肖像 ·安麗月刊、封面	·業績獎金 ·1%明珠獎金 ·4%領導獎金	·翡翠獎金 ·鑽石獎金 ·執行專才鑽石獎金*	40萬	·全家（6人內）東南亞旅遊 ·創辦人邀約海外旅遊 ·西太平洋鑽石海外旅遊 ·台灣鑽石海外旅遊 ·傑出直系直銷商海外旅遊	鑽石會議
皇冠直系直銷商	21%×18組×6個月	·美國亞達城「皇冠紀念日」 ·皇冠襟章、獎牌、肖像畫 ·成功榜、懸掛肖像 ·安麗月刊、封面	·業績獎金 ·1%明珠獎金 ·4%領導獎金	·翡翠獎金 ·鑽石獎金 ·執行專才鑽石獎金*	80萬	·彼得島旅遊 ·創辦人邀約海外旅遊 ·西太平洋鑽石海外旅遊 ·台灣鑽石海外旅遊 ·傑出直系直銷商海外旅遊	鑽石會議
皇冠大使直系直銷商	21%×20組×6個月	·參加總公司年會 ·皇冠大使慶祝大會 ·皇冠大使襟章、獎牌 ·成功榜、懸掛肖像 ·安麗月刊、封面	·業績獎金 ·1%明珠獎金 ·4%領導獎金	·翡翠獎金 ·鑽石獎金 ·執行專才鑽石獎金*	160萬	·全家（6人內）參觀總公司及彼得島旅遊 ·創辦人邀約海外旅遊 ·西太平洋鑽石海外旅遊 ·台灣鑽石海外旅遊 ·傑出直系直銷商海外旅遊	鑽石會議

*執行專才鑽石獎金領取資格為該直銷權在台灣必須有直接推薦或代推薦7組（含）以上合格小組方能領取。

資料來源：彭杏珠（1994）。《傳送最直接的關懷：台灣安麗直銷傳奇》。台北市：商周文化，頁160。

表6-8　其他類型的獎勵

獎勵項目	提供該項獎勵的公司
彈性的工作時程規劃	73%
非金錢性質的表揚	72%
僱用津貼	70%
引薦新員工的獎金	68%
即時獎金	50%
綜合性股票選擇權	34%
留任獎金	26%
正式的職涯規劃	21%
技能或能力計酬制	19%
利潤分享	19%

資料來源：威廉・梅瑟（William M. Mercer）進行的2001年美國薪酬規劃調查／引自：詹姆斯・皮克佛（James Pickford）編，吳奕慧、聞玲玲、甄立豪譯（2007）。《全球EMBA名師開講——人力資源管理篇》。台灣培生教育出版，頁295。

除了上述的激勵方法外，良好的工作環境與制度，更是提升員工績效的很大動力。良好的工作環境，例如：在工作時不受干擾，工作夥伴處得來等；良好的制度，例如：目標管理是否明確、完成的期限訂定是否合理、是否完整的參與整個專案等（**表6-8**）。

結　語

透過一些精心設計的激勵制度，讓金錢（財物）所無法滿足的成就感與榮譽感油然而生，驅策著員工在工作上更上「一層樓」。因而，一家企業的報酬系統被認爲是不適當的，則求職者會拒絕接受該公司的僱用，並對現職的員工也可能會選擇離開這個組織，此外，即使員工選擇繼續留在這個組織中，但心懷不滿的員工，可能會開始採取沒有生產力的行動，諸如：較少的積極性、幫助性和合作性。❿

註釋

❶洪瑞聰、余坤東、梁金樹（1998）。〈薪資決定因素與薪資滿意關係之研究〉。《管理與資訊學報》，第3期，頁37-51。

❷劉嘉雯（2003）。〈人力資源部門內部顧客滿意、員工工作滿意與組織公民行爲關係之研究〉。彰化師範大學人力資源管理研究所碩士論文，頁27-28。

❸宋凌雲（2003）。〈影響研發人員離職傾向因素之探討：以國內電子業爲例〉。元智大學管理研究所碩士論文，頁33。

❹黃熾森、周素玲（1996）。《管理智慧》。台北市：台灣商務，頁192。

❺張錦富（1999）。〈重新定義的薪酬價值觀〉。《管理雜誌》，第303期，頁40-42。

❻吳聽鸝（2004）。〈公平理論在薪酬設計中的應用〉。《人力資源》，總第196期，頁26-27。

❼孫健（2002）。《海爾的人力資源管理》（*The Human Resource Management of Haier*）。北京：企業管理出版公司，頁309-310。

❽李明書（1995）。〈從激勵的觀點探討薪資制度〉。《勞工行政》，第84期，頁45-55。

❾陳紹輝、劉若維（2004）。〈企業員工激勵的發展趨勢〉。《企業研究》，總第246期，頁70-71。

❿Lawrence S. Kleiman著，孫非等譯（2000）。《人力資源管理：獲取競爭優勢的工具》（*Human Resource Management: A Tool for Competitive Advantage*），北京：機械工業出版社，頁217。

第七章

變動薪資與財產形成

- 變動薪資的意涵
- 企業利潤分享制
- 分紅入股制
- 員工持股信託制
- 股票認股權
- 庫藏股制
- 結　語

> 在一個企業組織中，股東、勞工與管理人員具有同等重要的地位，這個三角形的每一個夥伴，對於企業的發展都有其關鍵性的作用，最好是讓他們都成為「合夥人」，共同為企業的發展而努力。
>
> ～美國前哈佛大學校長伊里特～

企業之所以能夠吸引、留住人才的因素很多，獎酬制度是其中相當重要的一環，尤其是股票獎酬，無可諱言，其威力相當驚人。現在的員工，對獎酬的需求與重視程度差異性越來越大，個人的需求也越來越不一樣，因此，每家公司都有一套屬於自己獎酬制度的配套措施，同時根據業務發展與策略，有屬於自己的運作方式。❶

一般而言，員工財產形成可分爲直接薪資與非直接薪資兩種，前者包含薪資所得，以及其他的津貼、獎金（例如：加班費、不休假獎金、生產獎金……）等，至於非直接薪資，也就是德國六○年代提出的「投資性工資」，分紅入股或職業投資即是（**表7-1**）。

變動薪資的意涵

變動薪資（variable pay）在薪資管理系統中，漸漸形成相當受到重視的一種報償制度，一般企業普遍採用以績效爲準的變動薪資（獎金）計畫，且適用於各階層人員。變動薪資可分爲短期獎勵和長期獎勵，前者如業績獎金和銷售佣金，後者則爲利潤分享制、股票分紅制、股票認股權制及庫藏股等（**表7-2**）。

變動薪資的主要特徵，是在每一個薪資計算時段內，依據工作表現核發獎勵性質的薪資給員工，如此可避免因調升本薪而累加企業的薪資成本，所以又稱爲權變薪資（contingent pay），依計算性質，可歸納出三種變動薪資類型：

1.現金利潤分享（cash profit sharing）：因組織資金運用所得獲利，例如營運、資產報酬、投資報酬等而額外給予員工的薪資。

表7-1　我國各類員工獎酬特性比較

獎酬種類	優點	缺點
技術入股	・公司無盈餘仍可發行 ・僅需經董事會決議 ・技術作價抵繳股款股數無法令限制	・需取得鑑價報告，認定較易產生爭議 ・員工於取得股票年度以市價課稅
現金增資員工入股	・公司無盈餘時仍可發行 ・可限制員工2年內不得轉讓 ・可充實公司營運資金 ・僅需董事會通過	・有股本膨脹疑慮 ・須以認購價認購，員工誘因低 ・經理人受歸入權限制，取得即課稅但無法立即轉賣股票
員工股票分紅	・個別員工無配發上限 ・員工無償取得 ・母公司及從屬公司均適用	・公司無盈餘時不得發放 ・公司不得限制員工轉讓及收回 ・員工於取得年度以市價課稅
員工認股權憑證	・公司無盈餘時仍可發行 ・認股時點可充實公司營運資金 ・公開發行公司得限制員工2年內不得行使認購權 ・公開發行公司母子公司均適用	・須以認購價認購，員工誘因低 ・經理人受歸入權限制，取得即課稅無法立即轉賣股票 ・員工須於行使認購權年度課稅 ・轉讓對象及數量須經董事會決議
庫藏股轉讓員工	・可避免因發行新股造成股本膨脹 ・可限制員工2年內不得轉讓 ・轉讓員工價格可低於市價 ・上市上櫃公司可轉讓子公司員工	・須有盈餘才能實施 ・須準備足夠收購股票資金 ・員工須出資認購 ・上市上櫃公司的轉讓數量及對象須經董事會決議、轉讓價格低於買回均價時須經股東會同意
限制員工權利新股	・公司當年無盈餘仍可發行 ・可低於面額或無償配發 ・可限制員工在一定年限內不得轉讓 ・員工未達成約定之服務或績效條件時，公司可買回或無償收回	・限制僅公開發行公司、興櫃公司及上市上櫃公司適用 ・從屬公司不得適用 ・發行數量總額及個別員工認購數量有限額

資料來源：黃曉雯（2012）。〈員工獎酬新亮點：限制員工權利新股〉。《會計研究月刊》，總第318期（2012/05），頁61。

表7-2　總固定薪資與變動獎金比例

產業別	高階主管	中階主管	基層主管	資深專業人員	專業人員	說明
高科技	68 / 32	76 / 24	80 / 20	82 / 18	85 / 15	1.高階主管係指七、八職等之副總級以上成員。 2.中階主管係指五、六職等之處長與經（副）理級之成員。 3.基層主管係指三、四職等之課長與組長級之成員。 4.資深專業人員係指四、五職等之（資深）專員之成員。 5.專業人員係指三職等之專員之成員。
電子製造周邊	75 / 25	83 / 17	86 / 14	87 / 13	90 / 10	
消費品	83 / 17	85 / 15	88 / 12	90 / 10	93 / 7	
專業技術服務	74 / 26	81 / 19	83 / 17	84 / 16	89 / 11	
一般製造	75 / 25	82 / 18	84 / 16	84 / 16	88 / 12	

資料來源：仲悦企管顧問有限公司網址，http://www.hrfun.com.tw/article_detail.php?Article_No=20120416002。

2.獲利分享（gain sharing）：因為工作團隊或整體組織績效改善，例如成本降低、顧客滿意度增加等，增加的財務獲利，進而給予員工薪資。

3.目標分享（goal sharing）：因為工作目標達成所給予的獎勵，例如銷售員達成其銷售目標等。❷

企業利潤分享制

企業利潤分享制是企業員工作為人力資本所有者和企業的物質資本所有者共同分享企業利潤的一種分配模式。實施利潤分享制的企業，定期將一定比例的企業利潤分配給企業員工，這種分配模式的特點是，企業員工只參加企業利潤的分享，不承擔企業的虧損和經營風險。企業根據盈餘狀況決定是否進行利潤分享和分享的比例分配方法。

在實施企業利潤分享制的初期，能夠與企業的物質資本所有者共同分享企業利潤的主要者是企業的高層管理人員，以後才逐漸擴大到企業的

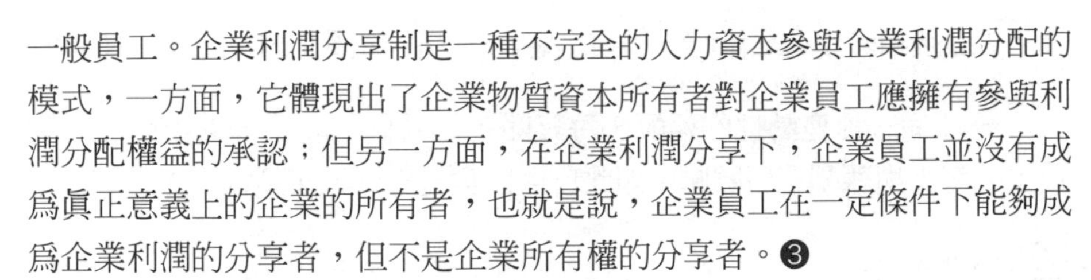

一般員工。企業利潤分享制是一種不完全的人力資本參與企業利潤分配的模式，一方面，它體現出了企業物質資本所有者對企業員工應擁有參與利潤分配權益的承認；但另一方面，在企業利潤分享下，企業員工並沒有成爲眞正意義上的企業的所有者，也就是說，企業員工在一定條件下能夠成爲企業利潤的分享者，但不是企業所有權的分享者。❸

無論在古希臘、羅馬時代強調的倫理經濟（以柏拉圖和亞里斯多德爲代表），或是在現代資本主義強調的企業的社會責任（以柯門斯提出的理性資本主義爲代表）的時代，企業的活動必須嚴守「適當的利用資源」、「提供適當的資訊」以及「合理的分享利潤」三個標準，才能達成社會安定與發展。其中「合理的分享利潤」指的就是企業主與受雇者之間的利潤的分享，通常企業主與受雇者之利潤分享，就是以分紅、入股及分紅入股的方式進行。

分紅入股制

基本上而言，分紅入股制包含了三重意義：一爲分紅，係指員工參與稅後盈餘的分配；二爲入股，係指員工的入股權，成爲公司的合夥人；三爲分紅入股，即藉著稅後盈餘的分配，使員工取得公司的股權。❹

一、分紅制

分紅制度是將公司自消費者手中取得的利潤重新在股東與受雇人員之間做合理的分配。依據《勞動基準法》第29條規定：「事業單位於營業年度終了結算，如有盈餘，除繳納稅捐、彌補虧損及提列股息、公積金外，對於全年工作並無過失之勞工，應給予獎金或分配紅利。」又，《公司法》第235條第二項明文規定：「章程應訂明員工分配紅利之成數。」

分紅需具備之先決條件爲：

1.必須於年度終了結算有盈餘。

2.必須先扣除稅捐、公積金及其他依法應分配項目。

3.必須扣除後有結餘時，提撥一定比例分配所屬全體員工。

分紅係一種變動性的報酬，每年隨企業盈餘的多寡而有所變化，使員工的努力與報酬有所關聯，如此自可振奮員工士氣，提高生產力。

二、入股制

依據《公司法》第267條第一項規定：「公司發行新股時，除經目的事業中央主管機關專案核定者外，應保留發行新股總數10%至15%之股份由公司員工承購。」可知入股制度之建立，《公司法》對雇主係採取強制保留定額之股份由員工自由認購的。惟員工入股與否，聽任員工之意願，倘其自願放棄認購入股權利，亦不得影響其原有之職務。

員工入股之後，有機會當選董事、監察人參與經營管理，又有股息的分配，使員工與公司成爲命運共同體，共同負擔公司經營成敗的責任，降低企業監督成本，減少損失，員工演變爲股東，具有勞工與股東的身分，勞資和諧之外，社會地位提高，經濟收入也增加，對企業與社會均有所貢獻。

(一)入股資金的來源

員工入股資金籌措方式，影響員工入股意願，且員工大都對現金偏好的心理，因此，員工入股基金來源，必須妥爲考慮，以利制度推展。目前員工入股基金的來源，有下列三種方式：

1.員工自行籌措資金。
2.由分紅或獎金中扣除。
3.由公司代爲向商業銀行貸款，在員工每月薪資內分期償還。

(二)入股方式

員工入股方式，約有下列四種：

1.以紅利發行新股：依據《公司法》及公司章程規定，公司於分配盈餘時，提撥一定比率作爲員工紅利，紅利之發放，得以現金或發行

新股方式爲之。

2.現金增資時部分股份由員工認購：依照《公司法》規定，公司發行新股時，應保留發行新股總額10%至15%之股價，由公司員工認股（第267條第一項）。

3.以股東身分認股：公司辦理現金增資發行新股時，如果依法保留員工認購部分顯有不足時，可由原有股東放棄認股，再由員工認購。

4.由股東移轉：公司如不擬發行新股，可考慮由原有股東之間協議，移轉部分股數由員工認購。

範例7-1

員工認股計畫協議書

__________原始申請

__________變更扣減比率　　　　　登記日期：__________

__________變更受益人

1.__________茲選擇參加美商○○積體電路股份有限公司○○○○年員工認股計畫（以下簡稱員工認股計畫）並依協議書及員工認股計畫之規定認購公司發行之普通股。

2.本人授權依員工認股計畫之規定於認股期間內自各期薪資報酬中扣減__________%（1-10%）（請注意不得有畸零之百分比）。

3.本人瞭解上述之扣減金額應累積並依員工認股計畫所述之買價購買普通股。本人並瞭解，如本人未於本認股期撤回已取得之認股權，任何累積之扣減金額將自動作為行使認股權之購股金。

4.本人已收到乙份美商○○積體電路股份有限公司○○○○年員工認股計畫，且亦瞭解本人參與員工認股計畫悉依上述計畫之條件。本人亦瞭解，本人是否得依本協議書行使選擇權須視股東是否核准員工認股計畫而定。

5.依員工認股計畫而購買之股份將登記於__________之名下（以員工本人或其本人與配偶共同具名為限）。

6.本人瞭解如於登記日起二年內（即取得認股權第一日起二年內）或行使認股權日起一年內處分依本計畫取得之股份者，購股時合理市價超過本人支付之買價部分將列為本人之一般所得，應於售股時繳納聯邦所得稅。本人茲同意於處分股份之日起三十日內將處分之情事以書面通知公司，且如依聯邦、州或其他規定須就處分普通股履行扣繳義務者，本人將依其規定辦理。公司得（但並非義務）自本人薪資報酬中扣繳必要之金額以符合扣繳之規定，扣繳範圍包括任何使得公司得享受稅賦抵減之必要扣繳或本人提早出售或處分普通股之利得。如係於屆滿二年及一年期限後處分股份，本人亦瞭解將僅就處分時之所得課徵聯邦所得稅，且上述所得僅就下列二者中較低者列為一般所得：(1)處分時市價超過本人購股所支付之買價部分或(2)取得認股權第一天合理市價之15%。如有其他利得將被課以資本利得。

7.本人茲同意受員工認股計畫條款之拘束。本協議書之效力視本人是否符合員工認股計畫之資格而定。

8.如本人死亡，本人茲指定以下所載之受益人收受所有依員工認股計畫之款項及股份。

姓名（印刷體字）＿＿＿＿＿＿＿＿＿＿

姓名

＿＿＿＿＿＿＿＿　＿＿＿＿＿＿＿＿＿＿

與本人之關係　　地址

員工社會福利號碼＿＿＿＿＿＿＿＿＿＿＿＿

員工地址＿＿＿＿＿＿＿＿＿＿＿＿＿＿＿＿

本人瞭解本協議書非經本人撤回，將於嗣後之認股期繼續有效。

日期＿＿＿＿＿＿　＿＿＿＿＿＿＿＿＿＿＿＿

員工簽名

＿＿＿＿＿＿＿＿＿＿＿＿

配偶簽名（如受益人係配偶以外之人）

資料來源：新竹科學園區某大美商積體電路股份有限公司。

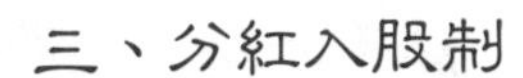

三、分紅入股制

分紅入股係指既分紅又入股，亦即事業單位於每年年終終了結算，分發紅利時，將一部分之紅利以現金分配給員工外，並得將一部分之紅利改發本事業單位之股票，使員工既享有企業盈餘所發之紅利，亦可獲取企業的股票。依據《公司法》第240條第六項規定：「公開發行股票之公司，其股息及紅利之分派，章程訂明定額或比率並授權董事會決議辦理者，得以董事會三分之二以上董事之出席，及出席董事過半數之決議，依第一項及第四項規定，將應分派股息及紅利之全部或一部，以發行新股之方式爲之，並報告股東會。」❺

四、分紅入股的競爭優勢

員工分紅入股是台灣企業首創的制度，爲台灣的科技界帶來了革命性的影響與發展，使得國內外一流人才紛紛投靠到有分紅入股的企業一展長才，利益與共，因爲它不只給予員工「從業的報酬」，也讓員工分享了「創業的報酬」。

宏碁電腦是全世界第一家實施分紅入股的企業。1978年宏碁即以公司淨值的一半邀請主要幹部入股，後來又廣及一般幹部及資深員工，以公司淨值入股，並由員工每月薪資中扣除，所以在1984年大陸工程入股宏碁之前，宏碁是一個百分之百股份由員工持有的公司；在新竹科學園區內的聯華電子公司，則是在1984年開始實施員工入股分紅，並在1985年成爲第一家實施分紅入股的上市公司。❻

實施分紅入股制，有如下的好處：

(一)無勞資糾紛

藉由分紅入股，員工成爲股東之一份子，不僅沒有勞資問題，也不再有勞資之分界，有助於員工對公司的向心力與認同感的提升。

(二)激發員工創業及進取精神

由於享有股票之增值利益，員工可以接受較低於其他先進國家之固定薪資，讓自己服務的企業，在世界上更具有競爭力，而這種「公司沒賺錢，公司無所得」的制度，也使得員工充滿創業及進取的精神。

(三)吸引國際人才無往不利

員工平日薪資雖不高，但企業一旦獲利，員工的整體所得反較先進國家員工收入爲高，所以在國際上能吸引人才來企業效命。

(四)具有彈性的制度

盈餘可以保留，也可以留待以後年度分配；盈餘也可以以現金方式分配員工分紅，也可以調整比例；又員工入股的股價也並不一定要以面值爲準，所以員工分紅入股的幅度金額，都是可彈性調控的。

(五)員工與股東雙贏效果

企業盈餘，股東享有配股、股息的收益，而員工享有盈餘分紅、配股的好處，這種雙贏效果，的確驚人，同時，員工因爲參加股權成爲公司之合夥人或股東，而爲事業單位的投資人，社會地位也因而提高。

(六)提升管理的效能

員工就是企業的「合夥者」，員工就能潔身自愛，自動自發，不會跟管理當局斤斤計較個人的利益，而較會用宏觀角度去思索管理的一些問題，管理制度也因此可以簡明而有效能。

(七)解決傳承問題

如果員工相約定不賣出公司股票，員工就有機會成爲公司之主要股東，經營權的傳承，就可以在專業經理人之間選賢與能，使企業得以永續經營。❼

五、員工分紅費用化

員工分紅制度是促進台灣科技業發展的高效能激勵與留才的工具。追溯員工分紅配股制度的起因，主要是在《商業會計法》第64條規定：「根據商業盈餘之分配，如股息、紅利等不得作爲費用或損失。」因此，在會計處理上，員工分紅配股就理所當然被視爲盈餘分配，而非費用，使得公司實施員工分紅配股時無須負擔任何成本，而員工也不必支付任何費用。因沒有以公平市價入帳，造成淨利虛增，讓投資人看到膨脹的每股盈餘，嚴重傷害了財務資訊透明與揭露的社會責任，因此長期以來備受爭議。

(一)員工分紅費用化立法

2006年5月，《商業會計法》第64條修正通過的條文爲：「商業對業主分配之盈餘，不得作爲費用或損失。但具負債性質之特別股，其股利應認列爲費用。」將員工分紅由「盈餘分配」改列爲「費用支出」。經濟部於2007年1月24日以經商字第09600500940號另規定：「商業會計法第六十四條規定：『商業對業主分配之盈餘，不得作爲費用或損失。……』係將盈餘分配不得作爲費用或損失之規定限縮在業主部分；有關員工分紅之會計處理，參考國際會計準則之規定，應列爲費用，並自中華民國九十七年一月一日起生效。』」

自2008年1月1日開始實施的「員工分紅費用化制度」規定後，所有公開發行公司都必須以「市價」來認列員工分紅費用，非公開發行公司則須以「面額」或「公平價值」認列，它不僅可提高財報的透明度，而且讓股東看到沒有虛增的淨利，也是企業社會責任實踐的眞實作法（**圖7-1**）。

由於「員工分紅費用化制度」的實施，使得企業財報上的盈餘數字會減少，也可能影響股價，企業或許不再考慮發放員工分紅，而損害到員工權益。因此行政院金融監督管理委員會（金管會）採取的兩項配套措施，一是員工認股權，另一是庫藏股（treasury stock），增加企業在激勵員工制度上的靈活度（**表7-3**）。

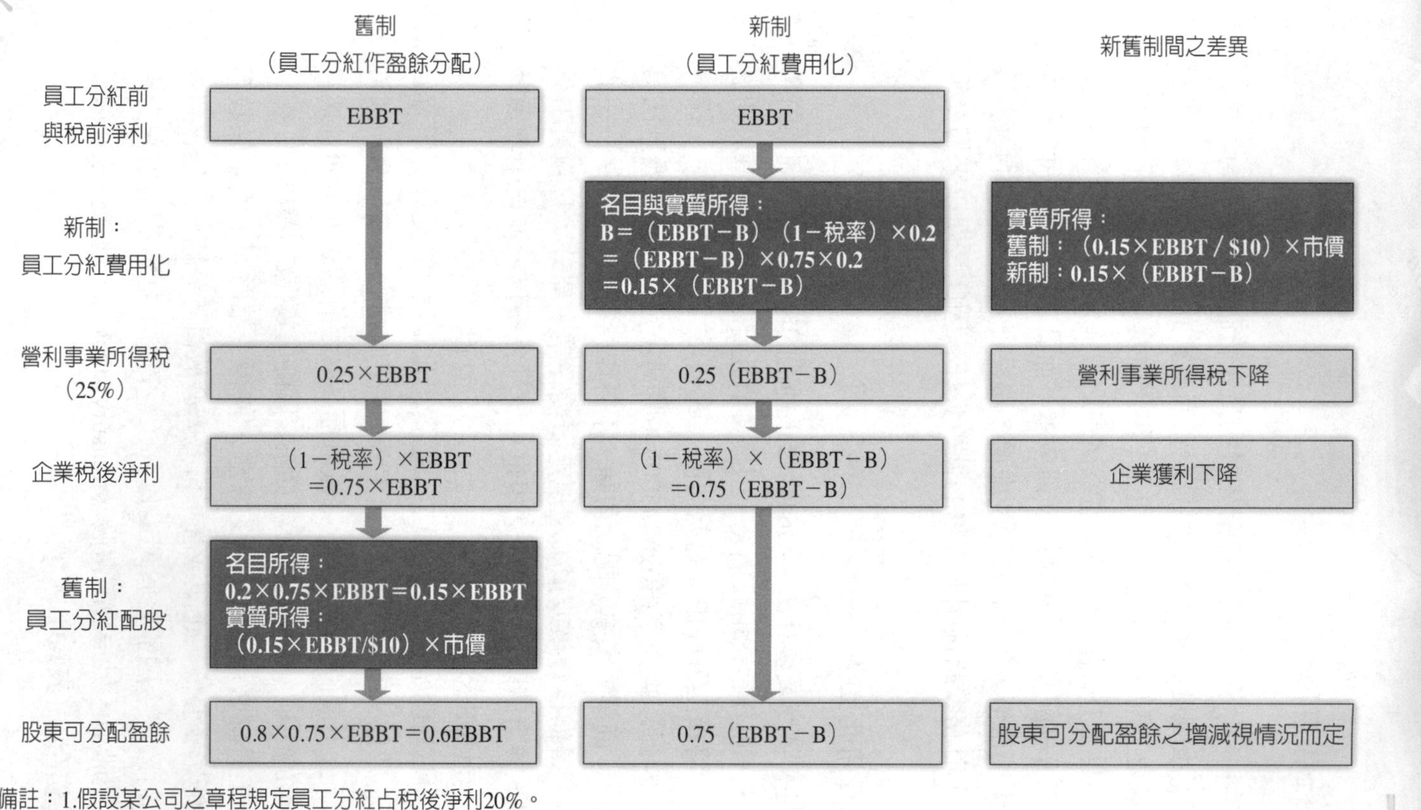

備註：1.假設某公司之章程規定員工分紅占稅後淨利20%。

2.員工分紅前與稅前淨利（Earnings Before Bonus and Tax, EBBT）。

3.舊制員工分紅是列在稅後淨利之後，而新制是列在所得稅前的帳列費用。

4.自民國99年度起，營利事業所得稅率由25%調降為17%。

圖7-1　員工分紅費用化制度實施前後之比較

資料來源：李伶珠（2008）。〈企業與員工如何因應員工分紅費用化後時代的薪酬制度〉。《會計研究月刊》，第272期（2008年7月號），頁57。

表7-3　由企業立場分析股票基礎之酬勞

類別	員工分紅配股	員工認股權	庫藏股票轉讓員工	員工優先認股權
對員工的激勵	著重於獎勵過去的努力	可獎勵過去與未來的努力，但激勵效果較員工分紅小	著重於獎勵過去的努力	獎勵過去與未來的努力
留才效果	無法限制員工轉讓股票，留才效果有限	可限制分年取得，留才時間較長	無法限制員工轉讓股票，留才效果有限	只有在認購價顯著低於市價，方具留才效果
對每股盈餘（EPS）之稀釋程度	稀釋程度大，理由： ・費用於一次認列 ・發行新股票	稀釋程度居中，理由： ・費用不需一次認列 ・可能發行新股票	稀釋程度小，因為未發行新股	稀釋程度小，因為不會增加酬勞費用
對企業資金影響	對企業現金流量無影響	新股：增加企業之現金流入 老股：有資金需求	對企業資金需求較大，需先籌資購回庫藏股	增加企業之現金流入
適用之企業	未有虧損企業	・新創企業 ・高成長產業	資金充沛的成熟產業	即將上市上櫃公司

資料來源：李伶珠（2008）。〈企業與員工如何因應員工分紅費用化後時代的薪酬制度〉。《會計研究月刊》，第272期（2008年7月號），頁61。

為了讓企業彈性運用員工認股權憑證以激勵員工，企業得經股東會決議，以低於發行日的市價或每股淨值，發行員工認股權憑證。其次，金管會也放寬庫藏股制度，當公司買回股份轉讓給員工者，得經最近一期股東會決議，每股轉讓價格可以低於訂定轉讓辦法當日股票收盤價，或以低於實際買回股份的平均價格轉讓給員工。❽

(二)企業因應對策

企業實施員工分紅配股費用化成為常態，不少科技公司乃採取調整薪資結構、採取差異化管理、提高員工現金紅利、明定分配比率、增加專案獎金、透過各種績效獎金的發給、照顧員工的福利措施，保持相對競爭力，並積極留住人才（**表7-4**）。

表7-4　員工分紅費用化的因應對策

- 提高員工薪資或績效獎金，確保年所得不致降得太多。
- 降低員工分紅配股比重，改發現金。
- 買回庫藏股，再轉讓給員工。
- 修改章程，提高員工分紅比率。
- 發行員工認股權憑證。
- 由企業大股東將個人持股交付信託，並以信託的孳息作為發放給員工的獎酬來源。
- 綜合運用上述手法。

資料來源：蔡翼擎（2008）。〈員工分紅費用化的留才方法〉。《經濟日報》（2008/05/26，A14版）。

例如台積電自2009年開始，從過去可分配盈餘的8%，改以前一年度稅後純益15%為基礎，也就是說，假設2009年稅後純益為100億元，2010年的員工分紅就是15億元，至於其中將包含多少比例的股票與現金，將視到時候的稅制而定，並採取對員工有利的辦法訂定。

員工分紅的始作俑者聯電，從2008年起，員工分紅占可分配盈餘的比率，由過去的8%提高到15%，並搭配員工股票選擇權與庫藏股轉讓予員工，針對中堅幹部及先進研發製程的關鍵人物，分別給予100萬元至300萬元以上不等的獎金，條件是必須簽署兩年以上的合約；若中途違約離職，則須全數歸還，以維持公司在人才招募上的競爭力。

有些公司則是透過「信託」的方式，例如鴻海精密董事長郭台銘申報轉讓個人部分持有的鴻海股票，交由銀行信託專戶；華碩（2009年，華碩將組織分為華碩與合碩兩家公司）董事長施崇棠等三位創辦人也拿出個人部分持有的華碩股票，以提供股票信託的方式，希望透過每年配發的股利及信託孳息，提供給員工分紅配股，以降低分紅費用化的衝擊。還有一些企業在海外的部分市場，是透過約當現金的方式，把原先要分紅的股票折成現金，發放給海外員工，每年折現的金額則是緊盯股價。❾

實施員工分紅認股計畫，的確能提升員工的士氣及滿意度。員工除了在財務上擁有股份外，對於公司的經營狀況、經濟情勢，也會有更多的瞭解，假如入股員工的股權能夠集中運用，甚至可以產生公司董事而參與公司重大投資或營運決策，隨時掌握公司經營狀況，對組織績效的助益更大。

員工持股信託制

國內近年來實施的一般入股計畫，大部分都是指單純的年度分紅或附屬於《公司法》第267條第一項的規定：「公司發行新股時，除經目的事業中央主管機關專案核定者外，應保留發行新股總數10%至15%之股份由公司員工承購。」這一部分，一直到1992年財政部核准開辦「企業員工持股信託」，爲員工持股計畫業務奠定了基本框架。

所謂員工持股信託制度（employee stock ownership trust, ESOPs）是一種使員工擁有公司的股票，以享受租稅與貸款優惠的員工退休與福利計畫，自1970年代中期開始在美國流行（**圖7-2**）。

一、員工持股計畫的作法

員工持股計畫的作法，基本上有兩類：

一類作法是不利用信貸槓桿的員工持股計畫，也被稱爲「股票獎勵

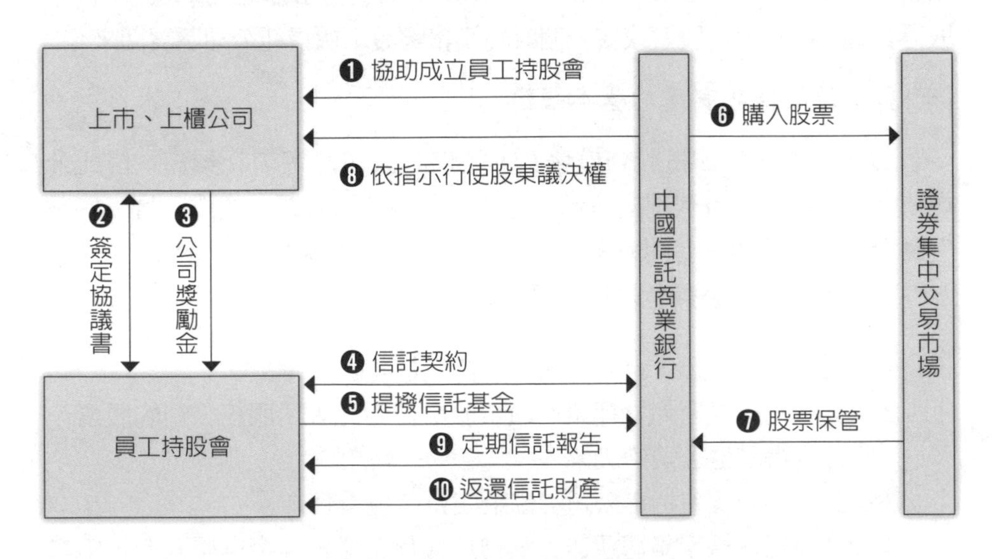

圖7-2　員工持股信託架構圖

資料來源：中國信託法人信託部。

制度」。公司直接將股票交給員工的持股計畫委員會（小組），由委員會相應建立每個員工的帳戶，然後每年從企業利潤中按持股計畫委員會掌握的股票分得紅利，並用這些紅利來歸還原雇主或公司以股票形式的賒帳，還完後股票即屬於每個員工。

另一類作法是利用信貸槓桿的員工持股計畫，這種形式的作法是首先成立一個員工持股計畫信託基金，該基金向銀行貸款購買原雇主手中的股票，購買的股票由信託基金掌握並放在一個「懸置帳戶」內，而不是直接分給每個員工。隨著貸款的償還，按一個事先確定的比例逐步將股票轉入個人帳戶。給予員工持股的貸款必須是定期的，貸款利息和本金的償還要有計畫，每年要從公司利潤中按預定比例提取一部分歸還銀行貸款。

二、員工持股信託計畫的作法

員工持股信託計畫的作法，是公司在實施計畫時，先成立「信託基金委員會」，公司每年提撥現金或股票，委託專業金融機構管理。雖然股票是由信託收取，但是它是存入每個員工所設立的帳戶中。提撥金通常是根據相對的薪資、服務年資或兩者的一種組合。當員工於離職或退休時，員工取得其個人帳戶內之股票或在一個收購協議讓渡下由信託公司購買回來。

(一)員工持股信託制度的基本架構

員工組成「員工持股委員會」，與信託公司訂定信託契約，信託公司依員工持股委員會代理的指示，定期購入該公司股票；企業、員工持股委員會、信託公司三者間運作，形成基本持股信託模式。

國內員工持股委員會之特徵要點如下：

1.依員工共同意願，自願組成員工持股信託委員會。
2.信託公司信託財產之運用，僅限於取得委託人所服務公司的股票，不准取得其他公司的股票。
3.信託資金來源包括：公司獎勵金與員工提撥資金。
4.資金運用係採用集體運作；彙總加入員工之提存金與獎勵金，集體購入公司股票，共同管理，而員工權益則以各員工信託金額比例個別分配。

範例7-2

員工持股信託委員會章程

一、入會資格

本公司正式員工且其服務年資滿一年以上。

二、當然喪失會員資格

會員因資遣、退休、死亡或其他原因離職者，當然喪失其會員資格，但留資（職）停薪人員，如申請停繳不在此限。

三、申請退出本會

退會申請應於每月十五日前提出，並自送達本會之次月起生效，申請退出本會者，不得申請再加入本會。

四、信託基金

會員之提存金和公司之獎勵金合併稱為信託資金。

五、會員之提存金

(一)基本提存：

會員得在其月薪資總額10%之上限內，以每一個基數新台幣壹仟元，自由選擇每月提存基數，惟最高以十二個基數為限，由本公司按月自薪資中提撥。

(二)追加提存：

全公司符合加入本會資格人員最高可提存總基數扣減會員每月基本提存總基數後之所餘基數，得提供予有增額提存意願之會員於不超過其原最高可提存基數一倍範圍內追加提存，申請追加提存之總基數若超逾所餘基數時，比例分配之。

六、公司之獎勵金

本公司依會員每月基本提存及追加提存總金額之20%，提撥為獎勵金。

七、全年提撥十二次

於每月薪資發放時提存，全年提撥十二次。

八、信託資金運用

(一)信託基金委由金融機構信託部，以本會所開立持股信託專戶之名義，代為運用、管理，並以取得及管理本公司股票為目的。

(二)若遇有現金股利或股票分配時，均依持股信託專戶所載各會員持股比例分配，並全數滾入繼續運用、管理。

(三)本公司辦理現金增資認股時，各會員得依認股基準日持股信託專戶所載持股股數，占本公司原有發行股數比率，分別出資認購，並全數滾入繼續運用、管理，如有會員不認購者，本會得依公平原則決議由其他會員認購之。

九、停繳寬限

(一)申請停繳寬限期間不得少於三個月。

(二)如遇有會員當月份所領薪資低於其每月選定之提存金額時，視同自當月起停繳，如欲恢復提存，則須俟三個月後再自行提出復繳申請。

十、懲罰金

(一)會員選擇申請退會者，須繳交累積獎勵金之半數予本公司，作為中途退會

之懲罰金，但符合下列情形之一者，不在此限：

1.因重大急難或其他不得已之重大事由，經本會同意免除懲罰金者。

2.半年內將依本公司退撫辦法第六條屆齡強制退休者。

(二)本公司收取之懲罰金，依次月五日持股信託專戶所載各會員持股比例分配，並全數滾入繼續運用、管理。

十一、組織

(一)本會設委員七人，其中主任委員由總經理或總經理指定之人選擔任，其他六名委員由勞資雙方各推派三名本會會員擔任，勞方委員由台灣肥料業產業工會聯合會推派，資方委員由總經理自會員中指派，任期均為三年，連派得連任。

(二)總幹事由主任委員指定之。總幹事之職掌及轄下幹事之設置，由總幹事擬訂，提本會決議。

(三)本會每半年開會一次，但必要時得經主任委員或半數委員之提議，召開臨時會。本會由主任委員召集，其決議應有過半數委員之出席，出席委員三分之二以上之同意行之。

十二、各會員同意由主任委員代理與受託人締結信託契約，其效力及於各會員。

十三、會員持股信託所表彰之本公司股東大會表決權及選擇權，均由受託人行使，但受託人應聽從主任委員基於本會決議之指示。

十四、費用

本信託資金運用及管理所生費用，均由受託人依信託契約所定之收費標準，自各會員信託資金中扣除之。但會員停繳寬限期間之上述費用，則由本公司逕自會員薪資中扣繳後送交受託人，或依會員與受託人之約定辦理。

資料來源：林永茂（2004）。〈凝聚向心力：員工持股信託制度——員工持股信託委員會章程草案要點〉。《台肥月刊》（2004/07），頁37-38。

5.企業支付之獎勵金，視同爲員工薪資所得；信託受益亦視同各員工之盈餘所得，因此皆需依薪資或盈餘所得予於課稅。

(二)員工持股信託制度對員工的誘因

員工持股信託計畫依員工是否獲得特殊利益而定。一般而言，員工持股信託制度對員工的誘因有：

1.達到強迫儲蓄的效果。員工爲享有公司所提供之獎勵及金額外福利，必須自己相對從薪資所得中提撥一部分資金，非經退出（離職），此信託不得領回，而達到強迫儲蓄的效果。

2.員工如果因故中途離職，不但可領回自己提存的部分，除另與雇主

範例7-3

員工持股信託成立之步驟

第一步驟：事先規劃工作

1.先成立籌備委員會及工作小組。
2.確定發起人人數及對象（20-30人）、完成章程。
3.研議規劃協議書、發起人聲明書、信託契約等。

第二步驟：成立員工持股信託委員會

1.發起人大會：發起人填具發起人聲明書並召開發起人會議兼第一次會員大會，成立員工持股信託委員會。
2.持股信託委員會：決議通過章程、選任委員、推派代表人。

第三步驟：員工申請入會

1.舉行員工說明會，公開召募會員。
2.參加員工填具入會申請書正式入會。

第四步驟：簽訂協議書

1.商議公司獎勵金：由持股會與公司商討獎助辦法及獎助金額。
2.草擬協議書：訂定獎助辦法及雙方權利義務關係。
3.簽訂協議書：由持股會與公司雙方代表共同簽訂。

第五步驟：簽訂員工持股信託契約書

1.商議員工持股信託契約書：由持股會與信託機構雙方共同協議。
2.草擬信託契約書：規定有關信託目的、信託人資格、信託資金之提存方式、信託資金之運用管理方式、信託報酬、信託終止之財產處分、信託事務之委任及其他雙方之權利義務關係。
3.簽訂信託契約書：由持股會與信託機構雙方共同簽訂。

第六步驟：申請開設稅籍統一編號、各種帳戶（由信託機構負責辦理）

1.申請開設國稅局稅籍統一編號：
戶名：【○○銀行信託部受託保管○○公司員工持股信託專戶】。
2.開立銀行存款帳戶。
3.開立證券商股票交易帳戶：戶名：【○○銀行信託部受託保管○○公司員工持股信託專戶】。

第七步驟：運用、管理

1.信託資金匯入信託專戶內。
2.購買（股）公司上市股票。
3.按每月信託人別分戶管理。
4.所購得之（股）公司上市股票全數分配予每位信託人，並於信託帳戶分別計入。

資料來源：中國石油公司。

間有特別約定外，一般均可連同雇主提撥之部分一併領回，不像選擇勞退舊制員工的退休金，需服務一定年資，方可領取。

3.員工可獲得高保障，在成立員工持股信託時，員工需共同組成「員工持股信託委員會」，並推舉一代表人與受託人簽訂信託契約，其資產均由受託人保管，此信託資產與受託人或企業本身的資產分開，對企業員工享有「信託法」之保障，可說是十分充分且實際。

4.員工在公司的經營中具有一些發言權。員工認股計畫的確能提升員工的士氣及滿意度，但前提還是得先讓員工感受到眞實的所有權，也就是說，除了在財務上擁有股份外，員工還可以隨時掌握公司現狀，並有適度參與業務的權利。實證顯示，員工認股計畫若能再加上參與管理的方式，對組織績效的助益甚大（**表7-5**）。

表7-5　實施員工持股信託制度優缺點比較

優點	缺點
·企業主展現與員工共同經營公司的決心，凝聚員工向心力，提高員工工作意願，促進勞資和諧。 ·員工於股東會時，支持公司政策，加強鞏固公司經營權。 ·員工享受雇主額外提撥一定比率獎勵金配額，使個人投資金額加倍。 ·員工以長期投資方式達到儲蓄的目的，退休時可有一筆收入。 ·享受定期定額，長期投資，無須擔心股價起落，且採加碼攤平法則，股價投資成本也相對較低，達到分散風險之好處。	·在員工持股信託中的企業，要求資金投資在自家股票上，若企業經營不善，則有可能導致投資陷入虧損，若原企業堅持員工必須退休或離職才能解約，則會血本無歸。

資料來源：丁志達（2012）。「薪酬規劃與管理實務班」講義。台灣科學工業園區科學工業同業公會編印。

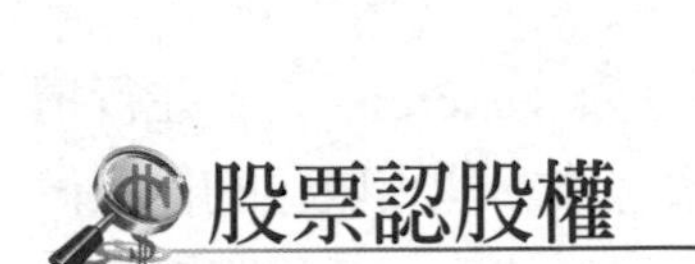

股票認股權

1950年微軟（Microsoft）是第一家採用股票認股權（或稱股票期權）作爲激勵員工工具的企業，從此許多美國企業開始使用股票認股權來激勵優秀員工。據《經濟百科全書》解釋，認股權（option plan）是「一種可在一定日期，按買賣雙方所約定的價格，取得買進或賣出一定數量的某種金融資產或商品的權利」。簡單的說，認股權是指對某一物品的購買選擇權利，它首先給予購買某一物品的權利。認股權意味著持有者有權利但沒有義務去購買某一物品的權利。❿

股票認股權的運作方式，通常是在招聘員工時，約定在若干年內，員工可以分年認購公司股票若干股，而其認購價格通常係以該員工報到當天之股市收盤價格爲準；又對在職員工亦可每隔數年辦一次股票認股權計畫，並訂定某一日作爲計畫開始日，以當日之股票收盤價爲認購價格，如果員工報到或計畫開始後，股票持續上漲，則員工可賺取股票差價；如股票下跌，股票認股權則形同虛設。

公司的高級管理人員時常需要就公司的經營管理，以及策略發展等問題獨立地進行決策，諸如：公司購併、公司重整以及長期投資等重大決策，它給公司帶來的影響，往往是長期性的，效果往往要在三至五年後，甚至十年後才會體現在公司的財務報表上。在執行計畫的當年，公司的財務指標記錄的大多數是執行計畫的費用，計畫帶來的收益可能很少或者爲零，甚至於是負數。如果一家公司對高級管理人員的報酬結構，完全由基本工資及年度獎金構成，那麼出於對個人私利的考慮，高級管理人員可能會傾向放棄那些短期內會給公司財務狀況帶來不利影響，但是有利於公司長期發展的計畫，爲了解決這類問題，公司設立了一種新型激勵機制，將高級管理人員的薪酬與公司長期業績聯繫起來，鼓勵高級管理人員更加關注公司的長期持續發展，而不是僅僅將注意力集中在短期財務指標上。

股票認股權是公司給予高級管理人員的一種權利，持有這種權利的高級管理人員，可以在規定時間內，以股票期權的行權價格（exercise

price）購買公司的股票，這種購買的過程稱爲行權（exercise），在行權以前，股票期權持有人沒有任何現金收入，行權過後，個人收益的行權價與發權日市場價之間的差價，高級管理人員可以自行決定在任何時間出售行權所有股票。⓫

庫藏股制

公司對員工的股權激勵方案，除了員工分紅配股及員工認股權憑證之外，庫藏股制也是公司可考慮使用的獎勵員工方案之一。庫藏股與分紅入股制度兩者最大的不同點在於：庫藏股制由公司公開運作，員工分紅入股制則在公司內部運作，如此一來，只要員工對公司的信心足夠，將可發揮一定的效用。

《公司法》於2001年11月12日修訂後，增列了第167條之1的員工庫藏股制度，其條文爲：

「公司除法律另有規定者外，得經董事會以董事三分之二以上之出席及出席董事過半數同意之決議，於不超過該公司已發行股份總數5%之範圍內，收買其股份；收買股份之總金額，不得逾保留盈餘加已實現之資本公積之金額。

前項公司收買之股份，應於三年內轉讓於員工，屆期未轉讓者，視爲公司未發行股份，並爲變更登記。

公司依第一項規定收買之股份，不得享有股東權利。」

當初訂定本條文之旨意，係因「公司並不經常辦理發行新股（供員工參與認股），爰參考外國立法例，規定公司得以未分配之累積盈餘收買一定比率之股份爲庫藏股，用以激勵優秀員工，使其經由取得股份，對公司產生向心力，促進公司之發展」。

一、庫藏股的定義

庫藏股制度主要來自美國，係指上市上櫃公司自市場中買回自己公司已經發行流通在外的股票，且不準備註銷而是等待日後重新出售者稱

之。換句話說，公司買回已經發行在外之自身股票，在尚未再出售或尚未辦理減資註銷前，所存的股票就是所謂的「庫藏股票」。它的特性和未發行的股票類似，沒有投票權或是分配股利的權利，而公司解散時也不能變現。一般而言，公司自公開市場買回自家股票後，再轉售給員工，但通常公司轉讓給員工的價格不會太高，而且員工原則上也可以立即出售以實現獲利，因此也有達到部分的激勵效果。⑫

二、庫藏股制度的規定

根據《證券交易法》第28-2條規定，允許股票已在證券交易所上市或於證券商營業處所買賣之公司，有左列情事之一者，得經董事會三分之二以上董事之出席及出席董事超過二分之一同意，便可依相關規定買回自己公司股票，不受《公司法》第167條第一項規定之限制：

1.轉讓股份予員工。
2.配合附認股權公司債、附認股權特別股、可轉換公司債、可轉換特別股或認股權憑證之發行，作爲股權轉換之用。
3.爲維護公司信用及股東權益所必要而買回，並辦理銷除股份者。

另一方面，爲規避庫藏股制度實施後可能產生的弊端，該條文同時也設計了相關防弊條件：

1.公司買回股份之數量比例，不得超過該公司已發行股份總數10%；收買股份之總金額，不得逾保留盈餘加發行股份溢價及已實現之資本公積之金額。
2.公司依規定買回之股份，除「爲維護公司信用及股東權益所必須而買回，並辦理銷除股份者」，應於買回之日起六個月內辦理變更登記外，應於買回之日起三年內將其轉讓；逾期未轉讓者，視爲公司未發行股份，並應辦理變更登記。
3.庫藏股票不得質押，於未轉讓前，不得享有股東權利。例如：分享股利、投票、優先認購新股與分派剩餘財產之權益（**表7-6**）。⑬

表7-6　《證券交易法》第28-2條

股票已在證券交易所上市或於證券商營業處所買賣之公司，有左列情事之一者，得經董事會三分之二以上董事之出席及出席董事超過二分之一同意，於有價證券集中交易市場或證券商營業處所或依第四十三條之一第二項規定買回其股份，不受公司法第一百六十七條第一項規定之限制： 一、轉讓股份予員工。 二、配合附認股權公司債、附認股權特別股、可轉換公司債、可轉換特別股或認股權憑證之發行，作為股權轉換之用。 三、為維護公司信用及股東權益所必要而買回，並辦理銷除股份者。 前項公司買回股份之數量比例，不得超過該公司已發行股份總數百分之十；收買股份之總金額，不得逾保留盈餘加發行股份溢價及已實現之資本公積之金額。 公司依第一項規定買回其股份之程序、價格、數量、方式、轉讓方法及應申報公告事項，由主管機關以命令定之。 公司依第一項規定買回之股份，除第三款部分應於買回之日起六個月內辦理變更登記外，應於買回之日起三年內將其轉讓；逾期未轉讓者，視為公司未發行股份，並應辦理變更登記。 公司依第一項規定買回之股份，不得質押；於未轉讓前，不得享有股東權利。 公司於有價證券集中交易市場或證券商營業處所買回其股份者，該公司其依公司法第三百六十九條之一規定之關係企業或董事、監察人、經理人之本人及其配偶、未成年子女或利用他人名義所持有之股份，於該公司買回之期間內不得賣出。 第一項董事會之決議及執行情形，應於最近一次之股東會報告；其因故未買回股份者，亦同。

資料來源：《證券交易法》。

三、庫藏股的功能

庫藏股制度在美國之所以推行成功，主要是因爲美國股市制度健全，相關法案與配套措施周延，因此能發揮功效，將弊端減至最低。庫藏股制度的功用，可分爲下列幾點來說明：

(一)可以維持股票的流通性

流通性，就是有人買也有人賣，一買一賣之間就構成了流通，所以當公司可以買回自己的股票時，代表市場上的買方增加，相對的，如果有賣方產生，就會增加股票的流通性，同時對賣方而言，也會比較容易賣出股票。

(二)股份轉讓與員工作爲額外報酬

爲配合產業延攬及培植優秀領導人才，由公司買回自身股票再轉讓給員工作爲額外報酬，對內可激勵員工對公司產生向心力，對外則可成爲吸引高級優秀人才的誘因。事實上，公司爲獎勵員工而買回公司股票，是具有調和勞資關係，使雙方形成利益共同體的效果，無論是吸引外部優秀人才進入公司，或挽留現有人才繼續任職，其對企業經營往專業經理人方向發展，都能發揮其正面的效益。

(三)可以防止公司被惡意購併

股份有限公司的特性之一，就是用鈔票換股票，買的股票越多，代表擁有的投票權越大，所以只要擁有的股票占公司全部股票的比例最大，就等於可以掌控公司的經營，故當有人採取從市場上大量購買該公司的股票來購併一家公司，而不經過合法的步驟去談判溝通（稱之爲「惡意購併」），此時這家公司可以藉由庫藏股制度買回自己的股票，降低外部投資人之持股數，防止公司被他人惡意購併。

(四)可供公司作爲股票選擇權及其他權益證券的使用

當公司發行可轉換特別股或可轉換公司債等可認購或可轉換爲普通股的股票時，公司可以利用庫藏股票來供投資人轉換或認購，就不需要再另外發行新股，不但可節省時間，又可節省成本，在財務管理與資金運用上更具彈性，也更有助於整體金融自由化與國際化政策的推動。

(五)不讓有異議的股東阻撓公司重大決策

當公司作出重大決策時（例如：決議與他公司合併時），面對有異議之股東，公司即可透過買回那些股東的股票來消除爭執，使公司運作順暢。

(六)公司可利用庫藏股制度進行資本結構的調整

資本結構，就是公司資金來源的種類，有些公司只單純的發行普通股，有些公司基於財務需要或其他市場因素的考量，還會發行特別股，大

部分的特別股具有比普通股較優惠的配股條件，所以當公司的財務狀況比較好時，就可以買回當時發行的特別股，以節省股利的支付。

(七)具有節稅功效

如果公司將原本要發放給股東股利的保留盈餘用來買進庫藏股，經由股本減少使得每股盈餘增加，在本益比不變的考量下，可促使股價上揚，此時將庫藏股票出售，便可獲致資本利得，亦即庫藏股制度具有將股利所得轉變成證券交易所得（現階段免稅）的功效；另一方面，在兩稅合一下，未分配出去的保留盈餘將負擔10%的稅賦，若藉由購進庫藏股票降低保留盈餘，同樣具有一定的節稅功效。⑭

結　語

在台灣企業實施的分紅入股制度，顛覆了傳統的雇傭關係，企業主不再只是一個發給員工薪水、要求員工付出時間工作的人，它讓員工與企業主的關係一變而爲對等的夥伴關係。利潤分享制度是幫助員工財產形成的具體作法，更是幫助企業主履行社會責任的最佳策略，對於企業經營管理的提升、生產力的增進、社會安定和經濟發展均有正面積極的作用。

註釋

❶呂玉娟（2000）。〈股票獎酬在人才競爭上的影響及策略〉。《能力雜誌》，第536期，頁116-118。

❷王鵬淑（2009）。〈變動薪資、風險偏好與薪資滿足對員工工作外之影響〉。國立中山大學人力資源管理研究所碩士在職專修班碩士論文，頁4-5。

❸高偉富（2004，6月）。〈人力資源權益分享與責任承擔〉。《2004海峽兩岸及東亞地區財經與商學研討會論文集》，東吳大學商學院、蘇州大學商學院，頁432。

❹萬育維（1992）。〈分紅入股與財產形成〉，「如何促進勞工財產形成」學術研討會，行政院勞工委員會、財團法人勞雇合作關係基金會主辦（1992/10/16），頁1-2。

❺台北縣政府勞工局編印（1989）。《分紅入股制度》。台北縣政府勞工局，頁8。

❻葉珣霳（2003）。《下一個科技盟主》。台北市：經典傳訊文化，頁161。

❼曹興誠（1999）。〈點石成金的分紅入股制：創造台灣IC業驚人的雙贏效果〉。《電工資訊》（1999/06），頁24-31。

❽董沛哲（2006）。〈員工分紅費用化2008年正式實施〉。《電工資訊》，第191期（2006/11），頁26-28。

❾董沛哲（2007）。〈員工分紅配股課稅新制衝擊企業獲利〉，《電工資訊》，第201期（2007/09），頁36-39。

❿中國企業家協會（2001）。《經營者收入分配制度：年薪制、期股期權制設計》。北京：企業管理出版社，頁121。

⓫張文賢（2001）。《人力資源會計制度設計》（*Designing Human Resource Accounting Systems*）。上海：立信會計出版社，頁142-143。

⓬吳坤明（2002）。〈分紅與認股權哪一種激勵效果佳？〉。《管理雜誌》，第339期，頁32-34。

⓭楊人豪（2000）。〈庫藏股制度簡介〉。《台肥月刊》（2000/08），頁46。

⓮Xuite日誌，「什麼是庫藏股？」，http://blog.xuite.net/ke.ha7081/20080317/16487283。

第八章

獎工制度設計

- 獎工制度設計原則與條件
- 獎工制度類別
- 史堪隆計畫
- 團體獎勵制度規劃
- 年終獎金制度規劃
- 結　語

> 一個人除非做自己喜歡的事，否則很難有所成就。
>
> ～華德・迪士尼～

隨著國際及企業間競爭白熱化，員工薪資逐漸朝「低底薪、高獎金」的浮動薪資制度調整，未來職場薪資制度將不再是固定模式，員工薪資將視個人績效、對組織整體的貢獻度來計酬。按件計酬、工作獎金、利潤分享、紅利及目標獎金都屬變動薪酬制（variable-pay programs）的一環，它與傳統薪資不同的是，變動薪酬制沒有固定的年薪，它取代以往依照生活物價指數（annual cost of living）來調薪的觀念。因爲變動薪資制除了獨具激勵性外，也兼顧到人事成本的考量，因爲紅利、目標獎金及其他形式的變動薪酬，都不會產生固定年薪調升時所帶來的固定開銷與額外的成本。

獎工制度設計原則與條件

獎工制度（incentive wage system）又稱爲獎金制度（bonus system），係依照一般員工對於工作品質或工作數量所表現的程度，擬訂一套薪資獎酬制度，分別給予報酬，以激勵員工的工作意願，提高員工的工作或生產效率，進而使員工得到額外的獎金而言。獎工制度包括兩個基本要素：標準和獎金（獎勵）。所謂標準，係指在指定時間內所完成的產量，若產量超過所訂標準，或每單位所花時間較標準爲少，則對員工給予獎金。至於獎金的額度，則與在標準產量所給予的工資（薪資）率成比例。所以說，獎工制度是一種補助性、激勵性的薪資管理制度（**表8-1**）。

一、獎工制度設計要點

獎工制度是按照直接參加工作的員工做某項工作時，所耗費時間較該項工作之標準工時爲節省時，給予獎金，以做激勵。獎工制度之設立，一方面要配合生產管理、品質管理、成本管理外，另一方面也必須使

表8-1　獎金給付制度在管理上的意義

獎金制度在管理上的功能	·員工收入增加 ·企業利潤提高 ·提高員工的進取心 ·維繫員工的向心力 ·增加部門間的合作氣氛 ·增強管理上的權力 ·創造更多的需求力 ·消弭勞資間的隔閡
良好獎金制度的必要條件	·要有明確標準 ·具有激勵作用 ·計算必須簡單 ·獎金發放力求迅速
獎金制度應避免事項	·不可變成變相待遇 ·不可影響群體關係 ·不宜影響工作品質

資料來源：丁志達（2012）。「薪酬規劃和管理實務班」講義。台灣科學工業園區科學工業同業公會編印。

勞資雙方均能獲得滿意（**表8-2**）。

在獎工制度設立時，必須事先考慮下列幾項要點：

1.獎工制度宜限於直接參加作業人員，且其做某工作所需要之時間可以準確衡量者爲宜。

2.獎工制度是以「時間」爲衡量之尺碼，對節省「時間」之員工予以獎勵，故不宜涉及其他因素，譬如對材料、費用開支之節省等，它應屬其他獎勵，而不宜列爲獎工制度之內。

3.適合於已有標準工時之作業，其產品可以施行檢驗者。

4.適用直接員工較多的工廠。

5.獎工制度之設立標準，必須十分明確，並適合於組織內現有標準之工作時間之作業，如此才能經得起考驗，以免糾紛事端之發生。

6.某項工作的「標準時間」一經建立，除非加工設備變更、工作方法變更或材料變更等外，「標準時間」不宜常改變，以免工作人員被追加趕工而縮短標準時間，讓員工失去信心。

表8-2　計時制與計件制薪資制度比較表

項目	計時制	計件制
計算方式	工人所得工資＝工作時數×每日工資率	工人所得工資＝生產件數×每件工資率
適用範圍	1.產品品質優劣較產量為重要 2.工作不方便必須以時間計算者 3.主雇間關係密切者 4.規模較小或工作簡單之企業單位	1.工作性質重複，工作狀況不變，易於計件者 2.工作之監督困難者 3.需鼓勵生產或工作速度及數量提高者 4.每件工作需單獨成本計算者
優點	1.計算簡單，可免計算的紛爭 2.工人不需時間督促，品質可確保 3.總人工費用較易掌握 4.勞資關係穩定	1.成果支付，具鼓勵作用 2.按績計酬，較為公平 3.工人為提高效率，有助創造發明，改善工作 4.產品別人工費用較易掌握
缺點	1.優劣員工難區分，欠公平 2.產品別人工費用無法核計 3.缺乏向上提升作用，相互使生產效率降低 4.工人為求表現可能妨害工人健康	1.總工資無法預計 2.標準制度與維護困難 3.品質無法有效確保 4.督導要有效需增加管理費用

資料來源：鄭富雄（1984）。《效率管理與獎金制度》。台北市：前程企管，頁163。

7.獎工標準宜適中，標準過低，缺乏激勵作用，標準過高，則失去獎勵意義。

8.屬於研究性質、精密度極高之少量產品，或工作中時常會發生阻礙及等待材料等情形者，不宜實施。

9.獎工核算最好使受獎者知道如何計算，如此才能激勵員工工作意願。

10.工作時間的節省非完全歸功於員工之努力者，在計算獎金上應有彈性或給付上限的限制。

11.管理及間接人員以不列入爲宜，以免失卻公平立場。

12.獎金之最大金額應不宜超過薪資之三分之一爲宜，因爲如果標準工時之估計爲可靠時，則由於員工之加緊工作，實際所能節省工時之最大範圍亦不應該少於估計工時之三分之二，否則估計工時必有錯誤。❶

二、獎工制度設計原則

獎工制度的基本理論是：希望員工一同分擔企業營運的風險，營運良好時，企業將支付給員工優渥的薪資，因爲企業有能力負擔；營運不佳時，員工的薪水會被縮減，以符合共體時艱的原則。企業體認到，假如組織的成功關係到員工的利益時，員工除了付出勞力外還會比較願意投入智慧和心血。❷

獎工制度設計，有下列幾項原則要遵守：

1.獎工制度之設計，以能滿足勞資及管理方面之願望與需要爲原則。
2.獎工制度之設計，應使產品單位成本減少及售價降低，俾使股東及顧客均感滿意。
3.獎工制度之設計，需與其他管理（例如生產控制、品質控制、成本與預算等）發生良好之聯繫。
4.獎工制度之設計，以越簡單越好，使員工易於瞭解及計算自己可獲得之獎金。
5.獎工制度之設計，必須建立精確計算標準，通常多利用時間研究（time study）以確定各種工作之時間標準。例如：生產、設備、材料、方法或其他控制條件有所變更時，則此標準必須適時予以修正之。
6.獎工制度之設計，不能限制工人之工資收入，因其無一定最大收入金額之規定。反之，如工人收入甚高，而無相當之努力代價時，則此種獎工制度必難有效維持於永久。
7.獎工制度之設計，必須保證工人於實施獎工制度之前之基本工資（薪資）率，將爲未來獎工制度內之最低工資（薪資）率。

獎工制度之採用與修正，尤需勞資雙方獲得眞誠之協議。❸

三、實施獎工制度應具備條件

獎工制度最普遍的分類基礎，視這個計畫是被應用於個人、團體或

者組織的層面。此外，有時獎工制度還會根據它們是應用於非管理性員工，或專業與管理性員工來分類。

實施獎工制度，應具備的條件有：

(一)須有完整之管理制度

因為實施獎工制度必須應用各項管理制度標準及工作紀錄，故舉凡行銷、資材、生產、人事、財務等作業流程，資料記錄，標準設定等，均需要有完整之管理制度做基礎，才能使標準值的設定合乎實際需要。所以，獎工制度能否順利推廣，發揮短期效果，前後一段時期各項管理制度建立占了相當的因素。

(二)設定的標準值應具有客觀性

凡屬異常值的實績，於設立標準時應予以剔除，以免設定值不合理而造成獎金偏高或偏低致失去設定意義。

(三)每一成員對獎工制度應相當瞭解

任何制度成敗與員工「接受程度與合作態度」息息相關。因此，事前應讓員工充分瞭解標準設定、評核方式、獎金發放等方法，使員工在瞭解該制度之目的後，自動自發地發揮潛能，達成短期效果。

(四)應有能充分發揮潛能的評核項目

獎工制度設定，對於公司與員工應兩蒙其利，所以訂定評核項目，應使員工能充分具有「切身感」及具有發揮潛力之餘地，才能激勵員工自我突破（**圖8-1**）。

獎工制度類別

現行的獎工制度，有的是依據科學方法推理設定者，例如：泰勒差別計件制（Taylor's differential piece-rate system）、甘特獎工制（Gantt's task & bonus system）、艾默生效率獎工制（Emerson's efficiency wage system）等；有的是依據經驗而設定者，例如：海爾賽獎工制（Halsey's

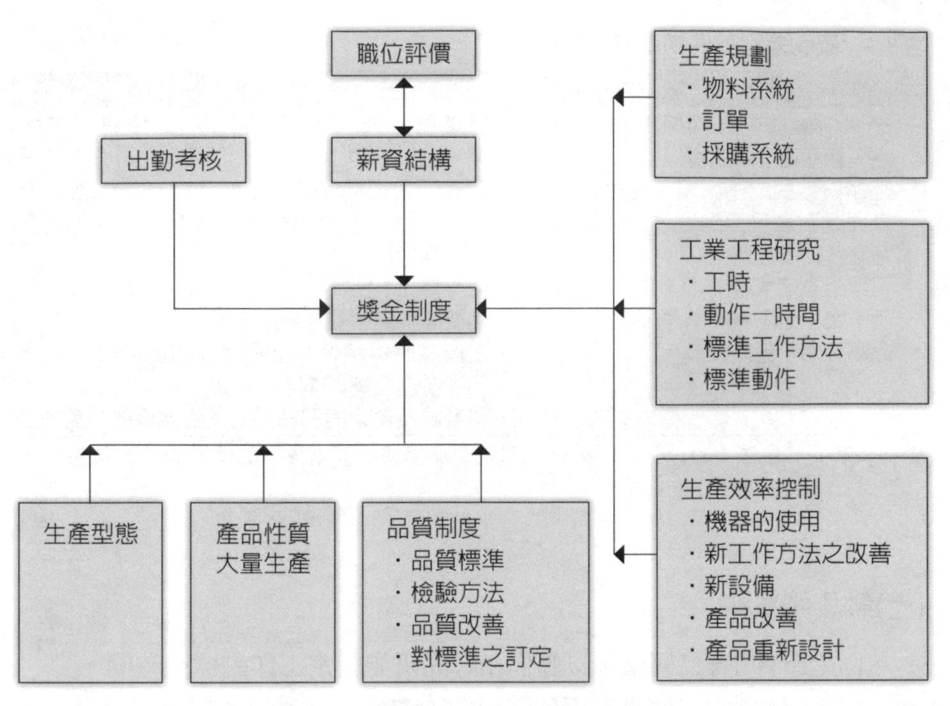

圖8-1　影響直接人工獎金制度的因素

資料來源：林政惠。「報酬管理與制度設計」講義，頁54。

premium system）、羅文獎工制（Rowan's premium system）等。各種獎工制度均用公式來計算，其使用的變項代號為：

E＝薪資；N＝產量；R＝每小時的工資率；S＝標準工作時間；
T＝實際工作時間；P＝獎金百分比。

一、泰勒差別計件制

差別計件制是美國人菲得列・泰勒於1895年根據動作與時間研究的結果所創立。差別計件制係按件計酬，訂定兩種不同的工資率：未達標準之工資率和已達標準之工資率（**表8-3**）。

表8-3　泰勒差別計件制優缺點對照表

優點	缺點
．標準係根據動作與時間研究所訂定，較正確而且客觀。 ．工作與報酬成正比率，使優秀熟練者與勤奮者可得到優渥的報酬，具有高度的激勵作用。 ．可讓管理者和工作者的權責界線分明，合乎分工專責原理。 ．計算簡易，易於瞭解。	．標準雖客觀，但運用動作與時間研究來計算，非一般中小企業能力所及。 ．無最低之工資保證，若無法達到工作標準多次，則恐怕會遭到淘汰的命運，因而不能使員工維持最基本之生活。 ．優等員工與劣等員工之待遇差別懸殊，易引起彼此間之爭執。 ．工作高於標準者，給予計件的高額薪資，增加生產產品的成本。 ．過度偏重企業的利益，對員工無保障可言。

資料來源：丁志達（2012）。「薪酬規劃和管理實務班」講義。台灣科學工業園區科學工業同業公會編印。

(一)制度的要點

1.依工作的難易簡繁，以動作和時間研究設定工作的標準時間。

2.同一性質的工作設定兩種不同的工資率，凡達到或超過標準者給予高工資，以資獎勵，反之，則給予低工資。

3.若繼續獲得低工資率的員工，自然會被淘汰。

(二)計算公式

E（當完成量在工作規定標準以下）＝NR_1

E（當完成量在工作規定標準以上）＝NR_2

E＝工資（收入）

N＝產量（完成工作件數或數量）

R_1＝未達標準之工資率

R_2＝已達標準之工資率

(三)範例

甲、乙兩位員工，每日工作8小時，每件產品標準工作時間爲0.16小時，超過工作標準者，每件給予工資60元，未超過標準者，每件給予工資45元。某一上班日，甲君完成54件，乙君完成46件產品，依照泰勒差別計

件制，其甲、乙君工資給付如下：

1.計算公式：

工作標準量＝8（小時）÷016（小時）＝50（件）

2.甲君實得工資（完成量在工作規定標準以上）：

60（元）×54（件）＝3,240元

3.乙君實得工資（完成量在工作規定標準以下）：

45（元）×46（件）＝2,070元

二、甘特獎工制

美國人亨利・甘特（Henry C. Gantt）有感於泰勒差別計件制過於嚴格，不能保證員工之最低薪資，故加以修正，若達到工作標準以上者，除了可領取計時工資外，還可領取計時工資三分之一的獎金；若未達到工作標準時，僅能領取計時工資，其目的在獎勵員工於限期內完成工作，使機器充分運用，以減低成本（**表8-4**）。

(一)制度的要點

1.設定一定時間之作業標準。

2.未達作業標準者，仍可獲得計時薪資。

3.達到或超過標準者，則可多得20%至50%之獎金。

4.各領班於所屬員工獲得獎金達某種程度時，亦可獲得獎金。

表8-4　甘特獎工制優缺點對照表

優點	缺點
・有保障基本計時薪資。 ・具有高度的激勵作用。 ・訂定的標準時間較合理。 ・領班亦可得獎金，可增進工作成果。	・標準時間之計算不易精密確實，中小企業較難適應。 ・獎金按個別工作計算，易造成員工投機取巧心理。

資料來源：丁志達（2012）。「薪酬規劃和管理實務班」講義。台灣科學工業園區科學工業同業公會編印。

(二)計算公式

E（工作在標準以下）＝TR

E（工作在標準以上）＝TR＋1/3TR＝TR（1＋1/3）

(三)範例

甲、乙二位員工，每小時工資均爲130元，某一上班日，甲君完成150件，乙君完成180件產品，該工作每件標準工時爲3分鐘，依照甘特獎工制，其甲、乙君可領到工資計算如下：

1.計算公式：

每小時工作件數：60（分鐘）÷3（分鐘）＝20（件）

每日8小時件數：20（件）×8（小時）＝160（件）

2.甲君實得工資（工作在標準以下）

130（元）×8（小時）＝1, 040（元）

3.乙君實得工資（工作在標準以上）

（130元×8小時）＋〔1/3×（130元×8小時）〕＝1,386.67（元）

三、海爾賽獎工制

海爾賽獎工制爲加拿大籍菲得列．海爾賽（Frederick A. Halsey）所創立，他原在加拿大的謝布克（Sherbrooke）地區擔任一家機械公司的經理，在實際管理與經驗過程中研究改進的結果，由於試行頗具成效，故爲後人所採用，也可說是一種計時與計件的混合制，其目的在鼓勵員工增加速度，以節省的工作時間作爲獎工計算的基礎（給予節省工作時間之50%工資率作爲獎金），並有保障員工之最低工資（**表8-5**）。

(一)制度的要點

1.根據過去的工作經驗，訂定工作的標準時間。員工能在標準時間內超過標準完成工作，按其所結餘時間的多少給予獎金，否則仍按其實際工作時間的長短給予工資。

2.獎金的數額，依節省時間的二分之一計算（50-50獎金制）。

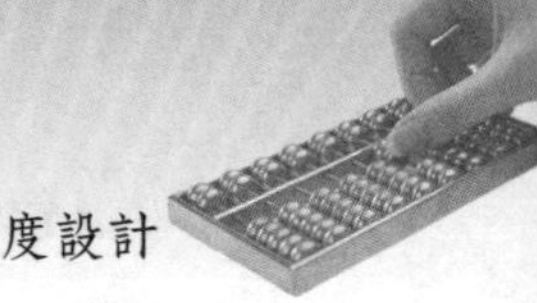

表8-5　海爾賽獎工制優缺點對照表

優點	缺點
·標準工作時間大多係以過去的平均時間為準，易於採行，且對員工有最低薪資保障。 ·員工對節省之時間雖未工作，仍可得獎金，可鼓勵他們努力工作。 ·工作效率的提高，時間的節省，勞資雙方共蒙其利。	·標準時間依過去的紀錄或經驗，而非以科學方法訂定，難易程度彼此不同，可靠性成問題。 ·勞資共享節省時間的利益，計算上難取得公平合理。 ·因獎金按個別工作計算，則狡詰者可對某一項工作全力以赴，以期獲得獎金，而對他項工作則懈怠敷衍，易造成投機心理。

資料來源：丁志達（2012）。「薪酬規劃和管理實務班」講義。台灣科學工業園區科學工業同業公會編印。

3.獎金的給予，對不同的工作分別計算。

4.以日給工資保證最低工資。

(二)計算公式

E（工作在標準以下）＝TR

E（工作在標準以上）＝TR＋P（S－T）R或

E（工作在標準以上）＝TR＋50%×（S－T）R

(三)範例

某一工人工資率爲25元／小時，預計做4小時可完成工作，但他在3小時內完成了工作，獎金率爲50%，則他的收入（工資與獎金）是：

E（收入）＝3（T）×25（R）＋0.5（P）×｛4（S）－3（T）｝×25（R）＝87.5（元）

四、羅文獎工制

羅文獎工制爲蘇格蘭籍詹姆斯·羅文（James Rowan）所創立，爲海爾賽獎工制之修正而成，規定標準工時與保障計時工資都和海爾賽氏相同，只是獎金是以節省時間占標準工作時間之百分比來計算，故有獎金自行控制之特點。

(一)制度的要點

1.其標準時間爲過去工作時間的平均數，員工無法於標準時間內完成工作者，仍保障其計時薪資。

2.獎金之多寡，隨其所節省時間與標準工作時間之比例增加。

3.無論標準時間如何，員工不能獲得兩倍於其計時制之薪資。

4.獎金金額隨節省時間越大成反比例減少。

(二)計算公式

E（工作在標準以下）＝TR

E（工作在標準以上）＝TR＋〔（S－T）÷S〕TR

(三)範例

某一工人完成工作的實際時間爲6小時，標準時間爲8小時，每小時的工資率爲20元，那麼該工人的工資是：

E＝6×20＋｛（8－6）÷8｝×6×20＝150（元）

從羅文獎工制之計算公式，可知（S－T）÷S恆小於1，隨著時間節省越多，其獎金比例越小。是故，羅文獎工制之設立，旨在激勵未熟練工，並防止熟練工的過度高額獎金。

五、艾默生效率獎工制

此制爲美國人艾默生（Harrington Emerson）於1908年所創造。艾默生效率獎工制係按員工的工作效率，分別予以不同的獎勵。所謂工作效率，乃以一定期間內所做各項工作的標準時數之和除以（÷）實際工作時數之和。

(一)制度的要點

1.設定一定期間的工作標準，未達67%標準者，仍可獲得基本計時工資，其目的在保障員工的計時工資。

2.員工的工作效率達到67%基準以上者，以計件核發員工的獎金，獎金的百分率隨效率增加。

3.獎金以每週或每月結算一次。

(二)計算公式

E（工作效率在67%以下）＝TR

E（工作效率在67%-100%之間）＝TR＋P（TR）

E（工作效率超過100%以上）＝e（TR）＋PTR

e＝工作效率

P＝獎金率

工作效率在67%以下者，艾默生效率獎工制計算公式僅爲E＝TR而已，換言之，以員工工作時間核算工資而沒有獎金。至於獎金率（P）則可參考艾默生效率獎金比率表（**表8-6**），就可以尋得某員工的工作效率之獎金了。

表8-6　艾默生效率獎金比率對照表

工作效率（%）	獎金率%（P）	工作效率（%）	獎金率%（P）
67-71.09	0.25	89.40-90.49	10
71.10-73.09	0.5	90.50-91.49	11
73.10-75.69	1	91.50-92.49	12
75.70-78.29	2	92.50-93.49	13
78.30-80.39	3	93.50-94.49	14
80.40-82.29	4	94.50-95.49	15
82.30-83.39	5	95.50-96.49	16
83.90-85.39	6	96.50-97.49	17
85.40-86.79	7	97.50-98.49	18
86.80-88.09	8	98.50-99.49	19
88.10-89.39	9	99.50-100.00	20

註：工作效率超過100%，效率每增加1%，其獎金百分率亦增加1%。

資料來源：康耀鉎（1999）。《人事管理成功之路》。台北市：品度，頁114。

(三)範例

某位員工每日工作8小時，每小時工資爲160元。某一上班日，該員工完成50件工作，每件標準工時爲0.3小時。依艾默生效率獎工制及艾默生效率獎金比率表，可得知該員工該日可領到的工資額是多少。

1.總標準工時：0.3（小時）×50（件）＝15（小時）
2.工作效率：67%×（15÷8）＝125.6%
3.查艾默生效率獎金比率表，可求得獎金率爲45.6%，然後代入艾默生效率獎工制計算公式，可求得該員該日得到的工資爲：

E＝e（TR）＋P．TR
＝125.6%（8×160）＋0.456（8×160）
＝1607.68＋583.68＝2,191.36（元）

六、百分之百獎工制

百分之百獎工制（100 percent premium system）又稱爲直線計件制（straight piecework system），它與海爾賽獎工制與羅文獎工制相類似，所不同者在於員工所得的獎金，則以節省時間價值的全部來計算（**表8-7**）。

(一)制度的要點

1.根據時間研究來決定每小時的作業標準，而工資係依時間來決定。

表8-7　百分之百獎工制優缺點對照表

優點	缺點
．計算簡便。 ．有最低薪資保障。 ．節省時間可享受百分之百的獎金，具有很高的激勵作用。	．訂定工作標準必須運用時間研究與工作抽樣等科學方法計算較麻煩。 ．工作流程未達標準的工廠，不宜輕率的採用。

資料來源：丁志達（2012）。「薪酬規劃和管理實務班」講義。台灣科學工業園區科學工業同業公會編印。

2.員工所得的獎金係以節省時間價值的全部來計算。

(二)計算公式

E（工作在標準以下）＝TR

E（工作在標準以上）＝TR＋（S－T）R×100%

(三)範例

如某工人工資率爲150元／小時，該日工作時間爲8小時，該日此員工完成某零件60件，而該零件的標準工時爲每件0.15小時，依照百分之百獎工制計算，該員工的當日工資爲：

E＝TR＋（S－T）R×100%

　＝8（小時）×150（元）＋（0.15×60－8）×150（元）×100%

　＝1,350（元）

七、巴都士獎工制

美國人巴都士（C. E. Bedaux）所主張的巴都士獎工制（Bedaux's premium system），是採用75%之獎金分配率。

(一)制度的要點

1.科學方法設定標準時間。

2.以日薪保證最低工資。

3.獎金率爲基本工資的75%。

(二)計算公式

E（工作標準以上者）＝TR＋（S－T）R×75%

E（工作標準以下者）＝TR

(三)範例

如某工人工資率爲150元／小時，該日工作時間爲8小時，該日此工人完成某零件60件，而該零件的標準工時爲每件0.15小時，依照巴都士獎

工制計算，該員工的當日工資為：

E＝TR＋（S－T）R×75 %
＝8（小時）×150（元）＋（0.15×60－8）×150（元）×75%
＝1,312.5（元）

八、麥力克獎金制

麥力克獎金制（Merrick's premium system）係由麥力克（D.V. Merrick）提出的主張。麥力克主張先擬訂工作標準，員工工作效率達到83%以上者，則給予第一等級的工資率；員工工作效率在83%以下者，則給予第二等級的工資率；至於生手者，則給予第三等級的工資率。第一等級的工資率最高，第二等級工資率次之，第三等級的工資率最低。每一等級工資率相差10%。

(一)制度的要點

1.為泰勒差別計件制之改良，以改善員工的不滿。
2.使用三種獎金率。第一種給予技術較高者，第二種給予一般員工，第三種給予初學者，每級獎金率差別為10%。
3.標準達83%開始給予獎金。

(二)計算公式

E（達到工作標準83%以上者）＝TR_1
E（達到工作標準83%以下者）＝TR_2
E（生手者）＝TR_3

(三)範例

某家工廠採用麥力克獎金制。甲、乙、丙君為該工廠員工，其中丙君是新手。每日工作時間8小時，甲君完成130件，乙君完成170件，丙君完成75件。每件標準工時3分鐘，第一級工資率為12.1元，第二級工資率為每件11元，第三級工資率每件10元的情況下，甲、乙、丙君之該日工資分別為：

1.工作標準每日完成件數

480（分鐘）÷3（分鐘）＝160（件）

2.甲君該日工資（達到工作標準83%以下）

$E＝TR_1$＝11（元）×130（件）＝1,430（元）

3.乙君該日工資（達到工作標準83%以上）

$E＝TR_2$＝12.1（元）×170（件）＝2,057（元）

4.丙君該日工資（生手）

$E＝TR_3$＝10（元）×75（件）＝750（元）

九、巴爾斯獎工制

巴爾斯（C. G. Barth）提出巴爾斯獎工制（Barth premium system）的主張。巴爾斯先設定工作標準，在工作標準以上者，可實得工資的三分之一的獎金，在工作標準以下者，無法享受保障工資。

(一)計算公式

工作效率（F）＝實際工時產量÷標準工時產量

E（在工作標準以上者）＝4/3×TR

E（在工作標準以下者）＝TRF

(二)範例

甲、乙兩位員工，每小時工資均爲130元，某一上班日，甲君完成150件，乙君完成180件產品，該工作每件標準工時爲3分鐘，依照巴爾斯獎工制，其甲、乙君可領到工資計算如下：

1.工作標準每日完成件數

480（分鐘）÷3（分鐘）＝160（件）

2.甲君（在工作標準以下者）之該日工資

E＝TRF＝8×130×（150÷160）＝975（元）

3.乙君（在工作標準以上者）之該日工資

E＝4/3×TR＝（4÷3）×8×130＝1,386.67（元）

十、盧克計畫

盧克計畫（Rucker plan）在原理上與史堪隆計畫（Scanlon plan）相當，但計算方式要複雜得多。盧克計畫的基本假設是，工人的工資總額保持在工業生產總值的一個固定水準上。盧克主張，研究公司過去幾年的紀錄，以其中工資總額占生產價值的比例作爲標準比例，以確定獎金的數目。

計算方法是計算每元工資占生產價值的比例，例如：每生產一美元的產品，花費成本包括：

電力、物料及消耗品　$ 0.6元
每元增值　　　　　　$ 0.4元

在每元增值中，勞工成本爲$0.2元，那麼勞工成本在增值部分的比例就是50%，則經濟生產力指數（EPI）＝1÷0.5＝2。

預期生產價值是經濟生產力指數與勞工成本之積。如果我們設預期生產價值爲$200,000，實際生產價值（$280,000）超過了預期生產價值，則說明出現了節約額。節約額的公式如下：

節約額＝實際生產價值－預期生產價值
　　　＝$ 280,000－$ 200,000
　　　＝$ 80,000

工人對於價值的貢獻率爲50%，因而獎勵應當按照增值比例進行計算，應得金額爲：$ 80,000×50%＝$ 40,000。

獎金分配給個別員工時，也按其工資與工作時數進行分配，把75%給工人，25%留給公司作儲備金。❹

十一、佣金制

許多企業在訂定獎金制度時，並未將企業的營運目標及將來發展的需要列入考量，直接就進入設計制度的階段，如此一來，當企業成長到一定規模時，該制度就會出現無法適用的窘態。佣金制（commission）具有使報酬與績效產生直接關聯的優點，但其缺點就是有些超過員工控制範圍的事物會對銷售產生逆向影響，例如：某個產品可能會因一項技術上的突破，而使其在一夜之間被其他新產品取代。

佣金制的計算類別有：

1.收入＝每一件產品單價×提成比率×銷售件數
2.收入＝底薪＋（銷售產品數×單價×提成比率）
3.收入＝（銷售產品數×單價×提成比率）－（定額產品數×單價×提成比率）

十二、其他

全勤獎金、效率獎金、品質獎金、減少浪費獎金和防止災害獎金均是獎工制度的一環，茲說明如下：

1.全勤獎金：凡員工在一定期間內，既未請假，又無遲到、早退現象，可給予若干全勤獎金（勤勞獎金）。
2.效率獎金：凡員工工作效率達到或超過一定標準時，可給予若干效率獎金，至於獎金之多寡，得按效率之高低核算之。
3.品質獎金：凡員工出品的品質達到或超過一定標準時，可給予若干品質獎金。其獎金之多寡，一般企業常按出品不良率之多寡計算。
4.減少浪費獎金：凡員工減少浪費達到或超過一定限額時，可按其減少浪費之多寡，給予金額不等之獎金。
5.防止災害獎金：凡員工擔任較有危險性之工作，而在一定期間內從未發生災害者，可給予若干獎金。❺

史堪隆計畫

管理學中最重要的權益分享計畫是著名的史堪隆計畫。史堪隆計畫最早是在1927年由美國麻州哈德遜市的一家Lapointe機床工廠的一位工會領袖約瑟夫·史堪隆（Joseph Scanlon）提出的一項勞資合作計畫，其要點是，如果老闆們能夠使大蕭條期間倒閉的工廠重新開工，工會就同意與公司一起組成生產委員會，努力降低生產成本。

史堪隆計畫的目的，是減少勞工成本而不影響公司的正常運轉，使組織的目標和員工的目標同步化，獎勵主要是根據員工的工資（成本）與企業的銷售收入的比例，激勵員工增加生產，以降低成本。經驗表明，史堪隆計畫的成敗並不取決於公司的規模或者技術類型，而是取決於員工參與計畫的程度和公司管理層的態度是否積極。❻

一、降低成本利益的分享

所謂史堪隆計畫，並非一項公式，也並非一項方案，也不是一套程序，基本上，這是產業生活的一種方式，可說是一項管理的哲學思想，其所依據的幾項假定與「Y理論」（theory Y）完全吻合。但史堪隆計畫與目標設定不同，其不同之點，乃在史堪隆計畫是運用於整個組織，而非僅應用於主管與部屬的關係，或規模較小的群體（**表8-8**）。

史堪隆計畫的第一大特色，是一套關於組織績效改善後所獲得的經濟利益如何分享的措施。但是這絕不是我們通常所謂的「利潤分享」的制度，而是一種降低成本利益分享的獨特制度。建立此項制度後，絕不能取代我們原有的薪資制度，它是建立在薪資制度的上層的一種制度；它的第二大特色，是組成一系列的委員會，藉以對組織中任何人所想到的足以改善營運比率的方法作一討論和審查，並對其中認爲有價值的可行方法付諸實施。❼1944年，史堪隆又進一步完善了這一計畫，提出用工資總額與銷售總額的比例來衡量工作績效。

表8-8　X理論與Y理論

X理論	Y理論
・員工內心基本上都厭惡工作，在允許的情況下，都會設法逃避工作。 ・因為員工不喜歡工作，因此必須以懲罰的方式來強迫、控制或威脅他們朝向組織目標工作。 ・員工會逃避職責，並盡可能聽命行事。 ・大多數員工視工作保障為第一優先，並無雄心大志。	・員工會把工作視為同休息或遊戲一般自然。 ・當員工認同於工作中的任務時，他們會自我督促與自我控制。 ・一般員工會學習承擔職責，甚至主動尋求承擔職責。 ・創新能力普遍分散在所有員工身上，而不是只有管理人員才有此能力。

資料來源：道格拉斯・麥格雷戈（Douglas McGregor）／引自：戚樹誠（2007）。《組織行爲》。台北市：雙葉書廊出版，頁108。

現在史堪隆計畫的要點，包括：(1)工資總額與銷售總額的比例；(2)與降低成本相聯繫的獎金；(3)生產委員會；(4)審查委員會等四個方面。

二、史堪隆計畫之內容

史堪隆計畫之勞動成本生產力，是以過去二年至五年之內正常或接近正常的生產勞動成本（工資成本）爲基準。當勞動生產力基準決定後，可採用該項勞動成本對營業額（商品產值）的百分比率作爲度量，然後每月做一次評估，如有盈餘，則由公司與員工分享，大部分成本結餘中，員工分享75%，而公司分享25%。在史堪隆計畫下所有節省的成本是支付給所有的員工，而不是僅支付給那個提出建議的人。有些公司發現，定期地檢討並將發生的任何改變列爲考量，再據此修正公司的史堪隆計畫，對組織很有助益。公司分享較少的原因是，公司另可享有勞力成本效益提高之下，較少的廢料以及較佳的工具和設備使用方法等方面的獲益。

史堪隆計畫的計算公式如下：

(一)計算公式

員工獎金＝節約成本×75%

＝（標準工資成本－實際工資成本）×75%

＝〔（商品產值×工資成本占商品產值百分比）

－實際工資成本〕×75%

(二)範例

某公司去年商品產值爲$10,000,000元，總工資額爲$4,000,000元，目前的商品產值爲$950,000元，那麼：

標準工資成本爲$950,000×（$4,000,000÷$10,000,000）＝$380,000
實際工資成本只有$330,000（假設值）
節約成本＝$380,000－$330,000＝$50,000
員工獎金＝$50,000×0.75＝$37,500
其餘的25%，則爲企業預留的儲備金，以供日後的需要。

範例8-1

史堪隆計畫獎金核計方法

	單位：千元
銷售額	$ 92,000
存貨增加或減少	10,000
產量（以售價計）	$102,000
減：銷貨退回及折讓	2,000
調整後之產量	$100,000
認定之勞動成本	30,000
減：實際勞動成本	25,000
節餘或盈餘	$ 5,000
減：準備金	500
可分配金額	$ 4,500
公司分享——25%	$ 1,125
員工分享——75%	3,375
所納入薪資總額 （刪除新進人員、帶薪假等項目）	$ 22,500

獎金：$3,375÷$22,500＝15%（以此占每月薪資之比例發放給員工）

資料來源：羅業勤（1996）。《獎工計畫——理論與實務》。自印，頁4-22。

團體獎勵制度規劃

因為工作內容可能是互相依賴的，所以有時不易將每個人區分並評核個人的績效。在這個例子中，建立一個根據團體或團隊績效的獎勵通常是明智的。例如：一位裝配線作業員，必須配合並以生產線的速度來工作，因此在生產線上所有的每個人皆與其他人彼此依賴。在團體獎勵下，所有的團體成員都是根據整個的績效取得薪資。依據特定的情況，這個團隊可能會大到包括整個組織的員工，或者小到只有三或四個人的工作團隊。許多團隊獎勵計畫（group incentives plan）是基於利潤或降低作業成本等因素而設定。

團隊獎勵計畫可以促進團隊內各成員之間的合作精神，也可以利用團隊壓力，防止及減少個別員工的工作標準不一致的情況，集體統一計算獎勵，還可以節省不少行政費用和時間。❽

一、團隊獎勵計畫

康明斯引擎（Cummins Engine）公司是世界最大的柴油引擎製造商，為了改善績效設計出一套差異報酬方案，一方面可以鼓勵個人提升績效，一方面又可以鼓勵整體工廠改善績效。這個報酬制度是以安全事故的發生率、準時交運紀錄、每人每日生產力、支出占總預算率等數字來計算團隊報酬。此外，公司還有兩項要求：顧客對產品的接受率必須達到99.5%以上，以及所需花費必須要從該方案所創造的利潤來支出。

這個方案實施後，康明斯引擎公司的營收明顯增加，成本降低，生產力提升了。可見適當的報酬方案，可以幫助企業達到很大的效果，對於提升績效有很大的貢獻。❾

二、營業部門績效獎金（業績獎金）

營業部門績效獎金係以業務人員可以自主控制的成本或增加貢獻度

之各項因素爲衡量的標準：

1.費用節省。
2.營業目標、銷售目標的超越。
3.目標（新）客戶的開發。
4.目標（新）市場的介入。
5.帳款回收目標。
6.利潤目標。
7.其他相關因素。

三、利潤分享制

利潤分享制（profit-sharing programs）是根據公司獲利狀況而設計的公式來分配員工獎酬的制度，但它不包括股息的分享。獎酬的方式是採取現金，若是高階管理者的話，則可以用股票認股權代之。

四、收益分享

收益分享（gain sharing）計畫是讓員工來分享有關生產率提高、品質提高、成本節省和因其他業績指標改進而產生的收益的一部分。這些收益以紅利的形式發給組織的全體員工，它不同於利潤分享和員工持股計畫，因爲它的計算公式是一套局部的業績衡量指標而不是公司利潤。譬如：史堪隆計畫、盧克計畫等。⑩

五、目標獎金制

目標獎金制是以公式爲基礎的團體獎勵制度，也就是說，公司視團體每階段的績效改善狀況來決定薪資的多寡。因績效提升而節省下來的費用，會以任何比例分配給員工與公司，不過大部分都是50-50的比例水準。

年終獎金制度規劃

從薪資管理學的角度探討，年終獎金應是屬於企業非經常性的支付項目，亦就是企業可以依照當年度實際營運狀況，提撥部分盈餘作爲當年度企業感謝員工一年努力的貢獻，這項輔助獎金若是在企業營運正常運作，具有激勵員工趨向正面發展的工作態度，日常工作事務員工發揮個人潛能，具有教導、誘因激勵效果。⓫

管理者雖然都知道年終獎金的發放並非激勵員工的唯一途徑，但是年終獎金一旦決定發放，它的公正性還是比它的多少更來得重要，任何企業在制定年終獎金的發放政策時，都要考慮同業的發放標準和本身的經營績效，否則不足以留住人才，更何況年節一過，就是一年一度各行各業「招兵買馬」的旺季。

一、年終獎金的意義

年終獎金有兩種意義，第一種爲員工一年辛勤，不管功勞、苦勞，統統有獎，最典型的行業就是外商投資的企業，年終獎金形成制度化，無論營運業績好壞，只要員工當年度在企業服務滿一年，每年固定給予一個月或二個月年終獎金（或七月、一月各發給一個月）；另一種是論功行賞，年終獎金的多寡，按一年來的工作表現以及營業績效作決定，爲國內一般行業所採用。

二、年終獎金發放的原則

年終獎金的發放，企業應遵循下列兩點基本原則：

(一)營運透明原則

企業訂定年終考績標準時，一方面要顧及企業的財務負擔能力，但更要考慮該項給付標準能否滿足員工一年來的貢獻，否則員工挫折感會因而產生。

範例8-2

年終獎金核發辦法

〇〇年〇〇月〇〇日第〇〇屆〇〇次董事會議修正通過

一、為激勵從業人員士氣，發揮工作潛能，降低成本，促進年度營利目標之達成，特訂定本辦法。

二、年終獎金之核發，以公司該年度未提撥年終獎金前結算有盈餘為前提，並於提撥後不得發生虧損。其提撥標準如下：

(一)年度結算營業利益達成預算目標達95%至100%時，提撥1個月薪資總額；達成85%未達95%時，提撥0.5個月薪資總額；未達85%時，不得提撥年終獎金。

(二)超過營業利益預算目標100%時，另自超過營業利益預算目標部分提撥20%，作為年終獎金。

三、核發對象：核算年終獎金年度十二月底仍在職之人員始得發給。服務未滿一年人員按全年工作月數比例計算，未滿一個月以一個月計，特准病假人員比照辦理。

四、年終獎金總額分配方式：

(一)達成營業利益目標提撥之獎金作為一般發給，按全體人員薪資比例平均分配。

(二)超過營業利益目標提撥之獎金，另按個人（含副總經理、總經理、董事長）年度考核結果及主管職位責任輕重分配如下：

1.個人獎金：單位獎金按各單位（指總管理處或各廠）人員薪資比例分配後，再按下列公式計算：

個人獎金＝單位獎金×（個人權數÷Σ單位人權數）

個人權數＝個人考核係數×個人職位係數×個人月薪

個人考核係數對照表

年度考核	優等	良等	甲等	乙等	丙等
考核係數	1.2	1.1	1	0.9	0

個人職位係數對照表

職位	總經理	副總	一級（正副）主管	二級、三級主管	其餘人員
職位係數	1.4	1.3	1.2	1.1	1

2.副總經理、總經理、董事長因平時未發給績效獎金，另按各廠月績效獎金年度累計實績最高發給月數發給獎金。

五、年終獎金以當年度十二月份薪資為計算基準核發。

六、本辦法經提報董事會核定後實施，修正時亦同。

資料來源：莊智英。〈有效激勵制度塑造優質企業文化〉。《台肥月刊》，第43卷第2期（2002/02），頁11-12。

(二)基準標準原則

標準化年終獎金制度必須對人員績效考核，年終獎金的計算方式應有明確及公平的標準，並爲所有員工所瞭解與接受，才能達到公平的原則。

這幾年來，外商來台投資的企業與新竹科學園區內的大部分廠家，年終獎金紛紛採用「雙軌制」，除了固定不按個人考績發給年終獎金外，另外以企業當年度營業業績爲前提，有「賺錢」時，提出部分「利潤」按個人績效的考核等第，發給不同等級與金額的「績效獎金」（或特別獎金），當年度「無利潤」時，則不發給。

由於經營環境的瞬息萬變，企業每年的利潤難於掌握，有些企業年終獎金的發放，比照「平均股利」的模式，也就是採用平均年終獎金的方式，景氣好、獲利高時，員工年終獎金部分提列保留，留待將來發放，不但可維持每年發放的比例，還可鼓勵員工繼續留在公司努力，不失爲上策。

結　語

獎工制度若要實施成功，首先必須在獎金的計算與給付公式要合理且可行，並且讓員工充分瞭解其公式內容，在執行過程中，公司和員工之間要能互信，獎酬與績效相關資訊要正確客觀，公司定期評估獎工制度的適用性，尤其是經營方式改變或環境變遷時，要能及時修訂制度。另外，公司爲有效實施獎工制度應避免延遲發放獎金或發放獎金的時間相隔太長。

註釋

❶陳樹勛（1989）。《企業管理方法論》（新版）。台北市：中華企管，頁222-223。

❷約翰・勝格（John. H. Zenger）著，張美智譯（1999）。《2＋2＝5：高產能與高獲利的新解答》（*22 Management Secrets to Achieve More with Less*）。美商麥格羅・希爾出版，頁48。

❸李潤中（1998）。〈獎工工資制度之設計〉。《工商管理論文精選》。台北市：曉園，頁156-157。

❹徐成德、陳達（2001）。《員工激勵手冊》。北京：中信出版社，頁169-181。

❺李潤中（1998）。〈獎工工資制度之設計〉。《工商管理論文精選》。台北市：曉園，頁156。

❻張一弛（1999）。《人力資源管理教程》。北京：北京大學出版社，頁276。

❼Douglas McGregor著，許是祥譯（1988）。《企業的人性面》（*The Human Side of Enterprise*），台北市：中華企管，頁142-195。

❽Lloyd L. Byars & Leslie W. Rue著，鍾國雄、郭致平譯（2001）。《人力資源管理》（*Human Resource Management*, 6e）。台北市：麥格羅・希爾，頁356。

❾EMBA世界經理文摘編輯部（2000）。〈發揮報酬的驚人力量〉。《EMBA世界經理文摘》，第161期，頁128-131。

❿愛德華・羅勒著，文躍然、周歡譯（2004）。〈美國的薪酬潮流〉。《企業管理》，總第274期，頁58-61。

⓫鄭榮郎（2002）。〈年終獎金該怎麼發？〉。《能力雜誌》，第552期，頁101-103。

第九章

專業人員薪酬管理

- 高階經理人薪酬管理
- 主管人員薪酬管理
- 科技人員薪酬管理
- 業務人員薪酬管理
- 海外派駐人員薪酬管理
- 結　語

> 要讓一個人保持忠誠的最好方法，就是讓他的荷包不慮匱乏。
> ～愛爾蘭俗諺～

隨著經濟全球化進程的加快，企業面臨的市場壓力和風險無處不在，機遇和挑戰並存，專門人員的合理報酬給付，是企業吸引人才、降低經營風險的有效途徑（**表9-1**）。

 高階經理人薪酬管理

高階經理人（chief of executive officer, CEO，或稱經營者）位居公司最高的管理職位，一般而言，他們的薪資所得往往是占組織薪資支出費用總額中最重要的一部分，而企業之所以會付高薪給領導公司策略方向與經營發展的高階經理人，主要的目的除了希望這些位高權重的經理人能夠發揮長才，爲公司創造更高的價值與成長外，也考慮到高階經理人培植不易，替換成本極其高昂，甚至也會擔心一旦高階經理人投靠到競爭對手的團隊，對公司經營將會造成某種程度上不利的影響（**圖9-1**）。

表9-1　各階層員工對報酬內容的定位

高階主管	經理（中階主管）	工程師	一般行政人員
·為高階主管設立「高階主管獎金」（與經營績效絕對相關） ·大的工作挑戰 ·工作內容本身 ·良好的退休計畫 ·從公司負責人獲得的績效肯定 ·高薪	·大量的工作自主權 ·從事有興趣及自認為有意義的工作 ·參與制定工作目標並且做決策 ·從各級主管得到的「績效肯定」 ·升遷發展機會 ·大的工作挑戰	·升遷機會 ·工作責任 ·大量的工作自主權 ·有興趣的工作內容 ·參與感 ·高的工作挑戰	·工作安全感 ·升遷 ·上級的領導（督導）方法 ·上級對工作的回饋 ·待遇

資料來源：美國南加州大學李斯敬之研究報告。

考慮因素
企業本身的性質： ・規模大小 ・行業性質 ・本企業在行業的位次 ・盈利的總體狀況等
影響企業經濟效益的外部因素： ・行業環境 ・經濟環境 ・競爭環境 ・政府行為（如行政管制與優惠、非自然壟斷等）
經理市場的形成情況： ・同行業經理人員的收入水平 ・其他行業經理人員的收入水平 ・企業所在地區的收入水平 ・企業職工的平均收入水平 ・企業前任經理的收入水平等
企業經營成果： ・公司財富保值增值情況 ・主要財務指標等
經營者自身業績： ・經營者的決策能力和管理能力 ・主要財務指標等 ・相關財務指標等
其他考慮

→

報酬方案
構成：基本年薪 風險收入（年度獎金、遠期收入） 報酬的總體水平 風險收入的比重 經營者內部收入的差異 風險收入的支付方式 業績評價的標準與方法 任期內的綜合考慮 處罰條款等

圖9-1　制定經營者報酬計畫的考慮因素

資料來源：中國企業家協會（2001）。《經營者收入分配制度：年薪制、期股期權制設計》。北京：企業管理出版社，頁50。

一、固定薪和變動薪的分配比率

高階經理人的薪資設計，首先考量固定薪與變動薪的分配。變動薪的設計機制，在於對經理人造成激勵效果，使此種具有激勵效果的分配方式，能夠完全契合經理人風險傾向。在個人薪資受到公司經營績效影響而變動的情況下，變動薪對於經理人有很大的激勵與風險承擔作用。當薪資包含固定薪與變動薪兩部分時，經理人一方面必須以保守的態度與管理方式確保公司穩定地營運成長，這樣才可以保障其基本的固定薪收入，另一方面，也必須適度地採取一些較具有風險性的決策作為，追求企業突破的績效成長，也為自己爭取更多變動薪收入的部分。

二、薪酬結構的設計

所謂年薪制，是以高階經理人為實施對象，以年度為考核週期，根據高階經理人的業績、難度與風險，合理確定其年度收入的一種薪酬分配制度。一般而言，高階經理人的薪酬可分為四個部分：(1)本薪；(2)福利；(3)津貼；(4)績效導向的激勵性薪資。

(一)本薪

本薪（基本薪資）具有外部競爭性的涵義，隨著產業性質的不同，其薪資水準也有所差異。本薪的訂定，主要來自於公司內部薪資報酬委員會（compensation committee）決定的，它通常以內部的經理人職務分析與外部的薪資調查報告來作為考量的依據。

薪資報酬委員會要進行下列方面的評價報告：

1.企業資產經營實績情況。
2.成本收入和利潤分析報告。
3.財務決算報告。
4.審計報告。
5.監事會的意見等。（**表9-2**）

本薪的決定，是發生在高階經理人實際的績效表現之前時。實證研究發現，大多數的薪資報酬委員會以主要的競爭者為標竿對象，並且將薪資訂在這些公司裡最高與最低薪之間。

(二)福利

高階經理人的福利，一般包含提供房舍、轎車（含司機）、子女就讀國際學校的學雜費補助、年度假期提供度假的開銷費用的報銷帳等。

表9-2　薪資報酬委員會設置及其職權

<table>
<tr><td>薪資報酬委員會組織規程（第3條）
股票已在證券交易所上市或於證券商營業處所買賣之公司依本法設置薪資報酬委員會者，應訂定薪資報酬委員會組織規程，其內容應至少記載下列事項：
一、薪資報酬委員會之成員組成、人數及任期。
二、薪資報酬委員會之職權。
三、薪資報酬委員會之議事規則。
四、薪資報酬委員會行使職權時，公司應提供之資源。
前項組織規程之訂定，應經董事會決議通過；修正時，亦同。</td></tr>
<tr><td>薪資報酬委員會成員組成（第4條）
薪資報酬委員會成員由董事會決議委任之，其人數不得少於三人，其中一人為召集人。
薪資報酬委員會成員之任期與委任之董事會屆期相同。
薪資報酬委員會之成員因故解任，致人數不足三人者，應自事實發生之即日起算三個月內召開董事會補行委任。
薪資報酬委員會之成員於委任及異動時，公司應於事實發生之即日起算二日內於主管機關指定之資訊申報網站辦理公告申報。</td></tr>
<tr><td>薪資報酬委員會之成員資格（第5條）
薪資報酬委員會之成員，應取得下列專業資格條件之一，並具備五年以上工作經驗：
一、商務、法務、財務、會計或公司業務所需相關科系之公私立大專院校講師以上。
二、法官、檢察官、律師、會計師或其他與公司業務所需之國家考試及格領有證書之專門職業及技術人員。
三、具有商務、法務、財務、會計或公司業務所需之工作經驗。</td></tr>
<tr><td>薪資報酬委員會職權（第7條）
薪資報酬委員會應以善良管理人之注意，忠實履行下列職權，並將所提建議提交董事會討論。但有關監察人薪資報酬建議提交董事會討論，以監察人薪資報酬經公司章程訂明或股東會決議授權董事會辦理者為限：
一、訂定並定期檢討董事、監察人及經理人績效評估與薪資報酬之政策、制度、標準與結構。
二、定期評估並訂定董事、監察人及經理人之薪資報酬。
薪資報酬委員會履行前項職權時，應依下列原則為之：
一、董事、監察人及經理人之績效評估及薪資報酬應參考同業通常水準支給情形，並考量與個人表現、公司經營績效及未來風險之關連合理性。
二、不應引導董事及經理人為追求薪資報酬而從事逾越公司風險胃納之行為。
三、針對董事及高階經理人短期績效發放紅利之比例及部分變動薪資報酬支付時間應考量行業特性及公司業務性質予以決定。</td></tr>
</table>

（續）表9-2　薪資報酬委員會設置及其職權

前二項所稱之薪資報酬，包括現金報酬、認股權、分紅入股、退休福利或離職給付、各項津貼及其他具有實質獎勵之措施；其範疇應與公開發行公司年報應行記載事項準則中有關董事、監察人及經理人酬金一致。 董事會討論薪資報酬委員會之建議時，應綜合考量薪資報酬之數額、支付方式及公司未來風險等事項。 董事會不採納或修正薪資報酬委員會之建議，應由全體董事三分之二以上出席，及出席董事過半數之同意行之，並於決議中依前項綜合考量及具體說明通過之薪資報酬有無優於薪資報酬委員會之建議。 董事會通過之薪資報酬如優於薪資報酬委員會之建議，除應就差異情形及原因於董事會議事錄載明外，並應於董事會通過之即日起算二日內於主管機關指定之資訊申報網站辦理公告申報。 子公司之董事及經理人薪資報酬事項如依子公司分層負責決行事項須經母公司董事會核定者，應先請母公司之薪資報酬委員會提出建議後，再提交董事會討論。

資料來源：《股票上市或於證券商營業處所買賣公司薪資報酬委員會設置及行使職權辦法》。

範例9-1

薪資報酬委員會組織規程

味全食品工業股份有限公司薪資報酬委員會組織規程

第一條（訂定依據）

依「證券交易法」第十四條之六第一項及「股票上市或於證券商營業處所買賣公司薪資報酬委員會設置及行使職權辦法」第三條規定，訂定本公司薪資報酬委員會（以下簡稱「本委員會」）組織規程，以資遵循。

第二條（適用）

本委員會之成員組成、人數及任期、職權、議事規則及行使職權時公司應提供之資源等事項，依本規程之規定辦理。未盡事項依主管機關與公司相關規定辦理。

第三條（成員組成、人數與任期）

本委員會成員由董事會決議委任之，人數為三人，其中一人為召集人。

本委員會成員之任期與委任之董事會屆期相同。

本委員會成員應符合「股票上市或於證券商營業處所買賣公司薪資報酬委員會設置及行使職權辦法」第五條及第六條所規定之資格及限制。

本委員會之成員因故解任，致人數不足三人者，應自事實發生之即日起算三個月內召開董事會補行委任。

本委員會之成員於委任及異動時，公司應於事實發生之即日起算二日內於主管

機關指定之資訊申報網站辦理公告申報。

第四條（職權）

本委員會成員應以善良管理人之注意，忠實履行下列職權，並對董事會負責，且將所提建議提交董事會討論。但有關監察人薪資報酬建議提交董事會討論，以監察人薪資報酬經公司章程訂明或股東會決議授權董事會辦理者為限。

一、訂定並定期檢討董事、監察人及經理人績效評估與薪資報酬之政策、制度、標準與結構。

二、定期評估並訂定董事、監察人及經理人之薪資報酬。

本條所稱之經理人包括總經理、副總經理、協理、財務主管、會計主管，以及凡職位相當於總經理、副總經理或協理者。

第五條（履行原則）

本委員會履行前條職權時，應依下列原則為之：

一、董事、監察人及經理人之績效評估及薪資報酬應參考同業通常水準支給情形，並考量與個人表現、公司經營績效及未來風險之關連合理性。

二、不應引導董事及經理人為追求薪資報酬而從事逾越公司風險胃納之行為。

三、針對董事及高階經理人短期績效發放紅利之比例及部分變動薪資報酬支付時間應考量行業特性及公司業務性質予以決定。

本規程所稱之薪資報酬，包括現金報酬、認股權、分紅入股、退休福利或離職給付、各項津貼及其他具有實質獎勵之措施；其範疇應與公開發行公司年報應行記載事項準則中有關董事、監察人及經理人酬金一致。

董事會討論本委員會之建議時，應綜合考量薪資報酬之數額、支付方式及公司未來風險等事項。

董事會不採納或修正本委員會之建議，應由全體董事三分之二以上出席，及出席董事過半數之同意行之，並於決議中依前項綜合考量及具體說明通過之薪資報酬有無優於本委員會之建議。

董事會通過之薪資報酬如優於本委員會之建議，除應就差異情形及原因於董事會議事錄載明外，並應於董事會通過之即日起算二日內於主管機關指定之資訊申報網站辦理公告申報。

子公司之董事及經理人薪資報酬事項如依子公司分層負責決行事項須經母公司董事會核定者，應先請母公司之薪資報酬委員會提出建議後，再提交董事會討論。

第六條（會議召集與通知）

本委員指定之議事事務單位為人力資源單位。

本委員會應至少每年召開二次，並得視需要隨時召開會議。

本委員會之召集，應載明召集事由，於七日前通知委員會成員。但有緊急情事者，不在此限。

前項通知，得以電子郵件方式為之。

本委員會由全體成員互推一人擔任召集人及會議主席；但其因適用過渡性條款委任之本公司董事為本委員會成員，不得擔任召集人及會議主席。召集人請假或因故不能召集會議，由其指定委員會之其他非因適用過渡性條款委任之本公司董事為本委員會成員代理之。

該召集人未指定代理人者，由委員會之其他成員推舉一人非因適用過渡性條款委任之本公司董事為本委員會成員代理之。

本委員會得請董事、公司相關部門經理人員、內部稽核人員、會計師、法律顧問或其他人員列席會議並提供相關必要之資訊。

第七條（會議議程、出席與決議）

本委員會會議議程由召集人訂定，其他成員亦得提供議案供委員會討論。會議議程應事先提供予委員會成員。

本委員會召開時，公司應設簽名簿供出席成員簽到，並供查考。

本委員會之成員應親自出席本委員會，如不能親自出席，得委託其他成員代理出席，每一成員，以受一人之委託為限。如以視訊參與會議者，視為親自出席。但親自出席會議委員成員不足二人者，不得召開會議。

本委員會成員委託其他成員代理出席本委員會時，應於每次出具委託書，且列舉召集事由之授權範圍。

本委員會為決議時，應有全體成員二分之一以上同意。表決時如經委員會主席徵詢無異議者，視為通過，其效力與投票表決同。表決之結果，應當場報告，並作成紀錄。

本規程所稱全體成員，以實際在任者計算之。

第八條（議事錄）

本委員會之議事，應作成議事錄，議事錄應詳實記載下列事項：

一、會議屆次及時間地點。

二、主席之姓名。

三、成員出席狀況，包括出席、請假及缺席者之姓名與人數。

四、列席者之姓名及職稱。

五、紀錄之姓名。

六、報告事項。

七、討論事項：各議案之決議方法與結果、委員會成員、專家及其他人員發言摘要、反對或保留意見。

八、臨時動議：提案人姓名、議案之決議方法與結果、委員會之成員、專家及其他人員發言摘要、反對或保留意見。

九、其他應記載事項。

本委員會之議決事項，如成員有反對或保留意見且有紀錄或書面聲明者，除應於議事錄載明外，並應於事實發生之即日起算二日內於主管機關指定之資訊申報網站辦理公告申報。

本委員會簽到簿為議事錄之一部分。

議事錄須由會議主席及記錄人員簽名或蓋章，於會後二十日內分送委員會成員，並應呈報董事會及列入公司重要檔案，且應保存五年。

前項保存期限未屆滿前，發生關於本委員會相關事項之訴訟時，應保存至訴訟終止為止。

第一項議事錄之製作及分發，得以電子郵件方式為之。

以視訊會議召開本委員會者，其視訊影音資料為議事錄之一部分。

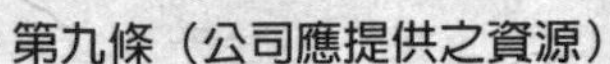

第九條（公司應提供之資源）

本委員會得經決議，委任律師、會計師或其他專業人員，就行使職權有關之事項為必要之查核或提供諮詢，其費用由公司負擔。

第十條（相關執行事項）

本委員會應定期檢討組織規程相關事項，並提董事會討論。

經本委員會決議之事項，其相關執行工作，得授權召集人或本委員會其他成員續行辦理，並於執行期間向本委員會為書面報告，必要時應於下一次會議提報本委員會追認或報告。

第十一條（訂定及修正權限）

本規程訂定經董事會決議通過後施行，修正時亦同。

第十二條（訂定及修正實施時間）

本規程訂立於民國一百年十一月二十一日並實施。

資料來源：味全食品工業公司。網址http://www.weichuan.com.tw/inc/lib/download.asp?UploadFileGUID={588BBCAB-8523-4237-8A07-E231ABE12763}&FileOpenType=1。

(三)津貼

津貼是公司提供的另一項給付報酬，諸如：在法律、稅法、財務等方面提供私人顧問、喪失或終止職位或委任之賠償金。

(四)績效導向的激勵性薪資

績效導向的激勵性薪資，在高階經理人的薪資設計中十分常見，其具有影響高階經理人行爲的作用。短期的激勵性質薪資，採用現金形式給付，而長期激勵性質的薪資，多以股票形式給付，其目的在於結合高階經理人與其他所有權人之利益取向，以激勵性報酬的方式間接控制經理人的行爲，使之能以組織長期的經營績效爲前提，降低高階經理人爲了自利而危害所有權人利益的可能性。常見的長期激勵性質的薪資，有股票認股權與員工分紅入股。

三、績效目標與獎酬訂定

實際目標達成率與預期目標達成率，目標設定的難易程度對於高階經理人風險承擔行爲的影響，是在討論目標達成率最被關切的問題之一。

在績效薪資制度下，關於變動薪設計的目標設定，必須持續性地隨著公司績效表現而調整，以確認高階經理人的決策方向能為公司創造利益。

四、績效評核方式

高階經理人報酬制度實施的前提是業績考核，這涉及到職責執行情況考核和業績評價方法等問題。研究公司治理的學者長期以來一直在思考著究竟以「會計基準」（accounting-based criteria）還是以「市場基準」（market-based criteria）的績效指標來評核高階經理人的績效。在會計基準原則下，高階經理人能夠藉由內部會計報表上的操作，如更改費用編列、資產重置、現金流量或其他科目及記帳程序等，提升其績效表現，因而會計基準原則對於高階經理人而言，是較有利益保障的作法；而學者建議採用市場基準原則，因為市場基準原則具有較強的激勵與監督作用，使高階經理人所追求的利益能夠與所有權人的利益更趨於一致（**圖9-2**）。

五、金色降落傘

金色降落傘（golden parachutes）係指有一個合同規定，當公司被購併或惡意接管時，如果高階經理人被動失去或主動離開現在職位，他可以獲得一筆離職金。一方面，金色降落傘保證了離職的高階經理人的福利，另一方面，在有些情況下，購併或接管有利於股東權益，但是，高階經理人出於保住自己職位的考慮，會竭力阻止購併或接管。如果高階經理人的薪酬中有「金色降落傘」這一部分，出現上述情況的可能性將會降低。1980年代納貝斯克公司（Nabisco）被雷諾茲煙草公司收購後，其首席執行官羅斯．約翰遜（Ross Johnson）離職，他獲得了五百三十八萬美元作為補償，這是八〇年代數額最大的一筆金色降落傘離職金。❶

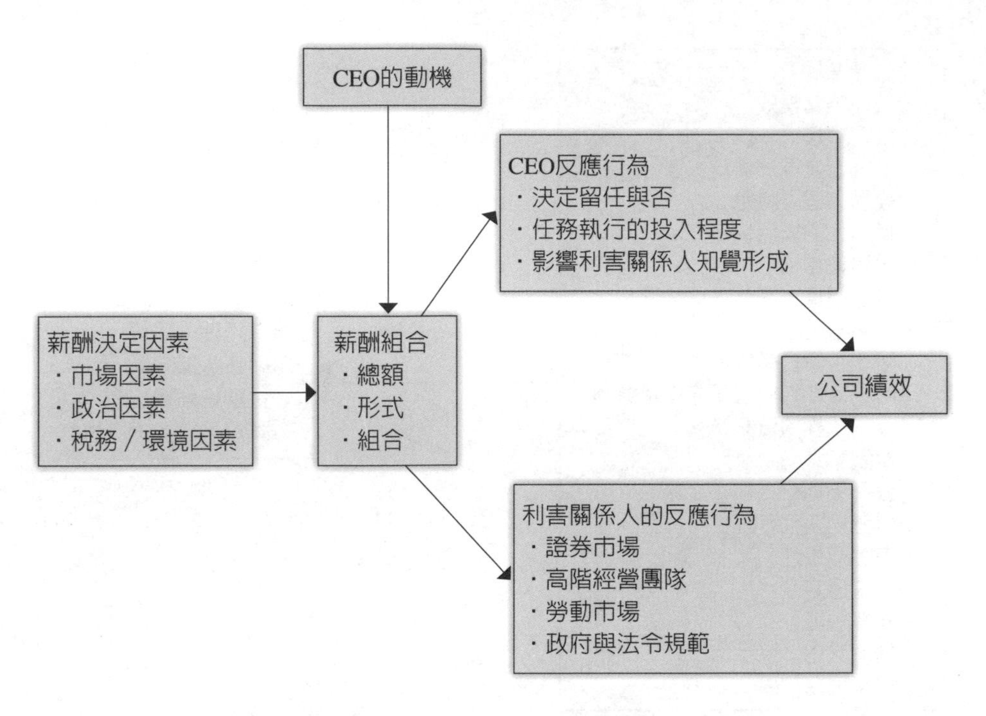

圖9-2　高階經理人（CEO）薪資結構的因果關係

資料來源：Finkelstein, Sidney & Hambrick, Donald C. (1988). "Chief executive compensation: A synthesis and reconciliation." *Strategic Managerial Journal*, 543-558。引自李思瑩（2003）。〈高階經理人薪酬決定因素之實證研究〉。中央大學人力資源管理研究碩士論文，頁8。

高階經理人的薪酬給付，通常是由董事會決定，而其薪資結構設計乃依據上述多項決定因素爲考量。一般而言，在風險趨避的假設條件下，高階經理人偏好更高比例的固定薪部分，更高的薪資水準及較低的績效薪比重，如此可以降低其風險揭露（risk exposure）的機率，並保障其固定收益（**圖9-3**）。

圖9-3　高階經理人薪資設計之基本架構

資料來源：Barkema, Harry G. & Gomez-Mejia, Luis R. (1998). "Managerial compensation and firm performance: A general research framework." *Academy of Management Journal*, 41(2).

主管人員薪酬管理

主管人員的薪酬制度，是經過仔細而均衡地考量各種因素之後，逐步地發展出來的。

一、設計主管人員薪酬制度考慮因素

設計主管人員薪酬制度時，必須審慎評估可能影響薪酬制度實施效果之所有環境因素。這類因素包括以下三大類：

(一)第一類：有事實或資料爲依據的公司內在因素

這類因素包括：事業的定義與範圍、組織結構的分權程度與決策過程、個別職位設計中的職權問題、策略規劃和目標設定之程序、績效評量的方法，以及薪資管理制度中的各項成分。

(二)第二類：主管的公司內在因素

這類因素所考慮的有：執行薪酬計畫所需的管理魄力、人力資源的計畫和安排，以及管理風格之配合。

(三)第三類：影響公司營運的所有外在因素

這類主要考慮的有：產業環境中競爭者的行動和產業的穩定性，以及政府和社會的行動所構成的政治環境。

企業在開始規劃主管人員的薪酬時，應仔細的評估以上各種因素，從這些分析中發展出一種可作爲指標的基準準則，使各種薪酬的因素能均衡地調和在一起。

二、主管人員薪酬制度的組合

在企業經營的不同階段中，主管人員之薪酬需求和型態均有很大的差異。一個剛草創的企業的薪酬，可能極度地偏向長期的誘因，特別是股票認股權（股票期權），而給予較低的薪資；但是一個成長中的企業，則可能著重於年度獎勵計畫，並以較高的薪資來聘請特殊的專才；一家成熟的企業，則可能著重薪資或薪酬制度中的安全因素，如以高薪爲基礎的「退職金」；衰退期的公司行號，則有可能著重在遣散費或薪酬制度中的其他遞延因素上。所以，設計一套完整的主管人員薪酬給付制度，通常包括下列四種組合而成：

(一)基本薪資

基本薪資的訂定，必須同時注意兩個原則：內部公平性及外部公平性。內部公平性藉職位評價程序或正式的薪資分級體系來確定；外部公平

性係藉同業間薪資調查來比較各個職位所領的薪資而定。

(二)年度或短期的獎金

近幾年來，對所有的產業而言，很明顯的有朝著年度紅利或獎金計畫發展的趨勢，伴隨而來的另一趨勢，是發展以績效爲基礎的獎金計畫。薪資與紅利的計算需考慮內部與外部的影響因素，再做仔細的斟酌。高紅利多少能彌補一些基本薪資的不足（若紅利高，所彌補的程度自然更大），反過來說，高的薪資對低的紅利而言，何嘗不是另一種平衡的作用。

(三)長期獎勵

股票認股權是一種長期獎勵，其目的是進一步把主管人員的利益連在一起。股票認股權雖然有各種形式的計畫，但最典型的股票認股權計畫，是給予主管人員以某一指定日公司股票的市場價或低於當時市場價，購買一定數量股票的認購權利。這種報酬形式，在股票價格上漲時，對手邊有認股權的主管人員特別有吸引力，買低賣高，賺取差價。

(四)福利與額外津貼

主管人員的福利通常比一般員工所得的福利要高一些，因爲這種福利與主管人員的高薪相對應。額外津貼是公司提供給一小部分主要的主管人員的特殊的額外福利，例如：提供停車位、購車補助、俱樂部會員證、高爾夫球證、健康檢查等。無論在何種情況下，評估一套主管人員薪酬制度時，一定要審慎的檢討各項福利或津貼措施在全部福利計畫中是否具有內部效能與內部一致性。此外，還需考慮這些福利措施是否能密切配合各項現金薪酬之元素的搭配及考慮競爭性的作法。

越來越多的企業在設定主管人員薪資和獎金的薪酬水準時，是根據整套的薪酬制度來考慮，而不再視爲四個獨立的計畫。❷

三、股票認股權

股票認股權是指買賣雙方按約定的價格，在特定的時間內買進或賣出一定數量的某種股票的權利。股票認股權交易出現於二十世紀二〇年代，標準的股票認股權合約於1973年由芝加哥認股權交易所推出並正式掛牌交易。此後，美國等西方發達國家的企業開始應用股票認股權，並把面向任意投資者的可轉讓的認股權合約，改變成公司內部制定的面向特定人的不可轉讓的認股權。

雖然從理論上講，透過執行主管人員股票認股權制度，主管人員的利益與其他股東的利益保持了一致，但在實際情況中，這種一致性只存在於公司股票價格上漲時，而當股價下跌時，這種一致性就消失了。假設一個股東以每股20元購買該公司股票，當股價下跌到12元一股時，該股東每股便損失8元，但擁有股票認股權的主管人員（假設認股權獲得價為20元）卻沒有任何損失，因為他可以選擇不在此時行使該認股權。從實行主管人員股票認股權的公司本身來看，採用這一制度的目的其實有兩個：激勵主管人員和留住人才。因此，為了達到激勵主管的目的，許多公司採用了所謂「掉期認股權」的制度。如上例，當股票市價從20元一股下跌到12元時，公司就收回所發行的舊認股權而代之以新認股權，新認股權的售予價為12元一股。在這種「掉期認股權」工具安排下，當股票市價下跌時，其他股東遭受損失，而主管人員卻能獲利。為了達到留住人才的目的，許多公司對主管人員股票認股權附加限制條件，一般的作法是，規定在認股權授予後幾年內（通常二年內），主管人員不得行使該認股權，這樣，當主管人員在上述限制期間內離職，則他會喪失剩餘的認股權，這就是所謂的「金手銬」。❸

科技人員薪酬管理

有關科技人員的職位評價方法比管理人員尤為困難。科技工作的內涵困難度與重要性常因時、因事而異。在每次的專業工作中，個人所擔任的職位既不相同，其責任之輕重更難以衡量（**表9-3**）。

表9-3　研發人員薪資管理的實務作法

調查樣本	薪資政策	薪資結構	激勵措施
A公司	內部高標準	基本薪資 績優加給	彈性工時、成果獎勵、獎金
B公司	內、外高標準	彈性加薪	上下班不打卡
C公司	對內公平 員工間公平	彈性薪資	獎金、不打卡、授權自主、自由安排休假
D公司	符合同業標準	彈性薪資	記功、獎金、公開表揚、考績加分
E公司	固定等級	基本薪資 工作加給	專利獎金、調薪
F公司	固定等級	基本薪資 研發加給	專利、著作獎金
G公司	對內高標準	彈性薪資	專利、著作獎勵金、論文、報告獎勵金
H公司	計薪制 對內高標準	基本薪資 工作加給	獎勵計點、年終獎金
I公司	符合同業標準	彈性薪資	績優記功、獎金、表揚

資料來源：張聖德（1996）。〈企業「研發人員」人力資源管理之研究〉。高雄師範大學工業科技教育學系碩士論文，頁137。

目前對於科技人員的核薪方法都依照教育程度與年資來訂定，除非才能特別傑出，否則只要教育程度與年資相同，其薪資亦大抵相同。在美國許多科學家和工程師協會都會經常發表在各種教育程度下不同年資的科技人員所得統計的薪酬報告或成熟曲線（maturity curve），各公司可根據此成熟曲線並參照個人表現來核定其科技人員的薪酬（**表9-4**）。

一般說來，眞正的加薪都是伴隨升遷或頭銜的改變而來，但科技人員通常因晉升不易，或由於不適任於管理工作而根本不能晉升，因此，科技人員另有一套頭銜的改變梯階，例如：由助理工程師、工程師、總工程師、工程顧問到高級工程顧問，此種頭銜梯階尤其適合用在研發人員。❹

據蒐集了國內一百四十六家大型企業的實證資料顯示，高科技產業激勵獎金占全部薪酬比例較其他產業略高，員工分紅占年度盈餘比率則顯著高於傳統製造業，而平均調薪幅度亦較其他產業顯著爲高，此外，高科技產業在全勤獎金、發明獎金、久任獎金、員工無償配股與員工優惠認股等制度上的實施比例，均較其他產業爲高，而且產業間的差異已達顯著水準。❺

表9-4　高科技人員對報酬內容的價值定位

- 與頂尖專家工作的機會
- 對工作決策有相當的自主權
- 優美的工作地點
- 舒適的工作環境
- 在「領先」的公司工作
- 建設性的組織氣氛
- 彈性工作時間
- 提供雙軌個人發展升遷的機會
- 保持領先「同群」的前程機會
- 公開、充分溝通的管理
- 對重要專案能澈底參與
- 提供個人意見充分表達的機會
- 對公司的「將來」扮演重要影響或主導角色
- 為明天而努力，不做重複性及規劃性的工作
- 穩定性的長期專案
- 能對上級充分表達個人需要的機會
- 公司業務不斷轉向擴充發展，以繼續提供新機會
- 公司提供良好休閒設施
- 加薪速度快
- 用不完或沒空用的休假，公司可以提供報酬
- 提供參與多樣專案計畫的機會
- 讓員工可以自由在管理工作與專業工作間來回調動
- 適合家庭的工作環境

資料來源：美國南加州大學李斯敬之研究報告。

業務人員薪酬管理

薪酬制度是影響業務人員流動率的最主要因素之一，企業想要留住業務人員，必須給予公平、合理的待遇，讓業務人員辛勞所付出的代價與薪資成正比，然後再給予適當的鼓勵（**圖9-4**）。

一、設計業務人員薪資的原則

設計業務人員的薪資結構時，公司必須確定給予業務人員的薪資在業界具有競爭力，否則人才容易流失，同時發放的獎金目標，至少要讓

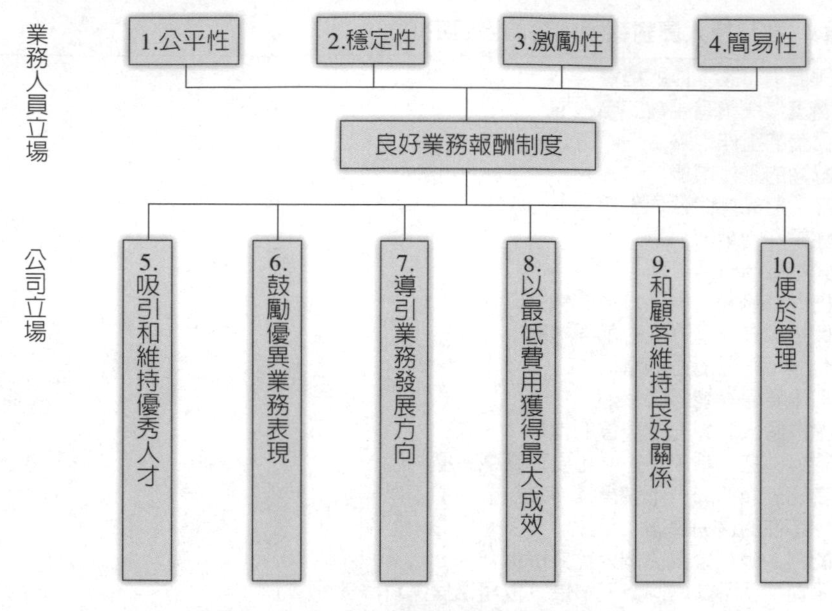

圖9-4　良好業務報酬制度必備要素

資料來源：陳偉航（2002）。《No.1業務主管備忘錄》。台北市：麥格羅・希爾，頁111。

60%至70%的業務人員都能達到目標，且要與公司的營收掛鉤，產生福禍相依的共存關係。所以，設計業務人員薪資制度時，需要把握下列的幾項關鍵原則：

(一)針對職務本身而非針對個別業務人員而設計

設計業務人員薪資制度時，公司首先需要考慮這個職務的特性，而不是個別員工的需求，否則，公司得到的只是幾個明星業務人員，而不是一支夠水準的銷售團隊。

(二)遊戲規則不要太複雜

公司衡量業務人員工作表現方法不要過多，否則不容易向業務人員說清楚。如果業務人員不能完全瞭解給薪的規則，他們很難受到激勵，產生努力的動機，使得原有的美意盡失。

(三)獎勵業務人員超過預期的表現

如果公司告訴業務人員當他們達成銷售目標時，可以獲得五萬元的獎金，那麼公司應該準備二至三倍的預算，以適時獎勵業務人員的超水準表現。

(四)考慮淡旺季的因素與業績達成率的關係

設計薪資結構時，必須考慮淡旺季的因素，確實掌握業務人員完成一筆交易所需的時間及精力，給予業務員的薪資才會公平。

(五)佣金給付的合理性

無論佣金是以交易額的比例計算，或是固定的金額，佣金的數目都必須合理。

(六)不要忽略了底薪的重要性

公司的業務屬性不同，適合的薪資結構也不同。衡量的標準原則是，產品越需要業務人員的銷售功力才能賣出，薪資就越需要以佣金爲主，以底薪爲輔。

(七)鼓勵業務團隊合作

當一位業務人員發揮助攻效果，幫助同事完成交易時，公司也應該給予獎金，才能鼓勵業務人員彼此合作。

(八)謹慎更動薪資辦法

許多公司在景氣榮景時，怕業務人員賺得太多，在景氣不好時，又怕業務人員賺得太少而患得患失，因此只要公司所設定的銷售目標合理，而且薪資結構還能達成激勵業務人員的目的，公司在更動業務人員薪資制度時，就要格外謹慎。❻

二、業務人員薪資給付的型態

一般業務人員薪資給付的型態，有下列三種給付方式的規劃：

(一)固定薪制

固定薪制，係指業務人員領取固定的薪資，沒有額外的獎金或佣金，與一般內勤員工所領取的薪資方式一樣。當一家公司生產的是大衆化的產品，而且容易推廣時，業務人員不需花太多時間和功夫向客戶說明，生意就可能迅速成交，在這種情形下，公司用不著發放佣金。例如：當公司的產品很難劃分出是哪位業務人員成交的，或產品之所以成交，是因爲公司花費了很大的力氣，個人只是湊巧碰上，完成了交易，在這種情況下，適合採用固定薪資制。

(二)佣金制

佣金制度也就是業務人員不拿固定薪，只按個人的業績領取佣金。一般保險業通常採取此一方式計薪。

(三)混合給薪制

混合給薪制就是由各種不同方式的佣金、獎金制度加上固定薪組合而成的一種制度。此項制度的設計難處，在於如何劃分混合制中的固定部分薪資與變動部分獎金。一般企業在劃分時，通常參照採用80%的底薪加上20%的獎金，也有採用60%底薪對40%獎金的混合制。這種混合給薪制的薪資變動部分，可分爲三類：(1)佣金；(2)獎金；(3)佣金加獎金制度（**表9-5**）。

表9-5　給付業務人員薪資型態的比較

類別	優點	缺點
固定薪制	·容易管理 ·保證業務人員每月有固定的收入 ·使業務人員信賴公司願意久留	·缺乏金錢上的鼓勵 ·養成一般人偷懶、不願做事的壞習慣 ·好的業務人員不願意發揮工作潛能 ·能力強的人與能力差的人待遇差別不大
佣金制	·依業務人員的努力程度而訂定薪資標準 ·業務人員容易瞭解自己薪資的計算方法 ·減少公司的營銷成本 ·能力高的人賺的錢也越多	·景氣好時，業務人員每個月可以拿到很高的佣金，但是景氣差時，卻沒有多少收入 ·業務人員容易兼差，同時在好幾個單位上班，以分散風險 ·業務人員推銷其本身重於推銷公司的產品，因為若推銷自己成功，下次可以向客戶推銷其他任何產品 ·公司營運狀況不佳時，業務人員紛紛求去
混合給薪制	·提供業務人員較多的賺錢機會 ·可以吸收較有能力的業務人員 ·業務人員同時領有固定薪與佣金，生活較有保障 ·獎勵的範圍加大 ·使目標容易依照計畫達成	·計算方法過於複雜 ·除非對漸增的銷售量採取遞減的佣金，否則會造成業務人員不成比例的獲利 ·營業情況不好時，固定薪往往留不住較有才能的人

資料來源：李常生（1980）。〈如何爲業務人員核薪？〉。《現代管理月刊》（1980/10），頁27-29。

海外派駐人員薪酬管理

企業對外投資，必須動用資金、設備及人力資源，其中又以人力資源最爲重要。一般所稱的海外派駐人員，乃指企業長期派赴國外據點工作者而言。因海外派駐人員需要離鄉背井，且肩負企業擴展營運範圍的重責大任，因此，海外派駐人員待遇制度設計的基本策略，是指除原在國內領取的基本待遇之外，再給予某種程度的優渥津貼或安排，希望藉著這些津貼或特別安排，能有效激勵員工赴海外工作（**圖9-5**）。

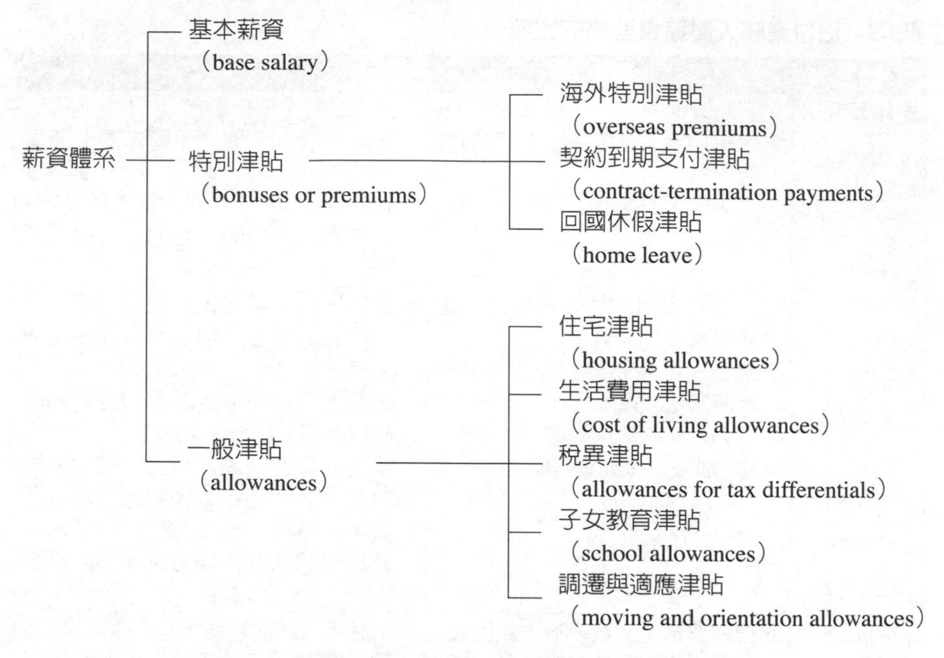

圖9-5　美國多國籍企業海外派遣人員之薪資體系

資料來源：Davis, Stanley M. (1979). *Managing and Organizing Multinational Corporations*. New York: Pergamon Press Inc., p. 177.

一般企業在設計海外派駐人員的待遇制度時，會考慮以下的結構（**表9-6**）：

一、本薪

本薪（底薪）通常是計算海外工作津貼的基準。派外人員之本薪應與在國內服務時相同，一旦員工由海外返回國內工作時，就很容易可以銜接國內薪資給付制度。

二、海外服務津貼

海外服務津貼是激勵員工赴海外工作意願的最重要因素。海外服務津貼的金額或幅度，通常與一個國家的海外投資經驗成反比。易言之，一

表9-6　海外工作人員待遇結構項目與內容

項目	內容
本薪	與在國內服務時相同
海外服務津貼	與國家投資經驗成反比，與職務待遇成反比
生活津貼	依工作地區生活成本而訂定
艱困津貼	考慮文化差異、語言困難、公共衛生條件、政治穩定性
房屋及水電瓦斯津貼	通常由公司按實額支付
子女教育補助	子女海外依親者，全額補助至高中畢業
個人綜合所得稅調整	依本薪及本國稅賦結構計算
匯率調整	本薪及部分津貼以本國貨幣支付
探親休假	全年約三週左右（派駐歐美國家）或二至三個月休假七天（派駐中國大陸）
交通	高階經理級以上職位有配車
其他福利計畫	海外醫療及意外保險
遷家費	來回各一次，通常是一個月本薪的二分之一
生涯發展協助方案	返國後有適當職位安排

資料來源：彭楚京（1995）。〈貼心照顧吸引闢疆勇者〉。《管理雜誌》，第258期，頁126。

個國家的海外投資經驗或歷史越長者，企業給付給員工的海外服務津貼的金額就越小，反之則高。以歐美國家爲例，由於他們有較長久的海外工作經驗與歷史，所以一般員工的海外津貼大約介於本薪的15%至30%之間。

三、艱困地區津貼

給付艱困地區津貼，其目的在於因派駐的地區生活環境較爲艱苦、公共衛生條件較差、語言溝通困難或政治環境複雜而給予的補助，目前以中國大陸、東南亞地區工作者，常會使用這類津貼。

四、生活津貼

生活津貼（攜眷依親補貼）是依海外派赴地的生活水準，以及依員工攜眷赴任人數而訂定不同的生活津貼標準，可依定額方式或依原領本薪加成給付。

五、搬家補助

海外派駐人員在搬家赴任或回任過程中所攜帶的隨身行李或家具的運送費用補貼。一般企業可採用定額實報實銷方式，或依單據實報實銷，無補助上限，端視企業預算與企業文化而定。

六、子女教育補助

本項補助金通常是採取全額補助，但一般只補助到該員之子女高中畢業時止，至於補助海外派駐人員的子女唸什麼樣的學校，則無定論。

七、探親休假

一般企業每年都會定期提供免費來回機票，以及較長的假期給派外人員回國探親。一般而言，派駐歐美地區人員，大概一年提供一到二次探親假，但派駐亞洲地區（中國大陸、越南等地）的探親假，通常一年有五、六次，每次回國休假期間約五至七天不等。

八、醫療與意外保險

海外派駐人員的人身安全問題是企業最重視的問題。海外派駐人員的保險，除在國內的勞工保險（含職災保險）、全民健康保險（醫療險）、團體保險（壽險、意外險、住院醫療險）外，企業還會爲海外派駐人員額外加保旅遊平安險、住院醫療保險等。

九、匯率調整

匯率的波動應否重新換算本薪及各項津貼，當然應依匯率波動幅度來考慮。一般企業對派駐海外工作人員給付的本薪，仍然依照國內貨幣給付，避免匯率調整造成給付上的困擾。

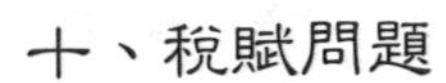

十、稅賦問題

一般企業係針對兩地個人所得稅率不同的部分加以補貼。

十一、生涯發展協助方案

很多員工不願赴海外地區工作的最重要因素，是一旦赴海外工作後，其在國內的生涯發展就可能中斷了。因此，公司必須對派外工作人員提供生涯發展協助方案，以確保任何派赴國外工作人員在任期屆滿返國時，均有適當的職位安排。❼

結　語

薪資體系是人力資源管理系統的一個子系統，它向員工傳達了在組織中什麼是有價值的。一個組織越是能夠建立起面向員工的內部公平、外部公平和個人公平的條件，它就越能夠有效地吸引、激勵和留住所需要的專門人員，來實現組織的目標。

註釋

❶中國企業家協會（2001）。《經營者收入分配制度：年薪制、期股期權制設計》。北京：企業管理出版社，頁348。

❷Kenneth J. Albert著，陳明璋總主編（1990）。《企業問題解決手冊》（*Handbook of Business Problem Solving*）。台北市：中華企管，頁169-183。

❸〈經理人的「金手銬」：股票認股權〉，中國求職網http://www.hzhr.com.cn/news/xingzheng/200603/901.html。

❹謝安田（1988）。《人事管理》（*Personnel: Human Resources Management*）。自印，頁641-642。

❺諸承明（2001a）。〈高科技產業激勵性薪酬之研究——產業比較觀點〉。《人力資源與台灣高科技產業發展》。桃園縣：中央大學台灣經濟發展研究中心，頁99。

❻EMBA世界經理文摘編輯部（2002）。〈該不該爲業務人員調薪？〉。《EMBA世界經理文摘》，第188期，頁136-141。

❼彭楚京（1995）。〈貼心照顧吸引闖疆勇者〉。《管理雜誌》，第258期，頁126-128。

第十章

薪資行政管理作業

- 薪資方案管理
- 用人費概念
- 薪資調整考慮因素
- 績效調薪作業
- 薪資成本控制
- 薪資溝通要訣
- 晉升給薪作法
- 薪酬資訊透明度
- 一般特殊薪資問題解決方案
- 結　語

> 可能沒有一種商業成本比勞動力成本更可控制和對利潤有更大的影響。
>
> ～漢德森（Richard Henderson）～

薪資就是用來購買勞動力所支付的特定成本，也是用來交換勞動者勞動的一種手段。薪資的投入可以爲投資者帶來預期大於成本的效益，員工爲企業創造的價值大於企業支付的薪資，而超過薪資的那部分收益就是企業的利潤。❶

薪資爲生產成本之一，如何使薪資支出預算合理，不超逾企業支付能力上限，不致使產品成本過高，失去市場競爭能力是合理化薪資管理中不可忽略的問題。

薪資方案管理

薪資方案管理，是指在薪資方案具體實施前、實施中，以及實施後做出的各種決定、完成的各項工作，其目的在於保證薪資方案在企業內部系統中正常發揮作用。

有效的薪資方案要求管理層在很多方面提供政策準則，它包括以下各個方面：

1.基本薪資政策應說明薪資方案的目的，以及企業希望在勞動力市場上所處的競爭力位置。

2.本薪（底薪）應說明薪資等級、薪資範圍、最低薪資、最高薪資、允許的例外情況及應達成的相應條件。

3.額外津貼應說明加班費的計算方式、假日薪資以及工作班次薪資級差。

4.加薪應說明所採用績效考核體系的類型、加薪的確定方法、加薪的週期等。

5.晉升應明確晉升的涵義、晉升的條件以及提高薪酬的時間。

6.調動應說明薪資是否會受到相應影響，以及受到影響的程度。
7.工作說明（職位描述）應明確規定應使用的格式、使用的原因、做出更改的條件等。
8.職位評價應說明體系的目的、使用的方法、職位評價委員會的組成、待評價職位的處理方法等。
9.薪資調查應說明調查的目的、週期、內容及方法。
10.獎勵薪酬政策應明確管理目標、薪資支付辦法、獎勵標準的修改等。
11.薪資水準調整應說明薪資結構調整的條件、生活費用的調整辦法等。
12.福利政策應說明所提供福利的範圍、資格要求、直接人員與間接人員的成本分攤比例，以及其他所有重要的問題。

薪資政策作爲指導決策的文件，應經常檢查，因爲它並不是刻在水泥柱上的戒律，也不是鐫刻在碑石上的法律。所以，薪資方案的管理，必須隨著勞動力市場人才供需關係的變化、企業組織結構的變更、企業業務上的擴張或縮小經營規模、企業獲利能力的情況，定期檢討，以確定是否需要修訂。❷

用人費概念

人、物、錢等三種經營要素都需要成本，然而其中最需要加以重視的，可說是有關人的費用。用人費，係指企業僱用員工從事直接或間接的生產或銷售，對此勞務所支付的報酬，以及因爲使用勞務而發生的訓練、福利、管理費用等支出而言。薪資及用人費預算的目的在訂定公司的支付能力，也就是用人費的上限。假定公司無人員精簡或降薪的計畫下，其上一年度的用人費即是本年度用人費的底線（**表10-1**）。

表10-1　僱用員工的可能薪資成本

具生產力的時間	不具生產力的時間	額外利益
工資	休假給付	退休金
獎金	假日給付	資遣費
紅利	病假給付	固定津貼
加班費	婚假給付	團體保險
休假獎金	喪假給付	勞工保險
輪班津貼	公假給付	全民健保
業績獎金		
風險給付		

資料來源：Bartley, Douglas L.著，林富松、褚宗堯、郭木林譯（1992）。《工作評價與薪資管理》（*Job Evaluation: Wage and Salary Administration*）。新竹：毅力，頁12。

一、用人費用的考慮事項

勞動成本對競爭優勢的影響，在勞力密集型組織的製造行業與服務業尤爲顯著。公司經營類型的不同，所採用的用人費率也不同。電子業的用人費用也許僅占全年營業額的10%，而一家傳播公司的用人費用則很有可能高達全年營業額的35%以上（**表10-2**）。

表10-2　成本結構表

	材料成本	人工成本	其他成本
食品製造業	79.3%	9.8%	10.9%
化學工業	67.3%	13%	19.7%
汽車製造業	82.1%	9.3%	8.6%
建築業	20.9%	16.8%	62.3%
礦業	14.7%	45%	40.3%
運輸業	9.6%	26%	64.4%
電氣、瓦斯業	47.4%	9.8%	42.8%
批發、零售業	90.7%	4.6%	4.7%
家電製造業	66.7%	20.3%	13%
漁業	45.4%	28.7%	25.9%
印刷業	31.4%	10.6%	58%
石油精製業	79%	10%	11%

資料來源：日本銀行統計局。引自周可（2002）。《消除浪費求生存》。新北市：中國生產力，頁45。

個別公司在訂定用人費用前，必須先考慮下列事項：

1.與同類型、同一獲利水準的公司比較。
2.參考最近三年的物價指數。
3.參考人力市場的職位供需狀況。
4.以自己公司的經營理念訂定的薪資政策線（**表10-3**）。❸

二、用人費的分類

由於勞動成本占一家企業營運預算有一定的比例，所以它極大地影響競爭優勢。透過有效的控制這些給付員工的報酬成本，一家企業可以獲得成本領先的優勢。

一般用人費的分類，約有下列四項：

(一)主勞務費與副勞務費

主勞務費，乃是占用人費主要部分者，而主要是作爲勞動等價上所支付者；副勞務費，乃是指非直接作爲勞動等價所支付，而是間接地依法令規定或法定以外之福利費、退休金之類者（**表10-4**）。

表10-3　各行業的人事成本比重

產業	公司	人力占成本比重	產業	公司	人力占成本比重
被動元件	美磊	30%	筆記型電腦代工	鴻海	3%
	禾伸堂	30%		廣達	2%
	興勤	10%		緯創	2%
	國巨	6%		仁寶	1%
手機零組件	閎暉	15%	PC零組件	新日興	7%
	美律	15%		群光	6%
	正崴	10%	印刷電路板	台郡	12%
	光寶科	5%		健鼎	10～15%
網通	正文	10～15%		台虹	10%
	啓碁	10～15%		敬鵬	7%

資料來源：胡釗維、林易萱（2010）。〈選邊站效應　加快大廠恆大〉，《商業周刊》，第1164期，頁118。

表10-4　工資總額的構成

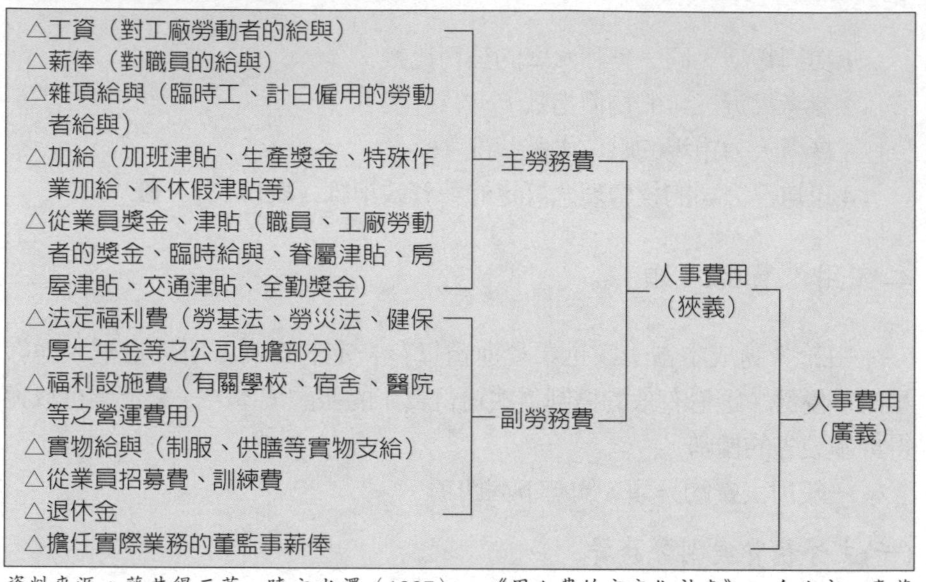

資料來源：藤井得三著，陳文光譯（1987）。《用人費的安定化計畫》。台北市：臺華工商，頁20。

(二)勞務費與用人費

勞務費，乃是指計算製造成本時之薪資成本，也就是在製造現場的作業員、管理員的薪資成本；在不是現場之總公司或營業所擔任銷售或管理業務的人，其薪俸在損益表內列爲「事務員薪金」，將此勞務費與事務費薪津合計者乃是用人費總額。

(三)直接勞務費與間接勞務費

直接勞務費，乃是指從事生產等直接業務的員工薪資成本之謂；間接勞務費，則是擔任記錄、資材、管理或是搬運、修理等間接業務的作業員、事務員之薪資成本之謂。因此，直接勞務費是從事產品製造的人的薪資成本，所以是按照領取多少薪資的人工作了多少時間，將之計列於該產品的成本；但是間接勞務費，則是計算哪一位從業員對哪一種產品工作了多少時間，是不容易的事，所以採取以全產品的共通成本所需要的作業時

間數或機械操作時間數來分配。

(四)固定性用人費與變動性用人費

用人費中不因業務量或景氣的好壞而變化者稱爲固定性用人費，而會隨著這些因素而產生變化的則稱爲變動性用人費。做這種分類的目的是在於利用損益平衡點等方法來分析經營成本時之用。另外，變動性用人費則爲加班、獎金的一部分或出差費等。❹

三、控制用人費的方式

在經濟榮枯循環的過程中，景氣好時，用人費用容易被吸收，但是在景氣走下坡時，企業爲永續經營下去，必須擬訂合理的用人費措施，以期因應。一般企業常採用下列的方式來控制薪資及用人費的支出：

(一)預算制

公司每年擬訂經營計畫時，即預定該年度薪資調整的幅度。

(二)用人費率制

此一方式係於營業收入中，按一定的比例來訂定支付用人費的上限。

用人費率＝用人費總額÷營業收入總額
年度用人費用＝年度營業收入總額×以往三年之平均用人費率

採用用人費率制作爲控制的方法，尚須考慮獲利率，如獲利率未達一定標準時，尚可以用下列方式控制用人費：

用人費＝營業收入×用人費率×獲利率減少之百分比

範例10-1

用人費用應擬訂之重要基本假設項目與說明

項目	基本假設說明	主辦單位
現行員工人數	○○年○○月底總人數	人力資源部
人力需求計畫	依各單位○○年度營運計畫及業務成長情形所列用人需求表人數統計	各單位 人力資源部
調薪計畫的假設	評估國內物價水準及參酌本公司、同業、公務人員近年來調薪狀況，以固定薪3%編列	人力資源部
員工晉級預計調薪預算	晉升預算按全公司○○年○○月底總人數的固定薪0.5%編列	人力資源部
勞、健保費用之假設	以目前員工投保金額預估調升一級增加投保繳費金額1%編列	人力資源部
各項獎金的假設	年終獎金以二個月固定薪編列	人力資源部
退休準備金提撥（繳）比率	依精算報告，以薪資總額的6%編列（增列0.5%）	人力資源部
變動津貼之假設	職務津貼、輪班津貼、伙食津貼、交通津貼等，其預算以津貼總額的2%編列	人力資源部
超時工作報酬之假設	以10%人數預估，每週加班二天，每天三小時計算	人力資源部
福利金提撥率之假設	按營業收入1%提撥	人力資源部
業務外包人事費之假設	按各單位○○年度編列的外包業務項目、人數、僱用期間與派遣公司簽約商定的金額編列	各單位 人力資源部

資料來源：國內某大人壽保險公司。

(三)附加價值預算制

附加價值是企業將原料經某項生產程序後所附加之價值產出。

企業對用人費用負擔程度的輕重，係以附加價值生產力作爲衡量的基礎。一般附加價值率較高或附加價值成長快的企業，用人費支付能力也較大（**圖10-1**）。

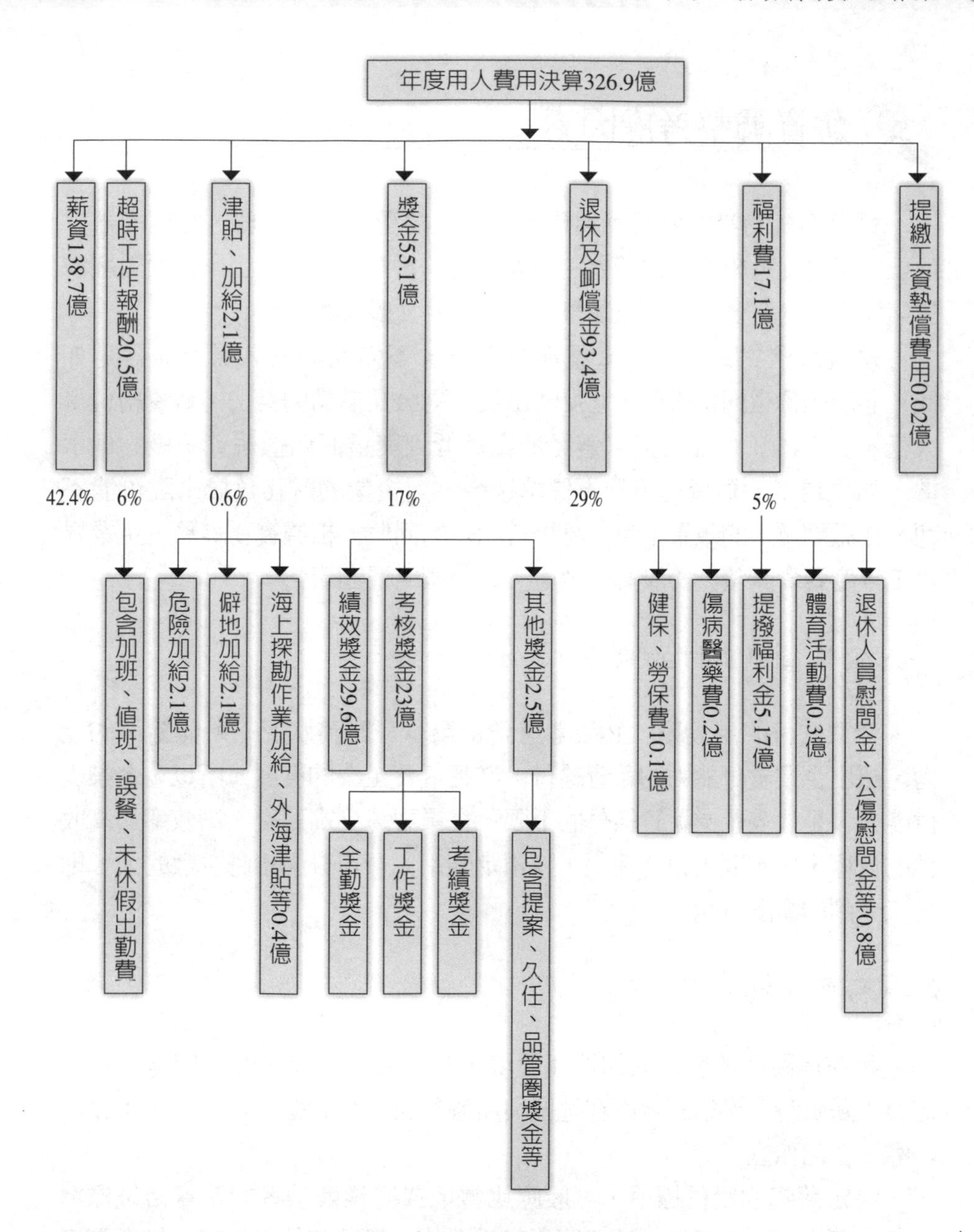

圖10-1　用人費用決算表

資料來源：顏安民（1999a）。〈用人費面面觀〉。《石油通訊》，第575期，頁34。

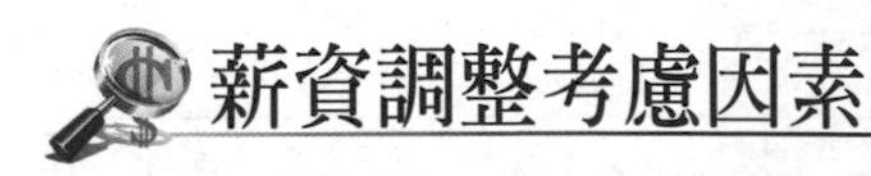

薪資調整考慮因素

薪資系統的設計與薪資調整，不僅是爲滿足員工生理、心理的需求而已，更是促進組織永續發展的一大關鍵。薪資調整係指企業在面對經濟景氣波動時對薪資系統加以調整的因應策略（**圖10-2**）。

薪資調整對每個員工來說都很重要，不僅從經濟立場上而言是如此，心理因素也同樣重要，它反映出員工對公司價值的看法。薪資給付得太低，員工的工作品質無可避免地會降低到與這個偏低薪資一樣的低水準；如果員工的薪資高出業界標準過多，對企業的財務負擔來說可能不利，在激勵員工的效果上也不見得有相對的回收。根據實務經驗，企業界員工年度薪資調整，一般必須考慮下列幾個重要因素：

一、企業營運支付的能力

企業支付的用人費，必須考慮到企業本身財務狀況下所能給付的能力，超出企業支付能力的薪資給付，必將危及企業的發展。所以，企業支付能力，是代表企業薪資給付的上限。企業要達到高薪資、高效率、高收益的目標，一定要人力合理化，將預定的用人費用分配給越少數的人，則員工分到的薪酬就越多。

二、勞動市場薪資水準

所在地區與所屬行業的地理環境，有一種自然而一致的趨勢，在訂定員工薪資時，必須配合所在地區與所屬行業的薪資給付行情，不可獨樹一幟，自陷孤立。

決定薪資的給付標準，一般應比當地或同業競爭者的薪資給付標準稍高，至少亦不宜低於當地或同業競爭者的一般薪資給付標準，惟所謂高於一般薪資給付水準，並非指每位員工的薪資均較一般爲高，而是指企業經營項目中，從事主要工作（例如：高科技企業內研究發展的工程師）的

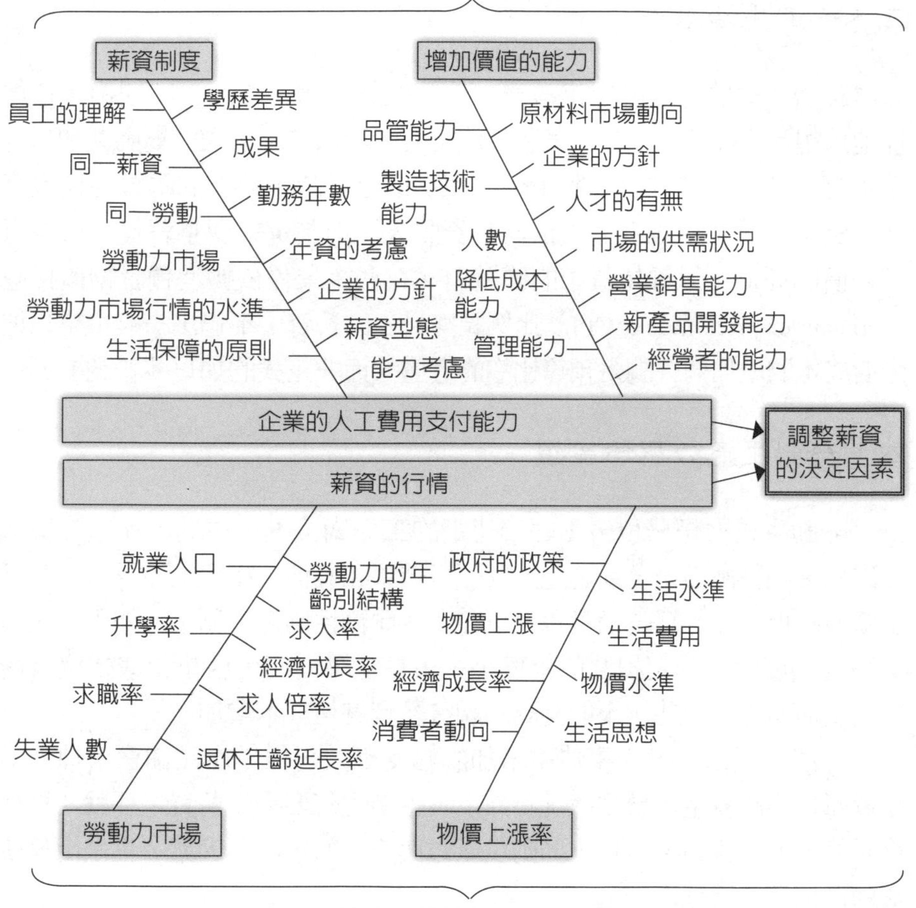

圖10-2　調整薪資的決定要因圖

資料來源：管理實務研究會（1984）。《合理的薪資調整方法與人工費用的支付限度》。台北市：中興管理顧問，頁8。

工資（薪資）率較優於競爭行業同職級的給付工資（薪資）率，然後將其他工作和這些主要工作加以比較，分別訂定其薪資等級。

簡言之，就業市場的人力供（可供僱用的人員）需（對這些人員需求）會影響著企業的整體薪酬給付水準。

三、一般生活水準

經濟學家將通貨膨脹定義爲：「一般物價水準在某一時期內，連續性地以相當的幅度上漲。」就薪資決定的因素而言，物價的變動非加以考慮不可。如果薪資維持現狀不變，而物價上升時，薪資的購買力便會降低。員工物質生活既然必須依靠薪資收入，則制定或調整薪資，自應考慮物價的高低，以維持員工的購買力。有些企業係依據消費者物價指數（consumer price index, CPI）比例調整員工的薪資，不過，一般企業只把生活成本的增加列入調薪預算比率的考慮，而非正式的加以「普調」。

四、勞動生產力與營業額

勞動生產力是一位勞工在一特定的工作崗位上，由其工作績效與其產出標準相權衡而得，或者是以其生產結果和其他人相比較而得來。勞動生產力不但可以計算，而且也可以在一些激勵性制度下測得。如果生產力提高的幅度大，薪資提高的幅度小，事實上平均的生產單位成本沒有增加，反而減少，因此，不能夠認爲調整薪資就是成本增加。

生產力提高了，人事成本增加的幅度不大，但是產品卻賣不掉，堆在倉庫裡積壓資金，營業狀況不好下，企業主想要提高薪資，那就「捉襟見肘」，無能爲力。所以，勞動生產力與營業額這兩項因素，也是衡量薪資給付標準的準繩之一。

五、職位評價

建立健全的薪資制度，其重要的基礎就是職位評價，管理學家費蘭契（Wendell French）說：「職位評價是一項程序，用於確定組織中各種工作之間的相對價值，以便各種工作因其價值的不同，而付給不同的薪資。」建立薪資制度必須公平、合理，盡可能同工同酬，異工異酬，需要長期培育才能勝任的職位，其薪酬要比培訓時間短，或根本不需要培訓的職位的給付要高。所以，凡屬同一工作職責相同的職位，必須支給同一限

度的待遇；凡屬工作較難、職責較重的職位，必須支付高薪；凡屬工作較易、職責較輕的職位，薪資較低。如此才算公平、合理，這種方法也就是職位評價的方法。

職位評價的作法，就是假定工作的量是一個常數，然後就工作的質，比較其間的高低程度而訂定其間的對等級，等級高的給與較多的薪資，等級低的給與較少的薪資，這樣的工作報酬才能合乎同工同酬。

六、政府法令規定

《勞動基準法》規定，工資由勞雇雙方議定之，但不得低於基本工資；前項基本工資，由中央主管機關設基本工資審議委員會擬訂後，報請行政院核定之（第21條）。由此可知，企業給付員工薪資的最低標準，政府法令已有規定。企業給付員工低於基本工資，處二萬元以上三十萬元以下罰鍰（第79條）。因此，企業主在決定薪資時，必須予以注意，不得違背法令的規定。

七、福利政策

薪資與勞工保險、全民健保、退休金提撥（繳）、退休金給付、資遣費等的支付有連帶的關係。薪資的給付要慎重規劃的原因也在此。福利政策的制定，雖然也是人事成本的支出，但可彌補薪資多給的「後遺症」。

福利措施「進可攻，退可守」，視企業經營的績效，透過「間接給付」的方式，照顧員工，解決員工生活所需，激勵員工高昂的工作士氣，例如：分紅入股、股票認股權的實施，以消弭勞資隔閡，建立融洽的夥伴關係。

八、團體協商

團體協商，係指代表勞方的工會（或員工推出的代表）與企業主（資方）之間對各種勞動條件所進行的協議，訂定團體協約，共同遵守。

在已開發的國家，「團體協商」已成爲決定「薪資」的另一種主要方式，因爲，「薪資」是勞動條件的一種。

爲了企業的永續發展，工會（員工代表）不宜強迫事業主接受偏高的工資（薪資）率，大量增加勞動成本，以致產品價格沒有競爭力而喪失市場占有率；如果企業主在勞工團體的強迫下「勉強」接受把薪資提高了，員工仍然得不償失，因爲過高的成本將導致產品滯銷，使企業走向「停工」或「減產」的途徑，到那時，員工所遭遇的將不再是工資高低的問題，而是「工作」有無保障的問題。

九、其他考慮因素

除了以上調薪要決定的原則外，還有下列相關的薪資調整訊息也要一併考慮：

1.軍公教人員的年度調薪計畫及比例。
2.經濟景氣循環對行業經營的影響，當景氣好，企業盈收多，員工薪資有調高的條件；景氣不佳，企業經營遭遇困境，員工調薪就較難。
3.產品外銷的企業，要考慮出口對象地區的勞動成本與匯率的變動情形。
4.材料的節約與消耗也會影響薪資制度的決定。
5.鄰近地區（國家）勞工薪資給付的標準。

薪資市場是一個高度敏感的市場，只有隨時把握薪資市場行情的企業，才能以最合理的價位招攬到最合適的人才，也才能正確選擇最佳的薪資政策（**表10-5**）。❺

表10-5　調薪作業程序

調薪作業程序
・調薪三個月前先做薪資調查
・修訂薪資架構表及薪資管理辦法
・決定年度調薪預算金額或比率
・訂定調薪作業進度表
・辦理年度績效考核作業
・列出薪資調整時需要特別考慮之員工
・分配調薪預算至各部門主管
・與部門主管討論初步調薪計畫
・計畫調薪金額與調薪預算比對
・與部門主管討論修正調薪計畫
・繳交調薪計畫至人力資源部門
・完成年度調薪作業
・制訂次年度無工作經驗新進員工起薪參考指標

資料來源：丁志達（2012）。「薪酬規劃與管理實務班」講義。台灣科學工業園區科學工業同業公會編印。

績效調薪作業

公司預算是調薪的重要依據，但卻不應視爲個人調薪幅度的標準。假設某金控公司有兩大事業群、二十多個部門、六十多個單位及近三千名員工，他們今年全公司調薪預算若爲5%，請問每一事業群、部門、單位及個人的平均調幅應該是多少？都是5%嗎？再多想一下：承銷部門可能需要10%才足以反映其價值和表現，後勤部門的人員其市場可替代性高，且其薪資水準早已高過市場行情，1%應該就綽綽有餘；而風險控管人員奇貨可居，20%的預算可能都還留不住優秀的人才……。由此可見，調薪預算的形成與執行必須視情況而機動調整，所以預算分配到個人時，有人可能是0%，有人剛好是5%，也有不少人可能高達30～40%的調幅。❻

一、調薪的時間

企業調薪的時間，通常可分爲下列幾種方式：

(一)按全體員工在同一時間調整

一般國內企業通常會在每年的一月份或七月份，配合年度（一年或半年考核一次）績效考核等第確定後，依個人考績結果來調整待遇。

(二)按員工到職日來調薪

這種方法在外資企業比較流行，就是按照個人進入公司報到上班日起算，如果公司一年調整員工薪資一次，則在次年度同一月份辦理該員的調薪，這種方法較公平，但行政作業較煩雜，人事成本較難控制。

二、調薪的方式

一般企業調薪的方式有：

(一)依年資調薪

此乃隨員工工作年資的遞增而調薪，可加強員工對組織的忠誠度。按年資來調薪對員工具有保障的作用。

(二)績效調薪

績效調薪係按照員工工作表現的程度不同，而給予不同的調薪幅度的加薪，績效差者不調薪，中等績效者可依消費者物價指數來調薪，績效傑出者可依適當的激勵幅度來調整。若職等內有若干職級者，績效好的晉升級數可較多，績效差者不晉級；如果薪資只是金額幅度，沒有職級者，可用百分比來調整，通常在職等中的百分位數越高者，薪資的調幅越低，可用以激勵居於百分位數較低者，但績效調薪的先決條件是，企業必須實施一套公平、合理的員工績效評核制度，在這個基礎上才能落實績效調薪的公信力（**表10-6**）。

(三)整體調薪

整體調薪係指組織中所有成員均按基本薪資的一定百分比來調薪。

表10-6　薪資調整策略的考慮

個人績效評核定為「普通」級者，個人薪資與低於市場中位數者，薪資微調，高於市場中位數者，鼓勵學習新技能或擴充工作職責內容。	個人績效評核定為「優良」級者，個人薪資已低於市場中位數者，調薪幅度要大，否則人才容易被挖走。
個人績效評核定為「待改進」級者，原則上要凍結薪資調幅，並要求提高績效甚至評估適職性。	個人績效被評定為「良級」者，其個人薪資已高於市場中位數者，應根據個人能力減緩調薪幅度，對有潛力的人，則應協助其潛能發揮，以便升遷。

資料來源：丁志達（2012）。「薪酬規劃和管理實務班」講義。台灣科學工業園區科學工業同業公會編印。

(四)職位變動的調薪

職位變動的調薪此乃因職位晉升而調薪，亦有因更換工作雖在相同職等內，但因工作內容、場所、地區等的不同，薪資也會有所調整。❼

《勞動基準法》並沒有規定企業要多久期間替員工調薪，只要付給員工的工資不得低於基本工資即爲合法。但是企業不爲員工調薪，則會造成表現優秀的員工被挖角之虞，同時當就業市場供需人力失調時，企業必須提高新進員工的薪資來選用人員時，就會產生「舊手不如新手」給付之怪現象，因此調薪作業不可避免，企業每年一定要編列一筆員工調薪預算，以應付就業市場的薪資變動及獎勵企業內績優的員工。但無論如何調薪，一定要跟員工個人績效密切掛鉤，才不會造成員工有吃大鍋飯，不勞而獲的現象（**表10-7**）。

表10-7　年度績效調薪表

薪資幅度 / 績效等第	Q0 低於最低點	Q1 0-25%	Q2 25-50%	Q3 50-75%	Q4 75-100%	Q5 高於最高點
特優	12%	10%	8%	6%	4%	0
優	10%	8%	6%	4%	2%	0
甲	8%	6%	4%	2%	1%	0
乙	3%	2%	1%	0	0	0
丙	0	0	0	0	0	0

資料來源：丁志達（2012）。「薪酬規劃和管理實務班」講義。台灣科學工業園區科學工業同業公會編印。

薪資成本控制

許多企業喜歡以接近該工作最低薪資的薪水去招募新進員工，因爲他們覺得這是給新進無經驗員工的最恰當薪資，而在同一薪幅內的其餘薪資，則被主管考慮用來獎勵員工的傑出表現，當然如果新進員工是有經驗的，則薪資是由雇主與員工雙方協議，安排在該薪等內的適當位置。

一、新進人員的起薪

企業對徵聘者提出的薪資給付，主要基於兩個考慮：應聘者的任職資格與個人歷年取得的薪資歷史，以此爲基礎給其適當薪資。如果一個應聘者的任職資格沒有超過這份工作的最低要求，那麼就只能給他提供現有薪資範圍內的最低檔次；應聘者的任職資格超過最低要求條件，則應給予他較高薪資，因爲他立即爲企業做出貢獻的可能較大，給這樣的應聘者的薪資，一般最多不能超過薪資範圍的中間值（薪等中位數），高於這個薪資水準，會給以後的激勵帶來損害，因爲它嚴重限制了日後加薪的幅度與金額。

有些企業都對新進人員訂出起薪額，而在試用期滿後再予以調薪，這種制度大致尚可行，但在下列情況下，則會遭遇到困擾：

1.有經驗或特殊技術的人員。
2.就業市場上供不應求的人員。
3.目前待遇已超過公司的標準，但又是非要不可的人才。
4.某些特定人員的薪資行情變動。

以上情形，尤其容易發生在新興行業，或是成長快、人員短缺的企業中。常見的解決方法有：

1.起薪隨勞動力市場行情給付。試用期滿正式任用時再行薪資調整。
2.比照公司內部員工的條件，給予新進且有經驗的人員若干年資的承認，而以高過起薪點的標準任用，同時注意舊有員工（表現在水準以上）的薪資不可落在就業市場給薪行情下。

3.強調公司其他的福利、工作環境以及升遷的機會，希望新進人員做多方面比較，而不單看薪資這一項。

4.逐漸提升舊有員工的薪資，表現好、能力強的員工要加薪。

5.新進員工、舊有員工之間的底薪差異不大，但運用工作獎金區分，新手通常技術較不熟練，但學習曲線度過後，可以不受年資的影響追上相同水準的舊有員工之給付標準。❽

二、薪資成本控制

公司應該經常稽核內部的薪資控制流程，以便確定薪資制度的正確性。薪資成本控制，約有下列數端：

1.組織扁平化，減少中階主管的層級，擴大主管之管控幅度。

2.進行組織診斷，改善組織流程，消除不必要的流程。

3.貫徹目標管理及績效管理制度，淘汰不適任員工。

4.定期評估各部門之工作量及用人標準，重新分配人力，消除勞逸不均的現象。

5.訓練及發展員工，推動工作擴大化及工作豐富化，以精簡人力。

三、一次給付制

為因應提高生產力的趨勢，越來越多的公司對員工達到既定生產力目標時，由增加每月的薪資改為以一次給付（lump sum payment）的紅利發放，如此不但可以使公司所要負擔的員工退休金、資遣費、加班費、勞健保費給付成本降低，使得公司人事成本減少，利潤增加，也可符合績效為導向的要求。

聯合訊號公司（Allied Signal）每年加薪的幅度與生產力提升的程度息息相關。如果生產力提升了6%，公司就會加薪3%；假如生產力提升了9%，就加薪6%，但是假如生產力提升不到6%，則這一年只能加薪2%。❾

薪資溝通要訣

除了整體薪酬制度的目標、方法、設計之外，如何與員工溝通，讓員工充分瞭解整體薪酬的內容，是一大關鍵。企業在薪資溝通上必須有其政策，對於本薪、獎金、風險收入與風險給付和執行的標準，應該事先說清楚，這對薪酬制度的實施有很大的助益，以增加彼此之間的瞭解和安定感。

企業在擬訂整體薪酬制度的溝通計畫時，可以從下列幾個面向來考量：

1. 企業營運目標必須由全體員工一起努力達成，因此薪酬制度攸關每一位員工的責任與權益，所以企業有必要，也有責任，讓員工瞭解清楚企業營運目標。
2. 與員工溝通的內容，包括：整體的薪酬概念、薪資結構（本薪、獎金及股票制度）。企業要讓員工知道爲什麼要實施這樣的薪酬制度以及目的何在？（**表10-8**）
3. 需要與員工溝通公司的營運策略，讓員工清楚瞭解薪酬與公司營運策略的連結在哪裡，否則，通常員工只會著眼在自己領到了多少薪資或獎金，而不清楚公司在付出這份薪資與獎金的背後期待員工要展現出什麼樣的績效。

表10-8　薪酬制度的溝通內容

・公司的管理哲學、薪資理念以及薪資政策為何？ ・建立新的薪資制度的原因，其公平性如何？以及新制度對員工的影響如何？ ・建議新的薪資制度的過程如何？員工參與的程度如何？ ・選用何種職位評價制度，它是如何建立的？ ・薪資調查的對象如何？資料是如何取得的？ ・本公司目前的薪資水準在市場的位階如何？公司有何計畫？ ・薪資調整預算是如何決定的？該預算是如何分配至各部門？ ・績效評估制度如何與薪資結合？

資料來源：丁志達（2012）。「薪酬規劃和管理實務班」講義。台灣科學工業園區科學工業同業公會編印。

4.企業在薪酬制度溝通上，人力資源部門擔任類似顧問的角色，負責擬訂溝通計畫，並提供建議，而眞正擔任執行工作的則是部門主管，因爲部門主管直接與員工接觸，互動頻繁，透過部門主管的觀察，可以清楚看到員工的行爲及表現。

5.人力資源部門可以藉由說明會、公司內部刊物、e-mail系統或發行有關公司薪酬制度的小冊子，依照所欲達到的目的與效果，採用不同的方式宣導。

6.如果沒有後續的評估作業，企業很可能落得「有溝沒有通」的情況而不自知，使得溝通效果大打折扣。

7.在溝通上，不要將績效與調薪混爲一談，否則容易陷入爭執而導致員工對績效面談的錯誤認知。

8.在調薪面談時，以書面通知員工他的調薪是多少？與市場比較起來，是高是低？這樣的好處是清楚地讓員工知道自己的薪資在市場上的競爭力如何。

誠實、開放的氣氛下，說清楚講明白，才能達到溝通的目的與最佳成效。❿

晉升給薪作法

晉升係依員工之年齡、年資、職務或工作績效予以定期或不定期的晉升薪級。一般言之，晉升給薪基準取決於依考核晉升給薪或參考勞動市場的價格。薪給晉升幅度的型態可分爲：(1)直線型；(2)凹線型；(3)凸線型；(4)S字型四種（**圖10-3**）。

一、直線型

按年齡、服務年資等因素，做相同比例的晉升，其晉薪幅度固定。此種型態缺乏彈性，事實上不能適用各種不同職位特性，採用者不多。

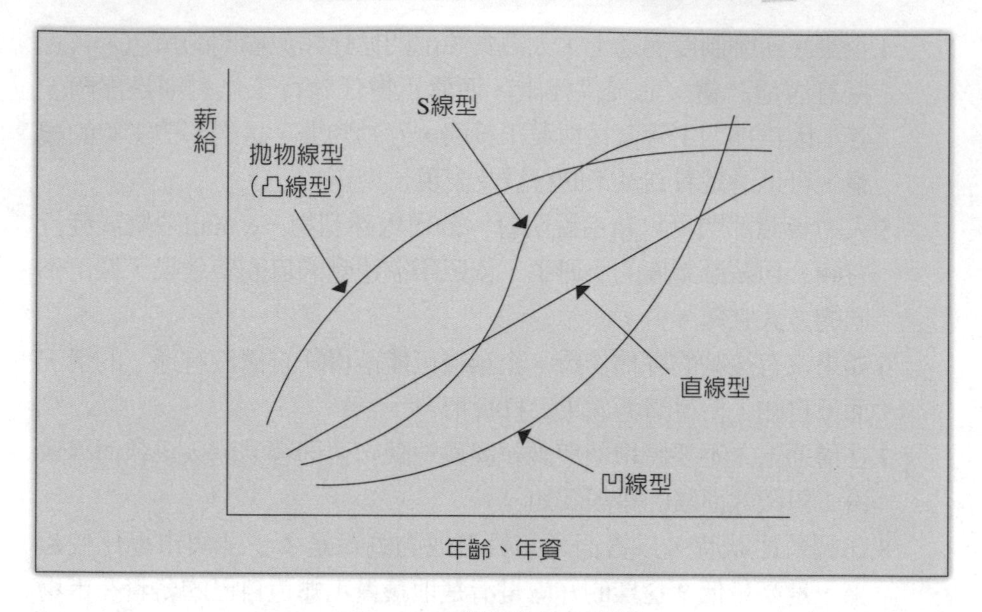

圖10-3　升給基準線的型態

資料來源：歐育誠（1999）。〈公共管理之利器：薪資管理之探討〉。《公共管理論文精選I》。台北市：元照，頁140。

二、凹線型

初任時，晉薪幅度較小，但隨著年資、年齡的增長及職務之增加而逐漸加大，因此，曲線朝右上角發展。此種型態適合具有高度專業知識、需要經驗累積、高低職責程度差距大的管理職位。

三、凸線型

此種曲線的薪資晉升趨勢，初任時起薪較高，但達於一定的年齡或年資以後，其加薪幅度即趨於緩和甚至於逐漸縮小。此種型態適合於初任時羅致人才較為困難，但進用後職責程度變動不大的職位，例如：醫師、律師。

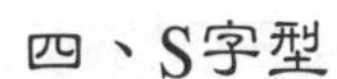

四、S字型

S字型在年資較淺的階段成凹字形，其晉薪幅度較小，但晉升至中年資的階段，其晉薪幅度加大，俟至高年資階段，其晉薪幅度又縮小呈現凸字型。此種方式適用於實作層次的職位，初任階段的年資、技術尚未熟練，晉薪幅度不必太大，至中年資部分技術熟練，人才容易外流，晉薪幅度必加大，俟至高年資，因職責及技術變動不大，且對工作已較穩定，故晉薪幅度又逐漸縮小。

晉升給薪基準線可說是企業決定薪給上升或下降的比較基礎，故每一企業宜設定升給基準線，以作為制衡薪資的考慮。一般而言，制定升給基準線應考慮企業的種類、生產方式、勞動型態、從業人員構成情形、薪資體系種類、勞資雙方的關係、勞動供需狀況、生活費用水準、本企業現行薪資水準、其他同業薪資給付水準等。⓫

薪酬資訊透明度

薪酬資訊公開、還是保密？對目前許多企業來說都是一個令人頭疼的問題，這源於企業員工對薪酬公平性的高度敏感。經濟學家經過多年的研究，得出了這樣的結論：員工關注相對公平要比絕對公平重視得多。從人力資源管理角度來看，薪酬是與員工利益最直接相關的，員工最能感受到公平與否的問題。如果企業在這個問題上處理不當，不是打擊少數員工積極性的問題，而是影響企業形象、企業文化的深層次問題。薪資是非常敏感的，要完全做到不討論、不打聽是非常困難的，關鍵在於薪資的核薪程序與核定標準要明確，讓員工學習並充分瞭解薪資給付的多少不是憑感覺，而是透過一個嚴謹的程序與標準核定的，個人薪酬的多寡只有透過員工自身的努力才能增加（**表10-9**）。

表10-9　薪資保密與薪資公開優缺點比較

類別	優點	缺點
薪資保密	．能給管理者有更大的自由度，他們不必為所有的工資差異做出解釋。 ．儘管員工有瞭解企業的薪資情況的知情權，但知情權不能片面理解，它並不意味著對企業所有情況的瞭解和掌握。 ．企業內部的許多工作由於種種因素很難來衡量個人的工作業績。 ．員工享有隱私權，這似乎包括為他們的收入保密。 ．減少部屬集體與主管爭論薪資給付合理性的機會。 ．管理者有較大彈性給貢獻度高的人才，因「材」施「財」，避免關鍵人才被挖角。 ．減少員工之間的攀比行為。 ．減少部屬因爭論、比較薪資而降低生產力。 ．不會洩漏公司薪資給付資料給競爭對手。	．給人有一種公司沒有制度的感覺，沒有明確的遊戲規則可遵循。 ．管理者態度不可偏頗，否則易給員工猜忌的心理。 ．可能出現同工不同酬。 ．員工薪酬水準與談判能力有關，這不符合薪酬管理的基本原理。
薪資公開	．增加管理的透明度。 ．明確薪酬所對應的權利和義務，減少管理者的工作量。 ．薪資職級明確化、表格化、透明化，員工有明確的努力的目標。 ．盡量達到同工同酬，不會引起員工間彼此的猜忌。	．每位員工的能力、資歷、貢獻度不同，若任由薪資公開，會造成比較的心理，亦產生不平心態，主管難一一安撫，且會不斷發生薪資給付的困擾。 ．部屬集體與主管爭論薪資給付合理性的機會增多，管理者無法有較大彈性給貢獻度高的人才加薪，部屬會因爭論、比較薪資而降低生產力。 ．員工認知上常常高估自己，低估他人，產生攀比行為。 ．缺乏靈活性，無法滿足特殊情況的激勵要求。 ．無法避免薪酬收入差距對員工心理承受力的衝擊。

（續）表10-9　薪資保密與薪資公開優缺點比較

類別	優點	缺點
實務作法	‧公司的競爭對手希望對方公司薪資解密，以利挖角，因此，薪資保密有其必要性。 ‧採用「過程公開」（遊戲規則公開）但「結果秘密」，可能較可兼顧讓員工減少疑慮，增加信心。 ‧讓員工充分瞭解公司薪資管理制度的原則，有關個人的數字，則直接與主管或人資單位負責薪資管理的主管去單獨談。 ‧組織規模太大的機構（國營事業、政府機關）薪資要做到保密很難。 ‧採用年資調薪的企業（含生產線作業員）薪資要做到保密也很難。 ‧無論薪資保密或解密，適度公開薪資制度的遊戲規則讓員工知道是必要的。 ‧高階主管的特殊薪酬給付項目嚴禁公開。 ‧企業如執行薪資保密的企業文化，對洩漏個人薪資或探聽他人薪資有證據者應予以懲罰。	

資料來源：丁志達（2012）。「薪酬規劃和管理實務班」講義。台灣科學工業園區科學工業同業公會編印。

企業薪酬的資訊，可歸結為三種類型：(1)政策性資訊；(2)技術性資訊；(3)結果性資訊（**表10-10**）。

一、政策性資訊

政策性資訊傳遞的是企業薪酬管理的基本導向和基本思路，明確薪酬等級劃分的基本標準，至少讓員工從中認識到薪酬體系的制定是有章可循的，並不是任由高階主管的個人偏見或主觀意識來確定的。具體地說，薪酬政策性資訊包括的項目有：薪酬等級評定依據、薪酬組合方式及特殊群體的政策傾向。這種類型的資訊都經由不同公開管道進行，不同層級人員之間的資訊量差別並不是很大，使得員工在薪酬問題上能夠達成共識。

二、技術性資訊

薪酬的技術性資訊涉及薪酬設計的技術、方法、手段、技巧等細節內容，表明企業支付給員工不同水準薪酬的具體依據和測算過程。具體地說，技術性資訊包括的項目有：職位評價方面資訊、技能／能力方面資訊、

表10-10　企業薪酬資訊溝通公開程度的影響因素

資訊類型		公開程度	溝通方式	影響因素
政策性資訊	薪酬等級評定依據	高	公開管道	薪酬公平認定的傾向性
	薪酬組合方式	高	公開管道	對薪酬組合及員工承擔風險的認識
	特殊群體的政策傾向	不定	視具體情況而定	特殊群體是否為全體員工的榜樣
技術性資訊	職位評價方面資訊	不定	保密工資不公開 公開工資公開	薪酬管理的基礎工作完善程度
	技能／能力方面資訊	高	公開管道	
	績效方面資訊	高	公開管道	
	市場方面資訊	不定	視具體情況而定	
結果性資訊	企業整體水準情況	高	公開管道	是否願意讓員工把握企業薪酬水準政策，甚至薪酬成本情況
	員工薪酬收入明細清單	不定	視具體情況而定	企業人際關係、對隱私權的看法

資料來源：何燕珍（2004）。〈把握薪酬信息的透明度〉。《企業管理》，總第271期，頁48。

績效方面資訊和市場方面資訊。這四類技術性資訊的溝通，完全取決於企業薪酬管理方面的基礎性工作，如果企業管理活動尚未規範，則傾向非公開溝通，反之，企業允許員工透過公開管道，來澄清其對薪酬的質疑。

三、結果性資訊

大量對公開薪酬和保密薪酬的討論，主要集中在結果性資訊公開程度方面。不同類型資訊的可公開性程度也不盡相同。具體地說，結果性資訊包括的項目有：企業整體水準情況、員工薪酬收入明細清單。

以上各種類型薪酬資訊的溝通方式和公開程度，受到企業具體條件和因素的影響。企業普遍需要讓員工瞭解薪酬的政策性和總體性資訊，包括：薪酬構成、企業薪酬整體水準情況等。實施技能工資和績效薪酬的企

範例10-2

薪資保密管理辦法

一、目的

為培養本公司同仁以工作效能爭取薪資，而不以薪資互相評論影響團隊的風範，將本公司薪資予以保密化。

二、適用範圍

凡隸屬本公司之同仁其薪資保密悉依照本辦法所規定管理之。

三、管理單位

人力資源部。

四、保密原則

各級主管應要求所屬同仁養成不探詢他人薪資之禮貌，及不評論他人薪資之風範，並培養以實際工作表現爭取應得之薪資。

各級同仁之薪資，除公司主辦薪資作業的同仁，勞健保加退保、個人退休金提繳作業的同仁，發放薪資同仁暨各部門主管外，薪資一律保密。

五、薪資保密管理要項

各級同仁若有違反薪資保密規定，依下列方式為之：

(一)主辦薪資作業的同仁，勞健保加退保、個人退休金提繳作業的同仁，非經核准不得私自外洩任何人薪資，如有洩漏情勢者，除另調他職外，並視情節輕重予以申誡或記過處分。

(二)探詢他人之薪資者，除扣發當年度個人的四分之一年終獎金外，另視情節輕重予以申誡或記過處分。

(三)吐露本身薪資者，除扣發當年度個人的二分之一年終獎金外，如因招惹是非者，扣發當年度個人年終獎金全部外，並予以記過處分。

同仁薪資計算如有不明之處，請直接報經部門主管轉承辦同仁查明，不得自行議論。

六、附則

本辦法經總經理核准後實施，修正時亦同。

資料來源：丁志達（2008）。「人事管理制度規章設計方法研習班」講義。中華企業管理發展中心編印。

業，則也需要在技能和績效標準方面進行大量的公開溝通，而其他方面的資訊則視情況而定。⓬

綜而言之，員工參與、溝通管道、薪酬公開，代表薪酬管理過程中一種開放的程度。員工參與，是指薪酬決策由多人參與決定，同時在決策

的過程中，企業會運用各種管道來瞭解員工對薪酬的偏好及意見，並在決策時，愼重考慮員工的意見；溝通管道，是指主管能對員工調薪及獎金核定的結果提出解釋，並且員工對薪酬決策結果不滿時，可向上級表達並申請匡正，因此，薪酬溝通管道包括：上對下的解釋，以及下對上的申訴；薪酬公開，是指薪酬決策過程中資訊傳達的程度，亦即薪酬制度明確揭示及公開的程度，包括：薪資架構、調薪及獎金辦法、平均調薪幅度、個人的薪資水準等，但無論薪酬資訊公開與否，其溝通管道均需保持暢通。⓭

一般特殊薪資問題解決方案

在薪資管理上，有一些特殊的問題，或是因個人，或是因薪資市場，或是因薪資結構有所異動時會因應而生，包括：產生薪資擠壓（salary compression）、薪資差異的問題、個別減薪的問題等。

一、薪資擠壓

薪資擠壓是指資深員工的薪資低於目前剛進入公司員工的薪資，或者二者之間的薪資差距縮小。此一現象的產生，主要是因爲組織往往會在考慮員工的生活費用增加、外部市場的薪資變化，以及經營績效的提高之後進行全面性薪資調整，而其調整結果，造成資深與資淺員工之間薪資差距的縮小。例如：組織可能爲了要擁有外部就業市場的薪資優勢，以利招募員工，因而提高新進人員的起薪，同時縮小了資深與資淺員工之間的薪資差距。

雖然績效平庸或不夠積極的資深員工最容易受到薪資擠壓的影響，但在彼此渲染之下，薪資擠壓很容易就會影響到資深員工的工作士氣，使資深員工感受到不公平的待遇而心生不滿，甚至帶著豐富的經驗離職他去。⓮因此組織需要很有技巧的來處理薪資擠壓問題，因而，以員工績效表現的等第來調整個別員工的薪資是解決薪資擠壓的方法（**表10-11**）。

表10-11　薪資擠壓解決參考方案

績效＼年資	0-1年	1-2年	2-3年	3-4年
優	1,500	1,200	900	600
甲	1,200	900	600	400
乙	1,000	700	400	0
丙	0	0	0	0

資料來源：丁志達（2008）。「薪酬管理實務研習班」講義。中華企業管理發展中心編印。

二、達到薪等上限的問題

偏離工資曲線的點，意味其平均薪資待遇相對於其他工作給付太低或太高，這就必須加薪或減薪。

員工薪資逐年調整，如果沒有晉升機會，很可能經過幾次調薪後，薪資到達所在薪等的上限，通常薪資管理的處理方式就是加以「紅圈」（red circle）叫停，不再依往年正規調薪比例調整，但是，這類員工如果失去激勵，很可能會影響個人績效表現，所以爲了兼顧二者，對薪資達到「紅圈」員工可做如下之解決：

1.利用「紅圈薪資率」（red circle rate）的概念，即仍繼續支付高於薪資表上之薪資，予於保障，等待整個薪資結構的不斷遞增，直到該員工的薪資符合職位類型的薪等確定範圍爲止。
2.將擔任這些工作的員工調職或加以晉升。
3.繼續給付其薪資六個月，這段期間可將其調薪或晉升，若無法調薪或晉升，則將其薪資降到該給付等級的上限待遇。
4.在薪等上限之上再另闢出一領域，作爲績效獎金。只要這類員工年度績效考核表現在中等水準以上時，給予一次性的績效獎金，以防止人事成本的逐年高漲。

企業所存在的員工高薪問題，是薪資管理體制造成的，它並不是員工的錯，因此，員工在沒有任何過錯的情況下而受到個別減薪的處分是不公平的。

三、低於薪等下限的問題

對於那些領取的薪資低於相應薪資範圍下限的員工，有兩種救濟的方法：

(一)立即將薪資調整到下限水準

將薪資立即調整到相應薪資範圍的下限水準，在理論上是正確的，並且在大多數情況下，這樣做的難度也不太大，因為這些員工領取的薪資距離下限水準幅度不大。此外，立即加薪會極大地激發這類員工的工作熱情，轉變他們的工作態度。

(二)在一年內將薪資逐步調薪到下限水準

如果員工的薪資距離下限水準太遠時，則進行逐步調整。例如：加薪幅度不超過員工薪資的10%，可立即一次加薪10%。如果超過10%，而低於20%，應分兩次或三次完成加薪，但全部的加薪到下限水準，至多在十二個月內應完成。⓯

四、減薪的作法

當某項工作的給付率很可能偏離工資線很遠，這表示該工作的給付率相對於公司中其他工作太高或太低。若該點落在工資線的下方，則表示可能需要加薪，而落點落在工資線上方，則可能需要減薪或是凍結薪資。但減薪要注意兩件事：減薪如同限水措施，非長久之計，只是解決燃眉之急。由於法律的規定，減薪必須要雙方協商同意才可行，通常在對個人採取減薪時，要有如下之步驟，較能避免爾後之勞資糾紛：

1.曾經對其本人做「績效考核」嗎？

2.「績效考核」結果，是否由其主管跟該員工面談，並告知哪些工作事項未達標準，在某一限期內（通常一至三個月）需改善與追蹤的資料（一定要書面資料）。

3.如果在一至三個月內未見改善，則可考慮下列兩個因素：

(1)工作非他能力所能及，不能勝任其工作，則依《勞動基準法》規定資遣。

(2)有能力做這份工作，但他不去做（行爲問題），則要處罰，減薪是其中一項。

4.減薪必須獲得員工同意，否則公司可考慮「減薪」與「資遣」兩個選項中讓該員自行去選擇去留。

(1)處理這種「棘手」減薪或資遣之問題，在達成協議時，一定要雙方簽字認同（不能用口頭方式解決）。

(2)減薪後，如果該員回復原有之工作職責（水準）與成果，應回復其原先薪資。

結　語

薪資管理須視公司所在地的文化、公司的使命、公司所面臨的經濟、資源等環境而定，經營當局在訂定決策時，需權衡內、外在條件後，方能制定出一套能使組織目標達成的薪資管理政策。

範例10-3

從業人員薪給管理要點

○○年○○月○○日第○○屆第二次董事會修訂

一、本公司從業人員進用及遷調薪階之核敘，概依本要點辦理。

二、從業人員之薪給採職務責任給與制度，參照業務特性、組織結構、公司財務狀況、營運績效、用人費負擔能力、薪資市況等，訂定從業人員薪給標準。

三、從業人員之薪階依本公司從業人員薪階表核定之。

四、從業人員之薪給包含下列四項：

(一)基本薪資：依核定薪階及個人學經歷、專業技術、年資、能力等因素核給金額，採薪幅制分為九階，按基本薪資表給付。

(二)工作加給：依核定薪階及所擔任工作之繁簡難易、責任輕重、工作績效等因素核給金額，採薪幅制分為九階，按工作加給表給付。

(三)主管加給：依主管職位層級及職責輕重、工作績效等因素核給金額，採薪幅制，按主管加給表給付，並隨職務異動調整或取消。

(四)伙食津貼：每人每月1,800元。

五、用人費預算依據營運目標、營運績效、業務特性、人員專長及職務，按組織員額及各項費用標準編列。

六、從業人員支薪及薪額之調整，按本要點及公司人員工作考核辦法核定，其核定方式及程序另訂之。

七、本公司董事長、總經理及副總經理之薪給標準及調整，由董事會核定之。獎金依本要點第八條之規定辦理。

八、從業人員之獎金包含下列三項：

(一)績效獎金：本公司為激勵從業人員工作潛能，提升經營成果，得視經營績效情形及從業人員貢獻程度發給季績效獎金及年度績效獎金，績效獎金核發要點另行訂定。

(二)年節獎金：配合民俗節日，依下列原則發給在職從業人員年節獎金。

1.發給項目：春節發給每人一個月薪給金額（含基本薪資、工作加給、主管加給、伙食津貼）；中秋節、端午節各發給每人半個月薪給金額。

2.核發對象：於年節獎金核發當時仍在職之本公司從業人員。

3.計算標準：以年節獎金核發當月薪給金額為計算標準，於核發當時已在職滿一年者發給全數年節獎金，未滿一年者按在職月數比例計算，未滿一個月以一個月計。

(三)全勤獎金：從業人員按月未請事病假者發給一天之全勤獎金，其核發方法依「○○股份有限公司從業人員請假規則」中有關全勤獎金之規定辦理。

九、本公司新進人員之敘薪按下列規定辦理：

(一)新進從業人員之敘薪應考慮下列因素：

1.進入公司後擬予擔任之工作。

2.學歷。

3.相關工作年資。

4.市場人力需求狀況。

(二)敘薪標準

學歷＼工作年資	不具相關工作年資或具相關工作年資累計未滿二年者	具相關工作年資二年以上者
高中（職）畢業	按基本薪資及工作加給表一階之最低薪支薪。	視所擔任之工作，並參酌本公司現有擔任相同工作或相等年資人員情形，核定應歸薪階及薪給。
專科畢業	按基本薪資及工作加給表二階之最低薪支薪。	
大學畢業	按基本薪資及工作加給表三階之最低薪支薪，必要時得視其所擔任之工作及人力市場供需情形在5%範圍內提高或降低薪給。	
碩士	按基本薪資及工作加給表四階之最低薪支薪，必要時得視其所擔任之工作及人力市場供需情形在5%範圍內提高或降低薪給。	
博士或擔任診療醫藥護理工作	不論有無相關工作年資，視所擔任之工作，並斟酌人力市場一般薪資標準，核定應歸薪階及薪給。	

十、升階人員之薪資，分別按原薪階之基本薪資、工作加給及主管加給100%薪幅之5%金額為最高加給上限，並換算為上一薪階之基本薪資、工作加給及主管加給，若未達上一薪階各該項之最低薪，則以上一薪階各該項之最低薪支給。非主管人員升任主管人員其主管加給按升任後職位之主管加給最低薪支給。

十一、本公司得視職務特性或輪班、值勤之需要訂定加給支給規定。

十二、本公司人員除董事長及總經理外，均不得配給專用住屋及交通工具等供應制給與。

十三、各單位對於用人費須嚴加控管，各單位當年度用人費實際支出總額，不得超過該單位當年度用人費之預算數。

十四、薪給資料為公司之業務機密資料，從業人員應負保密之責，如有違反，依規定嚴辦。

十五、本要點經董事會核議通過後實施，修正時亦同。

資料來源：台灣肥料股份有限公司行政處。〈典章制度：台灣肥料股份有限公司從業人員薪給管理要點〉。《台肥月刊》（2000/01），頁74-76。

註釋

❶陳黎明（2001）。《經理人必備：薪資管理》。北京：煤炭工業出版社，頁9。

❷高成男（2000）。《西方銀行薪酬管理》（*Compensation Management in Banks*）。北京：企業管理出版社，頁275-278。

❸李常生（1979）。〈人事組織與管理：如何控制薪資預算〉。《現代管理月刊》，第32期，頁37-40。

❹藤井得三著，陳文光譯（1987）。《用人費的安定化計畫》。台北市：臺華工商，頁19-24。

❺丁志達（1982）。〈如何決定員工的薪資？〉。《現代管理月刊》，第67期，頁16-18。

❻黃世友（2003）。〈我的調薪被公司預算綁住了嗎？〉。《Cheers雜誌》（2003/10）。

❼張火燦（1995）。〈薪酬的相關理論及其模式〉。《人力資源發展月刊》（1995/04），頁8。

❽彭康雄（1984）。〈企業薪資管理實務上的幾個觀念〉。《經營管理專題演講輯錄Ⅰ》。中華民國管理科學學會，頁136。

❾約翰・勝格（John. H. Zenger）著，張美智譯（1999）。《2＋2＝5：高產能與高獲利的新解答》（*22 Management Secrets to Achieve More with Less*）。美商麥格羅・希爾出版，頁53。

❿呂玉娟（2001）。〈如何與員工溝通整體獎酬〉。《能力雜誌》，第539期，頁68-70。

⓫歐育誠（1999）。〈公共管理之利器：薪資管理之探討〉。《公共管理論文精選Ⅰ》。台北市：元照，頁140-141。

⓬何燕珍（2004）。〈把握薪酬信息的透明度〉。《企業管理》，總第271期，頁46-48。

⓭洪瑞聰、余坤東、梁金樹（1998）。〈薪資決定因素與薪資滿意關係之研究〉。《管理與資訊學報》，第3期，頁43。

⓮沈介文、陳銘嘉、徐明儀（2004）。《當代人力資源管理》。台北市：三民，頁274。

⓯高成男（2000）。《西方銀行薪酬管理》（*Compensation Management in Banks*），北京：企業管理出版社，頁147。

第十一章

員工福利制度

- 企業實施福利制度的沿革
- 員工福利概念
- 職工福利組織
- 自助式福利計畫
- 員工協助方案
- 員工福利規劃新思潮
- 結　語

> 自行束脩以上，吾未嘗無誨焉。
>
> ～《論語・述而篇》～

員工福利又稱爲邊緣福利（fringe benefits），是指在薪資（工資）以外對員工的報酬，它不同於工資、薪資及獎勵，福利通常與員工的績效無關，它是一種提升員工福祉，促進企業發展的管理策略。企業提供完善的福利措施，不但可以減少經營成本、降低流動率、維持勞資關係和諧，更能提升企業形象，進而能提升在勞動市場上的競爭優勢，在穩定人力資源的投資上會有相當大的助益（**圖11-1**）。

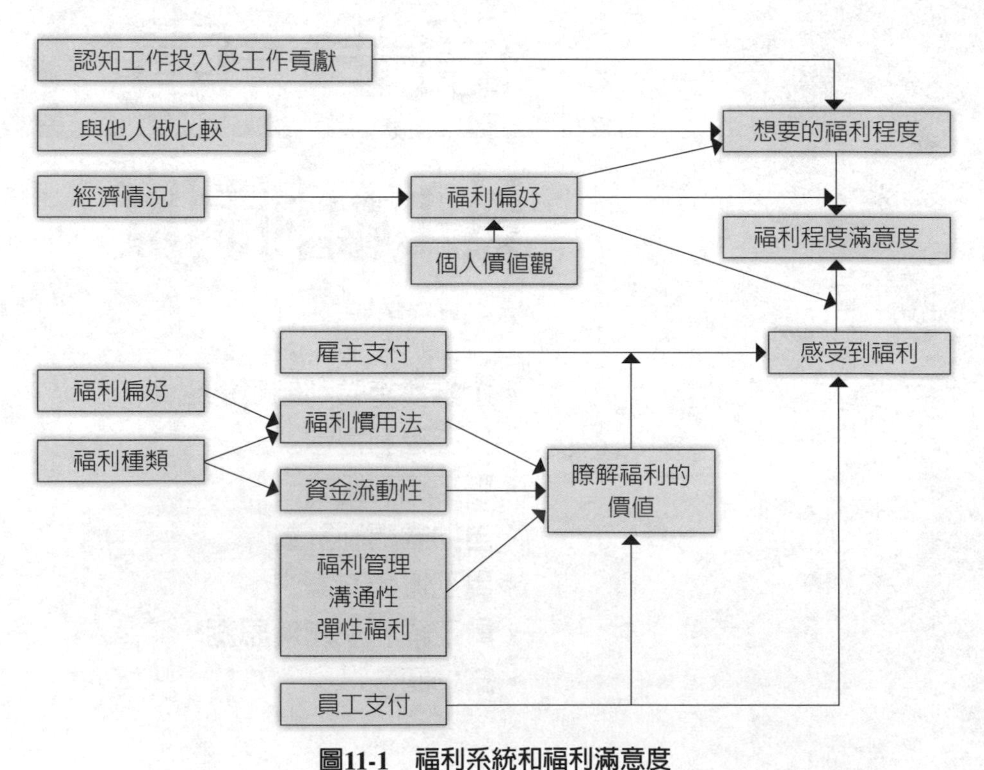

圖11-1　福利系統和福利滿意度

資料來源：Griffeth & Horn (1995) / 引自：李昆翰（2009）。〈薪資福利制度對於企業員工退出人數影響之研究〉。國立高雄師範大學人力與知識管理研究所碩士論文，頁17。

企業實施福利制度的沿革

台灣地區自1945（民國34）年10月光復後，勵精圖治，從農業社會、工業社會發展到資訊科技工業，這六十多年來，企業提供給勞工的福利措施，隨著各階段經濟起飛所需的用人素質的不同，以及就業市場由「供過於求」的買方市場到「求過於供」的賣方市場，福利措施多所變化。

一、五〇年代的企業福利措施

1950年代（民國39年至48年），農業主導台灣的經濟，民營的台灣塑膠公司成立於1954年，中日合資的台灣松下電器公司於1956年在台北縣中和鄉設廠。在這台灣工業的萌芽期，勞工要找一份工作糊口談何容易，請人「關說」，也得要有八行書（介紹函）。員工福利在這個時代完全看老闆的心意，不給夥計額外獎賞，員工也無怨言，只要在年終尾牙宴上，「雞頭」不對準夥計中的任何一人（台灣習俗，雞頭對準誰，該員工明年起就不用來上班了），過年後大家有機會再來上班就「阿彌陀佛」（最大的福報）了。

二、六〇年代的企業福利措施

1960（民國49）年，行政院公布了《獎勵外人來華投資條例》，接著又公布了《華僑回國投資條例》，以爭取外人及華僑來台投資設廠，引進資金、技術及企業管理方法，這兩種條例活絡了國內就業市場，創造了許多勞工就業機會。外資企業紛紛將資金投入生產事業，尤其是電子裝配業，使一向不被家族企業重視的《工廠法》、《職工福利金條例》、《勞工保險條例》等勞工法規開始受到雇主的重視。

1966（民國55）年10月，台灣第一個加工出口區在高雄地區設立，發展勞力密集的加工、裝配出口工業，出口區內設立的各外商，開始以福利設施完善：「每週工作五天」、「每年二個月年終獎金」、加入「勞工

保險」、給予「特別休假」的勞動條件在人事廣告上紛紛出籠，來招募勞工。新光合成纖維與華隆公司分別成立於1967年3月及8月，適逢外商推出的這幾項福利措施，帶給用人多、又需要「三班輪值」的紡織業極大的震撼，廠商乃紛紛推出提供免費宿舍、伙食補貼等福利，讓出外就業者有棲身之所。

三、七〇年代企業福利措施

在1971（民國60）年6月，第一屆九年國民義務教育的畢業生，正式投入就業市場，1972（民國61）年政府又成立高雄楠梓加工出口區與台中加工出口區，使勞力密集的外銷行業大展宏圖，繼而「人力荒」拉出了警報，乏人問津的各縣市就業輔導中心開始受到人事人員的青睞，「建教合作」、「交通車接送上下班」、「免費供應午餐」、「冷氣廠房」、「春節返鄉專車」等福利招數，也紛紛出籠。台北縣淡水鎮飛歌電子公司驚傳「有機溶劑中毒事件」，讓有志投入電子業發展的年輕從業人員開始卻步，因而，重視「工業安全與衛生」成爲另一項福利的訴求重點，看「顯微鏡津貼」、「焊錫津貼」、「輪班津貼」等特殊作業津貼，像一陣風席捲產業界，各廠紛紛效法，薪資給付趨向多元化。

四、八〇年代的福利措施

兩次的石油危機、全球經濟蕭條，減輕了因「人力荒」找不到人來工作的困境。政府產業政策也開始改變，開始積極的獎勵企業投入技術與資本密集、附加價值高的產業，新竹科學園區於焉成立。高科技工業專業人才成爲八〇年代人力市場的「搶手貨」。1984（民國73）年7月，《勞動基準法》實施，基本的勞動條件依法有據，已引不起新生代勞工的青睞，「分紅入股」、「安家計畫」等高檔次的福利，才能吸引、留住員工。

五、九〇年代的福利

家庭計畫推行的成功，「二個孩子不嫌少，一個孩子恰恰好」的人口政策，使台灣地區人口成長率趨緩，在九〇年代初期，短缺的人力更顯惡化，在服務業看好未來的市場下，以提供舒適的工作環境爲號召的服務業，又從產業界挖走一大票人員，而金融機構，尤其證券業人員的「日進萬金」（股票指數曾衝上萬點），也使得九〇年代大專畢業生的就業路徑，又多了選擇的機會。❶

二十一世紀被視爲知識經濟時代，科技產品的日新月異、全球化的經營格局，人才成爲企業成敗的樞紐，留住企業「菁英」，非核心專業的職務外包，是現階段企業人力資源管理的重點。「股票認股權」逐漸取代了「分紅入股制」；工作壓力的增加，爲了避免造成員工的憂鬱症，企業開始重視「員工協助方案」（employee assistance programs, EAP）的規劃；爲了避免員工「過勞死」，健康休閒設施的添購，也成爲企業重視員工福利項目的一項重要指標，而在2005年7月1日實施的《勞工退休金條例》，以個人帳戶制每月來累積個人退休金的規定，促使勞工在就業職場的「異動」加速，未來企業福利的規劃，將趨向針對「個人化」來設計，諸如：協助「員工職涯規劃」與「第二專長的培育」，而非傳統高成本「人人有份」的「吃、喝、玩、樂」式的規劃模式，才能吸引、激勵、留住優秀的人才。

員工福利概念

經濟社會快速發展至今，辦理員工福利的優劣，已成爲企業延攬與留住人才不可或缺的條件之一，也是企業激勵人才能有高度的工作意願與忠誠意識，以充分發揮潛能的必要原動力。然而，員工福利服務的對象是「人」，有其相當程度的複雜性與變異性，不僅需要隨著時空在變，也必須因應著人的需求而異，福利規劃可以說是一項永無止境的工作。❷

一、員工福利措施

員工福利涵蓋的領域相當廣泛，它至少包括下列六種措施：

(一)規範性員工福利措施

它係指有關勞動條件的基本保障。例如：勞工每日正常工作時間不得超過八小時，每二週工作總時數不得超過八十四小時（《勞動基準法》第30條第一項）；勞工繼續工作四小時，至少應有三十分鐘之休息（《勞動基準法》第35條）等。

(二)補償性員工福利措施

它係指針對員工意外事故及職業災害所給予的補償和給付。例如：職業災害勞工經醫療終止後，雇主應按其健康狀況及能力，安置適當之工作，並提供其從事工作必要之輔助設施（《職業災害勞工保護法》第27條）。

(三)強制性員工福利措施

它係指相關法律強制個別事業單位所提供的措施。例如：僱用受僱者二百五十人以上之雇主，應設置托兒設施或提供適當之托兒措施（《性別工作平等法》第23條）。

(四)協商性員工福利措施

它係指個別的事業單位依其內部勞資協議後所提供的措施，例如：每週工作四十小時。

(五)自願性員工福利措施

它係指個別的事業單位主動、自願提供的福利措施，例如：企業免費為員工與其眷屬投保商業性質的團體綜合醫療保險。

(六)支援性員工福利措施

它係指政府主管部門或民間社會機構，在上述各項措施之外所提供的措施。例如：政府提供的勞工低利購屋貸款補助、產業人才投資計畫補助、協助事業單位人力資源提升計畫補助等。

企業實施員工福利制度，主要是根據激勵理論而建立。依照馬斯洛的五大需求理論（生理、安全、歸屬、自尊、自我實現）爲架構，訂定出合適的員工福利制度。就設計、實施和管理薪資制度而言，間接薪酬是薪酬設計方案中最複雜的部分，因爲可供選擇的方案實在太多了，同時它還涉及到大量的法律規定（**表11-1**）。

表11-1　企業員工福利之項目的分類

法定福利類	醫療保健類	經濟性福利
·勞工退休金提撥（繳） ·分紅 ·員工年度體檢 ·勞工保險 ·健康保險 ·育嬰假	·員工本人與眷屬醫療保險（人壽險、意外險、疾病／住院醫療保險、防癌險） ·保健服務（醫療諮詢） ·提供醫務室（專任／特約醫生、護理人員） ·提供特約醫院 ·健康人生服務計畫	·員工儲蓄（互助金）計畫 ·員工退職金計畫 ·住屋租賃補助 ·優惠購屋貸款 ·公司產品優惠價 ·優惠存款計畫 ·消費性貸款補助 ·購買汽車貸款 ·理財講座
娛樂及輔導性的活動	**員工服務**	**其他**
·康樂性福利活動計畫 ·國內外旅遊補助 ·休閒俱樂部費用津貼 ·健身房 ·年度旅遊 ·社團補助 ·藝文活動 ·運動會 ·遊園會 ·電影晚會	·大哥、大姊制度（新進人員） ·交誼中心 ·飲食設施服務（餐廳） ·福利社（平價供應日用品） ·法律顧問／財務顧問／心理諮詢服務 ·特約輔導室（員工服務中心） ·提供員工宿舍 ·交通服務（交通車） ·圖書閱覽室 ·特約商店購物折扣 ·停車場 ·內部刊物	·員工急難救助計畫 ·公司產品的折扣 ·員工子女教育補助計畫 ·員工子弟學校（幼稚園、托兒所、補習學校、育嬰室） ·喜慶賀禮 ·建教合作 ·工作服與免費洗滌 ·第二專長的培訓

資料來源：丁志達（2012）。「薪酬規劃和管理實務班」講義。台灣科學工業園區科學工業同業公會編印。

二、企業推行員工福利制度的原因

企業實施員工福利政策時，各項福利制度的目標、規劃與執行，均應兼顧吸引外部優秀的人才、內部留才及提升員工向心力爲任務，促進勞資和諧爲宗旨，福利活動的設計應力求多樣化，讓員工有多種選擇活動的機會，進而擴大員工參與面，同時，福利規劃要保留部分爲自助式活動（員工自辦），以配合員工不同的興趣與需求，輔助員工成立各種社團，並藉社團活動培養員工之間團隊合作的精神（**表11-2**）。

綜合言之，企業推行員工福利制度的原因，約有下列數端：

(一)取得競爭優勢

1.吸引人才：良好的福利制度可以幫助企業招聘到足夠的員工。
2.留住人才：人才通常會因爲良好的福利制度而留在企業。
3.分享成果：企業目標達成所得到的盈餘，可透過增加員工的福利，使員工分享公司的成功。

表11-2　組織員工福利制度目標

- 主要針對員工休閒生活需要，並使員工生、老、病、死皆有所依，因而設計施行員工計畫。
- 為反映並獎勵員工對組織貢獻而設計實施員工福利計畫。
- 每年定期評估員工福利計畫，對員工提升士氣及增加生產力的成效。離職率、缺勤率、到班率、員工批評與建議都在考量之內。
- 每年定期與相同產業績效最佳者相比較的員工福利計畫內容。
- 不論員工是否為工會會員，都設法給予價值相近的員工福利。
- 每年檢視新增、調整及延續性福利計畫占員工薪資所得成本，並盡可能維持這項比例。
- 公司必須統籌規劃福利基金，以求節省長期運作成本，並避免巨大損失。
- 將所有由公司買單的福利項目，盡可能與社會福利計畫進行整合。
- 除眷屬保險外，盡可能提供無需員工負擔的福利。
- 持續與全體員工就福利事項進行溝通。

資料來源：*Employee Benefits*, 3ed., Burton, T. Beam, Jr., and John J. McFadden. © 1992 by Dearborn Financial Publishing, Inc. Published by Dearborn Financial Publishing, Inc., Chicago. All rights reserved. / Raymond A. Noe, John R. Hollenbeck, Barry Gerhart, Patrick M. Wright著，周瑛琪編譯（2007）。《人力資源管理》。美商麥格羅．希爾出版，頁460。

(二)工會要求

員工組成的工會會向企業要求福利與薪資的增加，公司透過與工會的協調取得共識，使勞資雙方達成和諧的互利境界。

(三)福利效益

由於企業可以利用集體採購的優勢壓低整體福利成本，使員工一方面享有低於市價的福利商品或服務，一方面又可以使公司用較少成本達到較大員工滿意度。

(四)社會責任

有利於企業履行對員工及其子女應盡的社會責任。

範例11-1

員工在職亡故遺族子女暨在職殘廢退職子女教育補助費申請辦法

生效日期：　　年　　月　　日

第一條：為協助本公司在職亡故之員工遺族子女及在職期間殘廢而退職員工之子女接受大專教育，特制定本辦法。

第二條：本辦法不適用於在職亡故之員工係因自殺、參與犯罪行為等而死亡者。

第三條：本辦法所稱「殘廢」，係指經治療後身體遺存障害經特約醫院及本公司醫生認定，喪失工作能力而無法繼續在本公司工作者，但不包括個人之過失或故意之行為所造成的殘廢。

第四條：本辦法所稱「子女」係指：
1.婚生子女未結婚者。
2.員工生前或員工殘廢前已認養之養子女未結婚者，但須戶政機關登記有案者。

第五條：教育補助費分為學費、雜費及生活費三項。

第六條：學、雜費補助參考下列三項資料：
1.教育部每年公布之公私立大學及獨立學院學、雜費徵收標準。
2.教育部每年公布之公私立專科學、雜費徵收標準。
3.公教人員子女教育補助費支給標準。

第七條：生活費補助參考下列二項資料：
1.行政院勞工委員會公布之基本工資。
2.台北市政府公布低收入戶每人每月政府補貼款。

第八條：教育補助費得視其每一家庭子女申請人數，作為補助之參考。
第九條：就讀國外大專院校之教育補助費以國內為基準酌予補助。
第十條：就讀下列之學校不適用本辦法：
1.國立空中大學。
2.職業教育進修者。
3.享有政府公費者，如師範大學、軍事學校、警察學校等。
4.各大專院校之研究生。
5.未具有教育部認定學籍之國內外學校（如函授學校、補習班、基督書院等）。
第十一條：教育補助費申請一般規定：
1.凡年齡屆滿23足歲尚在學者，不予補助（例如民國80年8月31日以前之任何月份出生，在民國103年8月31日以後不再補助，民國80年9月1日至12月31日之任何月份出生，在民國104年8月31日以後不再補助，餘者類推）。
2.就讀大專夜校生，生活費不予補助。
3.入學註冊就讀後因故休學，准發給當期教育補助費，復學就讀同年級時，不再補助。
4.就讀專科時已申領教育補助費者，畢業後再考取或插班大學或獨立學院就讀者，不再補助。
5.留級或重修生，不得重複申領。
第十二條：教育補助費依下列規定時間內向本公司人力資源處申請，逾期以棄權論：
1.第一學期自開學日起至10月15日以前（以郵戳為憑）。
2.第二學期自開學日起至3月15日以前（以郵戳為憑）。
第十三條：申請教育補助費提出證明文件如下：
1.子女教育補助費申請書。
2.註冊證明單或學生證（須加蓋註冊章）影本。
3.戶口名簿或國民身分證（正反面）影本。
4.學、雜費之收據正本（提供影本概不予補助學、雜費）。
第十四條：本辦法自公布日起實施，修正時亦同。

資料來源：台灣國際標準電子公司。

(五)共享成果

藉由員工配股，將企業營運的紅利分享給員工。

員工福利推行成功的關鍵，要考量公司獲利能力、員工需求、市場競爭力、政府法令等，在參考就業市場其他廠商作法的前提下，儘量照顧到員工的需求，讓員工在工作期間都能感到滿足而愉快（**表11-3**）。

表11-3　企業實施員工福利的特徵

- ‧福利與工作績效無關，但常能因職位及年資而改進。例如：經理級以上人員，公司每兩年提供一次公司付費的全身健康檢查服務，但一般員工，則只能依照《勞工健康保護規則》規定，定期做健康檢查。
- ‧福利未必使全體員工獲益，例如：醫療補助係針對因患病員工自行負擔醫療費用的補助，但身體健康的人則不能申請這項補助款。又，如不需要公司產品的人，得不到購買公司產品的優惠價。
- ‧福利並非經過合理性分析而後設立或修正，但卻是追隨時尚或道德標準而施行。
- ‧沒有「制式化」福利，大公司通常福利的範圍廣，而小公司趨於只有少數幾項福利給付。
- ‧福利一旦設立，便難以廢除，員工會視為一項企業提供的勞動條件，而不再是一種福利，例如：每週工作時數四十小時，公司要恢復《勞動基準法》規定的兩週工時八十四小時，就容易引起勞資爭議。
- ‧還沒有證據證明，應徵人員被吸引到一家企業工作，是由於它的福利，但因福利而阻止員工離職確有可能。
- ‧福利可能增加滿足感，但作法不一致，或處置不慎時，確定會帶來員工的不滿，引起指責、認為偏心、不公或小氣。

資料來源：丁志達（2012）。「薪酬規劃與管理實務班」講義。台灣科學工業園區科學工業同業公會編印。

三、企業制定員工福利制度原則

與同業之間的公司福利政策作比較，積極地將公司的員工福利定位在勞動力市場領先公司之一（among the leaders），即讓公司的福利躋身領先公司之林，以便在就業市場上保有競爭優勢。

1.內部公平（internal equity）：建立客觀、公平的福利制度，落實一分努力、一分收穫，以達成福利與激勵員工的效果。

2.外部競爭力（competitiveness）：企業在規劃員工福利時，除了照顧員工需求外，企業還要考慮到公司人才在勞動力市場上的競爭性、公司的成長，以達永續經營的目的。

3.對員工公開且公正（open & fairness）：誠信原則是企業一貫的堅持，企業與顧客如此，對部屬亦然，一切作業公開、公平，並且鼓勵員工勇於申訴。

4.基於對企業的貢獻（base on contribution）：規劃福利制度時，不要僅依年資考量，若加入工作績效對組織的貢獻，則福利制度將更能與組織的經營配合（**表11-4**）。

表11-4　彈性福利的項目

經濟性的福利	娛樂及輔導性的福利
·購屋貸款利息補貼 ·住屋租賃津貼 ·購買汽車貸款 ·托兒所／幼稚園津貼 ·人壽保險 ·健康保險 ·交通津貼 ·自助式活動福利金補助	·旅遊津貼 ·休閒俱樂部費用津貼 ·健康人生福利計畫 ·年度旅遊

資料來源：李誠、周詩琳（1999）。〈員工特徵對員工福利需求及滿意度的影響——以B公司爲例〉。第五屆企業人力資源管理診斷專案研究成果研討會。

職工福利組織

企業福利制度的內涵，包括：規範性的企業福利與非規範性的企業福利。職工福利金的提撥（《職工福利金條例》）、勞工退休準備金的提撥（《勞動基準法》）、勞工退休金提繳（《勞工退休金條例》）、職業災害補償（《職業災害勞工保護法》）等，均屬於政府法律規定企業必須遵守、提供的員工福利；而非規範性的福利，則依企業經營理念、經營規模與財務負擔的能力而有別於其他企業的福利而制定。

根據《職工福利金條例》第1條規定：「凡公營、私營之工廠、礦場或其他企業組織，均應提撥職工福利金，辦理職工福利事業。」

一、職工福利金的來源

依據《職工福利金條例》第2條規定，職工福利金的來源有：

範例11-2

（公司全銜）職工福利委員會組織章程

第一條　本章程遵照職工福利委員會組織準則第六條規定訂定之。
第二條　本會訂名為聯發科技股份有限公司職工福利委員會。
第三條　本會設於新竹科學園區新竹市創新一路1-2號5樓。
第四條　本會設委員十九人，除本公司業務執行一人為當然委員外，餘由本公司職工共同推選十七人及依法不加入工會之職工一人充任之，並由委員互推一人為主任委員，委員及主任委員任期一年，連選得連任一次，其連選連任不得超過三分之二，但由業務執行人擔任者，其任期不受限制。
第五條　本會設總幹事一人，副總幹事一人，由委員互選之。
第六條　本會委員幹事均為義務職。
第七條　本會每三個月至少開會一次，必要時得開臨時會議。會議由主任委員召集並任主席，主任委員因故不能執行職務時，得就委員中委託一人代理。
第八條　職工福利金依下列規定提撥之：
一、創立時就其資本額提撥百分之一。
二、每月營業收入總額內提撥千分之一。
三、每月於每個職員工人薪資內各扣百分之〇．五。
四、下腳變賣時提撥百分之四十。
第九條　依法提撥之福利金應由本會存入公營銀行保管。
第十條　依法提撥之職工福利金非經本會會議通過不得動用。
第十一條　本會之任務如下：
一、關於職工福利事業之審議、推進及督導事項。
二、關於職工福利委員會之洽撥、籌劃、保管及動用事項。
三、關於職工福利金之分配、稽核及收支報告事項。
四、其他有關福利事項。
第十二條　本公司應將下列書表一份送本會存查：
一、每月員工薪資表。
二、每月營業收入或規費及其他收入之報告。
三、向董事會或監察人提出之財務狀況報告表。
第十三條　本會應於年度終了前擬具下年度設施計畫連同預算書送由本公司報請主管機關備案，並於年度終了時，將年度設施報告及決算書送由本公司報請主管機關核備並公告之。
第十四條　本會解散後之財產，依職工福利金條例施行細則第十條規定辦理。
第十五條　本會辦事細則另訂之。
第十六條　本會辦理職工福利事業遵照職工福利委員會組織準則第十四條規定，得附設辦職工福利社，其章程另訂之。
第十七條　本章程經主管官署核准後實施修正亦同。

資料來源：聯發科技股份有限公司。

1.創立時就其資本總額提撥1%至5%。

2.每月營業收入總額內提撥0.05%至0.15%（對於無營業收入之機關，得按其規費或其他收入，比例提撥）。

3.每月於每個職員工人薪津內各扣0.5%。

4.下腳變價時提撥20%至40%。

二、設置職工福利委員會組織

依據《職工福利委員會組織準則》第3條規定：「工廠、礦場或其他企業組織（以下簡稱事業單位）之職工福利委員會，置委員七人至二十一人。但事業單位人數在一千人以上者，委員人數得增至三十一人。」

三、職工福利金之保管動用

依據《職工福利金條例》第5條規定：「職工福利金之保管動用，應由依法組織之工會及各工廠礦場或其他企業組織共同設置職工福利委員會負責辦理。」

範例11-3

台糖公司從業人員福利項目

一、台糖公司部分		
借支	子女國內教育	適用對象：從業人員子女就學者。 借支標準： (一)就讀公立學校：研究所15,000元、大學20,000、專科17,000元、高中職11,000元。 (二)就讀私立學校：研究所20,000元、大學30,000、專科25,000元、高中職20,000元。 辦理方式：每學期開學前受理，借支總額以不超過月薪給為限，超過5萬元者應覓保證人，自借支次月分5次由薪津無息扣還。
	重大災害	適用對象：從業人員遭受重大災害（風、水、火、震災）者。 借支標準：2個月薪給。 辦理方式：檢附證明文件向人資部門申請後，每月按其薪給總額10%扣回。

	死亡	適用對象：從業人員配偶及撫養之直系親屬死亡者。 借支標準：可領之保險給付額為限。 辦理方式：向人資部門申請後，於收到保險給付時一次扣回。
	留學	適用對象：從業人員子女留學者。 借支標準：2個月薪給。 辦理方式：向人資部門申請後，每月按其薪給總額10%扣回。
	結婚	適用對象：從業人員本人。 借支標準：1個月薪給。 辦理方式：持證明文件向人資部門申請後，每月按其薪給總額10%扣回。
	醫藥費	適用對象：從業人員、配偶及直系親屬。 借支標準：在本公司特約醫院所記帳之醫藥費累計最高以借支6個月薪給為限。 辦理方式：每月按其薪給總額10%扣回。
自費健檢給假		給假對象：從業人員本人。 給假標準：凡自費參加健康檢查費用超過3,500元以上者，每2年登記公假1次，最高以1日為限。 申辦方式：得檢附相關證明文件，向各單位人資部門登錄。
互助聘金		互助對象：從業人員繳納互助聘金者。 互助金額：由公司職工福利委員會撥付受益人互助聘金新台幣3萬元。 申辦方式：由遺屬檢送死亡診斷書、戶籍謄本及有關證明文件等向人資部門辦理。
休假補助		補助對象：從業人員在年度內休假累積3日以上者。 補助標準：請特休假累積3日以上未滿6日者，補助4,000元；請特休假累積6日以上者，補助8,000元。當年度如未足額申請者，視為自動放棄。 辦理方式：符合補助時，併次月薪工發放，毋須申請。
江理如獎學金		申請對象：從業人員子女就讀公私立大學水利工程或水土保持系2年級學生。 申請金額：每名新台幣1萬元整。 申辦方式：檢附在職證明或學生證影本及成績單（一年級全學年學業成績75分以上，操行甲等或80分以上）。
二、職工福利委員會部分		
職工暨子女教育貸款	貸款對象：職工及其之子女。 貸款標準： (1)就讀公立大學研究院（所）碩士班、大專院校每人每學期得申貸2萬元。 (2)就讀私立大學研究院（所）碩士班、大專院校每人每學期得申貸4萬元。 辦理方式：每年1月及7月上旬各辦理一次，申貸成功將分為每年4月或10月分24個月由薪津本息（98年2月起調降利率年息1%）扣還。	

<table>
<tr><td>職工子女幼稚園教育補助費</td><td colspan="2">補助對象：繳納福利金之本公司從業人員。
補助標準：補助學雜費每學童每學期最高以新台幣1,500元為限，如所繳各費（合於補助範圍）未達1,500元時，按實繳金額補助（補助之學什費不包括交通費、點心費、園服費、教師福利金及各項捐款）。
備　　註：申請學什費補助於每年3月及9月各辦理一次（滿3足歲之核計日期，上學期以9月1日，下學期以2月1日為準）。</td></tr>
<tr><td>職工暨子女獎助學金</td><td colspan="2">獎助對象：職工及其之子女。
獎助標準：
(1)研究所碩士班暨大專組：（大學、二技及五專四、五年級生）每名每學期2,000元。
(2)高中（職）組：（含五專一～三年級）每名每學期1,500元。
(3)國中組：每名每學期1,000元。
(4)就讀經教育部認可之國外大學研究院（所）碩士班、大專院校，每名每學期得申請助學金新台幣2,000元。
申請條件：
(1)研究所碩士班暨大專組：學業平均75分（含）以上。
(2)高中（職）組：學業平均80分（含）以上。
(3)國中組：學業平均成績甲等或80分（含）以上。
申請期間：依職工福利會公告為準。
備　　註：
1.夫妻同在本公司服務者以一人申請為限。
2.有下列情形之一者，不得申請獎學金：(1)已享有公費待遇者。(2)就讀補習學校或補習班者。(3)就讀博士班。</td></tr>
<tr><td rowspan="3">職工暨眷屬醫藥補助</td><td>醫藥補助</td><td>補助對象：繳納福利金之本公司從業人員，及其配偶、父母、未滿20歲之未婚子女、已滿20歲之子女仍在學或因身心殘障無謀生能力經取得在學證明或殘障證明者。
補助標準：職工及眷屬住院藥費補助（補助項目詳如該辦法），每年最高2萬元為限。
申辦方式：遇案辦理。</td></tr>
<tr><td>諮商輔導鐘點費補助</td><td>補助對象：繳納福利金之本公司從業人員（員工本人）。
補助標準：職工因精神官能症，需諮商輔導者，每年最高得申請補助六小時之諮商鐘點費，每小時之諮商鐘點費以1,600元為限，惟補助費用納入職工及眷屬住院醫藥費補助每年最高2萬元限額內。
申辦方式：遇案辦理。</td></tr>
<tr><td>職工健康檢查補助</td><td>補助對象：繳納福利金之本公司從業人員（員工本人）。
補助標準：自費健康檢查補助半數，每年累計最高5,000元，惟補助費用納入職工及眷屬住院醫藥費補助每年最高2萬元限額內。（另凡自費參加健康檢查費用超過3,500元以上者，得檢附相關證明文件，每2年登記公假1次，最高以1日為限）。
申辦方式：遇案辦理。</td></tr>
</table>

<table>
<tr><td>職工父母配偶死亡慰問金</td><td colspan="2">申請對象：繳納福利金之本公司從業人員。
慰 問 金：慰問金金額5,000元。
申辦方式：遇案辦理。
備　　註：
1.本項慰問金所稱職工之父、母、配偶，係指在法律上具有關係者，如員工兄弟姊妹均服務本公司以一人申請為限。
2.申請期限：申請之職工需於職工之父、母、配偶死亡事件發生日起60天內提出申請。</td></tr>
<tr><td>職工天災慰問金</td><td colspan="2">申請對象：繳納福利金之本公司從業人員。
慰 問 金：一般財務損失達5萬元以上，每戶新台幣5,000元。
申辦方式：遇案辦理。（申請期限：自天災發生日起60天內提出申請。）</td></tr>
<tr><td rowspan="2">職工暨眷屬急難救助貸款</td><td>急難救助貸款</td><td>貸款對象：因重大疾病或意外傷害住院醫藥費用超過5萬元者及眷屬死亡或家庭遭遇變故致生活堪憂並持有服務單位主管證明者遭逢急難困境之職工。
款貸標準：同一事故最高120,000元，每月固定無息攤還5,000元至貸款還清為止。
申辦方式：遇案辦理。（申請期限：自事故發生日起60天內提出申請。）</td></tr>
<tr><td>職工罹患癌症慰問金</td><td>申請對象：繳納福利金之本公司從業人員。
慰 問 金：慰問金金額30,000元。
申辦方式：遇案辦理。（職工本人罹患癌症者即予慰問金3萬元，以在職期間一次為限，並納入職工暨眷屬急難救助貸款辦法項下，依申請先後排列順序核撥，在總額度內用罄為止。）</td></tr>
<tr><td>職工福利委員會團體保險</td><td colspan="2">1.團體意外保險（含重大燒燙傷險）：
每位職工投保保額新台幣100萬元。被保險人於保險契約有效期間內，因遭受意外傷害事故，不論因公與否致其身體遭受傷害而致殘廢或死亡時，依照保險契約約定，給付保險金予法定受益人。
2.意外傷害醫療保險金限額：
每一事故理賠限額1萬元，限額內實支實付。
3.團體意外傷害或疾病住院日額險：
投保金額1,000元／日，因疾病或意外傷害住院治療時，保險公司依其實際住院天數給付；每次事故，最高以給付90天為限。
備註：上述理賠醫療收據，開放副本（即影印本）理賠，並加蓋醫院印信，即可受理。</td></tr>
<tr><td colspan="3">三、台糖公司產業工會聯會部分</td></tr>
<tr><td>會員慰問金申請</td><td colspan="2">申請對象：繳納工會會費之本公司從業人員。
申請標準：
一、因疾病或意外傷害住院達3日（含）以上，每人致送慰問金新台幣1,000元整。
二、因公傷害住院者（需附單位證明及醫院證明）或7天以上（含）每人致送慰問金新台幣2,000元整（持有醫院證明）。
三、服役者發給慰勞金新台幣1,000元整。
申辦方式：遇案辦理。</td></tr>
</table>

會員在職喪亡互助金申請	申請對象：繳納工會會費之本公司從業人員。 申請標準：互助會員遇有在職喪亡者，經本會審核後，由本會互助會員每人次互助新台幣100元。 申辦方式：遇案辦理。
退休人員紀念品	申請對象：繳納工會會費之本公司從業人員。 申請標準：退休人員（含專案優惠離退人員），每人發給紀念品1份。 申辦方式：遇案辦理。

資料來源：台灣糖業股份有限公司，網站（http://www.taisugar.com.tw/chinese/CP.aspx?s=339&n=10416&cp=2）。

自助式福利計畫

企業雖提供了許多福利，卻不一定切合員工的需要，供需雙方沒有焦距的結果，往往是企業投入大量的心血，卻不是員工所嚮往的福利方式。自助式福利計畫（cafeteria benefit plan）或稱彈性福利計畫（flexible benefit plan）因應而生。員工可以依照自己的需求，於公司在控制成本下所提供的各種福利方案中，選擇最能滿足自己的福利。企業也希望在現行有限的資源下，找出員工可較多選擇、較多彈性應用的可能性，務期在不影響企業競爭力的前提下，儘量照顧到員工的需求，提升員工工作及其生活品質，使人人樂在工作，強化組織的向心力（**表11-5**）。

一、企業採取自助式福利的原因

根據美國的路易斯協會（Louis Harris Association）曾對採取自助式福利的公司作一項調查，發現實施自助式福利的原因如下：

1.控制激增的成本（40%）。
2.符合員工的需求（27%）。
3.促進員工的滿足感（17%）。
4.增進員工的士氣和忠誠度（16%）。
5.使員工充分瞭解實際的福利成本爲何（14%）。
6.增進員工的福利（11%）。❸

表11-5　彈性福利之種類

類型	意涵	優點	缺點
附加型	在現有的福利計畫額外提供及擴大原有福利項目	增加員工選擇範圍，進而滿足員工需求	因選擇增多，致行政作業複雜，且成本將較前增加
核心加選擇型	在核心福利外的彈性選擇福利做挑選，每項福利皆附有價格	可避免員工做出不適當的選擇，而造成權益損失	可彈性的範圍較小
彈性支用帳戶	員工從稅前總收入撥一定額度做「支用帳戶」，再去購買各福利措施，撥入支用帳戶的金額不用扣繳所得稅	帳戶內的錢免繳稅，相對等於增加淨收入	每位員工的支用帳戶需隨時登錄資料，以致行政手續繁瑣
套餐式	不同福利項目或優惠水準的「福利組合」，以提供員工選擇	行政作業手續較簡化	組合式的福利，其內容不能要求調整，選擇性較前三者小
選高擇低	以現有福利為基礎，規劃不同的福利項目、水準的福利組合，員工選擇價值高的則補差額，價值低的則公司補差額	員工的選擇性較大，也較彈性	行政程序增加

資料來源：李誠、周詩琳（1999）。〈員工特徵對員工福利需求及滿意度的影響——以B公司爲例〉。第五屆企業人力資源管理診斷專案研究成果研討會。

二、自助式福利計畫的推展作法

自助式福利計畫最重要的特色，在於提供了員工自由選擇福利的權利，讓員工依照個人或家庭的狀況，在更多的金錢回饋、醫療保健或休閒生活上得以有不同的選擇，對公司而言，所付出的是相同的成本代價，以滿足員工不同的需求，但對每位員工而言，卻得到對自己最有價值的福利，有利於提升員工滿意度，並達到控制福利成本的雙贏的目的。

自助式福利計畫的推展作法有：

(一)徵詢員工意見

採用問卷方式，調查員工眞正需求，並配合企業競爭力的考量，擬

訂初步福利項目清單。

(二)內部高階主管的訪談

藉由對高階主管的深度訪談，以各主管自身領域爲出發點，瞭解他們對這項新福利制度的期待和考量點，以爲制度規劃時的考量依據。

(三)蒐集相關資料

透過查閱國內外相關書籍，以及調查同業中實施的現況，以瞭解外界一般在員工福利上的作法，它一方面可界定企業的競爭優勢，另一方面也可參考別人好的作法，積極地將企業的福利定位於市場領先公司之一。

(四)執行方法

自助式福利計畫執行方法有下列三點：

1.年度福利經費預算。

2.政府保障的基本福利。

3.公司保障的基本福利：點數的給予（基於年資、工作績效、對組織的貢獻三個構面的考量，提供每個員工定額的點數，讓員工拿著手上的點數自選福利）。

(五)善用免稅的福利

公司考慮到員工福利時，可多利用免稅福利（不用列入個人所得稅的申報給付項目）。

(六)配合行銷觀念

福利制度也和產品一樣需要促銷、打廣告。因此，在規劃自助式福利制度的同時，需要配合積極的行銷活動，讓員工清楚知道公司照顧員工的心意、立場，員工可以擁有的福利內容及如何使用它。

(七)提供福利手冊

準備一份簡單易懂的手冊來描述每項福利的成本與內容，並定期補充資料，以保證它總是跟得上最新發展。

三、實施自助式福利計畫的益處

員工福利是整個報償中非常重要的部分，企業實施自助式福利計畫，可能對組織有利的幾個原因：

1.由於有選擇權，使員工能某種程度地控制福利的分配。自助式福利計畫則能在不剝奪員工權利下，允許雇主對其捐助福利內容有所限制。
2.過去幾年生活型態已經改變，導致員工要重新評估對某些傳統福利的需要。例如：在一個雙薪家庭，夫妻雙方都有工作，且都擁有家庭醫療保險的家庭中，則其中一人的保險是多餘的。
3.福利可以被用於招募與留住員工。然而當一個強制的福利組合對未來員工的需要或現在員工的留任缺乏回應或無法配合時，這個組織事實上是在虛擲金錢。
4.福利的高成本導致組織試圖有效地溝通它對員工的眞實成本。經由提供特定的福利選擇，使得員工對各個福利伴隨的成本變得非常熟悉。
5.員工可以獲得正面的稅務影響。此外，由於某些福利是應稅的，而其他福利則否，不同的福利組合可以吸引不同的員工。
6.一個自助式福利計畫可以對員工的態度與行爲產生正面的影響。
7.它可以降低整個保健成本。❹

四、企業實施自助式福利的難點

台灣地區的中小企業，在實施自助式福利計畫時，可能會遇到的困難包括：

1.台灣地區法定福利項目太多，如《職工福利金條例》、《勞工退休金條例》、《勞工退休準備金提撥及管理辦法》、《勞工保險條例》、《全民健康保險條例》等，企業想要導入自助式福利的空間及提供員工選擇的項目相對減少。

2.在推行自助式福利的初期，對公司的作業流程、行政管理的成本會增加。

3.員工對自助式福利瞭解程度的深淺也會影響員工對福利的選擇（**表11-6**）。

最「貴」的福利制度，並不一定是最「好」或最「能滿足」員工的福利制度，發揮創意、貼近員工的需求，才能讓員工體會公司對福利的用心。

表11-6　實施自助式福利計畫優缺點分析

優點	缺點
・透過自由選擇計畫，使得員工可選擇最適合自己需要的福利組合方案。 ・一旦員工的需求發生了變化，可對組合方案做出相應的修改。 ・由於參與度的提高，員工能更多地瞭解間接薪酬方案的構成。 ・由於員工要親自分配各個福利項目的購買金額，因此會全面的瞭解福利成本，對雇主給予的福利價值有真實的感覺，進而產生感激組織照顧與關懷員工之情。 ・引入新的福利項目時，雇主的費用將會降低，因為並不是所有的員工都需要這種新的項目，它只是給員工提供了一個選擇。 ・由於員工獲得了自主選擇權，因此雇主就能更好地滿足員工不斷變化的需求。 ・透過自助式福利計畫的員工自選方式，可以確定照顧到員工的需要，提高福利的價值。此外，如果應用得當，這也將是一個訓練員工自我管理的好機會。 ・讓員工有機會參與福利政策的籌劃和制定，可提高員工的滿足感和成就感。 ・員工常低估了福利的成本，用自助式福利可使員工體認公司提供各項福利背後所付出的金錢和心力。 ・透過自助式福利的授權方式，可提供員工自主的空間，也象徵著管理者對員工的信任。 ・提升企業形象與企業競爭力。	・法定福利項目太多，產生公司高福利成本支出，以至於能彈性的福利選擇項目相形減少。 ・與固定的福利方案相比，花費的行政管理時間和管理費用增多。 ・員工有可能會做出較差的選擇，因此可能出現考慮不周的問題。 ・由於員工只選擇那些最可能使用的福利項目，因此雇主的成本會增加。例如：商業性保險費的增加，主要原因是「低危險群」員工較少選擇一些特殊的保險項目，因而造成特殊保險項目參加人數的減少，使得雇主要多負擔保費。

資料來源：丁志達（2012）。「薪酬規劃和管理實務班」講義。台灣科學工業園區科學工業同業公會編印。

範例11-4

創意性的福利規劃

- 舉辦員工及眷屬電影欣賞日（包下假日的電影院，讓員工及眷屬免費觀賞）。
- 員工團體競賽日（於上班日在郊外舉辦漆彈團體競賽活動，分組競賽，優勝團隊頒發獎金）。
- 每年免費提供女性從業人員做子宮抹片檢查、乳癌檢查。
- 設置員工（含眷屬）專屬的網站，凡在上面發表文章，就可以累積點數換旅遊基金。
- 提供每個員工人體工學設計的座椅。
- 每週提供一次下午茶（熱包子、饅頭，豆花、甜／鹹湯圓、藥膳湯、烤地瓜、熟玉米等等，配合節日或天氣變化口味）。
- 承租農地，讓員工與眷屬在假日體驗農場生活。
- 提供高額的「員工生育獎金」（員工子女滿月禮金6,600元，生育第二個孩子的員工，每年加發24,000元的育兒補助費，現金、禮券各半；子女兩人以上者每年可請有薪育兒假，每名子女各七天，育兒補助與育兒假皆享受到子女6足歲為止）（麗嬰房公司）。
- 全額免費提供「新加坡F1賽車之旅」、「澳門太陽劇團獎勵之旅」、「莎拉布萊曼真愛傳奇世界巡迴演唱會」、「峇里島SENTOSA VILLA精品渡假村之旅」等（戰國策公司）。
- 領養子女假1個月。
- 飲食歡樂吧（與知名的食品與飲料業者合作，提供便宜或免費的食品與飲料給同仁享用）。
- 男性員工陪產檢假（配偶懷孕滿三個月以上，每月可請半天有支薪的陪產檢假。）
- 每年發給每位員工1,000元娛樂券（員工可自選運動點數券或電影券）。
- 提供免費之按摩椅及聘用視障人員，提供員工減壓之按摩服務。
- 每月一天的提早回家日。
- 每星期五下午4點至6點安排運動日活動。

資料來源：丁志達（2012）。「薪酬規劃和管理實務班」講義。台灣科學工業園區科學工業同業公會編印。

員工協助方案

員工協助方案首創於1939年，新英格蘭電話公司爲有酗酒習慣員工的服務。演變至今，員工協助方案係指由企業提供諮商或服務給員工，以

協助員工解決社會、心理、經濟與健康方面的壓力與情緒問題，以增進員工身心的健全，增進其福祉，進而提升工作效率，促進組織的成長。目前，全球財富五百強企業中大都建立了完備的機構來實施員工協助方案。

一、員工協助方案的範圍

員工協助方案提供的範圍涵蓋面甚廣，主要的有如下幾項：

1.工作問題：包括知識與技能的學習、職位升遷、職務轉調、壓力鬆弛、工作環境改善、促進安全衛生、管理技巧、人際溝通技巧、生涯規劃等問題。
2.健康問題：包括醫療服務、心理諮商、情緒問題、健康檢查、健康教育等問題。
3.家庭問題：包括婚姻問題、家庭關係、單親子女教育問題、子女就學貸款、獎助學金等問題。
4.福利服務：包括與職工福利委員會掛鉤，舉辦相關員工福利事項。
5.其他服務：包括申訴服務、法律服務、勞資爭議處理、員工紛爭調處等問題。

範例11-5

員工諮商室之特色

- 擁有專業能力：外聘專業老師
- 注意個體感受：一對一對談
- 維持超然立場：不介入個人隱私
- 塑造和諧氣氛：獨立溫馨空間
- 藉助團體協助：群體力量運用
- 免費服務費用：公司全額負擔
- 資料書籍提供：資訊傳播站
- 建立預約系統：多樣化預約服務

資料來源：台灣積體電路公司／引自：吳守義（1999）。〈員工協助方案研討會（新竹區）：員工協助方案之實施〉。中華人力資源管理協會編印。

範例11-6

全面關懷的同仁協助方案

諮商輔導	財務支援	醫療保健	食衣住行育樂	其他服務
·心理諮詢 ·法律諮詢 ·申訴處理 ·新人諮詢 ·離職面談 ·建教生輔導	·生育、結婚禮金 ·同仁廠外聯誼金申請 ·住院慰問金 ·急難救助金 ·無息急難貸款 ·勞健團保理賠申請 ·親喪互助金 ·獎助學金 ·資深同仁旅遊補助	·一般健檢 ·醫師駐診 ·子宮頸、骨質、口腔癌檢查 ·疫苗注射 ·戒菸酒毒宣導 ·減重班 ·就醫協助	·餐廳、便利商店提供 ·同仁制服領取 ·同仁宿舍提供 ·同仁租屋資訊提供 ·優惠購車 ·公務派車／假日租車 ·交通車搭乘 ·同仁自用車輛車禍協助 ·中古車委拍資訊提供 ·兒童夏令營提供 ·托兒所提供 ·圖書館 ·社團辦理 ·旅遊活動資訊 ·同仁活動中心提供	·郵件寄送 ·派赴海外同仁及眷屬協助 ·親喪花圈弔唁

資料來源：中華汽車工業公司（2005）。引自「第一屆人力創新獎經驗分享發表會」講義，頁9。

二、員工協助方案的發展方向

如今，員工協助方案已經發展成一種綜合性的服務，其內容包括壓力管理（企業併購、文化衝突）、職業心理健康、裁員心理危機（恐慌、焦慮）、災難性（空難、員工自殺）事件、職業生涯發展（角色變動）、健康生活方式、法律糾紛、車禍處理、理財問題、飲食習慣、減肥瘦身等

等各個方面，全面幫助員工解決個人問題。解決這些問題的核心目的，在於使員工在紛雜的個人問題中得到解脫，管理和減輕員工的壓力，維護其心理健康。❺

員工協助方案是一種組織機制，透過此方案的推動與執行，以協助解決影響員工工作績效之個人問題與憂慮，最終希望能預防影響工作問題的產生。所以，員工協助方案有別於一般的福利措施，它是透過協助方案，提供專業指導、培訓、診斷、輔導、協商等服務，協助員工及其家庭成員的各種心理和行爲問題，提高員工個人績效和組織整體效能。

員工福利規劃新思潮

新世紀的上班族，是「熊掌與魚」都要的福利世紀，企業面對創意無限、讓人敬佩的「新生代」，他們想要的是「股票換錢」遊戲，所以企業主在未來經營歲月裡，就要早日規劃企業員工福利措施何去何從？如何在前頭有競爭敵手，後頭有前仆後繼投入此一產業的新手攪局下，企業要能「絕處逢生」，就要多用「心」經營員工，畫餅、做餅、吃餅，一步一腳印，激勵員工一起來打拚，分享經營成果的「金蘋果」。

未來企業員工福利規劃，將會朝著下列的方向演變，企業主要緊抓著員工福利新思潮的脈動，尋找自己企業文化特質的立基點，讓員工享受到一股溫馨與感動，讓企業主與員工共築的夢想成眞。

一、縮短工時，大勢所趨

中國大陸在1996年開始施行每週工時四十小時；而台灣地區實施的《勞動基準法》在2002年也由原先的每週工作四十八小時，修法改爲兩週工時八十四小時的漸進式縮短工時制。企業主在面臨國內外上班族普遍朝縮短工時的趨勢發展時，要求員工「短工時，高效率」產出，其激勵法寶處方有哪些？才能讓「吃苦又耐勞」的傳統工作的勤奮美德，不因工時縮短而讓員工「好逸惡勞」，值得深思與尋求對策。

範例11-7

國內四大會計師事務所員工福利制度一覽表

	安侯建業	致遠	資誠	勤業眾信
薪資／獎金補助金	1.年終獎金、績效獎金、激勵獎金 2.依學經歷及專業資格從優敘薪 3.業務部門手機通話費補助金 4.會計師執照獎勵金 5.婚喪禮金 6.生育禮金 7.退休金 8.自選式福利	1.加班費、誤餐費、出差津貼 2.年終獎金、忙季獎金、特別獎金、績效獎金、證照獎金 3.端午禮金、中秋禮金 4.福利金 5.結婚禮金 6.生育禮金 7.奠儀	1.員工年度健康檢查補助 2.退休金提撥 3.手機及行動通訊費補助 4.年度員工旅遊假及旅遊費用補助 5.職工福利委員會各項社團補助 6.員工婚、喪、生育及住院津貼 7.高額之員工推薦獎金	1.年終獎金 2.特別獎金 3.婚喪禮金 4.生育禮金
保險類	1.勞、健保 2.員工團保（全額負擔保費）	1.勞、健保 2.員工團保	1.勞、健保 2.員工團保	1.勞、健保 2.員工團保（含壽險、意外險、意外醫療險及職業災害險）
教育訓練／職業發展	1.升遷管道 2.定期教育訓練（如新生訓練、專業在職訓練、電腦課程、管理課程） 3.不定期知識充電 4.外訓課程 5.國外訓練： ．國際交換計畫 ．全球性或區域性專題講座研討 ．派赴國外KPMG事務所工作	1.菁英計畫： ．國內外英語培訓 ．海外學習及交換計畫 ．全球及亞太地區訓練及發展計畫 2.人才培訓計畫（個人發展計畫） 3.教育訓練（職前訓練、新生訓練、專業訓練、電腦課程、管理課程、線上英語學習、e-learning） 4.升遷管道（雙向溝通績效考核） 5.暢通的轉調制度	1.全額補助短期海外英文遊學（但期間續薪） 2.海外工作派訓 3.多元化之內、外部訓練課程及訓練預算 4.PWC台灣內部及全球轉調之長短期工作機會	1.教育訓練

	安侯建業	致遠	資誠	勤業眾信
請／休假制度	1.週五Business Casual 2.週休二日 3.會計師考試給予公假 4.育嬰假	1.週休二日 2.特別休假 3.會計師考試溫書假	1.電子化作業流程，毋須人工簽核 2.請假依照勞基法規定 3.特休假——承認到職前年資 4.未休完之特休假可以遞延半年 5.國定假日依人事行政局規定，但農曆年假依慣例優於公務人員 6.休假制度優於勞基法，上任後適時申請休假	1.週休二日
資訊化環境	1.本所同仁皆配備PC或Notebook 2.KPMG全球電腦網路連線 3.KPMG企業知識入口網站，Kworld、TaiKnet 4.採用CaseWare Working Papers 5.電腦審計查核工具（Vector）	1.每人均配備一台Notebook 2.Ernst & Young強大知識管理資料庫 3.全面實施EY全球審計方法（GAM） 4.審計電腦化	1.每人專用之筆記型電腦（Notebook），定期（約每兩年）更換新機型	
其他	1.慶生會、聚餐活動 2.年節晚會 3.特約廠商之優惠方案 4.咖啡吧 5.KPMG Family Day 6.忙季關懷活動（如慶功Party、按摩師、養生茶）	1.尾牙聚餐及摸彩 2.員工購物優惠及休閒娛樂 3.部門聚餐及旅遊	1.年度員工運動會及晚會 2.尾牙晚宴、禮券及抽獎 3.職委會舉辦各種不定期福利活動，如免費首輪影片欣賞、免費國家音樂廳大型表演活動欣賞等 4.各部門有專用的煮咖啡機，不限量供應咖啡	1.健康檢查 2.多項球類比賽 3.旅遊及趣味活動 4.週年慶活動 5.尾牙聚餐

資料來源：郭俶眞（2005）。〈國內四大名會福利比一比〉。《實用稅務月刊》，第368期，頁33-34。

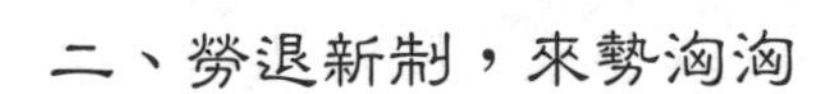

二、勞退新制，來勢洶洶

《勞工退休金條例》實施後，選擇勞退新制的員工，每個月都可額外提前領到一筆退休金存入個人帳戶內，企業面臨這一劃時代來勢洶洶的強制性社會福利變革，企業主有必要對企業內部目前實施的福利制度重新洗牌，加以檢討，才不致「人」、「財」兩失。

三、福利制度，量身訂做

未來企業組織型態要的是「輕裝師」的專技人員，而非「烏合之衆」無專技人員。因此，企業在福利制度設計上要摒除掉「人人有份」、「吃大鍋飯」的農業社會規劃出來的舊福利思維模式，而是要朝著規劃能留住企業核心專技人才，有創意的「放長線，釣大魚」福利措施，讓企業核心的「紅五類」（核心技術員工、核心專業員工、有貢獻度的員工、經營管理幹部及有潛力的接班人）對企業爲他們「一份奉獻，一份回饋」的眞心美意所準備的「福利大餐」感到滿意，也讓只有「苦勞」沒有「功勞」表現的員工，對企業提供給他們的「福利簡餐」，日久會感嘆「食之無味，棄之也不可惜」之念頭，產生不如歸去，另找「東家」的念頭，則企業就能解決困擾的「冗員」、「呆人」的問題。在這一部分的福利規劃措施中，直銷業推出以業績達成率做不同等級的獎勵措施，值得借鏡。

四、股票認股，獎勵久任

當勞退新制實施後，澈底打破傳統的留人模式：一位員工必須在企業（集團）工作二十五年，或工作十五年以上年滿55歲，或工作十年以上滿60歲才有退休金可領的「神話」。企業要留下想要的員工，可要設計另一套可引誘核心專技人才做得越久、工作表現也一直持續不墜的好員工不離職的激勵性「久任獎金」來因應。例如：股票認股權取代目前企業界普遍實施的「分紅入股」制度的「短打」激勵措施，以留住員工「驛動的心」。

五、合法節稅，惠而不費

當政府的收入與支出經常出現入不敷出，產生赤字時，就會修法增稅，被標榜爲「頭家」的領薪族要繳的稅也會跟著水漲船高，員工拚命賺錢，也拚命地繳稅。因此，企業主要懂得爲員工「避稅」，利用稅賦上一些支付給員工的金錢，可免列入申報個人所得。例如：《所得稅法》第14條第三類薪資所得規定：加班費不超過規定標準者可免稅；個人領取的退職金、離職金等所得，也有限額免稅的規定；又如大多數未提供員工免費工作餐的廠商，在每月發給員工的薪餉中，列出一筆新台幣一千八百元薪資名目爲「伙食津貼」，係爲了讓員工將這筆收入免繳稅之用。這些合法的避稅之道，企業主慷「政府」之慨，「惠而不費」的提供給員工實質的福利，要加以利用。

六、終身學習，如虎添翼

員工在專業上有進步，企業也才會跟著成長。由於二十一世紀被標榜爲知識經濟的年代，企業主如何幫助員工在技能上日新月異，比物質上的照顧更重要，也就是「給員工一條魚吃，不如給他一根釣竿，指導他到有魚的地方釣到魚」來得實在。

七、福利措施，見風轉舵

近年來政府投入大量的公共建設，已縮短城鄉差距，早期企業所提供給員工的一些福利項目，是否可借用現成政府已提供的設備（施）而改弦更張，讓企業主節省下來的經費做更有效的運用，或轉做其他新興開發的福利新項目使用。例如：以前企業設在台北縣關渡工業區附近的廠商，因當年設廠時地處偏僻，必須提供交通車接送大台北地區員工上下班，但隨著大台北捷運系統的陸續通車，企業就可因地制宜，讓員工搭乘捷運大衆交通工具上下班，企業主發給交通補貼來解決龐大的每月自行租借交通車費用的支出。要照顧員工的福利，企業主要把有限的福利經費用到刀口上，唯有求變才能通，企業主也才不會因舊有的員工福利包袱不能丟，但新的福利項目因員工要求接踵而來而傷透腦筋。

八、家庭成員，一起作伙

農業社會重視「五代同堂」，工業社會重視「三代同堂」，知識經濟時代則重視「二代同堂」所組成的小家庭組織，因而，企業未來福利措施的設計，要從廣義的福利對象「家庭成員」著手，才能「擄獲」員工的心。企業掏錢主辦的大型員工活動時，要把員工的「配偶」、「子女」統統邀請到企業來「逗陣」作伙，一起慶祝與歡樂，像傳統習俗延續至今還盛行不衰的「尾牙宴」，員工「單刀赴會」的邀宴模式，漸漸的已產生老板「等嘸人」來「吃飯」的現象。因此，將「尾牙宴」變革爲「闔府光臨」的感恩會，才能「門庭若市」，也讓「家庭成員」（配偶、小孩）爲企業主挽留「心愛」的員工不會在過年後「離巢」他就。例如：美國花旗銀行有個獨特的「返家日」（early home day）與「約會日」（date night）的活動，規定員工在這些上班日的晚上六點鐘以前回家吃晚飯，與家眷聚會，這些福利制度的設計頗具人性化，也令員工與其家人感到窩心。

九、福利活動，廣徵民瘼

職工福利委員會每年度舉辦各項活動時要徵求「民意」，以大部分員工的意向爲意見，降低「怨聲載道」之聲。此外，職工福利委員會在有限的經費又無法廣闢財源下，爲員工謀取「俗又大碗」的福利，則可聯合其他廠家的福委會以集體採購方式與供應商「殺價」，買到「物超所值」的福利品發給員工，也是未來職工福委會規劃福利活動的新思考方向。

十、勞工福利，善用資源

企業主必須經常注意政府公布照顧勞工各項福利資訊，轉告員工，讓員工享受政府提供的「白吃」午餐。例如：行政院勞工委員會每年定期

推出的「輔助勞工修繕住宅貸款」、「輔助勞工建購住宅貸款」、「獎助勞工進修」等措施，都是政府幫助員工擁有家園與增進技能的「免費」或勞工「少許」負擔經費的一些勞工福利項目。當企業主在無多餘財力幫助員工購買不動產下，就要借力使力，鼓勵員工享受政府用全體納稅人的錢「施惠」給弱勢的勞工，幫助他們完成「住者有其屋」的早日實現。

十一、裁員動作，有情有義

企業爲求永續經營，對於無法再配合企業發展策略需要的那一群「技術已過時，又無法自我提升新技能」的員工，只好用裁員措施資遣離廠而去。因此，企業爲了生存，當經營「順境」時，就要培植員工的第二、第三專長，一旦經營步入「逆境」要「度小月」精簡人員時，能讓這些被點名、被裁撤的員工，利用平日他們在企業工作時學到的專長，馬上轉換職場跑道，到其他企業再找到個人職涯的第二個春天；甚至於企業在裁員前，能開課教導員工個人理財的方法、健康保健注意事項，讓他們領到的資遣費、退職金能好好運用，才不至於「失業」、「老本」兩頭空，身體健康又出現警訊，步入可憐的身心憔悴的「晚景」。

十二、福利說明白講清楚

企業在制定各項福利實施辦法時，要向員工說明白、講清楚，實施這些福利制定的用意在哪裡？員工達到什麼樣的工作標準，就能享有哪些制定的遊戲規則內的福利。

十三、福利公益，交叉運用

音樂能洗滌心靈的污垢，懂得欣賞音樂，也就懂得團隊合作（合音）的重要性，企業主應趁早潛移默化員工藝文細胞，來幫助員工心靈建設。例如：趨勢科技公司曾贊助在國家戲劇院演出的「精華版牡丹亭」崑劇；台積電曾贊助西班牙男高音卡列拉斯演唱會；台灣應用材料公司贊助聖馬丁管弦樂與鋼琴家傅聰的音樂會，以及爲慶祝週年慶，曾在新竹誠品

範例11-8

有情有義的雇主

1933年，正當經濟危機在美國蔓延之時，哈理遜紡織公司因一場大火幾乎化為灰燼。三千名員工悲觀地回到家，等待董事長宣布破產和失業風暴的來臨。

可是不久他們收到了公司向全體員工支薪一個月的通知。一個月後，正當他們為下個月生活費發愁時，他們又收到了一個月的工資。在失業席捲全國，人人生計無著時，能得到如此照顧，員工們感激萬分。於是，他們紛紛湧向公司，自發清理廢墟，擦洗機器，三個月後，公司重新運轉起來。

對這一奇蹟，當時的《基督教科學箴言報》是這樣描述的：員工們使出渾身解數，日夜不停地賣力工作，恨不得一天做二十五個小時。

資料來源：韓秀景、曹孟勤（2002）。〈企業對員工忠誠嗎？〉。《企業管理》（2002/05），頁62。

書局舉辦「明史講座」及「美術史講座」公益活動，把提供給員工「藝文的盛宴」福利措施，普及到邀請社區居民一起共享受，既能照顧到員工、眷屬及與企業爲鄰的住戶居民，更能贏得美好的企業形象，將台灣俗諺：「摸蜆兼洗褲」這句話，發揮得淋漓盡致。

十四、人文環境，交誼天堂

E世代係指15歲至29歲的新人類，從小養尊處優，在電視、音響、電腦以及與網路息息相關的高科技產品下過活，人際關係的交往已產生隔閡，「家庭」成爲他們最可「依賴」的藏身之處，當這一族群人身心疲困時，只想到在網路上找一些陌生人聊天來自我調適，而不是找同事來「分擔解憂」。這些新人類是新世紀的接班人，企業主在工作環境中，如能重視人文氣息的提倡，讓員工願意每天工作片刻休憩時，引導他們到布置典

雅、具有「家庭風味設計」的活動空間來跟同事間面對面的「聊天」，分享同事的快樂與痛苦，同時也可把自己心裡「鬱卒」的不愉快的事情宣洩出來，讓同事指點迷津，眞正感受到企業跟家庭一樣都充滿「溫暖」與「愛」，使員工做起事來更有「勁」。❻

結　語

知識經濟時代的人類，在科技文明的進步下，將生活在一個物質不會匱乏，但卻生活在欠缺人際互動往來的網路世界裡，心靈的空虛是新世紀新人類最大的隱憂與危機，個人的需求將轉爲對家庭、社團、嗜好、個人福祉上的關注。所以，未來企業員工福利規劃方向是在比「人性」、比「貼心」、比「創意」，引用美國Kepner Trogoe管理顧問公司總裁史賓瑟（Quinn Spitzer）所言：「過去衡量企業的指標，是看員工創造了多少經濟價值，以後會變成看企業如何對待員工，因爲前者看的是過去，後者看的卻是未來。」

註釋

❶丁志達（1992）。〈員工福利給多少？企業老闆停、聽、看〉。《現代管理月刊》（1992/02），頁92-94。

❷楊錫昇（1999）。〈現階段勞工福利發展趨勢與規劃〉。《勞工之友雜誌》，第587期，頁12。

❸李誠、周詩琳（1999）。〈員工特徵對員工福利需求及滿意度的影響——以B公司爲例〉。第五屆企業人力資源管理診斷專案研究成果研討會。

❹Lloyd L. Byars & Leslie W. Rue著，鍾國雄、郭致平譯（2001）。《人力資源管理》（*Human Resource Management*, 6e），台北市：麥格羅・希爾，頁329。

❺鮑立剛（2008）。〈員工幫助計畫的運作〉。《企業管理》，總第322期（2008/06），頁87。

❻丁志達（2000）。〈員工福利規劃的新思潮〉。《管理雜誌》，第309期，頁26-31。

第十二章

社會保險制度

- 勞工退休金制度
- 積欠工資墊償基金制度
- 職業災害勞工保護制度
- 就業保險制度
- 勞工保險制度
- 全民健康保險制度
- 結　語

> 使老有所終，壯有所用，幼有所長，鰥寡孤獨廢疾者皆有所養。
> 〜《禮運・大同篇》〜

社會保險，是指國家通過立法強制建立社會保險基金制度，目的是使從業人員因年老、失業、患病、職業災害而減少或喪失勞動收入時，能從社會保險中獲得經濟補償和物質幫助，保障勞工基本生活。《憲法》第155條規定：「國家為謀社會福利，應實施社會保險制度。」而台灣社會保險制度是台灣社會福利中最早有系統發展、制度最完整的制度。對企業而言，勞工退休金提撥、積欠工資墊償基金繳納、職業災害勞工保護、就業（失業）保險、勞工保險、全民健康保險等均屬於社會保險的一環，立法規定企業應繳納一定的保費，以保障受僱勞工的生命安全、醫療就診、失業後的救濟，以及勞工退休後的基本養老的生活費用等。

勞工退休金制度

退休是每個人一生會面臨的議題，伴隨著人口結構的改變，國人平均壽命的延長（男性平均壽命75.9歲，女性平均壽命80.5歲），養兒防老的觀念式微，此時，社會福利中的勞工退休金制度扮演著舉足輕重的角色。

現行勞工退休金給付制度，在法律上，採取三軌並行制。

一、《勞動基準法》（勞退舊制）

《勞動基準法》規定的勞工退休的條件，可分為勞工自請退休與雇主可強制勞工退休兩種。

(一)勞工退休要件

1.勞工有下列情形之一，得自請退休：

(1)工作十五年以上年滿55歲者。

(2)工作二十五年以上者。

(3)工作十年以上年滿60歲者（第53條）。

2.勞工非有下列情形之一，雇主不得強制其退休：

(1)年滿65歲者（對於擔任具有危險、堅強體力等特殊性質之工作者，得由事業單位報請中央主管機關予以調整。但不得少於55歲）。

(2)心神喪失或身體殘廢不堪勝任工作者（第54條）。

(二)勞工退休金給與標準

勞工退休金給與標準，依據《勞動基準法》規定為：

1.按其工作年資，每滿一年給與兩個基數。但超過十五年之工作年資，每滿一年給與一個基數，最高總數以四十五個基數為限。未滿半年者以半年計；滿半年者以一年計（第55條第一項第一款）。

2.因執行職務致心神喪失或身體殘廢，經雇主強制退休者加給百分之二十（第55條第一項第二款）。

3.退休金基數之標準，係指核准退休時一個月平均工資。（第55條第二項）

4.勞工工作年資以服務同一事業者為限。但受同一雇主調動之工作年資，及依《勞動基準法》第20條規定應由新雇主繼續予以承認之年資，應予併計（第57條）。

(三)勞工退休準備金提撥

根據《勞工退休準備金提撥及管理辦法》第2條規定：「勞工退休準備金由各事業單位依每月薪資總額百分之二至百分之十五範圍內按月提撥之。」專戶存儲開立於台灣銀行之帳戶。雇主所提撥勞工退休準備金，應由勞工與雇主共同組織勞工退休準備金監督委員會監督之。委員會中勞工代表人數不得少於三分之二（《勞動基準法》第56條第四項）。

二、《勞工退休金條例》（勞退新制）

《勞工退休金條例》（簡稱《條例》）於2005年7月1日施行。這項勞退制度的變革，對於企業與勞工皆產生了重大影響，它是一可攜帶式的退休金福利制度，凡先前適用《勞動基準法》之勞工，在施行後五年內（2010年6月30日前）仍可選擇適用本《條例》的退休金制度，但員工一旦已適用本《條例》之退休金制度後，不得再變更選擇適用《勞動基準法》的退休金制度。

(一)勞工退休新舊制的選擇權

在該《條例》施行前已在職的員工，可以擇一適用《勞動基準法》（簡稱勞退舊制）或《勞工退休金條例》（簡稱勞退新制）的制度。選擇勞退舊制者，在符合自請退休或被強制退休時，依《勞動基準法》的退休要件規定領取退休金；選擇勞退新制者，勞退舊制之工作年資先予以保留，在勞工符合勞退舊制退休要件退休時，則依《勞動基準法》第55條規定計算退休金。但自2005年7月1日起到職勞工，則僅能適用勞退新制的規定（**表12-1**）。

(二)勞工退休金專户之提繳

依據《條例》第14條規定，雇主每月負擔之勞工退休金提繳率，不得低於勞工每月工資6%，並應將其提撥至勞工個人之可攜帶式退休金專戶。勞工得在其每月工資6%範圍內，自願另行提繳退休金，且勞工自願提繳部分，得自當年度個人綜合所得總額中全數扣除。

(三)退休金之領取及計算方式

勞工退休金之領取，依據《條例》第23條規定，有下列的保障：

1.月退休金：勞工個人之退休金專戶本金及累積收益，依據年金生命表，以平均餘命及利率等基礎計算所得之金額，作爲定期發給之退休金。年金生命表、平均餘命、利率及金額之計算，由勞保局擬訂，報請中央主管機關核定。

表12-1　勞退新舊制條文內容的比較

項目	《勞動基準法》（勞退舊制）	《勞工退休金條例》（勞退新制）
法源	《勞動基準法》	《勞工退休金條例》
給付類別	確定給付制（defined benefit plan, DB）	確定提撥制（defined contribution plan, DC）
提撥（繳）率	勞工每月薪資總額2%-15%範圍內按月提撥勞工退休準備金（《勞工退休準備金提撥及管理辦法》第2條）	雇主以不得低於勞工每月工資6%之提繳率按月提繳；勞工得在其每月工資6%範圍內自願另行提繳（第14條）
適用對象	《勞動基準法》之勞工（第2條）	《勞動基準法》之本國籍勞工（第7條）
收支單位	台灣銀行	勞工保險局（第6條）
退休金給付計算標準	核准退休時一個月平均工資（第55條）	每月工資（依提繳工資分級表而定）（第14條）
工作年資計算方式	工作年資須在同一事業單位（第84條之2）	退休金金額累積不限在同一事業單位（第16條）
請領條件	工作15年以上年滿55歲者，或工作25年以上者或工作10年以上年滿60歲者，得自請退休（第53條）年滿65歲者（第54條）	年滿60歲，無論退休與否皆可請領（第24條）；勞工於請領退休前死亡者，應由遺屬或指定請領人請領一次退休金（第26條）
給付標準	（1-15年）×2基數＋（超過15年以上之工作年資）×1基數≦45基數（第55條）	勞工退休金個人專戶累積本金及收益（提繳工資×6%×12個月×年資＋投資累積收益）（第23條）
給付方式	一次發給。（55條）	工作年資滿15年以上者得請領月退休金；工作年資未滿15年者應請領一次退休金（第24條）
資遣費	每滿一年發給相當於一個月平均工資（17條）	每滿一年發給二分之一個月之平均工資，最高以發給六個月平均工資為限（第12條）
所有權	雇主	勞工

資料來源：丁志達（2011）。「勞工權益講座」講義。國立雲林科技大學編印。

2.一次退休金：一次領取勞工個人退休金專戶之本金及累積收益。

依據《條例》規定，提繳之勞工退休金運用收益，不得低於當地銀行二年定期存款利率的保證收益；如有不足由國庫補足之。

(四)退休年齡

勞工年滿60歲，工作年資滿十五年以上者，得請領月退休金。但工作年資未滿十五年者，應請領一次退休金（《條例》第24條第一項）。

前項工作年資採計，以實際提繳退休金之年資爲準。年資中斷者，其前後提繳年資合併計算（《條例》第24條第二項）。

勞工不適用《勞動基準法》時，於有第一項規定情形者，始得請領（《條例》第24條第三項）。

雇主違反該《條例》規定，未按時提繳或繳足退休金者，自期限屆滿之次日起至完繳前一日止，每逾一日加徵其應提繳金額百分之三之滯納金至應提繳金額之一倍爲止（《條例》第53條第一項）。經限期命令繳納，逾期不繳納者，依法移送強制執行。雇主如有不服，得依法提起行政救濟（《條例》第53條第二項）。

(五)年金保險

《條例》第35條規定，「僱用勞工人數二百人以上之事業單位經工會同意，事業單位無工會者，經二分之一以上勞工同意後，投保符合保險法規定之年金保險，得不依第六條第一項規定提繳勞工退休金。但選擇參加年金保險之勞工人數未達全體勞工人數二分之一以上者，仍不得實施。

前項所定年金保險之收支、核准及其他應遵行事項之辦法，由中央主管機關定之；事業單位採行前項規定之年金保險者，應報請中央主管機關核准。

第一項年金保險之平均收益率不得低於第23條之標準。」（**表12-2**）

三、勞工保險之老年給付

2009年1月1日勞工保險年金施行後，老年給付有三種請領方式：

(一)老年年金給付

年滿60歲，保險年資合計滿十五年，並辦理離職退保者（年齡會逐年提高到65歲）或擔任認定具有危險、堅強體力等特殊性質之工作合計滿十五年，年滿55歲，並辦理離職退保者（**表12-3**）。

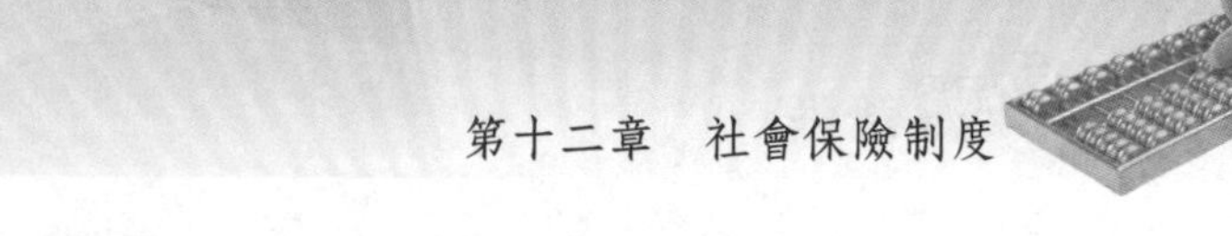

表12-2　勞工退休金月提繳工資分級表

級距	級	實際工資	月提繳工資
第1組	1	1,500元以下	1,500元
	2	1,501元至3,000元	3,000元
	3	3,001元至4,500元	4,500元
	4	4,501元至6,000元	6,000元
	5	6,001元至7,500元	7,500元
第2組	6	7,501元至8,700元	8,700元
	7	8,701元至9,900元	9,900元
	8	9,901元至11,100元	11,100元
	9	11,101元至12,540元	12,540元
	10	12,541元至13,500元	13,500元
第3組	11	13,501元至15,840元	15,840元
	12	15,841元至16,500元	16,500元
	13	16,501元至17,280元	17,280元
	14	17,281元至17,880元	17,880元
	15	17,881元至18,780元	18,780元
	16	18,781元至19,200元	19,200元
	17	19,201元至20,100元	20,100元
	18	20,101元至21,000元	21,000元
	19	21,001元至21,900元	21,900元
	20	21,901元至22,800元	22,800元
第4組	21	22,801元至24,000元	24,000元
	22	24,001元至25,200元	25,200元
	23	25,201元至26,400元	26,400元
	24	26,401元至27,600元	27,600元
	25	27,601元至28,800元	28,800元
第5組	26	28,801元至30,300元	30,300元
	27	30,301元至31,800元	31,800元
	28	31,801元至33,300元	33,300元
	29	33,301元至34,800元	34,800元
	30	34,801元至36,300元	36,300元
第6組	31	36,301元至38,200元	38,200元
	32	38,201元至40,100元	40,100元
	33	40,101元至42,000元	42,000元
	34	42,001元至43,900元	43,900元
	35	43,901元至45,800元	45,800元
第7組	36	45,801元至48,200元	48,200元
	37	48,201元至50,600元	50,600元
	38	50,601元至53,000元	53,000元
	39	53,001元至55,400元	55,400元
	40	55,401元至57,800元	57,800元
第8組	41	57,801元至60,800元	60,800元
	42	60,801元至63,800元	63,800元
	43	63,801元至66,800元	66,800元
	44	66,801元至69,800元	69,800元
	45	69,801元至72,800元	72,800元
第9組	46	72,801元至76,500元	76,500元
	47	76,501元至80,200元	80,200元
	48	80,201元至83,900元	83,900元
	49	83,901元至87,600元	87,600元
第10組	50	87,601元至92,100元	92,100元
	51	92,101元至96,600元	96,600元
	52	96,601元至101,100元	101,100元
	53	101,101元至105,600元	105,600元
	54	105,601元至110,100元	110,100元
第11組	55	110,101元至115,500元	115,500元
	56	115,501元至120,900元	120,900元
	57	120,901元至126,300元	126,300元
	58	126,301元至131,700元	131,700元
	59	131,701元至137,100元	137,100元
	60	137,101元至142,500元	142,500元
	61	142,501元至147,900元	147,900元
	62	147,901元以上	150,000元

備註：本表月提繳工資金額以新臺幣元為單位，月提繳工資金額角以下四捨五入。

註：中華民國100年12月8日行政院勞工委員會勞動4字第1000133331號公告修正發布，自101年1月1日施行。

資料來源：行政院勞工委員會勞工保險局。

表12-3　請領勞保年金年齡遞增表

請領年齡	60	61		62		63		64		65	
民國	98-106	107	108	109	110	111	112	113	114	115	116
出生年次	民國46年以前出生		民國47年		民國48年		民國49年		民國50年		民國51年以後出生
說明	自民國98年勞保年金施行之日起，第10年（即民國107年）提高1歲（為61歲），其後每2年提高1歲，至65歲為止（民國115年）。										

資料來源：《勞工保險條例》第58條。引自：《勞工保險業務專輯》，行政院勞工委員會勞工保險局編印（2010）。

(二)老年一次金給付

年滿60歲，保險年資合計未滿十五年，並辦理離職退保者（年齡會逐年提高到65歲）或擔任認定具有危險、堅強體力等特殊性質之工作合計滿十五年，年滿55歲，並辦理離職退保者。

(三)一次請領老年給付

被保險人於2009年1月1日勞保年金施行前有保險年資者，於符合下列規定之一時，得選擇一次請領老年給付：

1.參加保險之年資合計滿一年，年滿60歲或女性被保險人年滿55歲退職者。

2.參加保險之年資合計滿十五年，年滿55歲退職者。

3.在同一投保單位參加保險之年資合計滿二十五年退職者。

4.參加保險之年資合計滿二十五年，年滿50歲退職者。

5.擔任具有危險、堅強體力等特殊性質之工作合計滿五年，年滿55歲退職者。

6.轉投軍人保險、公教人員保險，符合《勞工保險條例》第76條保留勞保年資規定退職者（**表12-4**）。

表12-4　勞工保險老年給付規定

條文	內容
第58條	年滿六十歲有保險年資者，得依下列規定請領老年給付： 一、保險年資合計滿十五年者，請領老年年金給付。 二、保險年資合計未滿十五年者，請領老年一次金給付。 本條例中華民國九十七年七月十七日修正之條文施行前有保險年資者，於符合下列規定之一時，除依前項規定請領老年給付外，亦得選擇一次請領老年給付，經保險人核付後，不得變更： 一、參加保險之年資合計滿一年，年滿六十歲或女性被保險人年滿五十五歲退職者。 二、參加保險之年資合計滿十五年，年滿五十五歲退職者。 三、在同一投保單位參加保險之年資合計滿二十五年退職者。 四、參加保險之年資合計滿二十五年，年滿五十歲退職者。 五、擔任具有危險、堅強體力等特殊性質之工作合計滿五年，年滿五十五歲退職者。 依前二項規定請領老年給付者，應辦理離職退保。 被保險人請領老年給付者，不受第三十條規定之限制。 第一項老年給付之請領年齡，於本條例中華民國九十七年七月十七日修正之條文施行之日起，第十年提高一歲，其後每二年提高一歲，以提高至六十五歲為限。 被保險人已領取老年給付者，不得再行參加勞工保險。 被保險人擔任具有危險、堅強體力等特殊性質之工作合計滿十五年，年滿五十五歲，並辦理離職退保者，得請領老年年金給付，且不適用第五項及第五十八條之二規定。 第二項第五款及前項具有危險、堅強體力等特殊性質之工作，由中央主管機關定之。
第58-1條	老年年金給付，依下列方式擇優發給： 一、保險年資合計每滿一年，按其平均月投保薪資之0.775%計算，並加計新台幣三千元。（按2012年1月1日提高為三千五百元） 二、保險年資合計每滿一年，按其平均月投保薪資之1.55%計算。
第58-2條	符合第五十八條第一項第一款及第五項所定請領老年年金給付條件而延後請領者，於請領時應發給展延老年年金給付。每延後一年，依前條規定計算之給付金額增給4%，最多增給20%。 被保險人保險年資滿十五年，未符合第五十八條第一項及第五項所定請領年齡者，得提前五年請領老年年金給付，每提前一年，依前條規定計算之給付金額減給4%，最多減給20%。
第59條	依第五十八條第一項第二款請領老年一次金給付或同條第二項規定一次請領老年給付者，其保險年資合計每滿一年，按其平均月投保薪資發給一個月；其保險年資合計超過十五年者，超過部分，每滿一年發給二個月，最高以四十五個月為限。 被保險人逾六十歲繼續工作者，其逾六十歲以後之保險年資，最多以五年計，合併六十歲以前之一次請領老年給付，最高以五十個月為限。

資料來源：《勞工保險條例》。

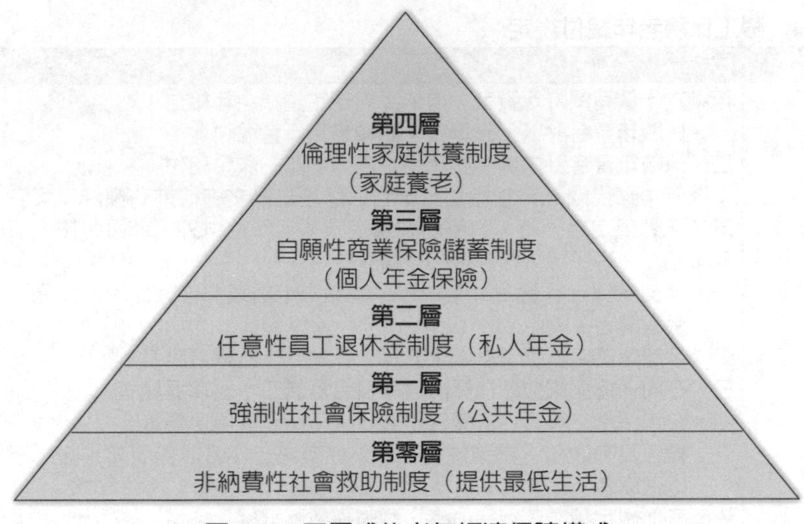

圖12-1　五層式的老年經濟保障模式

資料來源：柯木興（2006）。〈避免老年危機的退休最大經濟保障：「老年經濟保障模式再進化〉。《勞動保障雙月刊》，第10期（2006/09），頁22。

上述勞工所能領到的退休金，僅能滿足勞工基本生活所需，若想要度過一個安祥和樂的晚年，則還需要靠個人的平日儲蓄、保險與穩健的理財，才能確保老年的經濟狀況及有尊嚴的生活品質（**圖12-1**）。

積欠工資墊償基金制度

工資爲勞工的工作報酬，亦爲勞工及家屬主要經濟來源，在《勞動基準法》中有工資保障的規定。當事業單位在正常營運時，固然可以達到工資保障的效果，然而事業單位若發生歇業、清算或宣告破產時，則積欠勞工的工資，恐怕沒有能力償付。

積欠工資墊償基金制度，是政府以類似保險之危險共同分擔原則及社會連帶責任精神，立法明訂雇主按期繳納一定數額之費用，作爲積欠工資墊償基金，俾對於事業單位雇主因經營困難發生財務問題，致無法給付勞務報酬積欠其所屬勞工工資時，運用該基金給予勞工若干額度的工資墊償，以確保勞工的工資所得，安定勞工生活（**表12-5**）。

表12-5 老闆跑路 積欠工資墊償基金幫你

九十六年十二月，亞力山大健身中心歇業，加上關係企業共積欠了約一千名員工的薪資；九十七年五月，老字號航空公司遠東航空因財務危機，宣布停止營運，多達一千一百多位員工失去工作。積欠工資墊償基金，保障了這些員工遭積欠的薪資。 九十八年一月，勞保局核定墊償遠東航空公司九十七年四到九月積欠的兩億七千多萬元工資，創下墊償基金從七十五年開辦以來的最高紀錄；勞保局也墊償了亞力山大健身中心九百多名員工超過四千八百萬元的積欠薪資。 過去一些重大的勞資問題，像是自立晚報、國產汽車、亞力山大健身房和遠東航空等，都因有「積欠工資墊償基金」才能順利落幕。 到民國九十九年五月，積欠工資墊償基金總共墊償了一千一百零七家因歇業而無力給付薪資的事業單位，受惠勞工超過五萬人，總墊償總金額達三十五億三千七百多萬元。

資料來源：李承宇。〈勞保60年／老闆跑路 積欠工資墊償基金幫你〉。《聯合報》（2010/07/07，A9版）。

一、法律規範

政府為保障勞工因雇主歇業、清算或宣告破產而被積欠的工資，特別在《勞動基準法》第28條第一項明定，「雇主因歇業、清算或宣告破產，本於勞動契約所積欠之工資未滿六個月部分，有最優先受清償之權。」然我國積欠工資受清償之法律順位仍低於土地增值稅、關稅及抵押權（**表12-6**）。

表12-6 積欠工資墊償基金制度的法規

雇主因歇業、清算或宣告破產，本於勞動契約所積欠之工資未滿六個月部分，有最優先受清償之權。（第一項） 雇主應按其當月僱用勞工投保薪資總額及規定之費率，繳納一定數額之積欠工資墊償基金，作為墊償前項積欠工資之用。積欠工資墊償基金，累積至規定金額後，應降低費率或暫停收繳。（第二項） 前項費率，由中央主管機關於萬分之十範圍內擬訂，報請行政院核定之。（第三項） 雇主積欠之工資，經勞工請求未獲清償者，由積欠工資墊償基金墊償之；雇主應於規定期限內，將墊款償還積欠工資墊償基金。（第四項）

資料來源：《勞動基準法》第28條。

事業單位逾期未繳積欠工資墊償基金者，依《勞動基準法》第79條之規定處新台幣二萬元以上三十萬元以下罰鍰。

二、積欠工資墊償基金提繳率

依據《積欠工資墊償基金提繳及墊償管理辦法》第3條的規定：「本基金由雇主依勞工保險投保薪資總額萬分之二點五按月提繳。」當事業單位因歇業、清算或宣告破產所積欠勞工的工資未滿六個月部分，經勞工向雇主請求而不能獲得清償時，可以向勞工保險局申請積欠工資墊償，經勞保局查證屬實，即可將積欠的工資代墊給勞工，勞保局再向雇主請求於規定期限內，將墊款償還積欠工資墊償基金。

三、申請要件

勞工申請積欠工資墊償基金之要件有下列的規定：

1.當事業單位因歇業、清算或宣告破產有積欠勞工工資的事實，經勞工向雇主請求而仍不能獲得清償時，可以申請積欠工資墊償。但事業單位若只是處於停工狀況，尚有復工的可能時，因不屬於歇業、清算或宣告破產情況，勞工此時還不可以申請墊償積欠工資。
2.事業單位必須已提繳積欠工資墊償基金。事業單位如未提繳積欠工資墊償基金，則勞工不可以申請積欠工資墊償。但雇主若欠繳部分月數之積欠工資墊償基金，在勞工申請積欠工資墊償時已補繳所欠繳的基金者，勞工仍可獲得工資墊償。

四、申請程序

勞工申請積欠工資墊償基金之程序如下：

1.同一事業單位的勞工請求積欠工資墊償，以一次共同申請爲原則，勞工應共同推定代表人，代表申請。
2.向勞工保險局或事業單位所在地的縣市政府勞工主管機關索取「積

欠工資墊償申請書」（一式2份）、「積欠工資墊償名冊」（一式2份）、「積欠工資墊償收據」（每位申請人1張）、「積欠工資墊償勞工代表委託書及附冊」（1份）等空白書表，或至勞工保險局全球資訊網直接下載，依格式填具並請雇主簽章證明。

3.如勞工係因事業單位（含分支機構）歇業而申請墊償時，需請事業單位所在地的縣市政府勞工主管機關就下列事項做查證並開立證明公文：已註銷或撤銷工廠、商業或營利事業登記，或確已終止生產、營業、倒閉或解散。

4.以上書表及證明文件備齊後，即連同積欠工資期間的「出勤記錄」、「薪資帳冊」、「身分證正反面影本」等一起送勞工保險局申請之。

勞工申請墊償積欠工資，或勞保局核定墊償後勞工未領取，依《民法》第126條（利息、紅利、租金、贍養費、退職金及其他一年或不及一年之定期給付債權，其各期給付請求權，因五年間不行使而消滅。）請求權因五年間不行使而消滅。❶

職業災害勞工保護制度

為保障職業災害勞工之權益，加強職業災害之預防，促進就業安全及經濟發展，《職業災害勞工保護法》於2002（民國91）年4月28日起施行，使得所有遭遇職業災害勞工，皆可獲得完整職災給付，並促進受災勞工就業、強化職災預防，提供遭遇職業災害勞工及其家屬各項生活津貼及補助（**表12-7**）。

勞工遭遇職業災害，不論有無參加勞工保險，均得依照《職業災害勞工保護法》規定申請職業疾病生活津貼等各項補助。

一、保險費率

依據《勞工保險條例》第13條第三項規定，職業災害保險費率分為行業別災害費率及上、下班災害費率兩種，並自2010年1月1日起施行。

表12-7　職災勞工可請領的津貼與補助

補助項目	參加勞工保險者	未參加勞工保險者
職業疾病生活津貼	※	※
身體障害生活津貼	※	※
職業訓練生活津貼	※	※
看護補助	※	※
器具補助	※	※
職災勞工死亡家屬補助	※	※
退保後職業疾病生活津貼	※	
續保保費補助	※	
未加入勞保職災勞工之殘廢補助		※
未加入勞保職災勞工之死亡補助		※
說明：職業災害勞工請領以上各項津貼與補助，須符合《職業災害勞工保護法》及《職業災害勞工補助及核發辦法》相關規定之補助條件者。		

資料來源：謝文正（2006）。〈勞工朋友最常詢問的五大問題：5分鐘搞懂頭痛的給付疑難雜症〉。《勞動保障雙月刊》，第10期（2006年9月），頁41。

二、職業災害的補助項目（參加勞保者）

勞工遭遇職業災害，除享有勞工保險職災給付外，得請領下列補助：

1.職業疾病生活津貼。
2.身體障害生活津貼。
3.職業訓練生活津貼。
4.器具補助。
5.看護補助。
6.職災勞工死亡家屬補助。
7.退保後職業疾病生活津貼。

參加勞工保險職業災害勞工，於職業災害醫療期間終止勞動契約並退保者，得以勞工團體或勞工保險局委託之有關團體爲投保單位，繼續參加勞工保險普通事故保險，至符合請領老年給付之日止，不受《勞工保險條例》第6條之限制（**圖12-2**）。

三、職業災害的補助項目（未參加勞保者）

未參加勞工保險之受僱勞工，除可請領上述六種補助（職業疾病生活津貼、身體障害生活津貼、職業訓練生活津貼、器具補助、看護補助及職災勞工死亡家屬補助）外，若因職災死亡或重傷者，且雇主未依《勞動基準法》補償時，可另申請殘廢補助或死亡補助。

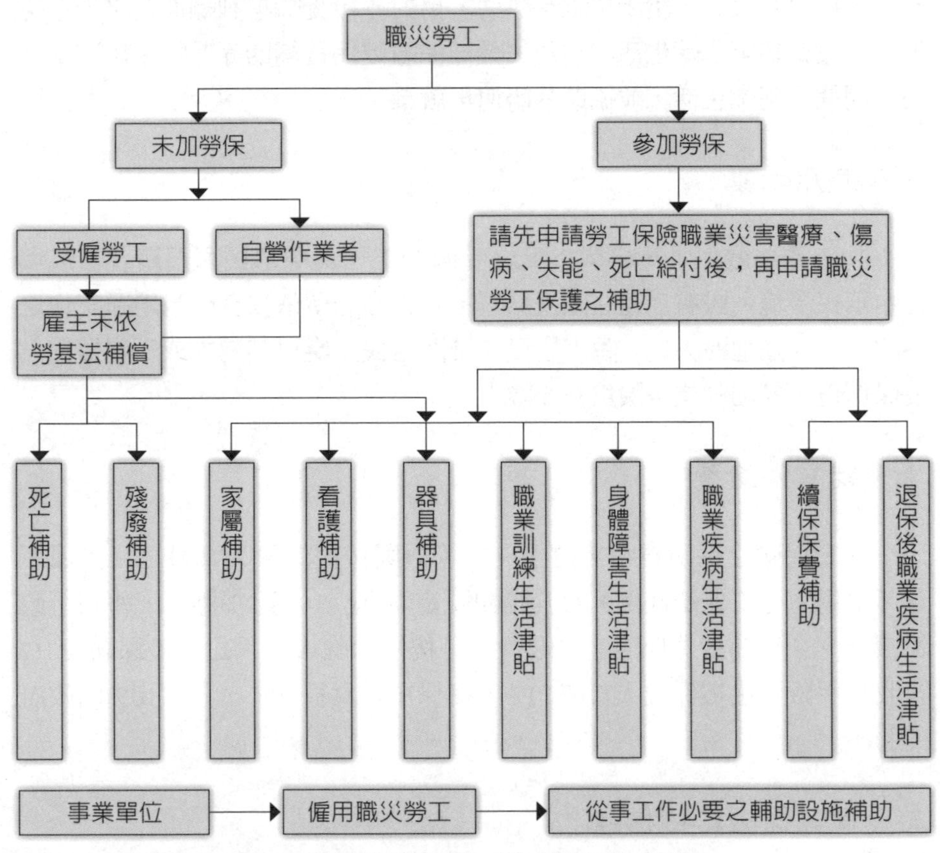

※本訊息謹供參考，各項補助仍以受理單位（勞工保險局）為準。

圖12-2　《職業災害勞工保護法》各項補助一覽表

資料來源：台北縣政府勞工局（2010）。《台北縣職災勞工通報與後續服務簡介》。

有關進一步要瞭解職災勞工職業病及職業傷害之診斷、醫療、評估、轉介、諮詢等事項，可至勞工保險局全球資訊網（http://www.bli.gov.tw）點選職災保護——傷病診治中心查閱。❷

就業保險制度

我國《就業保險法》於2003年1月1日正式施行。《就業保險法》施行的目的，在提供勞工於遭遇非自願性失業事故時，提供失業給付外，對於積極提早就業者，給予再就業獎助，另對於接受職業訓練期間之失業勞工，並發給職業訓練生活津貼及失業被保險健保費補助等保障，以安定其失業期間之基本生活，並協助其儘速再就業。

一、適用對象

凡年滿15歲以上，65歲以下之受僱勞工（具中華民國國籍者，或與在中華民國境內設有戶籍之國民結婚，且獲准居留依法在台灣地區工作之外國人、大陸地區人民、香港居民或澳門居民）應以其雇主或所屬機構爲投保單位，參加就業保險爲被保險人。

二、就業保險費

就業保險之保險費率，由中央主管機關按被保險人當月之月投保薪資（準用《勞工保險條例》及其相關規定辦理）1%至2%擬訂，報請行政院核准之。目前就業保險的保險費，是按被保險人當月之月投保薪資1%計收。保險費由被保險人負擔20%，投保單位負擔70%，其餘10%由政府補助。

三、就業保險給付種類

依據《就業保險法》的規定，就業保險分爲下列五種給付：

(一)失業給付

失業給付自申請人向公立就業服務機構辦理求職之第十五日起算，每月發給一次。按申請人離職辦理就業保險退保之當月起六個月平均月投保薪資60%發給。被保險人於請領失業給付期間有受其扶養之眷屬者，每一人按申請人離職辦理就業保險退保之當月起六個月平均月投保薪資10%加給失業給付，最多計至20%。

失業給付最多以發給六個月爲限。但申請人離職辦理退保時已年滿45歲或領有社政機關核發之身心障礙證明者，最長發給九個月失業給付。

(二)提早就業獎助津貼

被保險人符合失業給付請領條件，於失業給付請領期限屆滿前受僱工作，並參加就業保險爲被保險人，滿三個月以上。按被保險人尚未請領之失業給付金額之50%，一次發給提早就業獎助津貼。

(三)職業訓練生活津貼

被保險人非自願離職，向公立就業服務機構辦理求職登記，經公立就業服務機構安排參加全日制職業訓練。職業訓練津貼自受訓之日起於申請人受訓期間每月按其離職辦理就業保險退保之當月起前六個月平均月投保薪資60%發給職業訓練生活津貼。申請人於請領職業訓練生活津貼期間，有受其扶養之眷屬者，每一人按申請人離職辦理就業保險退保之當月起六個月平均月投保薪資10%加給職業訓練生活津貼，最多計至20%。職業訓練生活津貼最長發給六個月爲限。

(四)育嬰留職停薪津貼

被保險人之保險年資合計滿一年以上，子女滿3歲前，依《性別工作平等法》之規定，辦理育嬰留職停薪者。被保險人辦理育嬰留職之當月起前六個月平均月投保薪資60%發給，於被保險人育嬰留職停薪期間，按月發給津貼。每一子女合計最長發給六個月，同時撫育子女二人以上之情形，以發給一人爲限，父母同爲被保險人者，應分別請領育嬰留職停薪津貼，不得同時爲之。

(五)失業之被保險人及隨同被保險人辦理加保之眷屬全民健康保險保險費補助

失業之被保險人及被保險人離職退保當時隨同被保險人參加全民健康保險之眷屬，且受補助期間爲《全民健康保險法》第9條規定之眷屬或第6條規定之被保險人身分，但不包括被保險人離職退保後辦理追溯加保之眷屬。符合補助資格者受補助期間，按月全額補助參加全民健康保險自付部分之保險費。補助期限，以被保險人每次領取失業保險給付或職業訓練生活津貼期間末日之當月份，為全民健康保險補助月份，最長各爲六個月，但離職退保時，已年滿45歲或離職退保時領有社政主管機關核發之身心障礙證明者，依請領失業給付期間最長可補助九個月（**表12-8**）。

被保險人如受僱於兩個以上雇主爲免增加就業保險費之負擔可以由被保險人選擇其一參加就業保險。❸

表12-8　就業保險請領條件

本保險各種保險給付之請領條件如下： 一、失業給付：被保險人於非自願離職辦理退保當日前三年內，保險年資合計滿一年以上，具有工作能力及繼續工作意願，向公立就業服務機構辦理求職登記，自求職登記之日起十四日內仍無法推介就業或安排職業訓練。 二、提早就業獎助津貼：符合失業給付請領條件，於失業給付請領期間屆滿前受僱工作，並參加本保險三個月以上。 三、職業訓練生活津貼：被保險人非自願離職，向公立就業服務機構辦理求職登記，經公立就業服務機構安排參加全日制職業訓練。 四、育嬰留職停薪津貼：被保險人之保險年資合計滿一年以上，子女滿三歲前，依性別工作平等法之規定，辦理育嬰留職停薪。 被保險人因定期契約屆滿離職，逾一個月未能就業，且離職前一年內，契約期間合計滿六個月以上者，視為非自願離職，並準用前項之規定。 本法所稱非自願離職，指被保險人因投保單位關廠、遷廠、休業、解散、破產宣告離職；或因勞動基準法第十一條、第十三條但書、第十四條及第二十條規定各款情事之一離職。

資料來源：《就業保險法》第11條。

勞工保險制度

政府爲保障勞工生活，促進社會安全，在1950（民國39）年3月起實施勞工保險。

一、被保險人資格

凡年滿15歲以上，60歲以下之勞工，合於《勞工保險條例》規定者，都應參加勞工保險。主管機關認定其工作性質及環境無礙身心健康之未滿15歲勞工亦適用之（職業工會會員須滿16歲）。外國籍員工於加保時，應檢附相關機關核准從事工作之證明文件。

二、保險費率

依據《勞工保險條例》第13條規定，保險費率之計算，按普通事故保險費率與職業災害保險費率計算。

普通事故保險費率，爲被保險人當月投保薪資7.5%至13%；《勞工保險條例》在2008（民國97）年7月17日修正之條文施行時，保險費率定爲7.5%，施行後第三年調高0.5%，其後每年調高0.5%至10%，並自10%當年起，每兩年調高0.5%至上限13%。但保險基金餘額足以支付未來二十年保險給付時，不予調高。（第一項）

職業災害保險費率，分爲行業別災害費率及上、下班災害費率二種，每三年調整一次，由中央主管機關擬訂，報請行政院核定，送請立法院查照。（第二項）

僱用員工達一定人數以上之投保單位，前項行業別災害費率採實績費率，按其前三年職業災害保險給付總額占應繳職業災害保險費總額之比率，由保險人依下列規定，每年計算調整之：

1.超過80%者，每增加10%，加收其適用行業之職業災害保險費率之5%，並以加收至40%爲限。

2.低於70%者，每減少10%，減收其適用行業之職業災害保險費率之5%。（第三項）

三、保險費的負擔

《勞工保險條例》第15條規定：「第6條第一項第一款至第六款及第8條第一項第一款至第三款規定之被保險人，其普通事故保險費由被保險人負擔20%，投保單位負擔70%，其餘10%，由中央政府補助；職業災害保險費全部由投保單位負擔。」

四、勞工保險的種類

《勞工保險條例》第2條規定，勞工保險之分類及其給付種類，分為普通事故保險與職業災害保險二種。

1.普通事故保險：分生育、傷病、失能、老年及死亡五種給付。
2.職業災害保險：分傷病、醫療、失能及死亡（含失蹤津貼）四種給付。

員工到職或離職當天，企業應即填送「勞工保險加保申報表」或「勞工保險退保申報表」，保險效力之開始或停止，均自掛號郵寄或自行送局之當日起算。至於部分使用電腦作業之投保單位申報加、退保時，應和勞保局印製之加、退保所列欄位及順序相同，其紙張大小、亦應與勞保局所印格式一致。❹

全民健康保險制度

全民健康保險（健保），是全體國民從出生開始都要參加的保險，它係依據《憲法》增修條文所實施的全民醫療保險制度，自1995年3月1日開始施行，並將公保、勞保、農保、軍保的舊有保險體系整合納入全民健保中，故而採取依身分別強制納保的制度，以提供全民醫療保健服務。

一、保險對象

「健保」是強制性的社會保險，凡是設籍在台灣的本國人和持居留證居住在台灣的外國人，無論是大人或小孩、男女老幼、有工作或沒工作，依法都要加入全民健保。而且，這個保險是要保一輩子的，除非是喪失投保資格，否則從出生到死亡，中途都不得任意退出保險。

二、健保費的計算方式

「健保」保險費的計算，第一、二、三類保險對象是以其投保金額爲計算基礎；第四、五、六類的保險對象則是以所有參加健保的民眾、每人保險費的平均值爲計算基礎。其計算公式如下：

薪資所得者	被保險人	投保金額×保險費率×負擔比率×（1+眷屬人數）
	投保單位或政府	投保金額×保險費率×負擔比率×（1+平均眷屬人數）
地區人口（無薪資所得者）	被保險人	平均保險費×負擔比率×（1+眷屬人數）
	政府	平均保險費×負擔比率×實際投保人數
說明	眷屬人數：超過三口的以三口計算。 平均眷屬人數：自2007年1月1日起為0.7人	

資料來源：行政院衛生署中央健康保險局網站。

三、保費計費原則

「健保」的主要財源是來自保險費的收入，而保險費是由民眾、雇主和政府三方面按比率共同分擔。健保局用收來的保險費，幫看病民眾支付醫療費用（**表12-9**）。

「健保」保費採按月計費原則，投保當月，無論哪一天辦理投保，健保局都會向投保人收取全月份的保險費。轉出當月，除了最後一日才轉出的人之外，轉出的那一個月，不用在原投保單位計收保險費。當月最後一日轉出者，除投保單位特別註明轉出者未領全月薪資外，否則生效日均爲次月一日，健保局仍會向原單位收取當月份全月保險費（例如：11月30日

表12-9　全民健保保險費負擔比率表

保險對象類別			負擔比例（%）		
			被保險人	投保單位	政府
第一類	公務人員 公職人員	本人及眷屬	30	70	0
	私校教職員	本人及眷屬	30	35	35
	公民營事業、機構等有一定雇主的受雇者	本人及眷屬	30	60	10
	雇主 自營業主 專門職業及技術人員自行執業者	本人及眷屬	100	0	0
第二類	職業工會會員 外僱船員	本人及眷屬	60	0	40
第三類	農民、漁民 水利會會員	本人及眷屬	30	0	70
第四類	義務役軍人、替代役役男、軍校軍費生、在卹遺眷、矯正機關之收容人	本人	0	0	100
第五類	低收入戶	本人及眷屬	0	0	100
第六類	榮民、榮民遺眷家戶代表	本人	0	0	100
		眷屬	30	0	70
	其他地區人口	本人及眷屬	60	0	40

資料來源：行政院衛生署中央健康保險局網站（2013/01/08）。

轉出，生效日爲12月1日，還是會向原單位收取11月份整月的健保費）。

四、二代健保改革

「健保」自開辦以來，受到國內人口快速老化、重大傷病患者急遽增加、新醫療科技與藥品、特材不斷引進等因素的影響，致使「健保」醫療費用快速成長，造成財務失衡，政府因而提出「二代健保」，針對原本一代健保制度進行更切合民意並符合實務需求的改革，修正版的《全民健康保險法》在2011年1月26日以總統令公布，爲實施十五年的一代健保提出重要的改革，讓費基、費率與保費計算更符合公平、公正原則，並提升民眾就醫的權益，保障民眾的健康與就醫品質。

五、補充保費收費項目

依據《全民健康保險法》第31條規定：

第一類至第四類及第六類保險對象有下列各類所得，應依規定之補充保險費率計收補充保險費，由扣費義務人於給付時扣取，並於給付日之次月底前向保險人繳納。但單次給付金額逾新臺幣一千萬元之部分及未達一定金額者，免予扣取：

一、所屬投保單位給付全年累計逾當月投保金額四倍部分之獎金。

二、非所屬投保單位給付之薪資所得。但第二類被保險人之薪資所得，不在此限。

三、執行業務收入。但依第二十條規定以執行業務所得爲投保金額者之執行業務收入，不在此限。

四、股利所得。但已列入投保金額計算保險費部分，不在此限。

五、利息所得。

六、租金收入。

各項應計收補充保險費的所得或收入金額×補充保險費率2%。補充保險費是由扣費義務人於給付時扣取，並於給付日之次月底前向健保局繳納。例如：小華爲A公司員工，月投保金額42,000元，年終獎金5個月，合計210,000，沒有其他所得，則補充保險費＝〔210,000－（42,000×4）〕×2%＝840（元）

《全民健康保險法》第33條規定：「第三十一條之補充保險費率，於本法中華民國一百年一月四日修正之條文施行第一年，以百分之二計算；自第二年起，應依本保險的保險費率之成長率調整，其調整後之比率，由主管機關逐年公告。」（**圖12-3**）

圖12-3　二代健保上路　輕鬆教你節保費

資料來源：中央健康保險局網站、《壹週刊》602期（2012/12/06）。引自：編輯部，〈二代健保上路　輕鬆教你節保費〉，《台糖通訊》132卷1期（2013/01），頁19。

結　語

社會保障旨在確實保障勞工的生命安全與基本生活，因而社會保障資金的統籌，係由資方、勞方、政府三方共同承擔，以作為各項保險給付的基礎財源，對企業主而言，繳納各類社會保險名目下的費用支出是一筆負擔，是屬於人事成本的一環，企業主依法繳納保費，才能使受僱員工無後顧之憂，樂在工作，以盡一份社會責任。

註釋

❶行政院勞工委員會勞工保險局編印（2012）。《101年業務專輯》。網址：http://www.bli.gov.tw/sub.aspx?a=LgqqQ9OIyvY%3d。

❷行政院勞工委員會勞工保險局編印（2012）。《101年業務專輯》。網址：http://www.bli.gov.tw/sub.aspx?a=LgqqQ9OIyvY%3d。

❸行政院勞工委員會勞工保險局編印（2012）。《101年業務專輯》。網址：http://www.bli.gov.tw/sub.aspx?a=LgqqQ9OIyvY%3d。

❹行政院勞工委員會勞工保險局編印（2012）。《101年業務專輯》。網址：http://www.bli.gov.tw/sub.aspx?a=LgqqQ9OIyvY%3d。

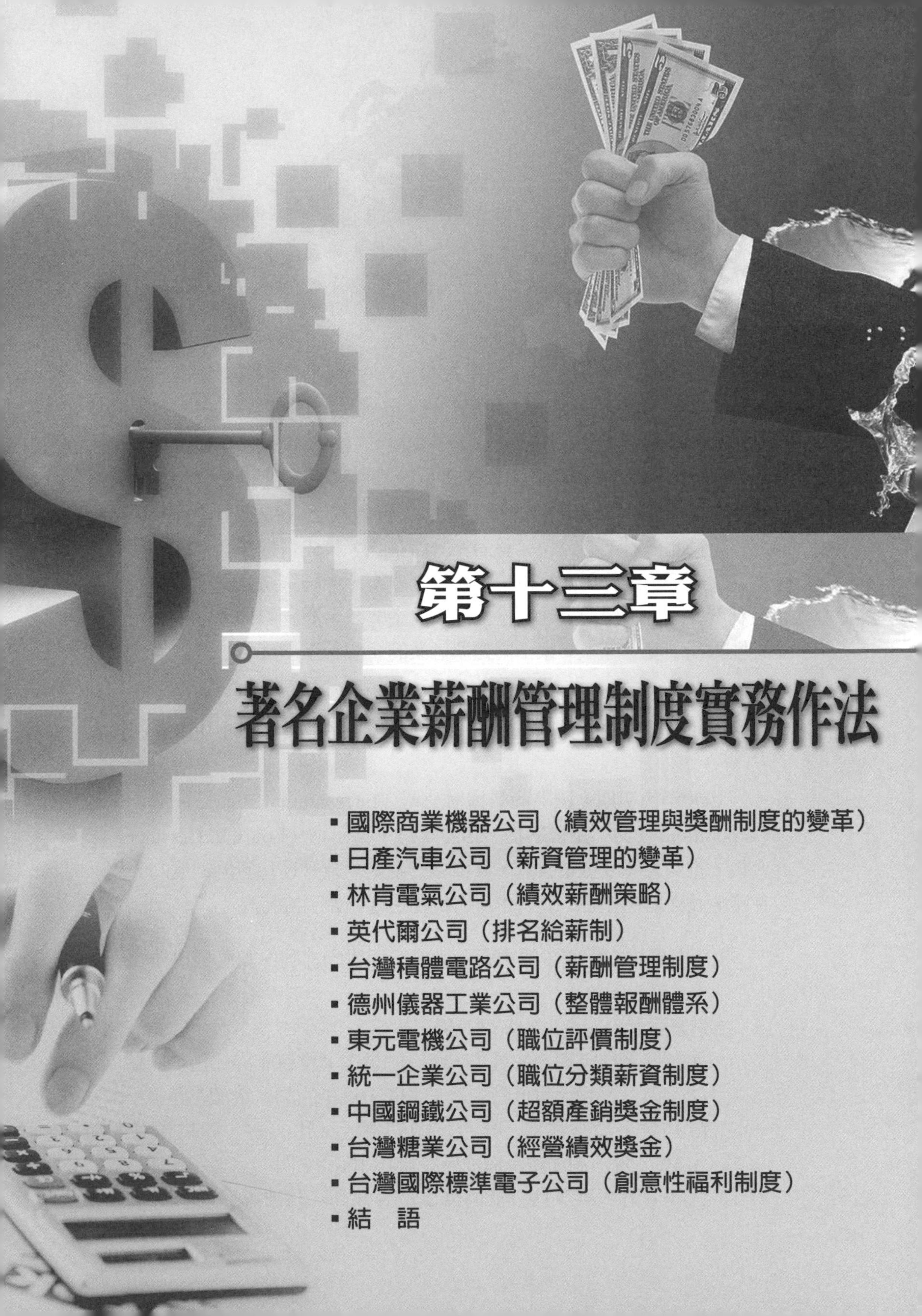

第十三章

著名企業薪酬管理制度實務作法

- 國際商業機器公司（績效管理與獎酬制度的變革）
- 日產汽車公司（薪資管理的變革）
- 林肯電氣公司（績效薪酬策略）
- 英代爾公司（排名給薪制）
- 台灣積體電路公司（薪酬管理制度）
- 德州儀器工業公司（整體報酬體系）
- 東元電機公司（職位評價制度）
- 統一企業公司（職位分類薪資制度）
- 中國鋼鐵公司（超額產銷獎金制度）
- 台灣糖業公司（經營績效獎金）
- 台灣國際標準電子公司（創意性福利制度）
- 結　語

生產力創造了大量的財富，同時使得企業可以支付員工薪水或工資。生產力必須提升，否則真正的收益無法得到改善。

～彼得・杜拉克（Peter F. Drucker）～

俗話說：「他山之石，可以攻錯」，一些在業界頗具知名度的國內外標竿企業，他們所實施的薪酬管理制度成功的經驗，可以提供給其他業界作參考，包括：國際商業機器（IBM）公司（績效管理與獎酬制度的變革）、日產汽車公司（薪資管理的變革）、林肯電氣公司（績效薪酬策略）、英代爾公司（排名給薪制）、台灣積體電路公司（薪酬管理制度）、德州儀器工業公司（整體報酬體系）、東元電機公司（職位評價制度）、統一企業公司（職位分類薪資制度）、中國鋼鐵公司（超額產銷獎金制度）、台灣糖業公司（經營績效獎金）及台灣國際標準電子公司（創意性福利制度）等十一家不同類型行業的薪酬管理制度。

國際商業機器公司（績效管理與獎酬制度的變革）

1990年代初期，國際商業機器公司（International Business Machines Corporation, IBM）鉅幅虧損。1993年路・葛斯納（Louis V. Gerstner）上台後，推動大幅度企業改造，其中之一就是績效管理和獎酬制度的改變。在路・葛斯納初任時，當時IBM的薪資制度有如下的特點：

1.所有層級的薪資主要由薪水構成，相對的紅利、認股權或績效獎金少之又少。

2.這套薪資制度產生的薪酬差異很少。

(1)除了考核不理想的員工，所有的員工通常每年一律加一次薪。

(2)高階員工和比較低階的員工之間，每年的調薪金額差距很小。

(3)加薪金額落在那一年平均值的附近。比方說，如果預算增加5%，實際的加薪金額則界在於4%和6%之間。

(4)不管外界對某些技能的需求是否較高，只要屬於同一薪級，各

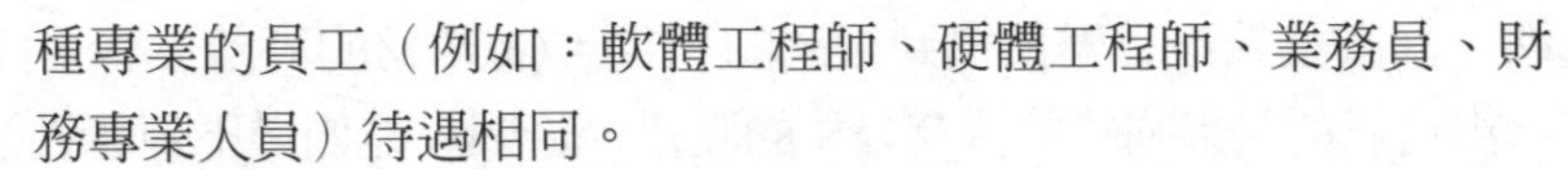

種專業的員工（例如：軟體工程師、硬體工程師、業務員、財務專業人員）待遇相同。

3.公司十分重視福利，退休金、醫療福利、員工專用鄉村俱樂部、終身僱用承諾、優異的教育訓練機會，全是美國企業數一數二的。

路・葛斯納擔任IBM執行長後，對上述IBM的薪資制度做了大變動。新制度依績效敘薪，而不是看忠誠度與年資；新制度強調差異化，總薪酬視就業市場狀況而有差異；加薪幅度視個人的績效和就業市場上的給付金額而有差異；員工拿到的紅利，依組織的績效和個人的貢獻而有差異；根據個人的關鍵技能，以及流失人才於競爭對手的風險，授與的認股權有所差異。

一、員工認股權

在路・葛斯納到任前，IBM所實施的認股權，只是用來獎酬高階主管的工具，而不是將高階主管和公司的股東搭上關係的手段。路・葛斯納針對認股權做了三大變動：(1)認股權首次授與數萬IBM人；(2)將股票薪酬調整為高階主管待遇的最大部分，壓低每年現金薪酬，相對於股價升值潛力的比重，高階主管必須瞭解，除非長期投資的股東能夠累積財富，否

範例13-1

IBM新舊薪酬制度對照表

舊制度	新制度
齊一	差異
固定獎勵	調整獎勵
內部標竿	外部標竿
依照薪級	視績效良窳

資料來源：Gerstner, Louis V.著，羅耀宗譯（2003）。《誰說大象不會跳舞：葛斯納親撰IBM成功關鍵》（*Who Says Elephants Can't Dance?: Inside IBM's Historic Turnaround*）。台北市：時報文化，頁128。

則，高階主管沒有辦法得到相同的利益；(3)IBM的高階主管，除非同時拿出自己的錢來購買並持有公司的股票，否則，他們得不到認股權。

二、發放紅利

在路・葛斯納到任前，IBM發放紅利給高階主管時，主要依據他們個別單位的績效，換句話說，如果你的單位表現很好，但公司整體表現很差，對你一點影響也沒有，仍可得到很好的紅利，如此，鼓勵員工養成一種以自我爲中心的文化，與IBM創造的文化相牴觸。路・葛斯納在1994年起，推動分紅的變革是：所有高階主管每年紅利的一部分是由IBM的整體績效決定。換句話說，經營服務事業群或硬體事業處的人，他們的紅利不以本身單位的表現多好決定，而是以IBM合併後的業績如何而定。

三、變動薪酬

1990年代中期，IBM在全球各地引進「變動薪酬」。路・葛斯納利用這種方式向所有的人員表示，如果公司否極泰來，每個人將能同獲獎勵。「變動薪酬」的金額，也是和IBM的整體績效互相關聯，確保每個人都知道，只要他們努力和同事合作，對大家都有好處。

四、縮減照顧員工的福利

路・葛斯納認爲，1970年代和1980年代高獲利率的時代已經過去，而且永遠不再回來。所以IBM必須緊縮福利計畫，因爲公司不再有能力負擔那麼高水準的福利。此外，調整福利制度也是因爲舊制度是配合公司以前的終身僱用承諾而設計的，但是經由變更薪酬計畫、購買股票和認股計畫、根據績效調薪等種種辦法，每個人遠比從前更有機會分享經營成功的果實。❶

五、薪資行情調查

路・葛斯納將獎酬制度改爲績效導向並與市場連結。公司定期做市

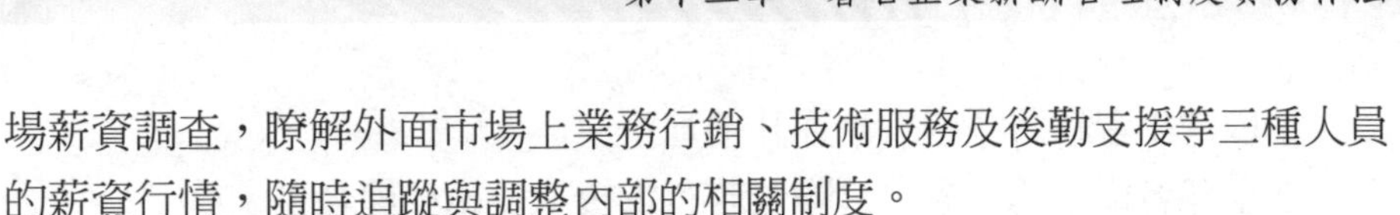

場薪資調查，瞭解外面市場上業務行銷、技術服務及後勤支援等三種人員的薪資行情，隨時追蹤與調整內部的相關制度。

六、個人績效承諾

路・葛斯納也實施「個人績效承諾」的績效管理制度，把員工績效分成四級，第一級前15%，第二級是65%，第三級是20%，第四級是0%。爲什麼是0%呢？路・葛斯納說，因爲在公司還沒有把你評分爲第四級之前，你已經被強迫出局了。路・葛斯納很重視績效最好的前15%的員工，這些員工調薪幅度可以非常高，也享有股票認股權和各種訓練機會。❷

IBM在2004年3月初也公布了兩項具指標性意義的高階主管股票獎酬辦法。其中一種「加值型股票認股權」（premium price plan），約發給三百多名高階主管，分四年累計，設有10%股價成長門檻，高階主管只有在股價成長超過10%的加值部分才能有利得，也就是說，股東先有報酬再談主管獎酬；另一種辦法是類似「高階主管認股獎勵辦法」，適用所有的高階主管約五千人，其重點在於高階主管需先將年度獎金的10%以市價買進公司股票並持有三年後，公司將相對提供兩倍價值的選擇權，也就是說，你要先投資公司，公司才會加倍回饋。❸

日產汽車公司（薪資管理的變革）

1999年，日本的日產（Nissan）汽車被法國雷諾（Renault）汽車公司購併，執行長高恩（Carlos Ghosn）接下整頓日產汽車的重責大任後，面對的是一個財務亮起紅燈的日產汽車，以及近十五萬名習於傳統作法的日產員工，身處於如此的艱困環境下，高恩的目標是要讓日產汽車免於破產並且轉虧爲盈。面對壓力，高恩反而以「義無反顧」的決心，許了一個承諾，2000年若不能轉虧爲盈，他與高階主管就要集體下台。結果他成功了，2001年日產汽車甚至達到7.9%的利潤率。

高恩在人力資源部門改革的項目中，許多作法值得借鏡：

1.取消年資敘薪制度，暢通升遷管道。

2.全球各單位的高級主管職位若有重複，一律精簡合併。

3.改變薪資制度，根據考績加薪。

4.依據「日產振興方案」實施成果發放所有員工獎金。

5.刪減浮濫的交際費用。

日產汽車過去也和其他日本企業一樣，採取終身僱用制，並根據員工年資和年齡支付薪水，員工在日產汽車待的時間越久，薪資和權利也越高，無論工作表現如何。高恩對全體員工下了一道指令：「日產汽車今後將以考績作爲職等升遷和獎金發放的依據」。高恩認爲，一家想把優良產品賣給消費者的汽車公司，應當根據員工實際工作表現建立獎勵制度才有意義。

雖然高恩任命的高層主管都是表現優異的資深幹部，但是他們的年資不見得最老，因此，有些幹部會遇到年紀較大的員工不願聽命差遣的問題。儘管如此，高恩依然廢除年資敘薪制度，他相信這種緊張狀況將會隨著時間紓解。

現在日產汽車一律依照考績結果爲主管分紅加薪之依據，這是日本企業鮮少採行的作法。從前工作表現優異的員工，每年加薪只比表現不良的人略高，不能爲幹部提供太大的誘惑，難怪沒人願意改善公司營運狀況，也不會督促其他員工加倍努力。如今，考績優等的日產汽車主管可以獲得高達薪水四分之一的現金獎勵，不過先決條件還是他們必須努力打拚，因爲獎金提高，表示責任與義務也隨之增加，一旦發生問題，大家比較不會推諉塞責。公司向全體員工傳出一個訊息：今後日產汽車不再奉行日本傳統，也不再以其他條件作爲獎勵標準，而是論功行賞。

獎金發放水準也和公司整體表現有關，不再依照分支機構個別業績提供獎勵。舉例來說，假設田納西史莫那廠達到或超出預定目標，主管即可獲得部分獎金，若要拿到全額獎金，前提是日產汽車必須在全球獲利，這也是總公司的管理招數之一，目的是透過共同目標將全球分支機構凝聚在一起。❹

林肯電氣公司（績效薪酬策略）

林肯電氣公司（Lincoln Electric Corp.）主要製造焊接設備，該公司創始人之一詹姆斯·林肯（James Lincoln）深信，只有透過競爭和足夠的激勵，才能發揮人們的潛能。林肯電氣公司擁有世界上歷史最悠久的績效工資體系，它被稱爲「林肯之道」。

範例13-2

林肯電氣「持續性價值」的經驗

林肯電氣公司（Lincoln Electric Corp.）和其他企業相較下，其與眾不同的特質如下：

- 主管和員工之間的信任容量大。
- 主管和員工之間以正式和非正式的溝通建立信任。
- 客户服務是員工與主管的經濟安全基礎。
- 持續性的員工發展，以及品質和生產力的改善是管理重要的一環。
- 以家長式（paternalistic）的方式經營，持續的聘用不是一種獎品而是員工應得的，它完全建立在員工的努力之上。
- 公司的管理體系，符合實際的人性需求。
- 品質和生產力是獎勵員工的基礎。除了勞苦的分擔，員工也同時分享了公司的收穫。
- 管理者為公司的成長負責，並持續提供好工作給有建設力又值得信任的人。

林肯電氣的成就就是建立在這些原則和實務上。

資料來源：Heil, G., Bennis, W., Stephens, D. C.著，李康莉譯（2002）。《麥葛瑞格人性管理經典》（*Douglas Mcgregor, Revisited: Managing The Human Side of the Enterprise*）。台北市：商周出版，頁63。

該公司的績效工資制度，主要由兩部分組成：計件工資制度和年終獎勵制度。

一、計件工資制度

對於大部分工廠的職位，林肯電氣公司採用的是沒有基本工資的計件工資制度。專門設立的時間研究部門，按照每項工作所需要的技能、努力程度以及責任的大小來對工作進行評級，以確定每項工作的計件工資率。如果該公司的員工認爲設定的計件工資率不公平，他們可以向時間研究部門提出異議。但是一旦計件工資率被雙方認可而確定了，他們很少再改變工資率，只有到生產的工序發生根本變化時改變。同時，公司也不會因爲該公司的盈餘狀況來改變計件工資率。林肯電氣公司的員工不僅要關注生產的數量，還要關注產品的品質，因爲他們必須用自己額外的時間來修補自己生產出的次級品，工廠有專門的體系可以追蹤出產品產出的次級品是哪位員工生產的。

二、年終獎勵制度

林肯電氣公司每年對員工在產量、品質、可靠性、建議和合作四個方面對員工進行評估來決定他們應得的獎勵金。每年的聖誕節前，通常先由管理層提出建議，然後由董事會來確定獎金的總額，而這一數量往往根據公司過去一年的利潤來決定。

林肯電氣公司的績效薪酬制度是該公司成功的關鍵因素，正是這樣的薪酬體系幫助林肯電氣公司擁有頗具競爭力的價格、高質量、高附加價值的產品，但更重要的是，林肯電氣公司的企業文化支持並且加強了績效薪酬體系的實施。❺

英代爾公司（排名給薪制）

英代爾（Intel）是全球最大的晶片製造商，同時也是電腦、網路和通訊產品的領先製造商。它成立於1968年，具有四十二年的技術產品創新以

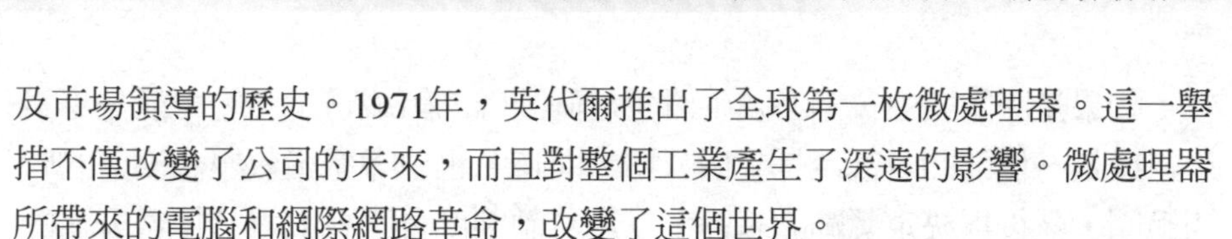

及市場領導的歷史。1971年，英代爾推出了全球第一枚微處理器。這一舉措不僅改變了公司的未來，而且對整個工業產生了深遠的影響。微處理器所帶來的電腦和網際網路革命，改變了這個世界。

金錢在亞伯拉罕・馬斯洛的所有激勵層級中都扮演著相當重要的角色。但當這個人的需求層級向上提升之後，金錢便不再只是衣食溫飽，而轉變成衡量個人在經濟環境中到底價值多少錢的標準。如果調薪的絕對值（absolute amount）很重要，那麼他工作的動力可能還是來自基本生理與安全保障的需求；但如果重要的是調薪的相對值（relative amount），那麼這個人的激勵便很可能是來自於自我實現，因爲金錢在此只是衡量的工具，而非必需品。

薪資報酬對較高層級的人而言，儘管數字逐漸增加，但它所代表的物質價值會越來越少。在英代爾公司前執行長安德魯・葛洛夫（Andrew S. Grove）的經驗中，中階經理人所拿到的報酬，通常已經足夠讓他們不用太擔心「錢」夠不夠用，但還不足以讓他們完全不用擔心。當然，每位經理人的需求可能還是會有很大差異，另一半是不是在工作，以及小孩有幾個等等，都造成不同的情況。身爲上司，你必須對部屬不同的金錢需求非常敏感，讓他們知道你感同身受，你尤其要特別小心不要把自己的狀況投射到他人身上。

一、工作相關回饋

經理人最關心是如何提升部屬的績效，因此英代爾公司希望能藉著金錢的分配來作爲「工作相關回饋」，激勵部屬有更好的表現，要做到這點，報酬薪給要能明顯地反映績效，這一部分的薪資，也就是「績效獎金」（performance bonus）。這個獎金在員工所領全部報酬中的百分比應隨著報酬的增加而增加，用這方法可以讓每個人都嘗到一點「工作相關回饋」的滋味。

二、績效獎金制度

設計績效獎金，首先要考慮績效的類別，是個人績效或是團隊績效，如果是團隊績效，則必須弄清楚這個團隊的組成份子，它可能是專案小組或是一個部門，甚至是整個公司。同時，也要考慮績效獎金涵蓋的時間範圍，然後再決定獎勵的基礎，以及獎勵制度會不會太過於揮霍公司的財源而導致有破產之虞。

三、底薪制度

底薪制可分爲兩個極端：一種是完全看「年資」，另一種則完全看「工作表現」。在「看年資」的制度下，員工的底薪隨著他在一個職位上所待的時間而增加，但每一個人在這份工作上待了多久，最後他會達到薪資的上限；而在「看表現」的制度下，薪水的多寡和待多久則完全沒有關聯，他所傳達給員工的訊息是：「我不管你是大學剛畢業或是已經在公司待了二十年，對公司有貢獻就是好員工！」但同樣的，即使在這種制度下，每份工作的價值仍然有其極限。所以，大部分的公司所採用的薪資制度都是在這兩種極端之間找一個折衷方法（**圖13-1**）。

除非我們能在部屬之間比出雞首牛後，看表現或是折衷制度才能夠運作。但如果我們想利用薪資來鼓勵部屬的表現，排名絕對是必要的。❻

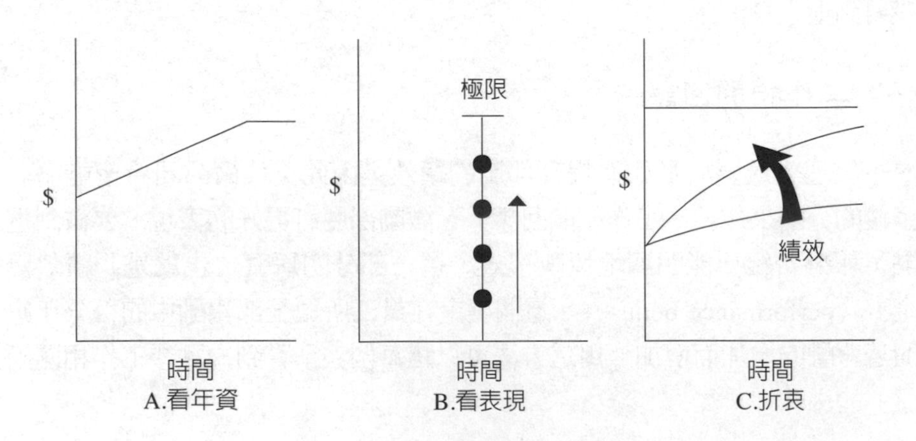

圖13-1　底薪制度的類別型態

資料來源：Grove, Andrew S.著，巫宗融譯（1997）。《英代爾管理之道》（*High Output Management*）。台北市：遠流，頁246。

 台灣積體電路公司（薪酬管理制度）

台灣積體電路公司（Taiwan Semiconductor Manufacturing Company Ltd, TSMC）於1987年在新竹科學園區成立，是全球第一家以先進製程技術提供晶圓專業製造服務的公司，爲半導體（IC）產業開創嶄新營運模式。該公司的經營方針與衆不同，本著「技術分工，資源共享」原則，由該公司從事資本及技術密集的IC製造，而業者則從事腦力技術密集的IC設計，透過此種分工方式使雙方在各自的領域上更爲增進，而形成合作的夥伴關係。

在薪酬制度方面，台積電的整體薪酬維持在同業水準之上，秉持與員工利潤共享的理念吸引、留任、培育與激勵各方優秀人才。

一、薪資制度

提供多元化並具競爭性的薪資制度，並且不吝與員工分享營運上的成功表現。員工享有固定薪資十二個月及兩個月的年終獎金。

二、獎金

提供各種獎金以獎賞員工優良的績效表現。依據獲利程度、員工個人績效及組織目標達成率決定獎金發放金額。

三、員工分紅獎金

提供優渥的員工分紅獎金制度。員工分紅獎金與公司營運績效、團隊表現以及個人績效直接相關。

四、福利措施

提供完善及高品質的福利措施，以照顧員工。

(一)完善的保險與退休計畫

除依法為每位員工投保勞工保險、全民健康保險及每月定期提繳退休金外，並為員工規劃了團體綜合保險（包括壽險、意外險、醫療險、癌症險等），以增加員工整體之保障。

(二)彈性的假勤制度

提供優於勞基法的特別休假制度，員工到職滿三個月即可享有特休。實施彈性休假制度，方便員工於一年中排定假期。

(三)貼心的工作環境

體貼並照顧員工的工作及生活所需，在食、住、行、育、樂等領域提供全方位的服務與設施，使員工能輕鬆兼顧工作與生活。

(四)員工協助方案

重視員工的身心健康，每年定期員工健康檢查及保健方案，幫助員

範例13-3

台積電的便利服務項目

種類	說明
豐富味蕾	各廠都有完善的餐飲設施——餐廳、果汁吧、咖啡廳、麵包店、7-11。而餐廳的多元選擇包含了台、客、粵、日、南洋風味，並有素食供應。
強健體格	各廠均有完善的健身設施，運動館更提供了室內溫水游泳池、水療、烤箱及蒸氣室設備。各種健身的課程如瑜伽、氣功也常在各廠或運動館進行，讓員工得以善用工作以外的時間保持身體的最佳狀態。
健康把關	員工享有駐廠門診、牙科、全天候的護理協助、年度健康檢查服務，並可參與健康宣導活動提升自我健康意識，或使用心理諮商服務、哺乳室、按摩室等設施。
幼兒教育	設有三所員工子女托兒所，提供之教育專業服務讓員工無後顧之憂。
便民服務	便利的駐場服務，包含洗衣、銀行、旅行社等，讓員工方便處理生活事務不擔憂。

資料來源：台灣積體電路公司網站，http://www.tsmc.com/chinese/careers/daily_convenience.htm。

工掌握自己的健康狀況。員工生活及工作諮詢服務與門診醫療服務，它能適時給予員工專業的諮商建議與診療。

(五)學費補助制度

爲鼓勵員工進修，提供員工教育訓練費用補助，以參加外部的相關訓練課程。❼

德州儀器工業公司（整體報酬體系）

在全球，德州儀器（Texas Instruments, TI）把第一顆IC帶到世人面前，是半導體領域的先趨者。在台灣，德州儀器工業公司創立於1969年，在新北市中和區設立一座極具現代化的半導體封裝測試工廠，並在台北市與各都會區設有半導體業務及行銷辦公室，是台灣科技產業界最重要的元件供應夥伴。如同其企業文化中所宣示的一句話：「我們不只是提供職位，我們提供的是實踐夢想的機會。」

德州儀器從靈活的整體報酬體系和動態多樣的方案，到有趣的社區發展活動以及更多機會外，還提供員工廣泛而有價值的福利和獎勵。

一、薪資紅利

除年終獎金外，另設有績效獎金、員工優惠認股制度、現金分紅及創作發明專利獎金。

二、給假

工作第一年即給予年假10天，並提供全薪病假18天、陪產假、生理假、家庭照顧假等。

三、保險

勞健保外，公司提供員工與眷屬完善的免費自選式團體保險，員工可依個人需求做選擇。

範例13-4

德州儀器(TI)的整體報酬體系

<table>
<tr><td rowspan="4">外部報酬
Extrinsic
Rewards</td><td rowspan="3">財務報酬
Reward Extrinsic
$
(整體薪資Total Compensation)</td><td>固定報酬
Fix Pay</td><td>具競爭力的薪資、福利與保障年終獎金</td></tr>
<tr><td>變動報酬
Variable Pay</td><td>季團隊績效獎金、年度分紅(Profit Sharing)、員工優惠認股方案(Employee Stock Purchasing Plan)等。ESPP以15%折扣購買美國華爾街股市的TI股票</td></tr>
<tr><td>留才報酬
Reward for Potential</td><td>股票認股權(Stock Option)是激勵優秀人才、累積個人財富的工具</td></tr>
<tr><td colspan="2">非財務報酬
Reward Extrinsic Non-pecuniary</td><td>包括地位象徵、技術幕僚、獎章、企業文化、人性化的工作環境等</td></tr>
<tr><td rowspan="3">內部報酬
Intrinsic
Rewards</td><td colspan="2">工作本身報酬
Reward Intrinsie Task</td><td>工作性質與責任與個人性格符合程度</td></tr>
<tr><td colspan="2">專業權力報酬
Reward Intrinsic Potency</td><td>自我能力的肯定與勝任感</td></tr>
<tr><td colspan="2">使命報酬
Reward Intrinsic Mission</td><td>為遠大理想奮鬥的使命感</td></tr>
</table>

資料來源:德州儀器工業公司/引自:丁志達(2012)。「薪酬規劃與管理實務班」講義。台灣科學工業園區科學工業同業公會編印。

四、健康

設有員工醫療診所,並提供醫務諮詢、健身俱樂部、每年免費提供員工健康檢查。

五、餐廳

中和工廠員工餐廳設有自助餐、麵食、快餐及咖啡廳,並提供餐飲補助。

六、福利

電影欣賞、溫泉SPA、KTV歡唱、盲人按摩、特約健身中心、年節提貨單、勞動節及生日禮券、婚喪禮金、旅遊康樂活動、員工聯誼及各項親子康樂等活動。

七、員工協助方案

提供保密的員工諮詢服務方案，給予員工身心靈的全方位照顧。

八、教育訓練

鼓勵員工從事課程訓練及在職進修教育。除規劃內部年度教育訓練計畫外，並提供教育津貼，補助員工參與年度目標相關的外部訓練，使員工個人成長目標與公司經營策略一致，成爲職場中的雙贏夥伴。

九、職涯發展

提供管理／專業技術雙軌生涯制度、內部轉職／多元工作機會、專案管理以及跨國工作挑戰機會。❽

東元電機公司（職位評價制度）

東元電機（TECO）公司創立於1956年6月，在穩健經營下，初期從事馬達生產，至今已跨入重電、家電、資訊、通訊、電子、關鍵零組件、基礎工程建設、金融投資及餐飲等多角化的發展領域，更參與台灣高速鐵路計畫。東元電機集團秉持著建構「全球一流科技化企業」的自我期許，目前分布在全球員工達萬人以上，事業版圖已由台灣擴張至亞洲、美洲與歐洲，成爲知名的世界級集團之一。

在過去，東元電機的職等架構及薪資制度與年資有很大的關係，核

薪的標準是學歷及經歷；晉升的方式是考試加上考績；調薪則是依據物價加上考績。此種方式最大的問題在於，會產生同工不同酬的結果。同樣的工作由不同職等的人在做，做同樣的工作，卻領不一樣的薪水，久而久之，年紀大的、年資深的人會留下，而年資淺的、年輕的人才會流失，這對組織而言是莫大的傷害。

針對這個問題，東元電機擬訂了人力資源政策的三個方針，包括：以績效主義取代年資主義；以人才開發取代人事管理；以營業利益取代過去一直強調的附加價值。因此，東元電機參考世界級主流企業的績效管理制度，進行剪裁與調整，畢竟因業別與文化背景的不同，不能完全照抄，於是以世界級主流企業的績效管理爲藍本，融合現有的制度，東元電機建構出新的人力資源架構：工作評價專案（**圖13-2**）。

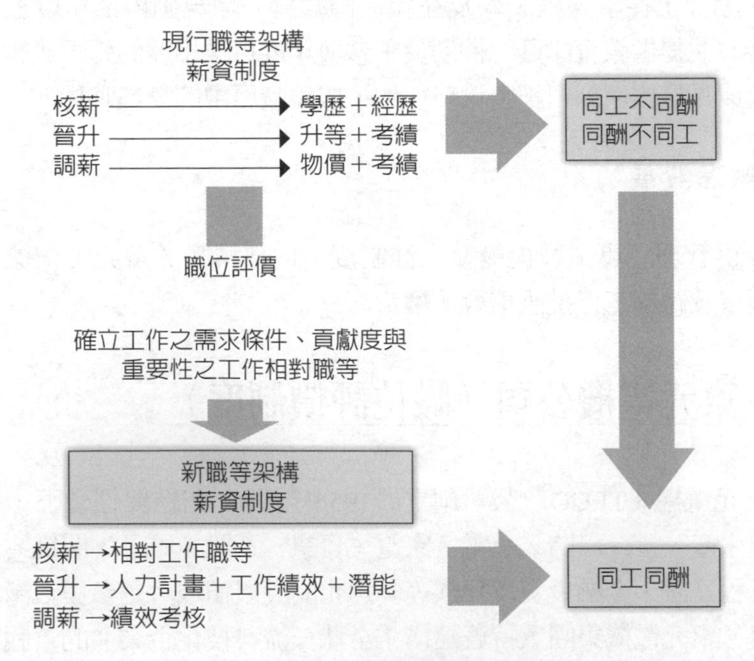

圖13-2　工作評價專案之目的

資料來源：王碧霞（1999）。〈東元電機：以嶄新的人力資源架構再造企業〉。《能力雜誌》，總第522期，頁63。

東元電機的職位評價制度專案，包括了建立工作說明書及職位評價制度（**圖13-3**）。職位評價專案確實推展後，在專業職位升等、主管職務晉升上，都有一定的標準。同時，人員招募任用標準將會更明確、輪調更落實，薪資核薪則根據職責評核，績效評價會更客觀，可以做到立足點的真正公平，好的績效也必能得到好的獎賞。❾

過去，東元電機比較強調年資、重視企業倫理；如今，東元電機處於一個新舊觀念交替的世代，以往的價值觀及作法已經突破、改變，追求的是績效導向的管理。❿

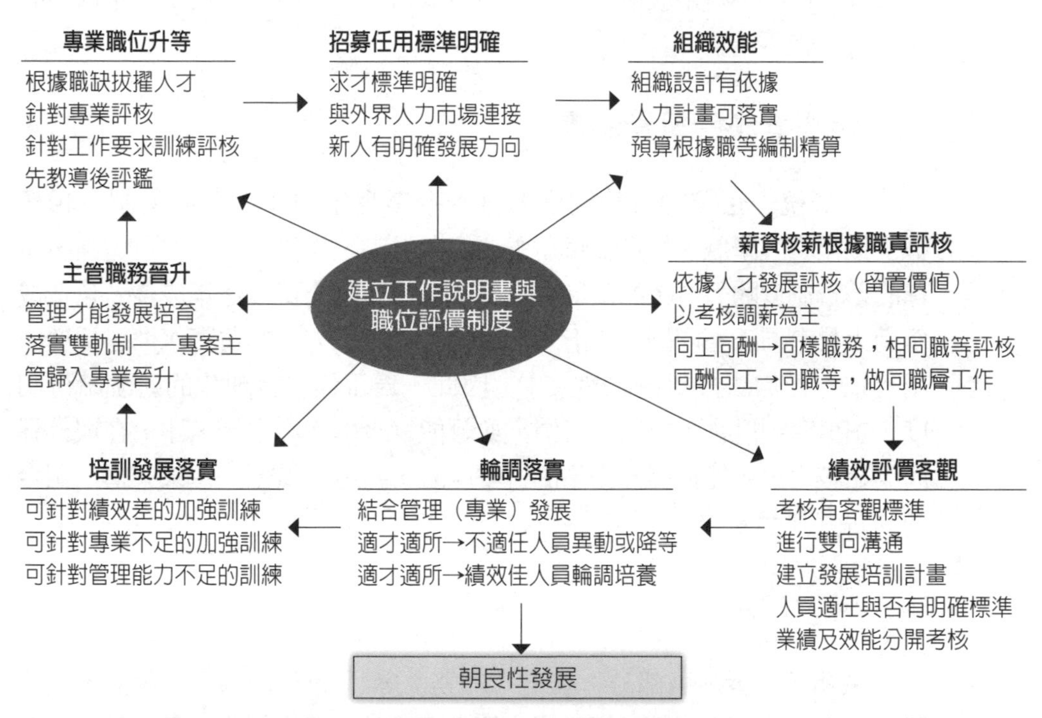

圖13-3　工作評價專案推展後預期效益分析

資料來源：王碧霞（1999）。〈東元電機：以嶄新的人力資源架構再造企業〉。《能力雜誌》，總第522期，頁63。

統一企業公司（職位分類薪資制度）

統一企業公司自1967年7月1日創立於台南縣永康鄉（現今廠址爲台南市永康區）。統一企業基於「三好一公道」（品質好、服務好、信用好、價格公道）的經營理念，秉持「誠實苦幹、創新求進」的企業文化「精神」，在「一首永爲大家喜愛的食品交響樂」、「以愛心與關懷來建構與現代人密不可分的食品王國」的企業願景下，除了致力於食品製造本業之外，同時不斷拓展新的事業，積極致力於全球消費者開創健康快樂的二十一世紀。

一、過去實施的薪資制度

過去統一企業的薪資制度與日本企業實施的「終身僱用制」相類似，以年資、學歷、性別爲付薪主要的考量點，年資越久，薪資越高，這樣的薪資制度隨著員工的高齡化，不但會使薪資的費用逐年成長，也造成新聘人員有同工不同酬的情形，特別是各種專業人才的薪資水準遠低於市場行情，而無法找到適當的人才。因此，爲了建立合理化的薪酬給付制度，讓薪資制度合乎市場的行情，並且能夠吸引市場中的人才，在與外界同業相較之下，能夠提升公司的競爭能力，乃引進職位分類來架構一個合理的薪資制度。

二、職位分類

職務薪，拆成兩部分，就是「職務」與「薪資」的相應關係，顧名思義，即是根據員工擔任的職責的輕重而給予合理的報酬，又因爲每個工作皆有其最大貢獻度，故薪資的給付也有一定的限度，也就是每個職等會有上限薪的設計。統一企業職位分類，乃依照每一職位所具備最低教育水準、經歷、監督責任、財務責任、決策責任、協調責任、專業知識以及工作環境等八個可酬因子來訂出每個職位眞正的價値後，賦予擔任高責任層次之工作者較高的職等，而低責任層次之工作者相對較低的職等，以便在

範例13-5

統一企業薪資制度說明

問：工作內容經常有些微的變化，工作評價如何及時更正與更新？

答：此次進行工作評價，除掌握組織中各職位之相對關係外，並依八大評價因子，針對每一職位責任層次作結構性的評價，且每一職位分等為一個類似價值的區間，因此平日工作內容之調整，若非嚴重影響該職位之責任層次，不需重新定位、重新評價；一旦發生組織重整，導致各職位責任層次產生巨大變化時，則可提出重新評價之申請。

問：如何使公司的工資／福利制度理念落實到每位員工及主管工作行為和管理行為上？

答：不斷的宣導、教育、再教育，這是落實薪資福利管理理念的不二法門。作法有：

- 把公司報酬理念寫在員工手冊中。
- 員工職前教育中，由人資部門主管宣導公司的經營管理理念，例如：經營理念為獎勵績效，則依績效表現給薪。
- 全體員工納入員工考核制度，日後全部依考核之結果才可調薪。
- 全體主管於適當時機均一致接受正確薪資管理理念訓練。

問：公司薪資管理之機密性如何處理？

答：公司員工個人薪資屬於個人與公司之機密資料，絕對禁止員工討論並交換個人薪資或他人薪資資料。但原則上，每位員工可瞭解自己擔任職位之職等與幅度；每位主管可瞭解自己所屬之職位／職等／幅度及其所轄部屬之職位／職等／幅度等資料。薪資資料之機密性，並不是公司不信任員工，而是避免引起不必要的管理困擾。

問：公司日後薪資管理對經驗及年資較長之員工是否較不利？

答：在社會經濟環境不斷改變中，勢必面臨外在的競爭，非得走向合理化經營方式不可。薪資管理制度化只是公司推動企業化經營管理的一環而已，日後公司將以整體策略來考量薪資管理，對薪資已達幅度最高點而年資較久之員工，積極輔導其自我提升，加強訓練，以便提升其能力而足以擔任更高職等之職位。公司要獲得生存發展空間、保持競爭力，堅持企業化管理為必要的。事實上，公司仍保有各項獎金激勵制度來鼓勵績效卓越的同仁，因此只要經驗與年資能夠產生相對貢獻，便可爭取相對的獎金。

問：薪資結構一旦設立，多久應重新檢討一次？

答：企業一般都會根據自己的管理需要，每隔二年就組織與市場變化重新檢討一次。公司之組織規模、專業領域（多角色）無太大的變化時，只需就新增職位做適度調整。原則上，在組織重整或職位內涵之權責明顯變化時，需再檢討一次。

問：為何薪等表內每一職等的薪資都有最高上限點？

答：每一薪等的薪水幅度主要是由市場行情來決定。最高點是指對被評定於該職等的所有職位在就業市場中支付的最高平均點。

問：若是達到該薪等的頂點薪，是否意味永遠無法調薪？

答：這個問題可由三方面說明：

1.公司每年皆會進行薪資市場行情調查。公司將視市場行情變化調整各薪等薪資上下限（若市場薪資行情穩定，公司將不會每年調整）；當薪資上限調高意指員工薪資成長空間加大。

2.努力爭取更高薪等的職位。

3.原則上，對於薪資碰頂之同仁不予調薪，但仍須視當年度的預算、調薪政策，再彈性決定該年度如何調薪，或者發放績效獎金。

問：實施職位分類，於新舊制度轉換時不減薪，是否代表不加薪？

答：同仁是否加薪，端賴於個人在職等之薪資狀況，若達到薪資上限者，我們鼓勵員工透過教育訓練，提升自我工作能力，再轉擔任職等高的職位，或選擇派駐海外，或轉任關係企業來提高薪資，如此才能與公司的策略和績效目標結合。

問：實施職位薪資制度後年資不被承認，經驗與工作的努力也不被薪資制度所激勵？

答：公司仍然重視員工年資，因為隨著年資增長，意味員工技術更加熟練，專業度進一步提升，且創造更大的生產力、貢獻度，換言之，當員工能力提升能夠擔任更高責任層次的工作時，其薪資便能相對成長。

公司追求永續經營，必須具備相對競爭力，因此，在每一職等的薪資上下限範圍內，公司依照員工逐年的績效表現給予調薪，甚或保留原有的各項獎金激勵制度，絕無公司不重視員工年資的事實。

問：公司對表現不良、績效水準低落的員工，是否就不調薪？

答：任何合理的制度，都是在激勵績效良好的員工，績效不好的員工，主管積極分析其績效不好的原因，如果因知識不足，專業技術不夠，則應積極地加以輔導、訓練，以提升知識與技能；如果因個人工作態度不良、行為偏差則應及時加以導正，嚴重者則以公司紀律規範之，甚而可以資遣處分。公司要支持主管擔負起主管的責任，執行管理，因此，如果績效不好，依制度無法調薪，就不應調薪。

資料來源：蔡蕙如（1998）。〈職位薪資制度說明〉。《統一月刊》（1998/12），頁62-72。

有限的資源下，作一合理的運用。長期而言，更必須結合管理職／專業職之雙軌晉升制度，導向目標管理的績效評核制度，建構職涯發展之培訓體系，主管之財務激勵權等配套方案，才能建立一套完整的人力資源管理體制。

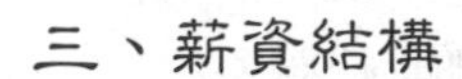

三、薪資結構

統一企業的薪資結構，主要分為兩個部分，也就是說薪資＝職位薪資＋績效獎金，每個人的職位薪資是固定的，然而績效獎金卻是必須反映到個別工作者表現，以及公司的營運情形，是有數據顯示的績效進行評核，朝向目標管理的評核制度，充分反映到個人的薪資之上。這樣的薪資結構比較能夠反映景氣的情形，以及公司的營運狀況。[11]

四、薪資組合

統一企業依工作（職位）評價與市場薪資水準，共評定十八職等。薪資名目包含：基本薪資、職務加給、津貼與獎金四大部分。

1.基本薪資：每一職等之全薪上下限是依市場行情而定。同一職等中，不論管理職或非管理職，其全薪上下限相同。
2.職務加給：依職位之責任層次而給付不同職等的加給。
3.津貼：伙食津貼（現行所得稅法規定，每人每日免稅的伙食津貼上限為新台幣六十元，為維護員工在所得稅方面的權益，核發伙食津貼每月一千八百元）。
4.獎金：全勤獎金與激勵獎金。

中國鋼鐵公司（超額產銷獎金制度）

中國鋼鐵公司成立1971年12月，總公司設在高雄市小港區。中鋼股票自1974年12月起上市，分為普通股及特別股兩類。中鋼公司生產各類型與品級完整的鋼料，並以責任與成就從事銷售服務。建廠之初，中鋼公司就大膽採用當時還是最新科技的百分之百連續鑄造製程，並決定中鋼要百分之百的電腦化營運，這使得中鋼自開始營運以來，不論國營或民營，都具有相當的國際競爭力。

一般鋼鐵廠利潤成長，除了銷售成功外，最重要的就是能有效的提高產能。中鋼的超額產銷獎金制度的設計主旨，就是在於激勵員工改善作業方式、增加生產、降低生產成本等，以增加營業額，獲取利潤。

一、超額產銷獎金制度

中鋼超額產銷獎金的發放以月為單位，當該月份的營業額有盈餘，且盈餘扣除當年度以前各月份虧損總額仍有剩餘時，才能核算獎金。獎金的數目則依當月的生產力進步率、生產量成長來衡量，生產力與產量成長越多，獎金數也越多。超額產銷獎金發放的總數不得超過盈餘的20%，也不得超過員工基本薪金發放的總數額的30%（也就是不能超過3.6個月的基本薪給）；每個月的獎金依單位績效和個人薪資因素實際發放90%，剩餘的10%保留至年底終了時，按個人貢獻度做重新分配，以強化個人獎勵效果。

範例13-6

中鋼超額產銷獎金制度說明

超額產銷獎金＝

$$\text{獎金前盈餘} \times 20\% \times \left(\text{生產進步率} \times 50\% + \frac{\text{當月實際成品生產量}}{\text{當月基準成品生產量}} \times 50\%\right)$$

說明：

1.$\text{生產進步率} = \frac{\text{當月鋼液產量}}{\text{當月平均人數}} \times \frac{\text{過去一年曆日數}}{\text{當月曆日數}} \div \frac{\text{過去一年鋼液生產量}}{\text{過去一年月平均人數}}$

2.$\text{當月平均人數} = \frac{\text{月初人數} + \text{月底人數}}{2}$

3.$\text{過去一年平均人數} = \frac{\text{過去一年各個月平均人數之總和}}{12}$

4.$\text{當月基準成品生產量} = \frac{\text{過去一年實際成品生產量}}{\text{過去一年曆日數}} \times \text{當月曆日數}$

資料來源：李誠、張育寧（2002）。《中鋼經驗：中國式管理的典範》。台北市：天下遠見，頁90。

二、激勵獎金

除了超額產銷獎金之外，中鋼還有另外一項激勵獎金和超額產銷獎金的意義相同，以「多賺多分、少賺少分」的原則，激勵員工一起爲追求公司的盈餘而努力。當公司年度累積既有盈餘時，再核發激勵獎金，且計算採用邊際遞增的方式，當盈餘越高，獎金增加的比例也越高。

由於超額產銷獎金制度，在設計上使員工的工作績效與所得發生關聯，按月及時發放的作法激勵效果明顯，而金額也依各單位的貢獻程度而有差異。中鋼員工的基本薪資訂得並不高，同時年終獎金的發放也限定一個月，因此，在超額產銷獎金制度的實施之下，中鋼員工強烈地視利潤爲自身的利潤，即使自己的工作不在生產線上或者與生產無直接相關，但仍會在各自的工作上盡力配合，以幫助公司的生產與銷售不斷成長，而處在於第一線的工作人員，更因爲獎金發放以貢獻度作爲依據，而更願意投入全部的精神與力量在工作上，對於中鋼營業額的成長有相當的功效。⑫

台灣糖業公司（經營績效獎金）

第二次世界大戰結束，政府將原由日人經營的大日本、台灣、明治及鹽水港四製糖會社合併，組成台灣糖業股份有限公司，於1946年5月1日成立，爲經濟部所屬國營事業。1952年至1964年間，台灣砂糖出口值始終占外銷品第一位，最高時曾占全部外匯收入的74%。目前依產品屬性區分爲砂糖、量販、生物科技、精緻農業、畜殖、油品、休閒遊憩以及商品行銷等八個事業部，另在總管理處轄下設有土地開發與資產營運。

台糖公司爲提升工作績效並善用人力資源，制定了完善的人事管理制度與福利制度，期使人員的發展與公司發展緊密配合。台糖公司的經營績效獎金區分爲「考核獎金」與「績效獎金」兩大類（**圖13-4**）。

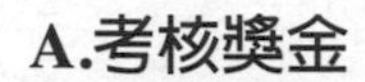

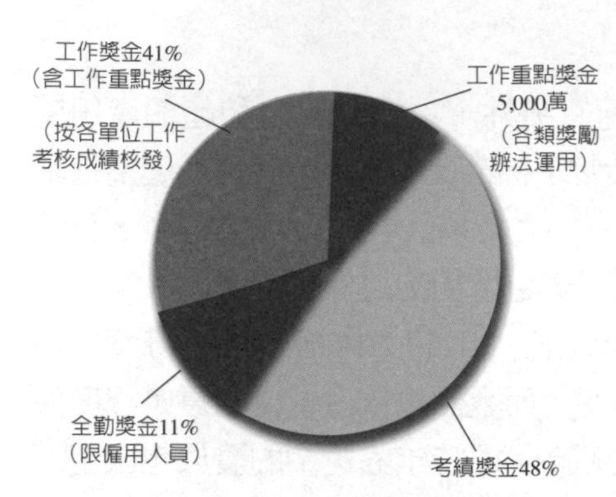

B.績效獎金

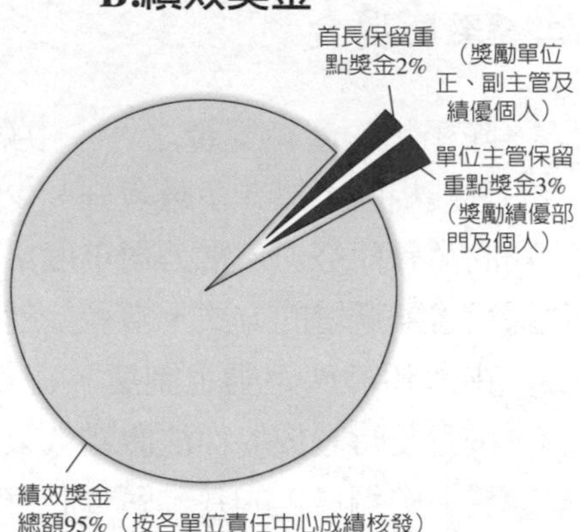

圖13-4　台糖公司經營績效獎金架構圖

資料來源：人力資源處。〈經營績效獎金知多少（二）〉。《台糖通訊》，第1993期（2011/07）。

一、考核獎金之分配

考核獎金扣除考績獎金（含董事長考成獎金）及全勤獎金後之獎金，稱之爲工作獎金，先自工作獎金中提撥工作重點獎金5,000萬元，作爲公司內部各項獎勵辦法之財源，餘按各單位當年度工作考核分數及一個月薪給額爲基礎發給各單位（**表13-1**）。

二、績效獎金之分配

自2010年度起，從績效獎金總額內提撥5%（首長2%；各單位、處室3%）之獎金，由公司首長（單位主管）核給績優單位（部門）或人員，餘95%之獎金按責任中心各單位績效及一個月薪給額爲基礎分配至各單位。

爲使單位主管於年度中，得以運用即時獎勵之工具，相關規定如下：

1.依據「從業人員工作獎金發給要點」規定，在年度中遇有績優部門或人員須即時獎勵者，得在單位月薪給額之10%限額內先行核給獎金，並於年度分配單位之工作獎金數額內併銷。

表13-1　工作重點獎金各類獎勵辦法

項目	名稱
一、訂有辦法及標準	1.各單位重點績優獎金發給原則。 2.從業人員參加公務人員專書閱讀心得寫作競賽獎勵辦法。 3.經濟部所屬事業機構優秀人員選拔要點。 4.台糖公司品質業務評鑑計畫。 5.智慧財產技術移轉收益獎勵金。 6.模範員工表揚獎金。 7.總管理處年度固定資產盤點工作暨複查獎懲辦法。 8.各單位參加外界評比獎金。 9.各單位收回被侵地及出租耕地、交換使用地績優獎金發給要點。 10.台糖公司從業人員提案獎勵作業要點。 11.台糖公司從業人員外語進修補助暨獎勵要點。
二、例行性核發	1.春節出勤獎金、春節主管慰問現場同仁紅包。 2.各單位年終尾牙費用。 3.一級以上正副主管及績優人員春節重點獎金。
三、專案簽准	（遇案辦理）

資料來源：人力資源處。〈經營績效獎金知多少（二）〉。《台糖通訊》，第1993期（2011/07）。

2.依據「各單位重點績優獎金發給原則」規定，各區處、各處室、研究所，以月薪給額之3%核給獎金；各事業部、環保事業營運分處及高雄分公司，訂有營業收入成長、營業利益成長、營業利益等獎金（上限爲月薪給額之17%），經核算獎金總額未達月薪給額之4%者，按4%核給。⑬

台灣國際標準電子公司（創意性福利制度）

台灣國際標準電子公司（TAISAL）爲阿爾卡特集團（Alcatel Alsthom，總部位於法國巴黎）成員，是阿爾卡特中國有限公司的核心關係企業之一。

台灣國際標準電子公司創立於1973年，由交通部電信總局與美國ITT公司共同投資成立；1987年，ITT公司與法商歐科（Alcatel Alsthom）合組成全球最大的電線設備研究製造集團（Alcatel 阿爾卡特），台灣國際

標準電子公司屬ITT的股權，轉隸屬於阿爾卡特，成爲阿爾卡特的一控股（阿爾卡特占股份60%）公司。1992年，台灣國際標準電子公司在台灣獲得企業類國家品質獎。主要產品有交通系統、行動通訊系統、傳輸系統、電信服務支援系統、連網系統。⓮

一、勞動條件

台灣國際標準電子公司提供的勞動條件，優於勞工法令之項目有：

1.員工全年病假累計不超過十二天，薪資照給；超過十二天給半薪，全年病假合計三十天。
2.新進員工服務滿三個月後可使用特別休假。
3.服務滿十年以上離職員工，在離職三年內再經公司僱用者，其離職前年資可以併計。
4.運用在職訓練及工作輪調來培訓員工第二職能專長。
5.設立員工個人及團體獎勵制度，獎勵金額由三千元至十五萬元不等。
6.員工可優惠認購總公司阿爾卡特集團股票。

二、勞工福利制度

台灣國際標準電子公司在1990年獲選行政院勞工委員會主辦的當年度「優良福利事業單位」，其被表揚的實施福利措施中，有兩項創意性的制度獲得肯定：

(一)員工在職亡故遺族暨在職殘廢退職生活補助費

這項補助費是幫助突遭變故的員工遺屬，或在職殘廢退職的員工來適應家庭環境的改變，也就是台灣國際標準電子公司負責對遺屬或在職殘廢退職的員工繼續發送一段時間相等於去世或退職最後在職月份底薪一半的月補助費。對服務不到五年的員工的遺屬或在職殘廢退職員工續發六個月；對服務五年至十年者的員工遺屬或在職殘廢退職員工續發十二個月；對服務超過十年者的員工遺屬或在職殘廢退職員工續發二十四個月，凡月補助費金額未達新台幣一萬元者，一律補足一萬元計。

員工在職亡故遺族暨在職殘廢退職生活補助辦法

生效日期：　年　月　日

一、本公司為協助突遭變故之在職亡故員工遺族暨在職殘廢退職員工適應突變之家庭環境，特訂定本辦法。
二、本辦法不適用於在職亡故之員工係因自殺、參與犯罪行為等而死亡者。
三、本辦法所稱「殘廢」係指經治療後身體遺存障害經特約醫院及本公司醫生認定，喪失工作能力而無法繼續在本公司工作者，但不包括個人之過失或故意之行為所造成的殘廢。
四、生活補助給予標準如左：
(一)服務年資未滿五年者，自亡故或殘廢退職日起，按月給予遺族或員工本人半薪（50%本薪），期間以半年（六個月）為限。
(二)服務年資滿五年以上十年未滿者，自亡故或殘廢退職日起，按月給予遺族或員工本人半薪（50%本薪），期間以一年（十二個月）為限。
(三)服務年資滿十年以上者，自亡故或殘廢退職日起，按月給予遺族或員工本人半薪（50%本薪），期間以二年（二十四個月）為限。
五、本薪之計算，以員工最後在職之月份本薪為準。
六、年資之計算以到職日起十足累計，停薪留職期間不予計算。
七、本辦法所稱員工之遺族，僅限配偶、未婚子女及父母。
八、遺族領受生活補助之順位如左：
(一)配偶及未婚子女。
(二)父母。
九、申請在職亡故遺族生活補助應於員工亡故日起半個月內，由遺族填具生活補助申請書，連同死亡診斷書及除籍戶籍謄本（證明死者與遺族之關係），送至人力資源處辦理。
十、申請在職殘廢退職員工生活補助應於退職日起，填具生活補助申請書，連同醫生開具之勞工保險殘廢診斷書及本公司離職證明書，送至人力資源處辦理。
十一、本辦法自公布日實施，修正時亦同。

資料來源：台灣國際標準電子公司。

(二)員工在職亡故子女暨在職殘廢退職子女教育補助費

這項補助費是針對在職亡故員工的遺屬或在職殘廢退職員工中之未成年子女，將來接受大專教育所需費用的一個長期承諾，對其子女在二十三歲前唸大專院校所需的學、雜費及生活費用盡力作全額補助。

除了上述福利制度外，台灣國際標準電子公司也提供下列的員工福利：

1.免費為員工投保人壽險、意外險及醫療住院險，並為員工眷屬投保醫療住院險。
2.免費提供交通車（遊覽車）接送員工上、下班，交通路線遍及大台北地區及桃園、中壢、三峽等地。
3.免費供膳。
4.免費供宿，宿舍備有電視、洗衣機、音響、冷氣機等電器化設備及舍監管理。
5.除固定二個月年終（中）獎金外，另實施員工分紅與績效獎金制度。
6.每年輪流舉辦園遊會、運動會，並定期舉辦自強旅遊、廠慶登山活動及年終聚餐晚會。
7.設置專業科技圖書館，提供專業書刊、雜誌供員工借閱，並聘請專業人員管理。
8.免費提供員工春節返鄉專車服務或車費補助。
9.設有醫務室，聘請專科醫師與護士駐廠服務，每年定期安排員工健康檢查。
10.為在職亡故員工之配偶、子女安排至本公司工作。
11.在公司繼續服務工作滿十年以上，未達《勞動基準法》第53條自請退休條件之員工，因特殊情事專案經總經理特准者，得辦理專案退休。
12.公司定期發行*TAISEL NEWS*期刊
13.成立多樣化的社團活動組織，提供員工正當休閒活動。

三、回饋社會公益活動

台灣國際標準電子公司在歷年回饋社會暨社區的重大公益活動有：

1.公司與員工共同捐款成立「林靖娟幼教紀念獎學金」。

範例13-8

社團管理辦法

一、主旨

為使本會社團活動具有活力、符合本公司多數員工需求、促進同仁團結和諧之目的，特制定本辦法。

二、組織

1.各社團應有三十人以上連署，方准籌備，同性質社團應予合併。

2.各社團置社長一人，綜理社務，幹事一人，協助社長處理社務及財務。

3.訂定社團名稱、成立目的、活動方式、活動場所、活動經費來源等事項。

三、登記

每年11月1日前，各社團需檢附下列資料向本會提出申請登記：

1.社團成立申請書（含社團名稱、成立目的、活動方式、活動場所、活動經費來源、社團經費等事項）。

2.社員名冊。

3.（明）年度活動計畫及經費預算表。

4.本年度活動成果報告表（限已向本會登記之社團）。

四、審核

1.本會得視每年福利會收支情形適當編列社團經費，補助各社團。

2.本會補助款，依各社團成立目的及活動內容，評估討論後，公布審核結果及補助金額。

3.本會每半年定期審核各社團辦理活動成果及本公司員工參與率，如社團半年內無舉辦任何或減少辦理活動次數或本公司員工參與率過低，則下半年年度本會補助款將酌予減少或停發。

五、經費來源

1.各社團可依辦理活動之需要，向社員酌收活動經費，其金額視活動需要由各社團訂定之。

2.所有之活動經費（含本會補助款）應由各社團財務列帳保管，本會定期稽核各社團之活動計畫實施情形及收支預算之執行情形。

3.當年度收支明細於翌年1月31日前送本會備查。

六、一般規定

1.各社團活動海報，須經本會審核通過後，始可張貼，並於活動結束後應予清除。

2.申請本會補助款，在舉辦活動二星期前檢具活動計畫表及參加人員名冊，向本會提出申請。活動結束後一個月內檢具單據及活動照片一張銷帳。每次社團活動補助金額最高不得超過當次活動經費之三分之一。

3.各社團除定期性之社員活動外，每年應舉辦一次全公司性全體同仁均可參與之活動或成果展。

4.各社團所有裝備、器材必須愛惜使用、妥善保管，並列入移交，如因不當使用而致損壞，或保管不周而遺失，由使用人或保管人負責賠償。

5.年度中各社團之社長如有異動，須將有關經費收支情形、裝備、器材及其他有關事務列冊辦理移交，並通知本會社團組負責人監交。社團因故無法繼續運作時，須將有關事務、裝備、器材交予本會社團組負責人。

6.各社團活動（定期或不定期）皆需張貼公告且不得先接受報名，再予公告。

7.各社團購買之裝備、器材應每年清查一次，並應將裝備、器材之數額資料送交本會。

8.本會補助社團之比賽費、器材費不得移作他用。

七、本辦法經本會審議通過後實施，修正時亦同。

資料來源：台灣國際標準電子公司職工福利委員會。

2.每年定期舉辦捐血活動。

3.定期贊助藝文活動。

台灣國際標準電子公司對其所屬員工卓越的工作表現均予以肯定與獎勵。同時，也在公司內提供富有挑戰性的發展機會，以期使員工能有最佳的表現來證明個人的能力與專業的價值。這種強調工作表現、成長與進步而摒除保護及維持現狀的激勵氣氛，使台灣國際標準電子公司的員工，在工作上極易受到振奮及具挑戰性。

結　語

故美國總統甘迺迪曾說過一句名言：「不要問國家能爲你做什麼，要問你能爲國家做什麼？」這句話可延伸到企業的薪酬管理上：「不要問公司能爲你做什麼，要問你能爲公司做什麼？」

註釋

❶Louis V. Gerstner著，羅耀宗譯（2003）。《誰說大象不會跳舞：葛斯納親撰IBM成功關鍵》（*Who Says Elephants Can't Dance?: Inside IBM's Historic Turnaround*），台北市：時報文化，頁126-135。

❷魏美蓉（2003）。〈如何把績效和獎酬連起來〉。《EMBA世界經理文摘》，第203期，頁132-138。

❸李彥興（2004）。〈股票獎酬的新趨勢〉。《能力雜誌》，第578期，頁72-75。

❹David Magee著，譚家瑜譯（2003）。《NISSAN反敗爲勝》（*Turnaround: How Carlos Ghosn Rescued NISSAN*），台北市：天下雜誌，頁166-170。

❺黃河（2005）。〈績效薪酬戰略的林肯之道〉。《企業管理》，總第282期，頁52-53。

❻Andrew S. Grove著，巫宗融譯（1997）。《英代爾管理之道》（*High Output Management*），台北市：遠流，頁243-248。

❼台灣積體電路公司網站，http://www.tsmc.com/chinese/careers/compensation_benefits.htm。

❽2012年德州儀器工業公司徵才活動簡介。

❾王碧霞（1999）。〈東元電機：以嶄新的人力資源架構再造企業〉。《能力雜誌》，總第522期，頁62-64。

❿東元電機公司網站http://www.teco.com.tw/human.asp。

⓫永康採編小組（1998）。〈迎向職位分類薪資制度〉。《統一月刊》（1998/10），頁64-81。

⓬李誠、張育寧（2002）。《中鋼經驗：中國式管理的典範》。台北市：天下遠見，頁90-92。

人力資源處。〈經營績效獎金知多少（二）〉。《台糖通訊》，第1993期（2011/07）。

⓮台灣國際標準電子公司簡介。

參考書目

Abosch, K. S. & Hand, J. S. (1994). *Broadbanding Design, Approaches and Practices*. ACA.

Albert, Kenneth J.著，陳明璋總主編（1990）。《企業問題解決手冊》（*Handbook of Business Problem Solving*）。台北市：中華企管。

Alexander Hamilton Institute, Inc.著，許是祥譯（1991）。《目標管理制度》（Management by Objectives）。中華企業管理發展中心。

Armstrong, David M.著，黃炎媛譯（1997）。《小故事，妙管理》（*Managing by Storying Arooud*）。台北市：天下文化出版。

Armstrong, Michael著，羅耀宗譯（1992）。《管理技巧手冊》（*A Handbook of Management Techniques*）。台北市：哈佛企管。

Barkema, Harry G. & Gomez-Mejia, Luis R. (1998). "Managerial compensation and firm performance: A general research framework." *Academy of Management Journal, 41*(2).

Bartley, Douglas L.著，林富松、褚宗堯、郭木林譯（1992）。《工作評價與薪資管理》（*Job Evaluation: Wage and Salary Administration*）。新竹：毅力。

Butler-Bowdon, Tom著，殷文譯（2004）。《最偉大的50部勵志書》（*50 Self-Help Classics: 50 Inspirational Books to Transform Your Life, From Timeless Sages to Contemporary Gurus*）。台中市：晨星。

Byars, Lloyd L. & Rue, Leslie W.著，林欽榮譯（1995）。《人力資源管理》（*Human Resource Management*）。台北市：前程企管。

Byars, Lloyd L. & Rue, Leslie W.著，鍾國雄、郭致平譯（2001）。《人力資源管理》（*Human Resource Management*, 6e）。台北市：麥格羅・希爾。

Cascio, W. F. (1992). *Managing Human Resources Productivity, Quality of Work Life, Profits* (3e). McGraw-Hill.

Davis, Stanley M. (1979). *Managing and Organizing Multinational Corporations*. New York: Pergamon Press Inc.

Dickens, Stephen著，徐可柔譯（2004）。〈透過整體獎酬創造人才資產價值〉。《惠悅觀點》（2004/11）。

Dessler, Gary著，李茂興譯（1992）。《人事管理》（*Personnel Management*）。台北市：曉園。

Ellig, Bruce R.著，胡玉明譯（2005）。《經理薪酬完全手冊》。北京：中國財政經濟出版社。

Gadiesh, O., Blenko, M., & Buchanan, R.著，李田樹譯（2003）。〈把薪酬和績效連起來〉。《EMBA世界經理文摘》，第200期。

Gerstner, Louis V.著，羅耀宗譯（2003）。《誰說大象不會跳舞：葛斯納親撰IBM成功關鍵》（*Who Says Elephants Can't Dance?: Inside IBM's Historic Turnaround*）。台北市：時報文化。

Graham, H. T.著，石銳譯（1990）。《人力資源管理：工業心理學與人事管理》（*Human Resource Management*）。台北市：臺華工商。

Graham, H. T. & Bennett, R.著，創意力編譯組譯（1995）。《人力資源管理（二）：實務規劃》（*Human Resources Management*）。台北市：創意力出版。

Grove, Andrew S.著，巫宗融譯（1997）。《英代爾管理之道》（*High Output Management*）。台北市：遠流。

Harvey, Donald F. & Bowin, Robert B.著，何明城譯（2002）。《人力資源管理》（*Human Resource Management: An Experiential Approach*, 2e）。台北市：智勝文化。

Heil, G., Bennis, W., & Stephens, D. C.著，李康莉譯（2002）。《麥葛瑞格人性管理經典》（*Douglas Mcgregor, Revisited: Managing the Human Side of the Enterprise*）。台北市：商周出版。

Henrici, Stanley B.著，楊信長譯（1986）。《薪資管理實務》（*Salary Management for the Nonspecialist*）。台北市：前程企管。

Hindle, Tim著，羅雅萱譯（2004）。《經濟學人之企管智典》（*Pocket MBA: The Concise Guide to Management Thinking, Theory and Methods from A to Z*, 4e）。台北市：貝塔語言。

Howells, G. W.著，荻龍譯（1972）。《最新人事管理實務》。台北市：新太。

Kerr, Steven（編），邊婧譯（2005）。《薪酬與激勵：哈佛商業評論20年最佳文章精選》。北京：機械工業出版社。

Kleiman, Lawrence S.著，孫非等譯（2000）。《人力資源管理：獲取競爭優勢的工具》（*Human Resource Management: A Tool for Competitive Advantage*）。北京：機械工業出版社。

Koontz, Harold & O'donnell, Cyril著，王象生、吳守璞譯（1992）。《管理學精義》（*Essentials of Management*, 2e）。中華企業管理發展中心。

Magee, David著，譚家瑜譯（2003）。《NISSAN反敗為勝》（*Turnaround:*

How Carlos Ghosn Rescued NISSAN）。台北市：天下雜誌。

Mathis, Robert L. & Jackson, John H.著，李小平譯（2000）。《人力資源管理培訓教程》（*Human Resource Management: Essential Perspectives*）。北京：機械工業出版社。

McGregor, Douglas著，許是祥譯（1988）。《企業的人性面》（*The Human Side of Enterprise*）。台北市：中華企管。

Mills, D. Quinn & Friesen, G. Bruce著，王雅音譯（1998）。《浴火重生IBM：IBM的過去、現在與未來剖析》。台北市：遠流。

Mondy, R. Wayne & Noe, Robert M., III, (1987). *Personnel: The Management of Human Resources*. Allyn and Bacon Inc.

Richard S. Williams著，藍天星翻譯公司譯（2002）。《組織績效管理》（*Performance Management*）。北京：清華大學出版社。

Robbins, Stephen P.著，王秉鈞譯（1995）。《管理學》（*Management*）。台北市：華泰。

Robbins, Stephen P.著，李青芬、李雅婷、趙慕芬譯（2002）。《組織行為學》（*Organizational Behavior*）。台北市：華泰。

Thorpe, R. & Homan, G.著，姜紅玲譯（2003）。《企業薪酬體系設計與實施》（*Strategic Reward Systems*）。北京：電子工業出版社。

Walker, James W.著，吳雯芳譯（2001）。《人力資源管理戰略》（*Human Resource Strategy*）。北京：中國人民大學出版社。

Williams, Richard S.著，趙正斌、胡蓉譯。《業績管理》（*Performance Management: Perspectives on Employee Performance*）。東北財經大學出版。

Wilson, T. B.著，陳紅斌、劉震、尹宏譯（2001）。《薪酬框架：美國39家一流企業的薪酬驅動戰略和秘密體系》（*Rewards That Drive High Performance: Success Stories from Leading Organizations*）。北京：華夏出版社。

荻原　勝著，董定遠譯（1989）。《新人事管理——二十一世紀的人事管理藍圖》。台北市：尖端。

愛德華・羅勒著，文躍然、周歡譯（2004）。〈美國的薪酬潮流〉。《企業管理》，總第274期。

龜岡大郎著，許曉華譯（1986）。《IBM的人事管理》。台北市：卓越文化出版。

藤井得三著，陳文光譯（1987）。《用人費的安定化計畫》。台北市：臺華工商。

EMBA世界經理文摘編輯部（1999a）。〈打動人心的獎金制度〉。《EMBA世界經理文摘》，第155期。

EMBA世界經理文摘編輯部（1999b）。〈避免薪資制度的兩大謬誤〉。《EMBA世界經理文摘》，第156期。

EMBA世界經理文摘編輯部（2000）。〈發揮報酬的驚人力量〉。《EMBA世界經理文摘》，第161期。

EMBA世界經理文摘編輯部（2002）。〈該不該為業務員調薪？〉。《EMBA世界經理文摘》，第188期。

丁志達（1982）。〈如何決定員工的薪資？〉。《現代管理月刊》，第67期。

丁志達（1992）。〈員工福利給多少？企業老闆停、聽、看〉。《現代管理月刊》（1992/02）。

丁志達（2000）。〈員工福利規劃的新思潮〉。《管理雜誌》，第309期。

丁志達（2004）。「薪酬管理實務研習班」講義。中華企業管理發展中心編印。

丁志達（2005a）。《人力資源管理》。新北市：揚智文化。

丁志達（2005b）。「勞退新制與人力精簡實務研習班」講義。中華企業管理發展中心編印。

丁志達（2005c）。〈勞退新制對企業的衝擊與因應之道〉。《經營決策論壇》，第40期。

丁志達（2005d）。《績效管理》。新北市：揚智文化。

丁志達（2006a）。「人力資源管理作業實務研習班」講義。中華企業管理發展中心編印。

丁志達（2006b）。「人事管理制度規章設計方法研習班」講義。中華企業管理發展中心編印。

丁志達（2006c）。「績效考核與薪資管理制度設計實務班」講義。中華企業管理發展中心編印。

中國企業家協會（2001）。《經營者收入分配制度：年薪制、期股期權制設計》。北京：企業管理出版社。

王忠宗（2001）。《目標管理與績效考核：企業與員工雙贏的考評方法》。新北市：日正企業顧問。

王凌峰（2005）。《薪酬設計與管理策略》。北京：中國時代經濟出版社。

王振東（1986）。〈如何建立工作評價制度〉。《現代管理月刊》，第117期。

王瑞堂（2004）。〈寶成員工分紅吸引人才〉。《經濟日報》（2004/05/01）。

王碧霞（1999）。〈東元電機：以嶄新的人力資源架構再造企業〉。《能力雜誌》，總第522期。

王學力（2001）。《企業薪酬設計與管理》。廣州：廣東經濟出版社。

台北縣政府勞工局編印（1989）。《分紅入股制度》。台北縣政府勞工局。

台灣肥料股份有限公司行政處（2001）。〈典章制度：台灣肥料股份有限公司從業人員薪給管理要點〉。《台肥月刊》（2001/01），頁74-76。

台灣國際標準電子公司簡介。

台灣積體電路公司簡介及http://www.tsmc.com/chinese/default.htm。

永康採編小組（1998）。〈迎向職位分類薪資制度〉。《統一月刊》（1998/10）。

石決（2003）。〈從失業保險到就業保險：我國就業保險政策之評估〉。《理論與政策》，第17卷，第2期。

石銳（2000）。《績效管理》。行政院勞工委員會職業訓練局。

江積海、宣國良（2003）。〈平衡的美景與陷阱——如何使用平衡計分卡〉。《企業研究》，總第222期。

安侯顧問公司（2005）。〈金豐機器：它讓我們落實每周檢討改善〉。《經理人月刊》，第4期。

佚名（2004）。〈寬帶薪酬設計：大有學問〉。《人力資源》，總第196期（2004/06）。

何燕珍（2003）。〈企業薪酬管理發展歷程〉。《企業研究》，總第218期。

何燕珍（2004）。〈把握薪酬信息的透明度〉。《企業管理》，總第271期。

吳坤明（2002）。〈分紅與認股權哪一種激勵效果佳？〉。《管理雜誌》，第339期。

吳秉恩（2002）。《分享式人力資源管理：理念、程序與實務》。台北市：吳秉恩發行；翰蘆圖書總經銷。

吳美連、林俊毅（2002）。《人力資源管理：理論與實務》。台北市：智勝文化。

吳福安（1999）。《激勵薪資設計實務》。台北市：超越企管。

吳聽鸝（2004）。〈公平理論在薪酬設計中的應用〉。《人力資源》，總第196期。

呂玉娟（2000）。〈股票獎酬在人才競爭上的影響及策略〉。《能力雜誌》，第536期。

呂玉娟（2001）。〈如何與員工溝通整體獎酬〉。《能力雜誌》，第539期。

宋凌雲（2003）。〈影響研發人員離職傾向因素之探討：以國內電子業為

例〉。元智大學管理研究所碩士論文。

李正綱、黃金印（2001）。《人力資源管理：新世紀觀點》。台北市：前程企管。

李明書（1995）。〈從激勵的觀點探討薪資制度〉。《勞工行政》，第84期。

李長貴（1997）。《績效管理與績效評估》。台北市：華泰。

李建華（1992）。《員工分紅入股理論與實務》。台北市：清華管理科學圖書中心。

李建華、茅靜蘭（1990）。《薪資制度與管理實務》。台北市：超越企管。

李彥興（2004）。〈股票獎酬的新趨勢〉。《能力雜誌》，第578期。

李思瑩（2003）。〈高階經理人薪酬決定因素之實證研究〉。中央大學人力資源管理研究所碩士論文。

李常生（1979）。〈人事組織與管理：如何控制薪資預算〉。《現代管理月刊》，第32期。

李常生（1980）。〈如何為業務人員核薪？〉。《現代管理月刊》（1980/10）。

李誠主編（2000）。《人力資源管理的12堂課》。台北市：天下遠見。

李誠、周詩琳（1999）。〈員工特徵對員工福利需求及滿意度的影響——以B公司為例〉。第五屆企業人力資源管理診斷專案研究成果研討會。

李誠、張育寧（2002）。《中鋼經驗：中國式管理的典範》。台北市：天下遠見。

李劍、葉向峰（2004）。《員工考核與薪酬管理》（*Performance & Pay Management*）。北京：企業管理出版社。

李潤中（1998）。《獎工工資制度之設計：工商管理論文精選》。台北市：曉園。

沈介文、陳銘嘉、徐明儀（2004）。《當代人力資源管理》。台北市：三民。

辛向陽（2001）。《薪資革命：期股制激勵操作手冊》。北京：企業管理出版社。

周可（2002）。《消除浪費求生存》。新北市：中國生產力。

東元電機公司網站http://www.teco.com.tw/human.asp。

林中君（1998）。〈如何運用財務獎勵提升工作績效〉。《資誠通訊》，第99期。

林文燦（2001）。〈行政機關績效獎金制度研訂始末〉。《人事月刊》，第33卷，第6期。

林永茂（2004）。〈凝聚向心力：員工持股信託制度——員工持股信託委員會章程草案要點〉。《台肥月刊》（2004/07）。

林政惠。「報酬管理與制度設計」講義。

林萁芬（2003）。〈台灣證券業分紅入股制度對員工生產力之影響探討〉。中山大學人力資源管理研究所碩士論文。

林澤炎（2001）。《3P模式——中國企業人力資源管理操作方案》。北京：中信出版社。

哈佛企管顧問公司出版部（1982）。《薪資制度與甄選測驗範例》。台北市：哈佛企管。

宣明智（2004）。《管理的樂章》。台北市：天下文化。

柯承恩、胡星陽（2003）。《公司治理研究報告（第三冊）——子計劃二：建構一個創造股東價值的董事會》。社團法人中華公司治理協會。

段曉強、朱衍強（2005）。〈從積分激勵計畫看工作滿意度〉。《人力資源》，總第198期。

洪國平（2005）。〈建構我國公務人員績效俸給制度問題分析〉。《公務人員月刊》，第108期。

洪瑞聰、余坤東、梁金樹（1998）。〈薪資決定因素與薪資滿意關係之研究〉。《管理與資訊學報》，第3期。

洪騰岳編譯（1990）。《人事、薪資管理與改善》。台北市：書泉。

美商惠悦企業管理顧問公司台灣分公司（1997）。「有效奠定人力資源管理基礎：薪資結構研討會」講義。

胡宏峻（2004）。《富有競爭力的薪酬設計》。上海：上海交通大學出版社。

胡秀華（1998）。〈組織變革之策略性薪酬制度：扁平寬幅薪資結構之研究〉。台灣大學商學研究所碩士論文。

胡秀華（1999）。〈組織變革之策略性薪酬制度：扁平寬幅薪資結構之研究〉。《亞太地區人力資源管理趨勢國際研討會論文集(2)》。台北市政府勞工局勞工教育中心主辦。

范振豐。「目標管理與績效評估」講義。新北市：中國生產力。

韋美西（2002）。〈員工協助方案與員工離職率關係探討〉。中央大學人力資源管理研究所碩士論文。

卿建中（2004）。〈KPI考評：企業績效管理的基礎〉。《IT經理世界》。

孫成軍（2004）。《如何進行企業薪酬設計》。北京：北京大學出版社。

孫健（2002）。《海爾的人力資源管理》（*The Human Resource Management of Haier*）。北京：企業管理出版社。

孫繼偉（2005）。〈避免藉口〉。《人力資源》，總第202期。

徐成德、陳達（2001）。《員工激勵手冊》。北京：中信出版社。

高成男（2000）。《西方銀行薪酬管理》（*Compensation Management in*

Banks）。北京：企業管理出版社。

高偉富（2004，6月）。〈人力資源權益分享與責任承擔〉。《2004海峽兩岸及東亞地區財經與商學研討會論文集》。東吳大學商學院、蘇州大學商學院。

莊智英（2002）。〈有效激勵制度塑造優質企業文化〉。《台肥月刊》，第43卷，第2期。

常紫薇（2002）。〈企業組織運作之內在績效指標建立之研究：以一般系統理論為研究觀點〉。中原大學企業管理研究所未出版碩士論文。

康耀鉎（1999）。《人事管理成功之路》。台北市：品度。

張一弛（1999）。《人力資源管理教程》。北京：北京大學出版社。

張文賢（2001）。《人力資源會計制度設計》（*Designing Human Resource Accounting Systems*）。上海：立信會計出版社。

張火燦（1995）。〈薪酬的相關理論及其模式〉。《人力資源發展月刊》（1995/04）。

張俊彥、游伯龍（2002）。《活力：台灣如何創造半導體與個人電腦產業奇蹟》。台北市：時報文化。

張玲娟（2004）。〈人才管理：企業基業常青的基石〉。《惠悅觀點》（2004/08）。

張策（2004）。〈薪資、福利、工作環境：薪酬的三大支點〉。《人力資源》，總第196期。

張聖德（1996）。〈企業「研發人員」人力資源管理之研究〉。高雄師範大學工業科技教育學系碩士論文。

張德主編（2001）。《人力資源開發與管理》（第二版）。北京市：清華大學出版社。

張錦富（1999）。〈重新定義的薪酬價值觀〉。《管理雜誌》，第303期。

曹興誠（1999）。〈點石成金的分紅入股制：創造台灣IC業驚人的雙贏效果〉。《電工資訊》（1999/06）。

梁文星（1995）。《勞動力市場辭典》。南昌：江西人民出版社。

許濱松編著（1992）。《人事行政》。台北市：華視文化事業（股）公司。

郭俶貞（2005）。〈國內四大名會福利比一比〉。《實用稅務月刊》，第368期。

郭崑謨、吳智、梁世安、王永正、詹毓玲、徐純慧、池進通（1990）。《人事管理》。新北市：空大。

陳竹勝。〈能力主義薪資管理〉。《勞資關係月刊》，第7卷，第5期。

陳明裕（2001）。《薪獎制度與管理實務》。自印。
陳芳毓（2004）。〈獎勵方式 可以玩多少創意？〉。《經理人月刊》（2004/12）。
陳金福（1982）。《我國企業員工分紅入股制度》。台北市：中國文化大學出版社。
陳偉航（2002）。《No.1業務主管備忘錄》。台北市：麥格羅·希爾。
陳偉航（2005）。〈平衡計分卡轉化願景為行動〉。《工商時報》（2005/5/11，31版）。
陳清泰、吳敬璉（2001）。《可變薪酬體系原理與應用》。北京：中國財政經濟出版社。
陳紹輝、劉若維（2004）。〈企業員工激勵的發展趨勢〉。《企業研究》，總第246期。
陳黎明（2001）。《經理人必備：薪資管理》。北京：煤炭工業出版社。
陳樹勛（1989）。《企業管理方法論》（新版）。台北市：中華企管。
貴州省菸草公司遵義市分公司（2005）。〈加薪何必升職：基於寬帶薪酬體系的人力資源管理〉。《企業研究》（2005/08）。
付亞和（2005）。《工作分析》。上海：復旦大學出版社。
勞工保險局（2004）。職業災害勞工保護法各項補助申請須知。
彭杏珠（1994）。《傳送最直接的關懷：台灣安麗直銷傳奇》。台北市：商周文化。
彭康雄（1984）。〈企業薪資管理實務上的幾個觀念〉。《經營管理專題演講輯錄Ｉ》。中華民國管理科學學會。
彭楚京（1995）。〈貼心照顧吸引闢疆勇者〉。《管理雜誌》，第258期。
湯惠朝、李梅香（2002）。〈用職位說明書掌控團隊：來自一家IT企業的案例〉。《企業管理》，總第247期。
程兮（1980）。《如何訂定薪資》。台北市：國家。
黃世友（2003）。〈我的調薪被公司預算綁住了嗎？〉。《Cheers雜誌》（2003/10）。
黃世勳（2005）。〈激勵制度與工作績效認知關聯性之研究：以壽險業務員工為例〉。元智大學管理研究所碩士論文。
黃河（2005）。〈績效薪酬戰略的林肯之道〉。《企業管理》，總第282期。
黃俊傑（2000）。《薪資管理》（*Salary Management*）。台北市：行政院勞工委員會職業訓練局。
黃恆獎、王仕茹、李文瑞（2005）。《管理學》。台北市：華泰。

黃英忠（1995）。《現代人力資源管理》。台北市：華泰。

黃英忠、吳復新、趙必孝（2001）。《人力資源管理》。新北市：空大。

黃國隆、胡秀華（2002，4月）。〈人力資源管理策略與企業文化對扁平寬幅薪資結構實施成效的影響〉。《2002年兩岸管理科學暨經營決策學術研討會論文集》。淡江大學、北京大學、南華大學主辦。

黃琴雅（2005）。〈行善 企業的新出路〉。《今周刊》（2005/02/28）。

黃超吾（1994）。《薪資策略管理大全》。台北市：集士經營策略顧問公司。

黃超吾（1998）。《薪資策略與管理實務》。台北市：人本企業。

黃熾森、周素玲（1996）。《管理智慧》。台北市：台灣商務。

楊人豪（2000）。〈庫藏股制度簡介〉。《台肥月刊》（2000/08）。

楊旭華（2005）。〈就像超市購物一樣：自助式整體薪酬體系〉。《人力資源》，總第206期。

楊曉明（2004）。〈期望在員工激勵〉。《人力資源》，總第186期。

楊錫昇（1999）。〈現階段勞工福利發展趨勢與規劃〉。《勞工之友雜誌》，第587期。

萬育維（1992）。〈分紅入股與財產形成〉。「如何促進勞工財產形成」學術研討會，行政院勞工委員會、財團法人勞雇合作關係基金會主辦（1992/10/16）。

葉珣霳（2003）。《下一個科技盟主》。台北市：經典傳訊文化。

資誠企業管理顧問公司（2005）。〈輕鬆搞懂KPI〉。《經理人月刊》，第4期（2005/03）。

管理集短篇（1997）。〈三百六十度評估法〉。《EMBA世界經理文摘》，第130期。

管理實務研究會（1984）。《合理的薪資調整方法與人工費用的支付限度》。台北市：中興管理顧問。

管理雜誌編輯部（1996）。〈一分鐘管理精華：獎勵員工不只1001種〉。《管理雜誌》，第263期。

趙日磊（2004）。〈整合績效管理〉，HR管理世界（http://www.hroot.com/companypublish/html/ 1588.htm）。

趙曙明、Dowling, Peter J. & Welch, Denice E.（2001）。《跨國公司人力資源管理》（*Human Resource Management of Multinational Corporation*）。北京：中國人民大學出版社。

廣東、廣西、湖南、河南辭源修訂組，商務印書館編輯部（1990）。《辭源》（單卷合訂本）（1990）。台北市：遠流。

劉玉倫（1991）。《人事管理學》。南京：江蘇人民出版社。

劉嘉雯（2003）。〈人力資源部門內部顧客滿意、員工工作滿意與組織公民行為關係之研究〉。彰化師範大學人力資源管理研究所碩士論文。

劉麗華（1999，12月）。〈工作分析與職務說明書之建立——以S公司為例〉。論文發表於行政院勞工委員會、中央大學人力資源管理研究所主辦之「第五屆企業人力資源管理診斷專案研究成果研討會」。

歐育誠（1999）。〈公共管理之利器：薪資管理之探討〉。《公共管理論文精選 I》。台北市：元照。

蔡憲六（1980）。《企業薪資管理》。台北市：三民。

蔡蕙如（1998）。〈職位薪資制度說明〉。《統一月刊》（1998/12）。

衛南陽（2005）。〈從工作分析開始留住人才〉。《震旦月刊》，第403期。

諸承明（1999）。《台灣企業人力資源管理個案集》。台北市：華泰。

諸承明（2001a）。〈高科技產業激勵性薪酬之研究——產業比較觀點〉。《人力資源與台灣高科技產業發展》。桃園縣：中央大學台灣經濟發展研究中心。

諸承明（2001b）。〈薪酬設計理論與實務之整合性模式——台灣大型企業實證分析〉。《人力資源管理學報》，第1卷，第1期。

諸承明（2003）。《薪酬管理論文與個案選集：台灣企業實證研究》。台北市：華泰。

諸承明、戚樹誠、李長貴（1998）。〈我國大型企業薪資設計現況及其成效之研究：以「薪資設計四要素模式」為分析架構〉。《輔仁管理評論》，第5卷，第1期。

鄭富雄（1984）。《效率管理與獎金制度》。台北市：前程企管。

鄭榮郎（2002）。〈年終獎金該怎麼發？〉。《能力雜誌》，第552期。

鄧東濱（1998）。《人力管理》。台北市：長河。

謝安田（1988）。《人事管理》（*Personnel: Human Resources Management*）。自印。

謝幸玲（2002）。〈醫院護理人員薪資報酬之影響因素〉。義守大學管理研究所碩士論文。

謝長宏、馮永猷（1989）。《人力資源管理：激勵性薪資制度之設計》。中華民國管理科學學會。

謝康（2001）。《企業激勵機制與績效評估設計》（*Design of Incentive Mechanism & Performance Evaluation in Enterprises*）。廣州：中山大學出版社。

鍾振文（2003）。〈薪酬滿足知覺、薪酬設計原則對於員工工作態度與績效之影響〉。中央大學人力資源管理研究所碩士論文。

顏安民（1999a）。〈用人費面面觀〉。《石油通訊》，第575期。

顏安民（1999b）。〈他山之石的薪酬制度〉。《石油通訊》，第576期。

魏美蓉（2003）。〈如何把績效和獎酬連起來〉。《EMBA世界經理文摘》，期203。

魏美蓉（2004）。〈執行力文化的關鍵：有效連結績效管理與獎酬制度〉。《能力雜誌》，第577期。

羅業勤（1992）。《薪資管理》。自印。

譚啓平（1992）。《薪資管理實務》。台北市：中興管理顧問。

蘇廷林、朱慶芳（1992）。《人事學導論》。北京：北京師範學院出版社。

〈經理人的「金手銬」：股票認股權〉，中國求職網http://www.hzhr.com.cn/news/xingzheng/200603/901.html。

「第一屆人力創新獎經驗分享發表會」講義（2005，8月2日）。

Xuite日誌，「什麼是庫藏股？」，http://blog.xuite.net/ke.ha7081/20080317/16487283。

詞彙表

A

· **附加價值**（Added Value）

附加價值是指企業對外購置原料的成本與銷售成品或服務所得營收之間的差距。從附加價值中，扣除薪資、房租與利息之後，才算是利潤。

· **代理理論**（Agency Theory）

代理理論指出公司係由委託人（principal）與代理人（agent）兩部分所組成，其中委託人提供資本、賺取公司利潤，而代理人則提供勞務，換得薪資報酬。

· **週年式調薪**（Anniversary Review）

週年式調薪係依員工到職月份調薪，個人因到職月份的不同，使用該年度之預算亦異。例如：某員工在2012年9月到職，則該員工的年度調薪檢討日期則在2013年的9月份。

B

· **基本工資**（Basic Wages）

依據《勞動基準法施行細則》第11條規定，基本工資係指勞工在正常工作時間內所得之報酬，但延長工作時間之工資及休假日、例假日工作加給之工資均不計入。

· **福利**（Benefit）

福利是員工基於企業組織一員的身分而得到的獎勵，與其個人績效並無直接關係，爲整體薪酬的可變動部分。

· **紅利**（Bonus）

紅利係指以一次性方式支付的報酬，它具有激勵員工之工作努力或成果的獎賞。這種報酬並不成爲員工固定薪資的一部分。

· **扁平寬幅薪資**（Broadbanding Pay Structure）

扁平寬幅薪資是一種將眾多不同的薪資類別減少至幾個寬廣的薪資帶的基本薪資技術。

C

· **自助式福利**（Cafeteria Benefit）

自助式福利又稱彈性福利，它最重要的特色在於提供了員工自由選擇福利的權利，讓員工依照個人或家庭的狀況需要，以金錢回饋、醫療保健或休閒生活上得有不同的選擇。對公司而言，所付出的是相同的成本代價，但對每位員工而言，卻得到對自己最有價值的福利。

· **佣金**（Commission）

佣金係指按照銷售數量或銷售額的某一百分比來計算酬勞的報酬方式。

· **普通股票**（Common Stocks）

普通股票代表著公司的所有權，因此，普通股對於公司的經營盈餘有請求分配的權利；此外，普通股股東擁有選舉董監事的投票權及參與公司重要決策之投票權。

· **薪資均衡指標**（Compa-ratio）

薪資均衡指標是衡量個人實際薪資與相關組群薪資水準（中點）的比率。薪資均衡指標＝實際薪資除以（÷）薪等中位數。如果某位員工薪資的薪資均衡指標是0.98（接近1），顯示這位現職者的薪資差強人意。

· **可報酬因素**（Compensable Factor）

可報酬因素是組織認爲重要到願意爲他們支付薪資的工作因素或特質（通常是技術、責任及工作狀況）。一個特定工作擁有這些可報酬因素的程度即決定了他的相對價值。

· **薪酬**（Compensation）

薪酬亦稱報酬或薪水，意指對員工所提供之勞務的酬勞，並藉以激勵他們達成所期望的績效。

· **薪酬委員會**（Compensation Committee）

薪酬委員會通常爲董事會的一個下屬小組，其成員由非企業成員的外來董事所構成。

· **薪酬系統**（Compensation Reward System）

薪酬系統是指企業以貨幣及各種服務求償權的型態，將盈餘分配給員工。

· **能力計酬**（Competency-based Pay）

能力計酬係指根據員工所表現的專業給予薪資給付之制度。

· **核心能力**（Core Competence）

核心能力是公司爲了企業落實中、長期營運策略，全體員工均需表現的知

識、技能、行為與特質。因此，企業中、長期發展策略就成為建構核心能力的主要依據。

D

· **確定給付制**（Defined Benefit Plan）

確定給付制又可稱為「最後薪資計畫」（final salary schemes），乃是指勞資雙方預先約定在工作一定期間後，受僱者於退休時可依其服務年資或最後工作薪資，依一定的計算標準領取一定的給付。

· **確定提撥制**（Defined Contribution Plan）

確定提撥制乃是指在受僱者工作期間，由雇主或受僱者定期提撥薪資的一定比率於員工的個人退休帳戶中，以作為員工退休準備金，直到受僱者工作期間屆滿為止。

· **泰勒差別計件工資率**（Differential Piece-rate）

泰勒差別計件工資率，是由管理大師泰勒（Frederick W. Taylor）所提出來的，係針對超出標準生產量的勞工，提供額外的工資，但對於達成標準的勞工，則提供基本的工資率。此項工資率的計算至為複雜，同時，如何選擇標準也不容易，標準太高，則少數人才能達到標準，標準太低，則趨於浮濫。這種工資率較適合於技術水準較高的產業。

· **直接費用**（Direct Expense）

直接費用係指可以直接歸屬至某一特定成本標的之產品成本，通常直接原料和直接人工皆屬直接費用。

· **直接人工**（Direct Labor）

直接人工係指直接用於製造產品的人力，屬於直接成本，它與間接成本相對應。例如：生產線上之人工，即為最典型的直接人工，而工廠廠長及領班則為間接人工。

· **直接人工成本**（Direct Labor Cost）

直接人工成本係指在生產過程中，直接投入生產過程而可以直接歸屬到個別生產產品的人力成本。例如：裝配線上的人工成本、操作機具的人工成本等，其以工廠警衛、監工或管理人員等所構成之間接人工成本性質不同。

· **直接人工小時率**（Direct Labor Hour Rate）

直接人工小時率，係指一種根據直接人工時數作為分攤間接製造費用至產品的製造費用的分攤方法。其定義為：直接人工小時率＝製造費用預算數÷估計投入直接人工小時。例如：本期預計之製造費用為100,000元，估計投入直接人工小時爲1,000小時，則每一直接人工小時應分攤的製造費用爲100元（100,000元÷1,000小時＝100元）。

E

· **提早退休**（Early Retirement）

提早退休係指一位員工在達到正常退休年齡前若干年即申請退休而離開勞動市場之謂。《勞動基準法》規定，勞工自願申請退休的條件，是年滿55歲且在同一工作單位工作滿十五年以上者，或服務滿十五年以上年滿55歲者或工作十年以上年滿60歲者。

· **效能**（Effectiveness）

效能指的是，員工是否朝著正確的目標方向去努力。目標由上而下，可從公司經營策略一直到部門目標、個人責任額。但有時公司目標有問題，雖很有效率地達成目標也無補於事。是否朝正確的目標方向去努力（做正確的事），英文稱爲「doing the right thing」。

· **效率**（Efficiency）

效率指的是，「產出」（output）與「投入」（input）之比率。如果投入的資源很多，但產出值不夠，就表示效率有問題，用法不當。努力但業績提升不起來，就是效率有問題。是否用對方法，英文稱爲「doing the thing right」。

· **員工協助方案**（Employee Assistance Programs, EAPs）

員工協助方案是由當年美國企業爲解決員工酗酒問題所衍生出的概念。它係指企業在工作場所中所提供給員工的服務系統，其目的在發現並解決有關勞動生產的問題，這些勞動生產的問題，發現大部分是由於員工因個人受到傷害而造成勞動生產降低。

· **員工認股計畫**（Employee Stock Ownership Plans, ESOPs）

員工認股計畫，係讓員工購買部分或甚至於公司所有股票計畫。此法可以有效地提升員工之士氣並鼓勵員工參與公司之決策。

· **員工持股信託制度**（Employee Stock Ownership Trust）

員工持股信託制度就是企業員工每個月個人提撥一定金額，且由企業相對提撥部分獎勵金，委託銀行以信託方式投資該企業的上市股票。

· **痛苦指數**（Misery Index）

痛苦指數是美國前總統雷根在1980年的參選演說中喊出的口號。雷根將導致人民生活痛苦的兩大指標：通貨膨脹率與失業率加總，稱之爲「痛苦指

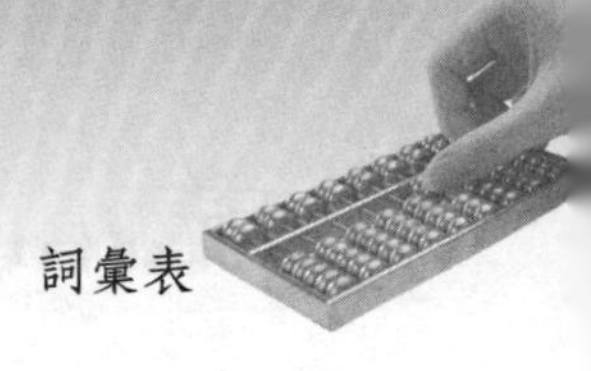

數」。總的來說，痛苦指數一般以年資料作爲計算基準，因爲月資料容易受到季節變動而有所偏誤，借用「失業率」（人民失去生活所需的基本經濟支持）與「通貨膨脹率」（連就業者的所得都出現進一步縮水）的概念，痛苦指數某種程度可概括反映人民的經濟生活。

- **公平理論**（Equity Theory）

  當一個人做出了成績並取得了報酬以後，他不僅關心自己所得報酬的絕對量，而且關心自己所得報酬的相對量。

- **免付加班費員工**（Exempt Employee）

  免付加班費員工係指那些所負責的職務被劃分爲業務主管性的、行政主管性的、專業性的，或在企業外從事銷售的員工，雇主對這些人員的加班無須支付加班費。

F

- **固定費用**（Fixed Charges）

  固定費用係在企業正常營運下，不論生產件數多寡，在各會計期間均會固定發生的費用支出。例如：租金費用、薪資支出、保險費等。

- **固定成本**（Fixed Cost）

  固定成本在攸關範圍（relevant range）內，不論活動量或產量多少，其總額皆保持不變的成本。所謂攸關範圍，係指在短期內一定的活動量或業務量之內。然而，從長期觀點而言，所有的成本都是變動的，並無固定成本可言。例如：在短期中，機器設備之折舊、廠房之租金等，皆不因產量的多寡而改變，是爲固定成本；但在長期中，若該公司因應市場需求之增加而添購機器設備及廠房規模時，則折舊及廠房租金將因攸關範圍變動而隨之改變。

- **彈性福利計畫**（Flexible Benefit Plan）

  彈性福利計畫係指容許員工從企業設立的各種福利中選擇他們所喜歡的福利項目的福利計畫。

- **邊緣福利**（Fringe Benefits）

  邊緣福利有時又稱爲員工福利（Employee Benefits），這個術語是五十年前由美國暫時勞工委員會所創，藉以論證雇主所提供的福利，諸如：有薪假期、假日及退休金都是在「工資的邊緣」，得豁免於薪資控制之外。

- **職能工作分析表**（Functional Job Analysis, FJA）

  職能工作分析表是一種根據《職業頭銜辭典》（*Dictionary of Occupational Titles*），從資料、人、事三個角度來評估各項工作的方法。

G

· **成果分享**（Gain Sharing）

成果分享亦稱爲績效分享或生產力獎勵，它通常是與一些員工共同努力達成公司生產力目標的獎勵計畫有關。它是根據所產生的經濟利潤的增長，由組織與員工共同分享的概念而形成。

· **薪資扣押**（Garnishment）

薪資扣押係指債權人在獲得法院傳票後，根據傳票的命令，要求該員工的雇主將該員工的部分報酬呈交債權人，以抵償該員工所欠債務的一種方法。

· **玻璃天花板**（Glass Ceiling）

玻璃天花板係指一種歧視性作法。這種作法阻止婦女或其他受保護群體成員晉升到行政管理層次的位置。

· **金色降落傘**（Golden Parachute）

黃金降落傘制度，係指在競爭異常激烈的市場經濟條件下，企業收購與兼併是常見的事。被收購或兼併企業的高層管理者（例如：高層主管、高層經營者、首席執事、最高行政負責人等）一般很難在新企業中繼續占據高層實權地位，其中不少人往往被迫辭職。爲應付這種可能的風險，美國不少企業都制定了被稱之爲「金色降落傘」的制度。它實際是一種特殊的僱傭契約，通常包括一筆爲數可觀的退職金和其他特殊恩惠。憑著這一紙契約，當企業被收購或兼併時，原來的一些企業高層經營管理者便可獲得事先約定的「一筆錢」而離職，個人經濟不受影響，且可另謀高就。

· **綠圈員工**（Green-cycled Employee）

綠圈員工係指那些薪資低於爲該職務所確定的工資級別最低限額的在職員工。

H

· **人力資源**（Human Resource）

人力資源，從宏觀意義而言，是指一個社會所擁有智力與體力的總稱；從微觀意義而言，是指一個組織所擁有用以製造產品或提供優質服務的人力。

· **人力資源發展**（Human Resource Development）

人力資源發展係指運用訓練、教育、發展等方式，進行有系統、有計畫的活動，以增進個人、群體與組織效率的作爲。

· **人力資源管理**（Human Resource Management, HRM）

人力資源管理係指涵蓋所有有關人事問題的各種層面，囊括的範圍比原來的人事管理更廣。人事管理只負責有關員工日常生活的基本事情，包括：勞健保的加退保手續、退休金給付和員工健康檢查等等；人力資源管理的範疇則較廣泛，包括：組織變革、人才甄聘、員工訓練、職涯規劃和薪酬規劃等政策。

· **人力資源規劃**（Human Resource Planning）

人力資源規劃係指為配合企業在未來經營環境上的發展趨勢、業務推展計畫及企業整體運作之必要，預測各項人力的變動，可能的人力需求種類、數量及時機，並於事前擬訂各項人員培訓或招募計畫，以適時滿足組織的需求。

· **人力資源計分卡**（Human Resource Scorecard）

人力資源計分卡主要是藉由平衡計分卡理論中「策略地圖」（strategy map）的概念，將公司抽象的經營策略，具體轉化成為可衡量的關鍵績效指標與行動方案的過程，再以因果的概念，連結人力資源實務與各項關鍵績效指標及經營策略間的關係。

· **人力資源策略**（Human Resource Strategy）

人力資源策略的功能在界定一家企業為達成目標所需要的人力資源。它處理的問題包括：人力資源的數量、品質、任務編組、外包等。

I

· **間接人工成本**（Indirect Labor Cost）

間接人工成本係指無法或極困難歸屬至特定產品或成本標的的人工成本，為間接製造費用之一部分，例如：工廠警衛員、清潔工的工資。

· **內部顧客關係管理**（Internal Customer Relationship Management）

內部顧客關係管理可說是一種管理方式，將組織內部的員工視為內部顧客，重視員工的價值及重要性，並將精心設計的內部產品，例如：工作設計、公司的產品與服務、文化、願景等行銷給員工，以期能凝聚共識，激勵士氣，為組織留住適合且適任的人才，達成員工工作滿意，使內部顧客對組織有更高的認同感與更盡責的行為表現，進而提升企業整體的競爭能力。

· **國際性的高階經理人**（International Staff, IS）

國際性的高階經理人多半是國際性企業派在海外各市場的最高負責人，或者重要業務負責人。國際性的高階經理人的特色，是不停的在海外市場輪調，其聘任契約大多為期二年，由於在專業領域專精，且具一定知名度，待遇相

當優渥。

J

· **工作分析**（Job Analysis）

工作分析係指一種書面文件，搜集和分析關於各種職務的工作內容和對人的各種要求，以及履行工作背景環境等訊息資料的一種系統方法。

· **工作說明書**（Job Description）

工作說明書係指一份記載著工作任務、工作職責、工作權限、工作規範，以及工作條件的書面文件。

· **職位評價**（Job Evaluation）

職位評價係指確定企業內各種職務相對重要性的系統方法，它用於決定不同職位的相對價值，故又稱工作評價。職位評價越高者，則相對給予的薪資水準亦將越多。

· **工作投入**（Job Involvement）

工作投入係指個人心裡認同其工作的認知或信念狀態。

· **工作滿足**（Job Satisfaction）

工作滿足是取決於員工在一個工作情境中，實際獲得的報酬與期望獲得的報酬，這兩者之間的認知差距。

· **工作規範**（Job Specification）

工作規範係工作分析後的另一產品。工作規範乃列出擔任某項工作所具備的各種條件，包括：學歷、技能等。

K

· **關鍵績效指標**（Key Performance Indicator, KPI）

俗話說：「無法衡量的東西就無法管理」，但是評估並監督所有的事情是不可能的任務，因此，企業必須選取幾個主要的績效指標，也就是選幾個可以評估和監督，同時又可代表公司整體績效表現的指標，這些通稱爲KPI的指標，可能與財務有關，也可能與績效有關。

· **技術知識**（Know-how）

技術知識指一種由企業研發出來可銷售的技術或技巧。以一開始被稱爲豐田製造系統的及時生產爲例，在其他公司也開始採用這種生產概念之前，及時生產就是豐田汽車的技術知識。但是，一旦技術知識普及化，變成大家都在

使用之後，它的價值就漸漸消失了，而等大家都掌握其中奧妙時，自然就沒有所謂的技術知識了。

- **知識經濟**（Knowledge-based Economy）
  以知識為驅動力，帶動經濟成長、財富累積與促進就業。

L

- **勞工成本**（Labor Costs）
  勞工成本包含薪資與生產力兩項因素的函數，如果要降低成本，就要同時考量這兩個因素，也就是企業付給員工的薪資，換得多少產出。也許台灣地區作業人員每小時薪資為新台幣一百零玖元，大陸地區工人每小時薪資為人民幣十二元（折算新台幣為五十四元），但兩者在同樣時間中的生產力也大不相同。
- **勞工工資**（Labor Rates）
  勞工工資是勞工薪資總額除以（÷）工作時間。例如：便利超商店員，每小時工資新台幣一百零玖元；企管諮商顧問，每小時新台幣三千元。影響企業競爭力的是勞工成本，而不是勞工工資。
- **一次性加薪**（Lump-sum Increase）
  一次性加薪係指一次性付給的年度加薪的全部或一部分。

M

- **目標管理**（Management by Objectives, MBO）
  目標管理是由著名管理學者彼得・杜拉克（Peter F. Drucker）倡導。其定義為：任何一個組織均必須有一項管理原則，以為該組織管理人員的行動指導，使各部門、各單位的個別目標得以與組織的目標獲得協調，從而促成組織的團隊精神。
- **強制性福利**（Mandated Benefits）
  強制性福利係指根據法律規定（公權力的介入），所有的企業必須向員工提供的福利。
- **市場定價法**（Market Pricing Method）
  市場定價法是在欲進行職位評價比較的組織中，依競爭性薪資水準決定類似工作的金錢價值，此種職位評價方法即所謂的「行情」。
- **成熟曲線**（Maturity Curve）
  成熟曲線係指對於從事研究開發的科技或專業人員，由於工作內容寬廣，專案發生機率頻繁，因此，個別績效評估不易進行，同時，在薪資市場上亦難做比較，故而採用學校畢業或者專業訓練結業後，所累積的技術專業工作的年限，作為薪資給薪標準的作法。

· **最低工資**（Minimum Wage）

最低工資係指經由國家立法，或經勞資雙方團體協約約定後，規定雇主僱用勞工時所必須支付工資的最低標準。

· **動機**（Motive）

在心理學上，動機被解釋為「推動某人做某事的內在驅力」。

N

· **類神經網路系統**（Neural Networks System）

類神經網路系統係指能模仿生物神經網路的資訊處理系統，其具有高速運算、記憶、學習與過濾雜訊、容錯等能力，所以能解決許多複雜的分類、預測等問題。

· **非薪酬系統**（Non-compensation Reward System）

非薪酬系統是指企業給予員工在精神、心理、身體上的任何福利活動。

· **非免付加班費員工**（Nonexempt Employee）

非免付加班費員工係指根據美國《公平勞動法》，要求雇主必須對其超時工作支付加班費的員工。

O

· **組織報酬制度**（Organizational Reward System）

組織報酬制度包含組織所要提供給受僱員工的報酬類型及其分配方式。

· **外包**（Outsourcing）

外包係指與組織外公司簽約，以提供本公司資源或服務。一種強調核心優勢行動之延伸，組織可以專心於自己專長之工作，並向外取得其他非專長的資源或服務（如會計、法律等諮詢）。

P

· **薪金**（Pay）

薪金係指員工收到的基本報酬，通常是薪水或工資。

· **工資擠壓**（Pay Compression）

工資擠壓係指不同經歷和不同表現的員工間的工資差別變得很小這一狀況。

· **同工同酬**（Pay Equity）

同工同酬係指對那些要求大致相當的知識、技能和能力水平的工作支付大致相當的報酬，而不論這些工作在實際責任方面存在多大的差別。

· **績效付薪**（Pay-for-Performance）

績效付薪係指將一位員工的待遇與工作績效緊密結合的制度。換言之，績效付薪係以個人或其所屬團體的工作表現，決定個人待遇的多寡。實施績效付薪的目的，在於強化組織成員對於工作績效的實踐，以提高個人與團體的生產力，使整個組織的績效能夠達到最佳水準。

· **工資級別**（Pay Grade）

工資級別係指將具有大致相同工作價值的各個職務聚合爲一個分配等級組。

· **薪資調查**（Pay Survey）

薪資調查係指蒐集其他企業對從事類似於本企業職務的員工所支付的報酬水平。

· **績效評估**（Performance Appraisal）

績效評估是一套衡量員工工作表現的程序，用來評估員工在特定期間內的表現，時間通常是一年。在做年度績效評估的時候，員工除了需要評估自己過去十二個月來的表現，同時也要考慮在未來一年中哪幾方面工作需要再加強或接受訓練。

· **績效選擇權**（Performance Option/Shares）

績效選擇權或稱績效限制性配股，係指員工未來可以行使多少配發的股票選擇權，除了未來服務年資條件之外，再加上未來績效條件的限制，績效條件可以是公司整體的，如股價、每股盈餘，也可以是個人的，如績效考核的結果。

· **績效管理**（Performance Management）

績效管理包括了目標、督導、結果評估和發展，這些要素彼此息息相關。績效管理是一個持續不斷在進行的流程，目的在藉由個人和團隊的發展，提升組織的經營績效。

· **按件計酬**（Piece Rate）

按件計酬指根據員工生產數量來計算報酬，與一般照工作時數計算薪資的方法不同。有時這兩種不同方法也會並用，就是指除了基本薪資之外，員工還可以拿到一筆按照他們所生產或銷售的數量（需超過一定限額）來計算的佣金。

・**粉領勞工**（Pink-collar Workers）

粉領勞工係指女性的藍領階級（blue-collar workers，一開始都被假定是男性），尤其是從事電子設備裝配工作的女性。這名詞可能源自 Louise Kapp Howe 1997年所寫的一本同名書籍而來。

・**職位分析問卷法**（Position Analysis Questionnaire, PAQ）

職位分析問卷法是一種標準化的問卷，用來作爲工作分析的工具。每一項工作可從187個到194個元素加以分析，乃以員工爲導向，詳細描述完成工作的相關行爲。

・**物價指數**（Price Index）

物價指數係指由多種物品價格的加權平均計算而得。最常提及的物價指數有三種：躉售物價指數（根據大宗物質價格的加權平均價格編制而得）、消費者物價指數（與都市生活有關的主要物品價格的加權平均價格編制而得）及國民生產毛額平均指數（以當年幣值計算的國民生產毛額，轉化成以固定價格計算的國民生產毛額物價指數編制而得）。

・**生產力**（Productivity）

生產力係指根據所耗資源的成本來衡量工作品質和數量的一種計量單位。

・**生產力與單位勞動成本**（Productivity and Unit Labor Cost）

生產力與單位勞動成本係用以衡量勞工每小時產出（生產力）與單位產出成本（勞動成本）的變化。

・**利潤分享制**（Profit-sharing Programs）

利潤分享制係指公司將部分利潤用來分配給員工獎酬的制度。獎酬的方式可直接採用現金，若是高階管理者的話，則可以採用股票認股權取代之。

Q

・**品管圈**（Quality Control Circle）

品管圈是由日本科學技術聯盟所命名而來的。品管圈是一項公司組織外的組織，希望透過全體員工的參與，來強化產業的體質。1967年以後，國內產業界爲因應競爭越來越激烈的市場及突破其發展的瓶頸，開始導入品管圈的理論，並且積極地展開各項活動，時至今日，成果相當豐碩。

R

· **紅圈員工**（Red-cycled Employee）

紅圈員工係指那些報酬高於企業爲該職務所確定的工資級別最高的在職人員。

· **資遣費**（Redundancy Payment）

當雇主資遣員工時，其所付給被資遣員工之金錢或物質的補償，即爲資遣費。《勞動基準法》第17條規定，當雇主資遣員工時應發給資遣費，其給付之法定標準爲每位被資遣之勞工，其工作年資每滿一年，發給相當於一個月平均工資的資遣費；《勞工退休金條例》規定，選擇每月由雇主提繳「個人退休金」存入個入退休金帳戶內的員工被資遣時，自2005年7月1日以後的工作年資，每滿一年，發給相當於半個月平均工資的資遣費，最多給付六個月的資遣費補償，但原先保留的年資，則依照《勞動基準法》第17條規定計算資遣費。

· **經常性薪資**（Regular Earnings）

經常性薪資係指勞工受雇主僱用從事工作，在一定計算期間內，以勞資雙方同意的計算標準所獲致的經常性報酬。勞工受雇主僱用從事工作所獲得的薪資報酬，除經常性薪資外，尙包括非經常性薪資，而雇主僱用勞工的成本，則除直接付給勞工的經常性及非經常性薪資外，尙包括非薪資報酬。

· **限制性配股**（Restricted Stock）

2003年7月，微軟（Microsoft）總公司宣布將不再發放新的員工認股權（employee stock options），而將全面改爲發放限制性配股。新的限制性配股對員工的實質價値類似台灣的員工分紅配股，其可出售部分全額股價都屬員工利得，其限制爲員工在未來五年必須在職才能逐年累積可出售股數。

· **退休**（Retirement）

退休係指員工離開工作崗位不再工作的生活狀況。

· **退休準備金**（Retirement Reserve Fund）

退休準備金爲企業或勞工爲退休生活之需所提撥的退休金，是項退休準備金可以用各種不同的方式加以保管，譬如：《勞動基準法》的規定，雇主按月提撥勞工退休準備金，專戶存儲（提存於台灣銀行），並不得作爲讓與、扣押、抵銷或擔保之用。

S

· **薪水**（Salary）

薪水係指不論工作時數如何，報酬從一個時期到另一個時期總是具有一致性。

· **薪資管理**（Salary Management）

薪資管理係指制定合理的薪資制度及系統，包括：薪資水平、薪資結構、薪資政策、薪資給付辦法、工作評價制度等。

· **管控幅度**（Span of Control）

管控幅度係指管理者可以有效直接指導的部屬人數。過去我們常說，適當的控制人數是七人，但因科技的進步和人力素質的提升而有相當程度的變異，例如：便利超商因推行加盟店的作法，使得加盟店的店主，在自利誘因和自主經營的需求下，將管控幅度大幅提高。

· **起薪**（Starting Salary）

起薪係指雇主僱用各職類新進員工所給予的初任薪資。一般而言，薪資水準能夠反映勞動市場人力供需的程度，及生產力與技術水準的高低而決定各職類的起薪額。根據調查顯示，教育程度越高，其起薪相對較高。

· **股票認股權**（Stock Options）

當資方認爲員工的年度表現夠好時，爲了讓優秀員工有心繼續在公司服務下去，資方就願意提供給員工認購股票的機會，讓員工依照貢獻程度的高低取得多寡不一的認購權。任何員工在取得認股權之後得分成好幾年來實現認股的權利，至於認購股票的價格則是原先就約定好，通常比約定當時的股票價格低廉許多。

· **直接計件率的工資**（Straight Piece-rates）

直接計件率的工資，指的是受雇勞工的工資計算，是由參與生產工作的所有勞工依產出多寡平均分配給所有勞工。換言之，工資給予勞工的比率都是相同的。這種計算工資率的方法是簡明易懂，同時，每位勞工能夠清楚知道他每週或每月所應領的工資，但是應用這種工資率的產業結構必須是標準化，其產品必須可大量生產，因此，這種工資率不適合因快速生產而可能降低品質的產業。

· **策略性的獎酬**（Strategic rewards）

策略性的獎酬，是指一種獎酬個人或團隊，藉以鼓勵其達成或貢獻於組織目標的激勵制度。這種激勵制度是強調鼓勵協助達成組織目標的行動、態度與成就。

· **補充報酬福利**（Supplement Pay Benefits）

補充報酬福利係指員工在非工作時間中獲得的工資，包括：帶薪休假、病假、資遣費等。

T

· **積欠工資墊償基金**（The Overdue Wages Repayment Fund）

爲使勞工能順利取得雇主所積欠勞工的工資，在《勞動基準法》第28條規定了積欠工資墊償基金制度。在該制度下，雇主按照勞工投保薪資總額的萬分之二點五，每月提撥至該積欠工資墊償基金下（勞工保險局承辦），倘日後雇主在營運上發生周轉不靈而積欠勞工工資情況時，勞工即可就雇主積欠工資的部分向該基金請求墊償。

· **史堪隆計畫**（The Scanlon Plan）

史堪隆計畫是一種利潤（營業額增加或經費減少）分配制度。它鼓勵員工提出增加產量、降低成本的建議，若因此而節省具體的成本，則員工可以獲得獎金。

· **全面品質管理**（Total Quality Management）

全面品質管理是一種管理上的方法，強調錯誤的預防，並試著在設計商品、生產商品、運送商品及商品服務等所有的方面，都做到全面的品質把關。例如：全錄（Xerox）公司在實行「全面品質管理」的結果，使顧客的抱怨信函減少了38%，而在摩托羅拉（Motorola）公司則使產品的瑕疵率降低了80%。

U

· **單位勞動成本**（Unit Labor Cost）

單位勞動成本係指每單位產出的勞動總成本，其計算方法是用員工平均工資除以（÷）這些員工的產出水平。

V

· **變動成本**（Variable Cost）

變動成本係指在攸關範圍（relevant range）內會隨作業量（如產量）大小而成同比例增減之成本，例如：直接成本、直接人工等。相對的，在攸關範圍內不隨作業量大小而改變的成本，稱爲固定成本（fixed cost）。攸關範圍，

係指在某一特定作業量區間內，成本與作業量保持一特定之關係。原則上，固定成本僅在一特定期間與一定作業量攸關範圍內，始維持一致。例如：某工廠在每年生產量在10,000至12,000單位之攸關範圍內，其固定製造費用均維持2,000,000，然而若超出12,000單位，則固定成本費用會因對設備需求之增加，而跳升另一級距。因此，在從事成本、數量與利潤之分析時，須注意攸關範圍的影響。

· **變動薪酬制**（Variable-pay Programs）
變動薪酬制，係指任何與生產力或公司利潤相連接的薪資給付制度。例如：按件計酬制、佣金制、利潤分享計畫等。

W

· **工資**（Wage）
工資係指直接根據工作時間數量計算的應得報酬。

· **工資與薪資管理**（Wage and Salary Administration）
工資與薪資管理係指基本報酬制度的設計、實施和日常管理。

· **工資曲線**（Wage curve）
工資曲線與給付等級息息相關。它係指一種用來表明工作的重要性（價值）與給付這一工作的平均工資之間關係的曲線。

· **工資差異**（Wage Differential）
工資差異係指在相同的群體中，個人的工資所存在的差異而言。造成工資差異的原因，可能是每個人的能力不同所致，或某些職業在訓練上須花費較大的投資，或由於地區之間生活水準的差異，也成爲給付工資時的考量依據。

· **工資水平**（Wage Level）
工資水平係指企業對每位員工所支付的平均工資額。

· **工資率**（Wage Rate）
工資率係指計算工資標準的比率。勞工工資率的計算標準有兩種，分別是直接計件率的工資（straight piece-rates）和差別計件率的工資（differential piece-rates）。

· **世界貿易組織**（World Trade Organization, WTO）
它是負責監督成員經濟體之間各種貿易協議得到執行的一個國際組織。

· **工作簡化**（Work Simplification）
工作簡化係指運用科學方法，對現行工作有系統的分析，以尋求更經濟、更有效的工作方法與程序，達到工作目標。

管理叢書 6

薪酬管理

編 著 者 / 丁志達
出 版 者 / 揚智文化事業股份有限公司
發 行 人 / 葉忠賢
總 編 輯 / 閻富萍
特約執編 / 鄭美珠
地　　址 / 22204 新北市深坑區北深路三段 260 號 8 樓
電　　話 / (02)8662-6826
傳　　真 / (02)2664-7633
網　　址 / http://www.ycrc.com.tw
E-mail / service@ycrc.com.tw
印　　刷 / 鼎易印刷事業股份有限公司
ISBN / 978-986-298-089-7
初版一刷 / 2006 年 3 月
二版三刷 / 2018 年 3 月
定　　價 / 新台幣 550 元

國家圖書館出版品預行編目（CIP）資料

薪酬管理 / 丁志達編著. -- 二版. -- 新北
市：揚智文化, 2013.05
面； 公分. -- (管理叢書 ; 6)

ISBN 978-986-298-089-7 (平裝)

1.薪資管理

494.32 102007895

Note

Note